스타일리시한 뜨개옷과 소품 16

마마랜스의 색다른 니트

이하니 지음

hansmedia

프롤로그

마마랜스 이름을 단 두 번째 책이라니 감회가 새롭습니다. 꿈에서나 일어날 법한 일인데 이렇게 두 번째 책의 프롤로그를 쓰고 있으니 새삼 여러 가지 감정이 휘몰아치네요. 제가 연기대상을 받은 것은 아니지만, 그래도 소감을 말해 보자면 이번 책은 정말 독자님들의 사랑이 있었기에 나올 수 있었다고 생각해요.
《마마랜스의 색다른 니트》에는 기본기를 탄탄하게 다지면서 아주 쉬운 스킬로 색다른 표현과 연출을 할 수 있는 작품들로 채웠습니다. 무엇보다 색(色)에 포인트를 두었기에 독자님들도 각자의 미감과 취향에 따라 자유롭게 작품에 색을 입혀 주세요.
이 책을 읽는 지금, 온전히 뜨개에만 집중하는 낭만적인 순간이길 바랍니다.

Love, Peace & Knitting

마마랜스 브랜드 스토리

마마랜스 스튜디오(MAMALANS STUDIO)는 'My Mother & Landscape'에서 따온 말로, 언제나 영감의 원천이 되는 저의 '어머니'와 제가 제일 좋아하는 단어인 '풍경'의 합성어입니다. "No generation gap in the world of the design." 디자인의 세계에는 세대가 없다는 슬로건을 걸고 할머니가 어머니에게, 어머니가 제게 전해준 따뜻하고 편안한 니트를 만들며 누구나 쉽게 즐길 수 있는 슬로우 메이드를 지향합니다.

마마랜스의 색다른 니트

CONTENTS

LOOK BOOK

뜨개를 시작하기 전에

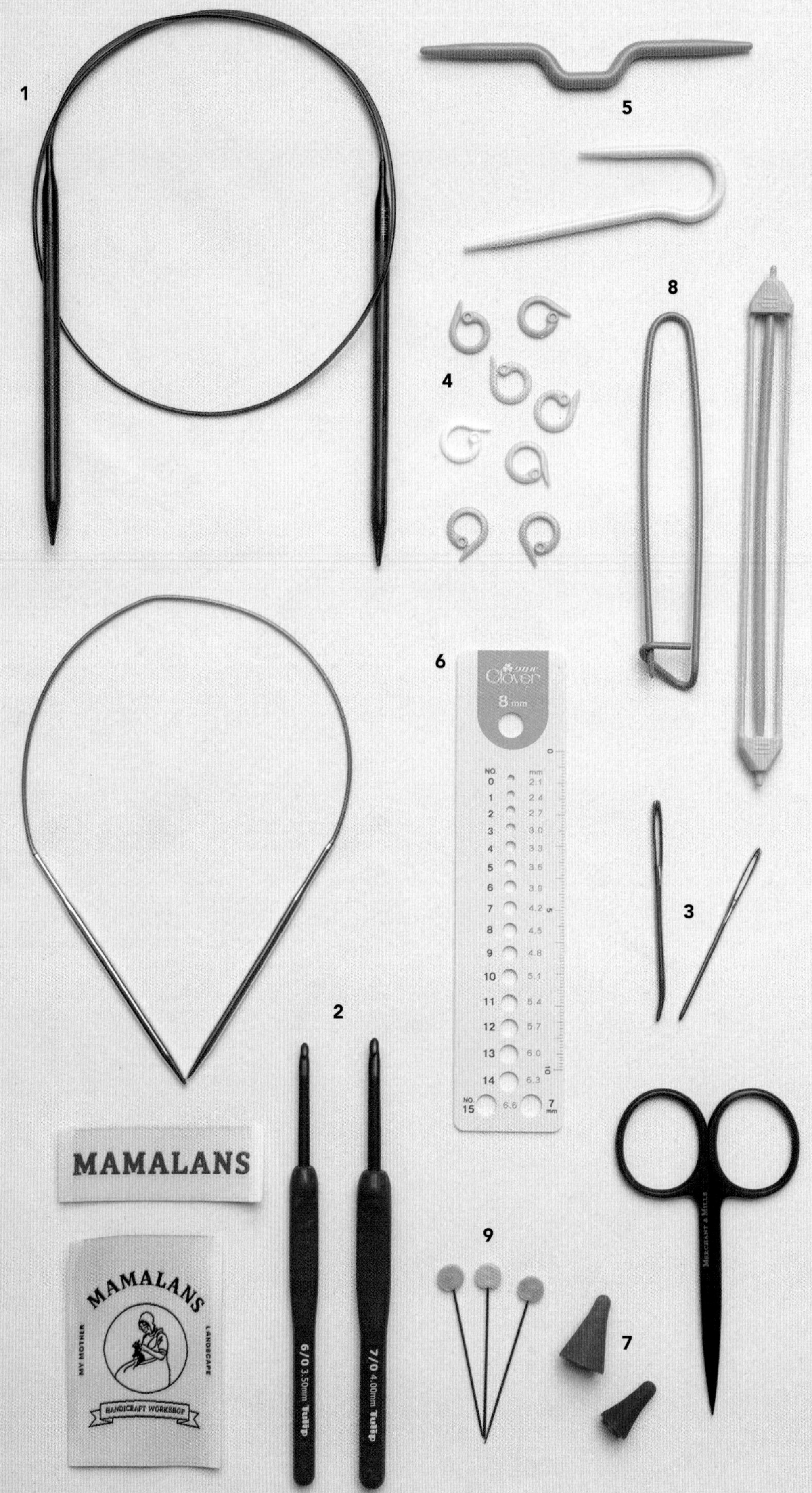

1
5
8
4
6
Clover
8 mm
3
2
MAMALANS
MAMALANS
MY MOTHER
LANDSCAPE
HANDICRAFT WORKSHOP
6/0 3.50mm Tulip
7/0 4.00mm Tulip
9
7
MERCHANT & MILLS

도구

1	**대바늘**	대바늘뜨기를 할 때 사용하는 바늘로, 2개가 한 세트입니다. 네크라인용 대바늘은 일반적인 대바늘에 비해 케이블이 조금 짧게 나옵니다.
2	**코바늘**	코바늘뜨기를 할 때 사용하는 바늘로 끝부분이 갈고리 모양으로 생겼습니다. 옷을 마감하거나 소품을 제작할 때 유용하게 쓰입니다.
3	**돗바늘**	편물을 서로 잇거나, 편물을 다 뜨고 마감할 때 사용하는 바늘입니다.
4	**단수링**	단수를 표기할 때 편물에 걸어 사용합니다. 단수링이 있으면 카운팅할 때 훨씬 수월합니다.
5	**꽈배기바늘**	꽈배기 패턴을 진행할 때 사용하는 바늘로 모양이 다양합니다. 내게 잘 맞는 모양으로 선택합니다.
6	**바늘 게이지 자**	게이지를 낼 때 유용하게 사용하는 자입니다. 대바늘에 적힌 크기 표기가 지워졌을 때 구멍에 바늘을 넣어 크기를 알 수 있습니다.
7	**대바늘 마개**	뜨개를 잠시 쉬거나 뜨던 편물을 보관할 때, 대바늘 끝에 끼워 편물의 코가 빠지는 것을 방지합니다.
8	**어깨핀, 코막음핀**	어깨나 소매, 네크라인, 주머니 등 코를 잠시 옮겨둘 수 있는 도구입니다.
9	**시침핀**	겹단의 편물을 꿰맬 때 편물을 접어 고정시킬 때 사용합니다.
10	**줄자**	게이지 스와치와 각종 뜨개 작업을 할 때 편물의 크기를 체크하는 도구입니다.

1
CHEVIOT WOOL
2
LAMANA
COMO GRANDE
MERINO SUPERFINE
3
TWEEDECO
Made in Italy
40g - 90m
4
CAMELLIA
FIBER Co
5
SANDNES GARN
TYNN SILK MOHAIR
6
winter garden
NAKYANGYARN
7
LANG YARNS
PHOENIX
MERINO EXTRAFINE
1107.0039
8
SANDNES GARN
BØRSTET ALPAKKA
9
LANG
CARPE DIEM
10
COLORED WOOL 100%
Sonomono
ヘアリー
11
Spanish Merino
12
Linea
RACCOON WOOL
라쿤 울
Knitting Cozy and Different, LINEA!

실

1 CHEVIOT WOOL (DARUMA)
50(g) / 92m
Cheviot wool 100%

2 COMO GRANDE (LAMANA)
50(g) / 120m
Merino Superfine Wool 100%

3 TWEED ECO (SEVY)
40(g) / 90m
Extra Fine Wool 80% Poly 20%

4 CFC Pepper Yarn (Camellia Fiber Company)
100(g) / 200m
Peruvian Highland Wool 100%

5 TYNN SILK MOHAIR (SANDNES GARN)
25(g) / 212m
Mohair 57%, Silk 28%, Wool 15%

6 Winter Garden (Nakyang)
50(g) / 125m
Raccoon Hair 50% Wool 30%, Nylon 20%

7 PHOENIX (LNAG)
100(g) / 270m
Virgin wool 93%, Nylon 7%

8 BORSTET ALPAKKA (SANDNES GARN)
50(g) / 110m
Brushed alpaca 96%, Nylon 4%

9 CARPE DIEM (LANG)
50(g) / 90m
Wool 70%, Alpaca 30%,

10 SONOMONO HAIRY (HAMANAKA)
25(g) / 125m
Alpaca 75%, Wool 25%

11 Spanish Merino (DARUMA)
50(g) / 71m
Wool 100%

12 RACCOON WOOL (LINEA)
95(g) / 138m
Wool 90%, Raccoon 10%

뜨개 기초 레슨

1 코잡기

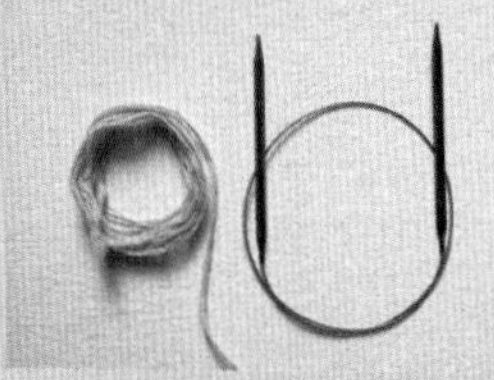

1 실과 사이즈에 맞는 바늘을 준비한다.

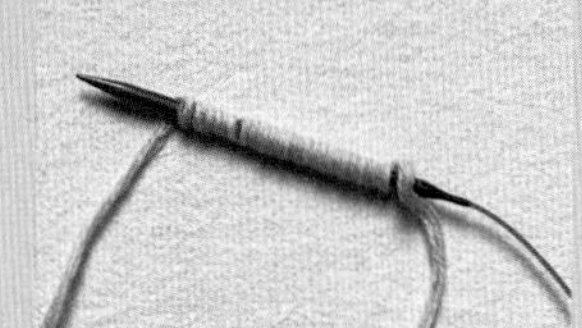

2 바늘에 원하는 콧수만큼 실을 감는다.

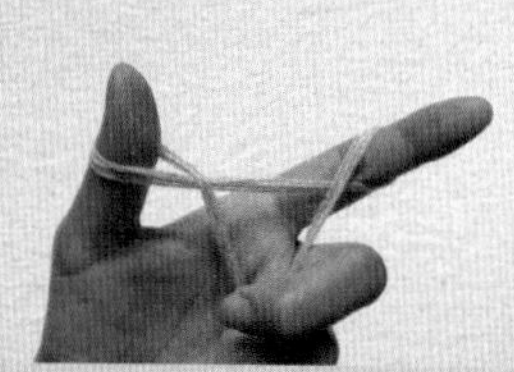

3 다시 푼 후 사진처럼 손 모양을 만들어 실을 잡는다.

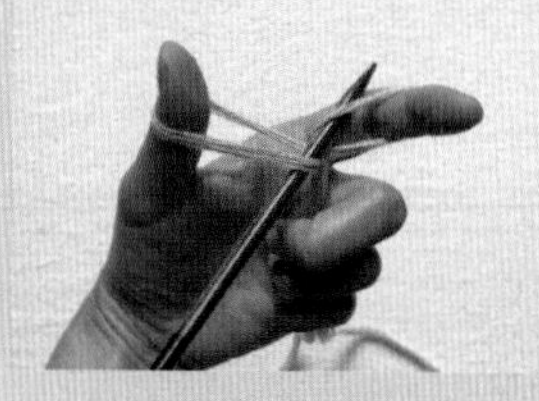

4 엄지 옆 작은 공간에 바늘을 넣는다. 그대로 검지 옆 작은 공간에 바늘을 넣는다.

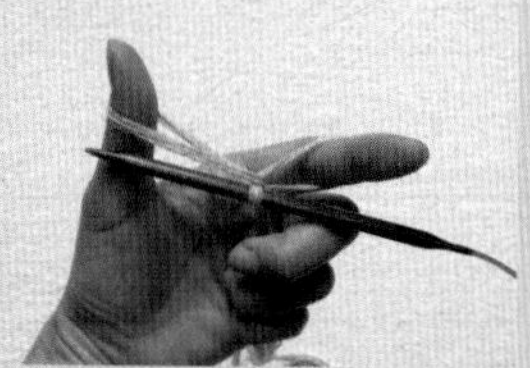

5 실이 걸린 채로 엄지 옆 작은 공간으로 바늘을 다시 뺀다.

6 양옆 실을 당겨 바늘에 코를 만든다.

7 원하는 콧수만큼 **4~6**을 반복한다.

2 겉뜨기

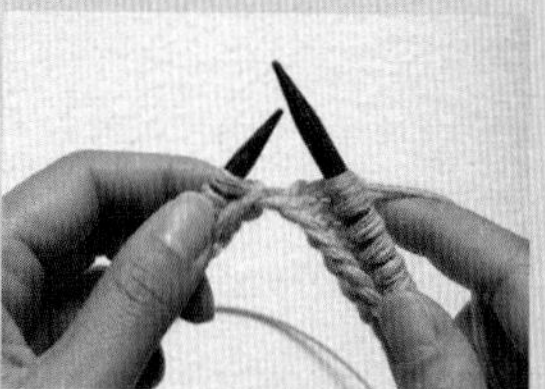

1 실을 오른쪽 바늘 뒤에 둔다.

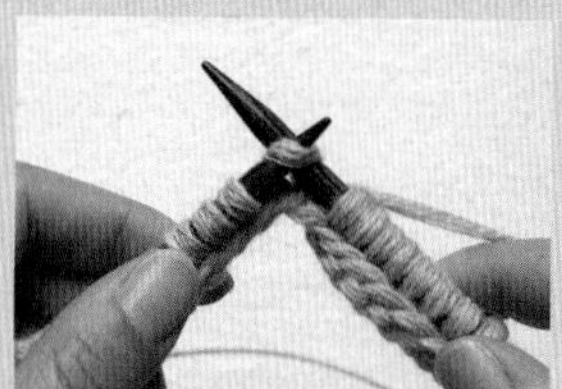

2 오른쪽 바늘을 왼쪽 코 안에서 밖으로 넣는다.

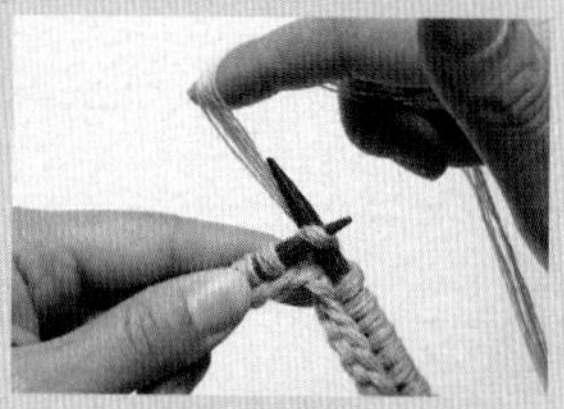

3 오른쪽 바늘에 시계 반대 방향으로 실을 감는다.

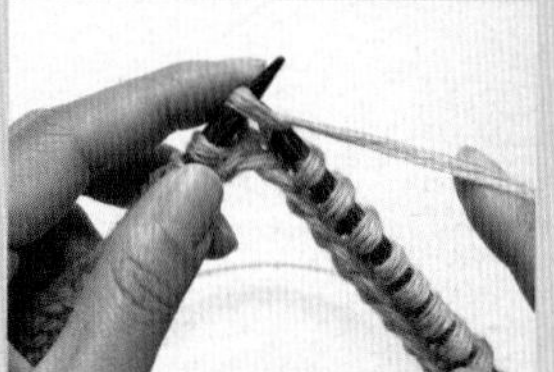

4 실을 감은 채로 오른쪽 바늘을 되돌아 뺀다.

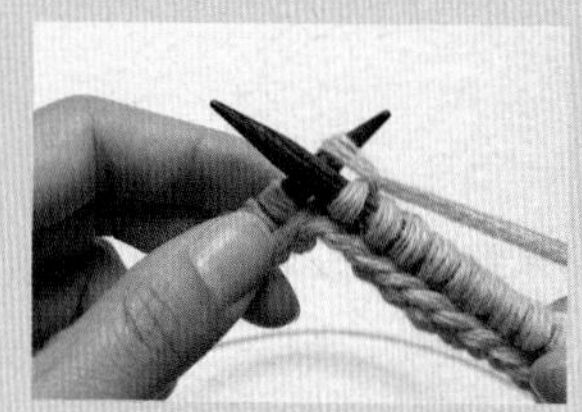

5 왼쪽 바늘에서 방금 뜬 코를 뺀다. 겉뜨기 1코 완성.

3 안뜨기

1 실을 오른쪽 바늘 앞에 둔다.

2 오른쩍 바늘을 왼쪽 코 밖에서 안으로 넣는다.

3 오른쪽 바늘에 시계 반대 방향으로 실을 감는다.

4 실을 감은 채로 오른쪽 바늘을 되돌아 뺀다.

5 왼쪽 바늘에서 방금 뜬 코를 뺀다. 안뜨기 1코 완성.

4 오른코 겹쳐 2코 모아뜨기

1 실을 오른쪽 바늘 뒤에 둔다.

2 코에 바늘을 겉뜨기 방향으로 넣고 그대로 오른쪽 바늘로 옮긴다.

3 다음 코에 겉뜨기 방향으로 바늘을 넣는다.

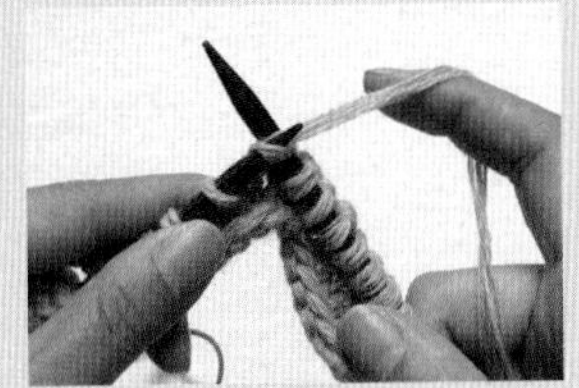

4 겉뜨기를 한다.

5 왼쪽 바늘에서 방금 뜬 코를 뺀다.

6 **2**의 코로 **5**의 코를 덮어씌운다.

7 오른코 겹쳐 2코 모아뜨기 완성.

5 왼코 겹쳐 2코 모아뜨기

1 실을 오른쪽 바늘 뒤에 둔다.

2 다음 2코에 바늘을 겉뜨기 방향으로 동시에 넣는다.

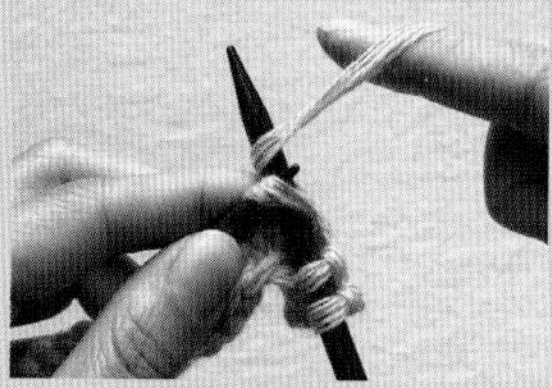

3 오른쪽 바늘에 시계 반대 방향으로 실을 감는다.

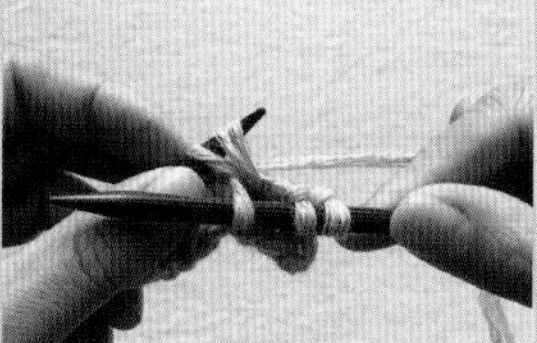

4 실을 감은 채로 오른쪽 바늘을 되돌아 뺀다. (2코 →1코)

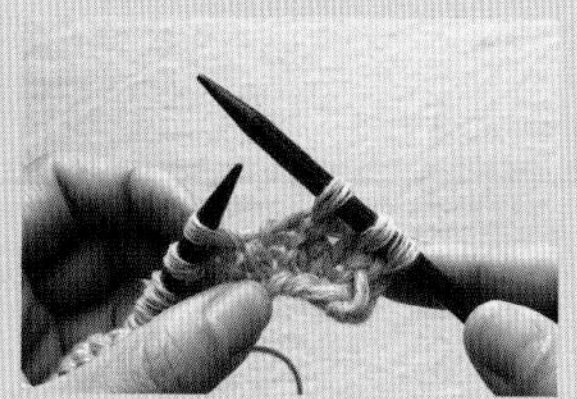

5 왼쪽 바늘에서 방금 뜬 코를 뺀다. 왼코 겹쳐 2코 모아뜨기 완성.

6 (안뜨기)왼코 겹쳐 2코 모아뜨기

1 실을 오른쪽 바늘 뒤에 둔다.

2 다음 2코에 바늘을 안뜨기 방향으로 동시에 넣는다.

3 오른쪽 바늘에 시계 반대 방향으로 실을 감는다.

4 실을 감은 채로 오른쪽 바늘을 되돌아 뺀다. (2코 →1코)

5 왼쪽 바늘에서 방금 뜬 코를 뺀다. 안뜨기로 왼코 겹쳐 2코 모아뜨기 완성.

7 코 걸러뜨기

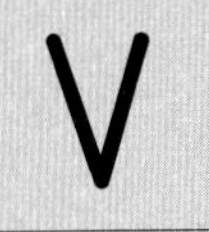

1 코에 바늘을 겉뜨기 방향으로 넣고 그대로 오른쪽 바늘로 옮긴다.

2 다음 코에 겉뜨기 방향으로 바늘을 넣는다.

3 겉뜨기를 한다.

4 방금 뜬 코를 뺀다.

5 한 코를 걸러뜨고 다음 코를 겉뜨기한 뒷모습.

8 바늘 비우기

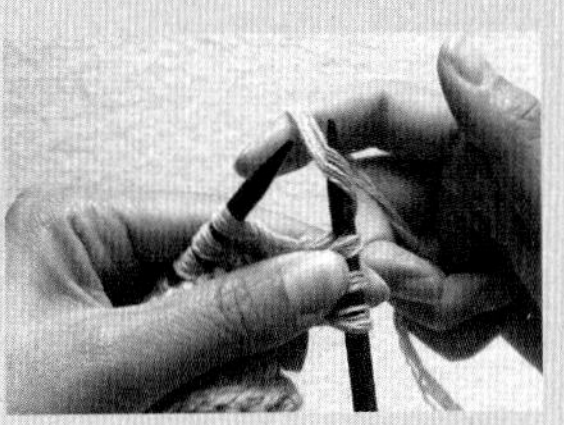

1 오른쪽 바늘에 시계 방향으로 실을 감는다. (바늘 비우기)

2 나머지 코는 도안대로 진행한다. (예시는 겉뜨기)

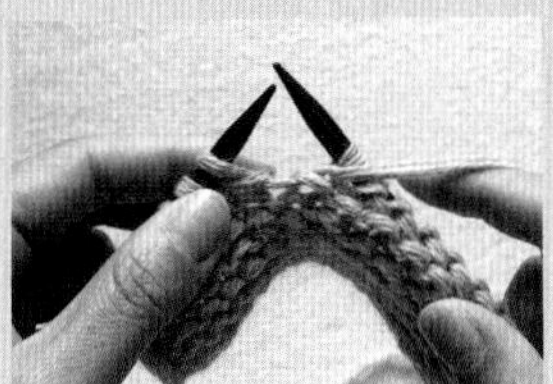

3 다음 단에서 편물을 돌려 도안대로 진행한다. (예시는 안뜨기)

4 바늘 비우기한 코에 바늘을 안뜨기 방향으로 넣는다.

5 안뜨기를 한다.

6 바늘 비우기가 나타난 모습.

9 왼코 위 1코 교차뜨기

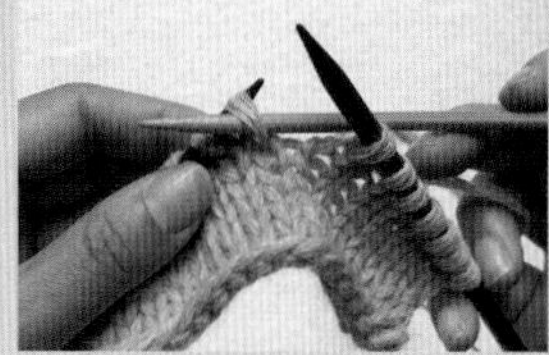
1 코를 장갑바늘로 옮기고 뒤에 둔다.

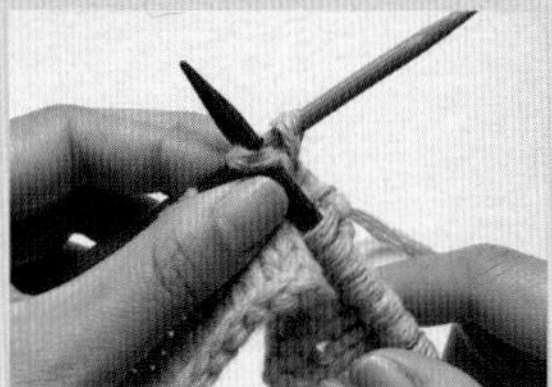
2 다음 코에 겉뜨기 방향으로 바늘에 넣는다.

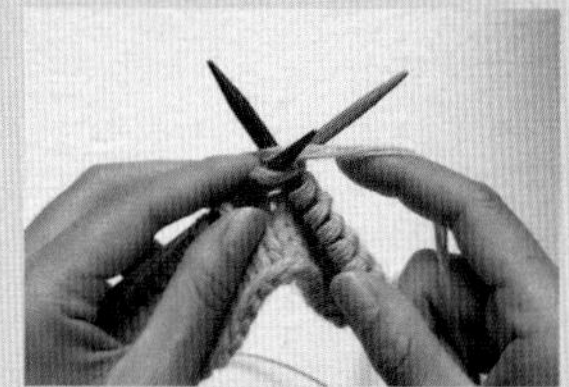
3 오른쪽 바늘에 시계 반대 방향으로 실을 감는다.

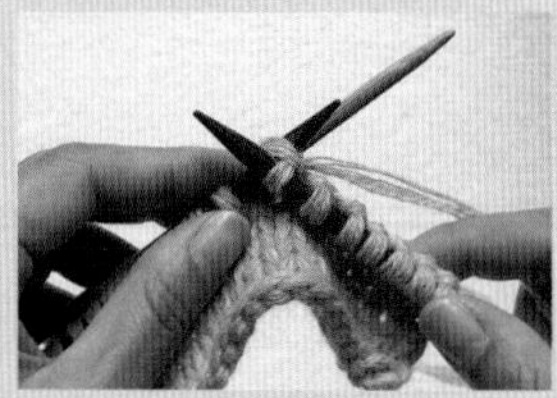
4 실을 감은 채로 오른쪽 바늘을 되돌아 뺀다.

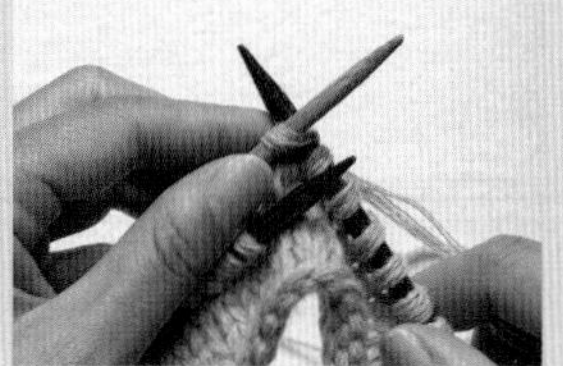
5 왼쪽 바늘에서 방금 뜬 코를 뺀다. (겉뜨기)

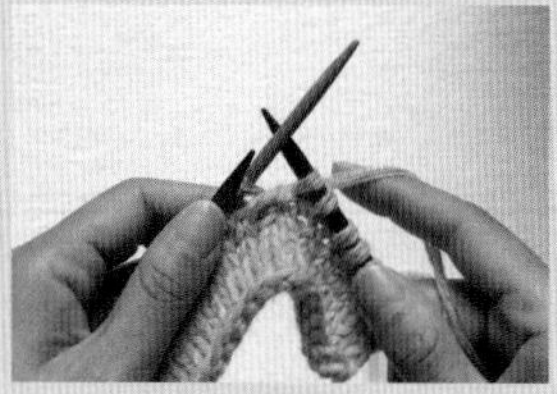
6 장갑바늘에 옮긴 코를 겉뜨기한다.

7 왼코 위 1코 교차뜨기 완성.

10 오른코 위 1코 교차뜨기

1 코를 장갑바늘로 옮기고 앞에 둔다.

2 다음 코에 겉뜨기 방향으로 바늘을 넣는다.

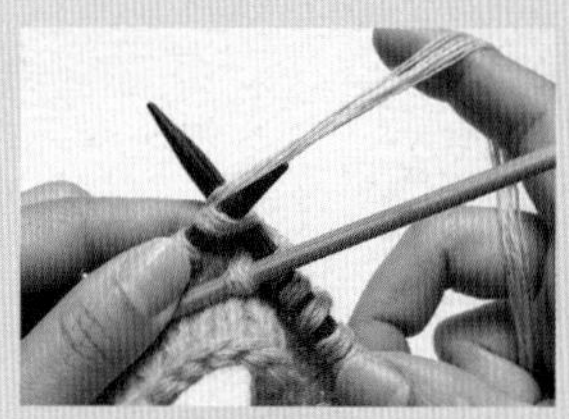
3 오른쪽 바늘에 시계 반대 방향으로 실을 감는다.

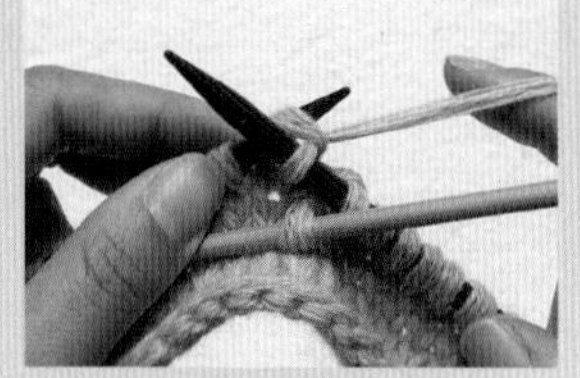
4 실을 감은 채로 오른쪽 바늘을 되돌아 뺀다.

5 왼쪽 바늘에서 방금 뜬 코를 뺀다. (겉뜨기)

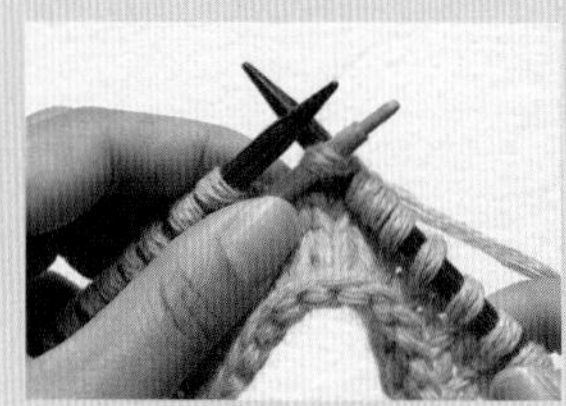
6 장갑바늘에 옮긴 코를 겉뜨기한다.

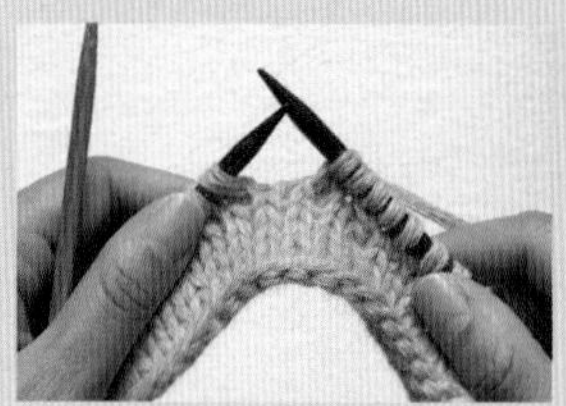
7 오른코 위 1코 교차뜨기 완성.

11 왼코 위2코 교차뜨기

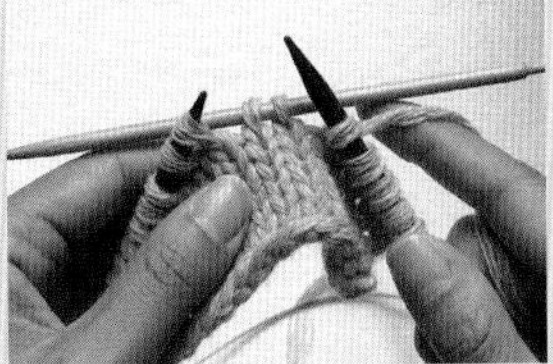
1 2코를 장갑바늘로 옮기고 뒤에 둔다.

2 다음 코에 겉뜨기 방향으로 바늘을 넣는다.

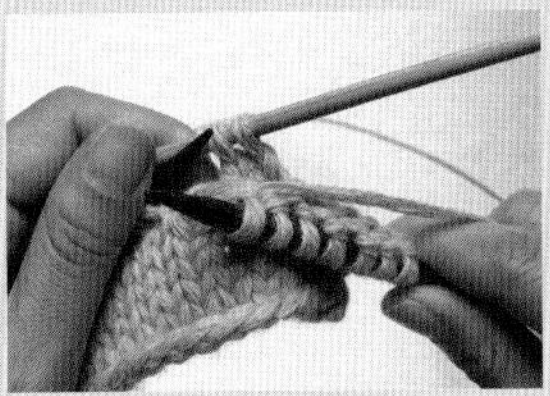
3 2코를 차례대로 겉뜨기한다.

4 장갑바늘로 옮긴 첫 코를 겉뜨기한다.

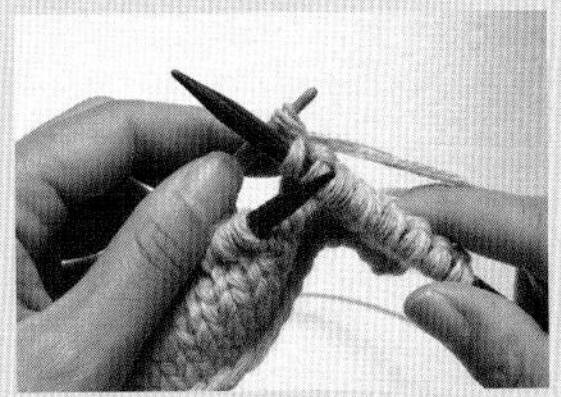
5 장갑바늘에 남은 코도 겉뜨기한다.

6 왼코 위 2코 교차뜨기 완성.

12 오른코 위 2코 교차뜨기

1 2코를 장갑바늘로 옮기고 앞에 둔다.

2 다음 코에 겉뜨기 방향으로 바늘을 넣는다.

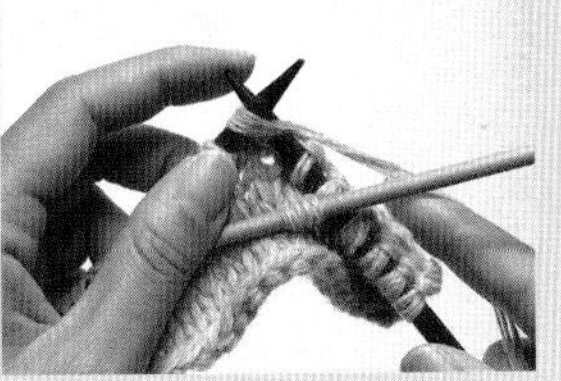
3 2코를 차례대로 겉뜨기한다.

4 장갑바늘로 옮긴 첫 코를 겉뜨기한다.

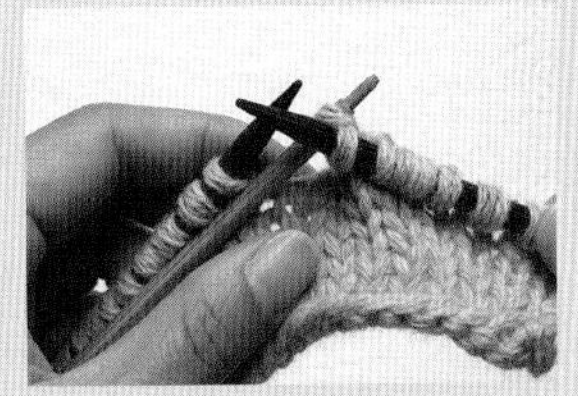
5 장갑바늘에 남은 코도 겉뜨기한다.

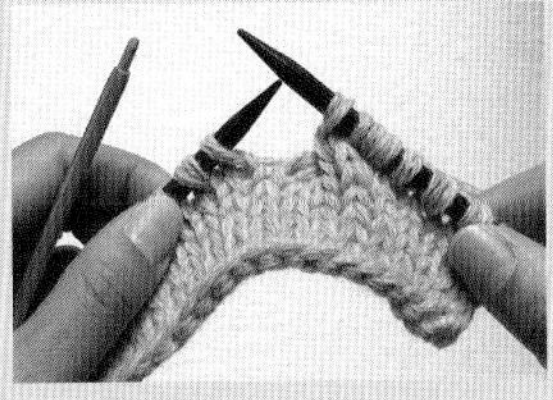
6 오른코 위 2코 교차뜨기 완성.

13 코 늘리기

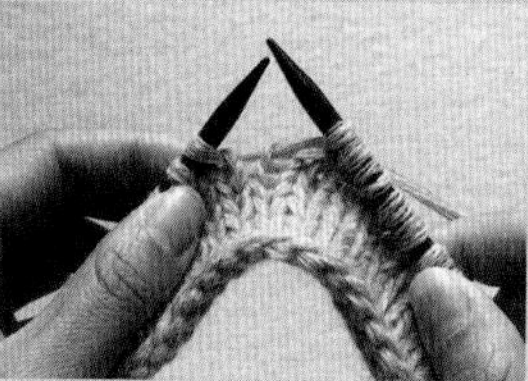

1 실을 오른쪽 바늘 뒤에 둔다.

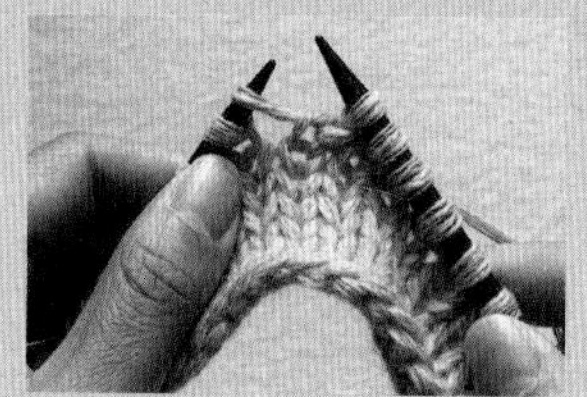

2 양 코 사이의 가로실을 왼쪽 바늘로 끌어 올린다.

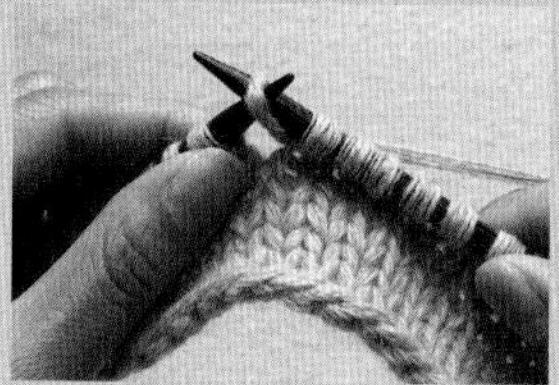

3 오른쪽 바늘을 끌어 올린 코 안에서 밖으로 넣는다.

4 겉뜨기를 한다.

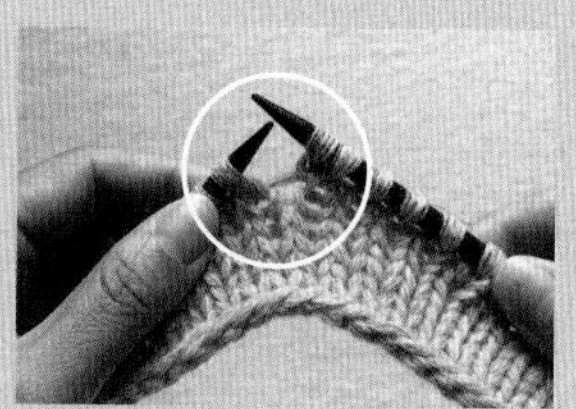

5 코가 늘어난 모습.

14 (겉뜨기)코막음

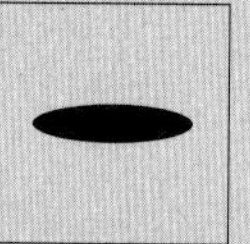

1 첫 코를 겉뜨기한다.

2 두 번째 코도 겉뜨기한다.

3 첫 코를 왼쪽 바늘에 건다.

4 걸린 코를 당겨 오른쪽 바늘에서 뺀다. (**2**의 코를 덮어씌운다.)

5 **2**~**4**를 반복한다.

15 (안뜨기)코막음

1 첫 코를 안뜨기한다.

2 두 번째 코도 안뜨기한다.

3 첫 코를 왼쪽 바늘에 건다. 걸린 코를 당겨 다음 코를 덮어씌운다.

4 **2**~**3**을 반복한다.

16 단과 단 잇기

1 돗바늘에 실을 꿰어 한쪽 단 1코에 통과시킨다.

2 다른 편물에도 동일하게 통과시킨다.

3 실로 두 편물이 연결된 모습.

4 **1**~**2**를 지그재그로 반복한다.

5 실을 당겨 편물을 연결한다.

17 단에서 코잡기

1 편물을 가로로 놓고 첫 코에 바늘을 넣어 뜰 실을 건다.

2 실이 걸린 채로 바늘을 도로 코 밖으로 빼 새로운 코를 만든다

3 다음 코에 바늘을 넣고 걸뜨기한다.

※ 꼭 반코가 아닌 한 코에 바늘을 넣는다.

4 **1**~**3**을 반복해서 코를 잡는다.

18 코에서 코잡기

1 편물을 세로로 놓고 첫 코에 바늘을 넣어 뜰 실을 건다.

2 실이 걸린 채로 바늘을 도로 코 밖으로 빼 새로운 코를 만든다

3 다음 코에 바늘을 넣고 걸뜨기한다.

※ 꼭 반코가 아닌 한 코에 바늘을 넣는다.

4 **1**~**3**을 반복해서 코를 잡는다.

19 빼뜨기

1 다음 코에 코바늘을 넣는다.

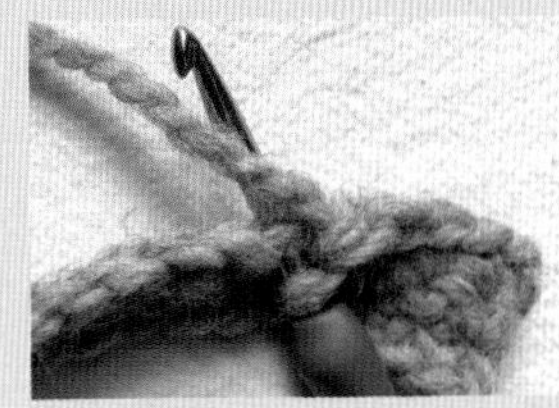

2 바늘에 실을 건다.

3 건 실을 바늘 끝으로 당겨 코 밖으로 뺀다.

4 아직 걸려 있는 실을 그대로 당겨 바늘에 걸린 1코 사이로 뺀다.

5 **1~4**를 필요한 만큼 반복한다.

20 짧은뜨기

1 코에 코바늘을 넣고 실을 건다.

2 걸린 실을 바늘 끝으로 당겨 코 밖으로 뺀다.

3 다시 바늘에 실을 감는다.

4 감은 실을 바늘 끝으로 당겨 바늘에 걸린 코 사이로 뺀다.

5 1코가 걸린 채로 다음 코에 바늘을 넣고 실을 건다.

6 건 실을 바늘 끝으로 당겨 코 밖으로 뺀다.

7 다시 바늘에 실을 감아 바늘에 걸린 2코 사이로 한 번에 뺀다.

8 **5~7**을 필요한 만큼 반복한다.

21 고무코 잡기

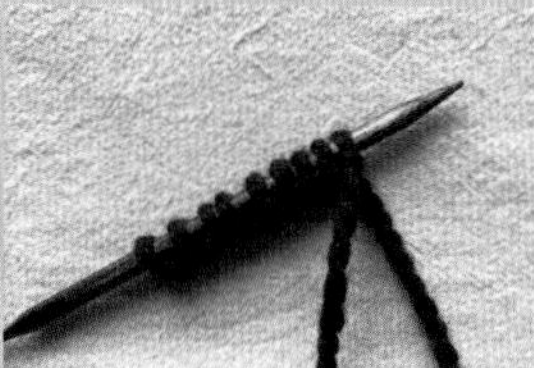

1 필요한 콧수의 절반을 밑실로 코잡기한다.

2 작품을 뜰 실로 3단 평단을 뜬다.

3 밑실에 걸린 코는 겉뜨기한다.

4 바늘에 걸린 코는 안뜨기한다.

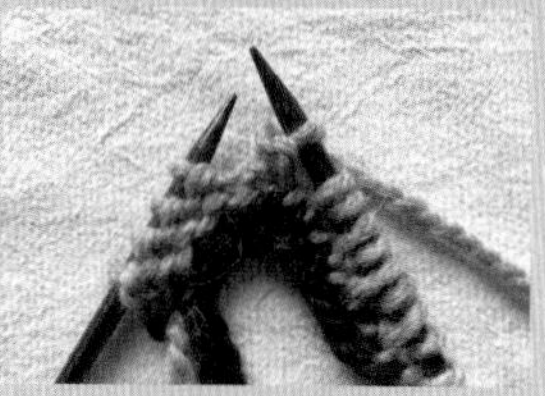

5 **3~4**를 반복한다.

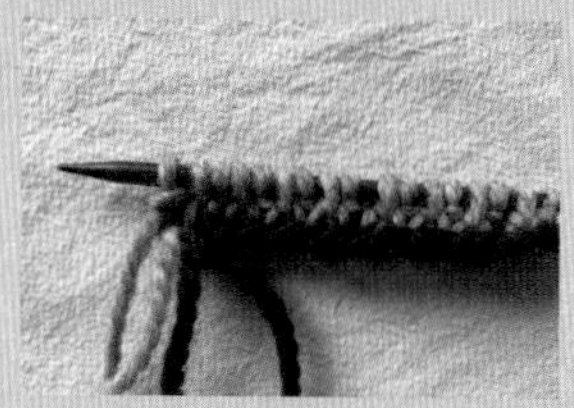

6 코가 2배로 늘어난 모습.

7 밑실을 제거한다.

22 고무코 마무리

1 돗바늘에 실을 꿰어 겉뜨기 코에 안뜨기 방향으로 통과시킨다.

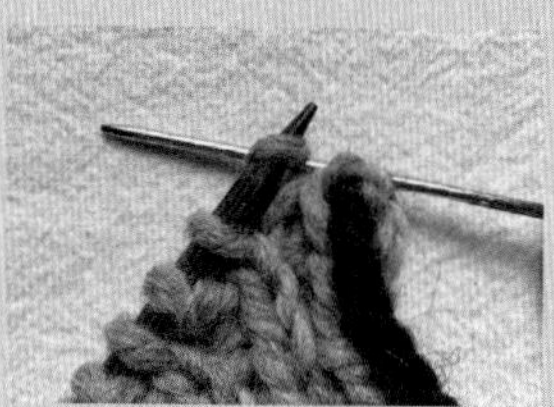

2 안뜨기 코에 겉뜨기 방향으로 바늘을 통과시킨다.

3 **1**의 코와 다음 코에 안뜨기 방향으로 바늘을 통과시킨다.

4 **2**의 코와 다음 코에 겉뜨기 방향으로 바늘을 통과시킨다.

5 **3**의 코와 다음 코에 안뜨기 방향으로 바늘을 통과시킨다.

6 **4**의 코와 다음 코에 겉뜨기 방향으로 바늘을 통과시킨다.

7 **3~6**을 마지막 코까지 반복한다.

8 고무코를 마무리한 모습.

23 어깨산 뜨는 법 (왼쪽 / 오른쪽)

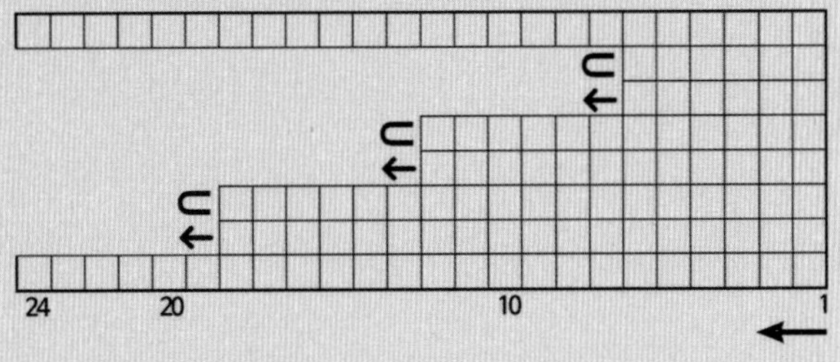

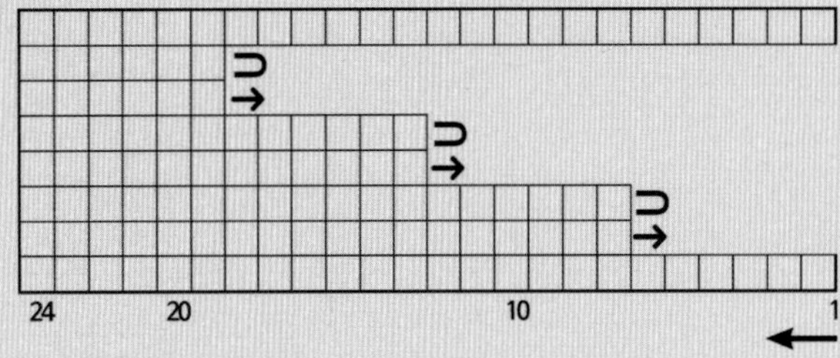

2-6-3
-6

2-6-3
-6

24 어깨산 연결하기

1 연결할 편물을 겉면끼리 마주 보게 놓는다.

2 앞쪽 편물의 첫 코에 겉뜨기 방향으로 바늘을 넣어 뺀다.

3 뒤쪽 편물의 첫 코에 안뜨기 방향으로 바늘을 넣어 뺀다.

4 그대로 **2**의 코에 통과시켜 뺀다.

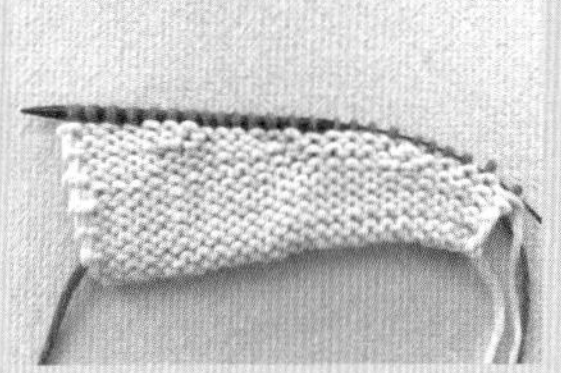

5 **2~4**를 끝까지 반복한다.

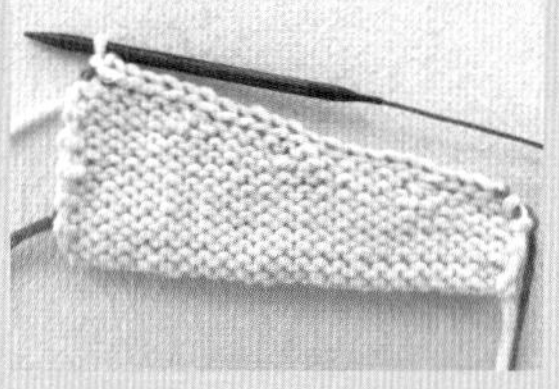

6 대바늘로 코막음 또는 코바늘로 빼뜨기해 마무리한다.

7 마무리한 후, 편물을 펼쳐서 스팀으로 블로킹한다. 어깨산이 연결된 모습.

25 변형 줄이기 (왼코)

1 2코를 차례대로 뜬다. (해당 부호는 4코만 사용한다.)

2 다음 2코를 꽈배기바늘로 옮기고 뒤에 둔다.

3 오른쪽 바늘을 꽈배기바늘의 앞코와 왼쪽 바늘의 앞코에 동시에 통과시킨다.

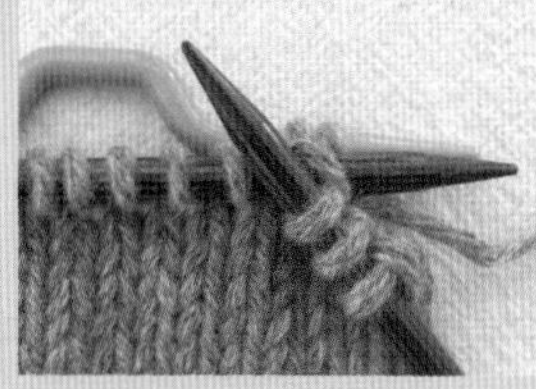

4 2코를 한꺼번에 겉뜨기한다.

5 다음 2코도 한꺼번에 겹쳐서 뜬다.

6 코가 줄어든 상태. (보통 암홀이나 소매산을 만들 때 양쪽의 2코를 겉뜨기로 세운다.)

※ 3회 반복한 상태

26 변형 줄이기 (오른코)

1 6코가 남을 때까지 뜬다. (해당 부호는 4코만 사용한다.)

2 다음 2코를 꽈배기바늘로 옮기고 앞에 둔다.

3 오른쪽 바늘을 꽈배기바늘의 앞코와 왼쪽 바늘의 앞코에 동시에 통과시킨다.

4 2코를 한꺼번에 겉뜨기한다.

5 다음 2코도 한꺼번에 겹쳐서 뜬다.

6 남은 2코는 겉뜨기한다.

※ 3회 반복한 상태

27 메리야스 잇기

1 연결할 편물을 위, 아래로 놓는다.

2 돗바늘에 실을 꿰어 아래쪽 편물의 첫 코에 오른쪽에서 왼쪽으로 통과시킨다.

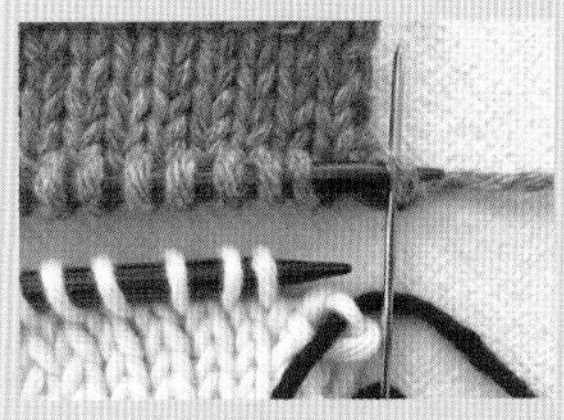

3 위쪽 편물의 첫 코에 왼쪽에서 오른쪽으로 통과시킨다.

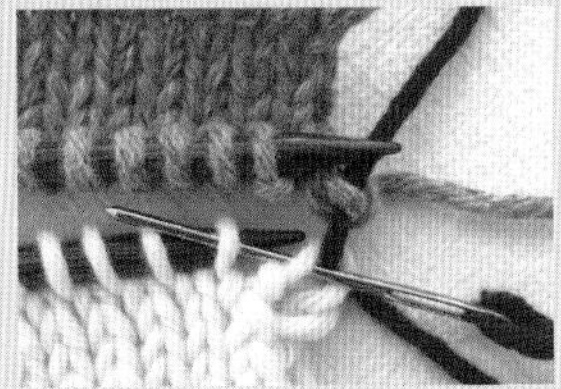

4 아래쪽 편물의 첫 번째 코와 두 번째 코를 연결하며 **2**와 동일한 방법으로 통과시킨다.

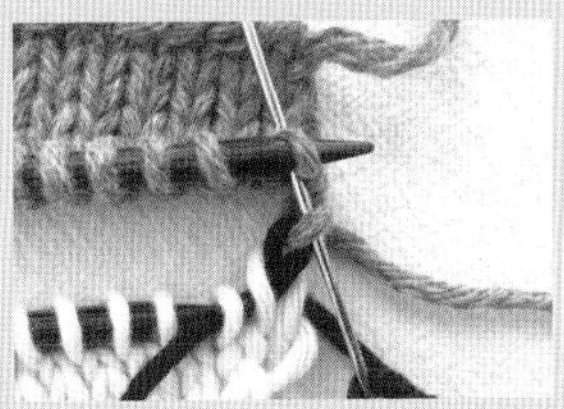

5 위쪽 편물의 첫 번째 코와 두 번째 코를 연결하며 통과시킨다.

6 **4~5**를 반복해 연결한다.

※ 연결된 편물의 안면

28 밑실 양방향에서 코잡기

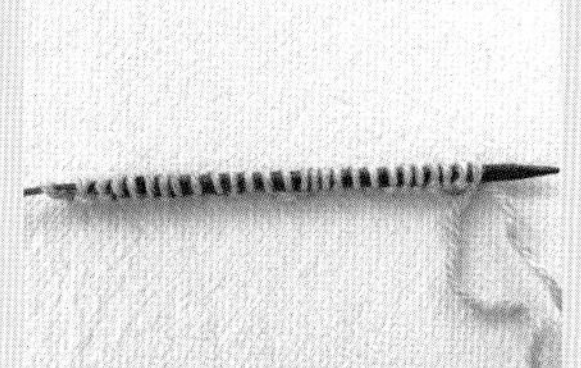

1 밑실을 사용해 코잡기를 한다.

2 밑실 윗부분의 편물을 진행한다.

3 편물의 안면이 보이게 뒤집고 밑실이 위를 향하게 놓는다.

4 아랫부분의 편물을 뜰 실로 안뜨기로 코를 잡는다.

5 코잡기를 끝내고 밑실을 제거한다.

6 밑실 양방향으로 뜨개를 진행한 모습.

29 아웃 포켓 만들기

1 돗바늘과 가이드 라인 실을 꿰어 1코는 아래로, 1코는 위로 편물을 통과시킨다.

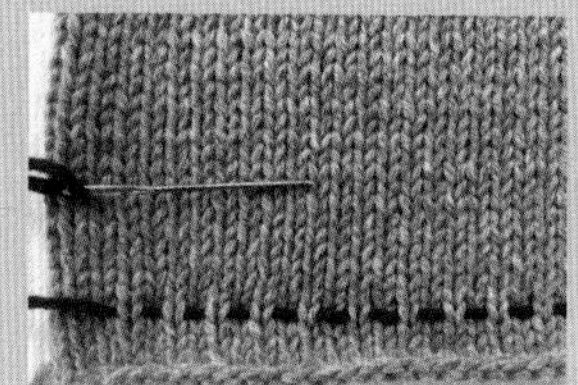

2 포켓 크기만큼 가이드 라인을 만든다.

3 가이드 라인 실과 해당 코에 대바늘을 꽂아 포켓 실을 건다.

4 건 실을 당겨 코 밖으로 뺀다. (1코가 만들어진다.)

5 **3~4**를 반복한다.

6 포켓의 코를 모두 잡은 후, 도안을 따라 원하는 높이까지 뜬다.

7 코바늘 또는 돗바늘로 마무리한다.

8 단과 단 잇기로 포켓 양 옆을 꿰매어 고정한다.

게이지 이해하기

게이지란, 편물에서 10 x 10cm 크기를 임의로 정해 안에 몇 코, 몇 단이 들어가는지 측정한 단위를 말합니다. 뜨고 싶은 작품의 실이 정해지면 그 굵기에 맞춰 바늘을 선택하는데, 본격적인 뜨개 작품을 시작하기 전에 샘플처럼 작은 편물을 제작하여 조금 더 정확한 크기의 작품이 나올 수 있도록 도와주는 과정입니다.

이 책에는 작품마다 각각 표기된 게이지가 있는데, 예시와 같은 크기로 완성하기 위해서는 동일한 '게이지'로 맞추는 것이 중요합니다. 개인의 손힘에 따라 게이지가 달라질 수 있으므로 텐션에 맞춰 바늘을 바꾸어주는 것 또한 좋은 방법이며, 편물의 모양이 최대한 일정하게 나오는 것이 무엇보다 중요합니다.

보통 게이지는 넉넉하게 15 x 15cm 크기로 뜨고 편물 중앙 부분 가로와 세로를 10cm씩 잰 것을 기준으로 표기합니다. 게이지가 다르게 나온다며 바늘의 사이즈를 조정하거나 뜨개를 하면서 콧수와 단수를 조절합니다. 단수를 조절해 길이를 조정하는 것은 비교적 쉬우나, 뜨는 도중 너비를 조정하는 것은 어렵기 때문에 콧수는 작품 게이지에 최대한 맞추어 주는 것이 편리합니다.

뜨개 TIP

1 같은 실과 바늘이라도 게이지가 다를 수 있습니다. 뜨개는 수작업이라 같은 사람이 같은 실과 바늘을 사용하더라도 종종 게이지가 다르게 나올 수 있습니다.
2 실을 연결할 때는 단의 시작이나 끝에 묶어줍니다. 단의 중간에서 잇는 경우 나중에 실을 정리하기가 어렵고 자칫 세탁하다가 실이 풀릴 수도 있습니다. 실이 조금 아깝더라도 단의 시작 부분에서 묶어서 정리합니다. (단, 풀리지 않는 방법으로 묶었다면 단의 어디에서 연결해도 좋습니다.)
3 코를 줄이는 방법에는 여러 가지가 있습니다. 이 책에서 알려주는 코 줄이기 대신 원하는 모양으로, 취향대로 코를 줄여도 괜찮습니다.
4 같은 브랜드의 실이라도 굵기 차이가 날 수 있습니다. 일부 실은 염색 공정으로 인해 색마다 차이가 있을 수 있습니다.
5 뜨개를 하다 보면 실 중간에 매듭이 있기도 합니다. 많은 실이 특정 무게를 기준으로 판매되기 때문에, 실의 무게를 맞추려고 실을 연결해 짧은 매듭이 생기는 경우가 있습니다. 이럴 때는 실을 그대로 두기보다는 풀리지 않는 방법으로 묶거나 끊은 후 단의 시작 부분에서 다시 묶습니다.

LOOK BOOK

마마랜스 색다른 니트

크레파스 배색 스웨터

그런 날이 있어요. 가지고 있는 예쁜 색깔의 실이 아주 많아
크레파스로 칠하듯 스웨터 이곳저곳을 조금씩 색칠하고 싶은 날!
그럴 때는 좋아하는 색들을 모두 모두 담아 이 크레파스 스웨터를 만들어 보세요.

CRAYON PULLOVER

HOW TO P.70

HOW TO P.86

PREPPY
ABERDEEN
PONCHO

프레피 애버딘 판초

단정하면서 클래식한 스타일의 정석! 레트로 애버딘 카디건을 판초 버전으로 만들었어요.
깔끔한 디자인은 살리되 너무 심심한 건 싫은 마음에 고무단과 벨트에 컬러 포인트를 주었어요.

PORTRAIT IN JAZZ
BILL EVANS TRIO

컨트리 샌드위치 케이블 스웨터

한 가지 컬러의 케이블 스웨터도 매력이 넘치지만
패턴과 패턴 사이에 컬러를 달리한 배색 스웨터도 만들고 싶었어요.
어때요, 세로 라인이 들어가니 조금 더 날씬해 보이지 않나요?
좋아하는 무드로 골라 떠 보세요!

HOW TO P.100

COUNTRY
SANDWICH
CABLE SWEATER

HOW TO P.100

파트라슈와 함께 V넥 베스트

러스틱한 스티치가 매력적인 베스트입니다.
세일러 카디건에만 머물러 있기엔 아쉬울 정도로 예쁜 스티치 무늬지요.
보송보송한 무늬라 할머니가 되어서도 이 조끼만 있으면 사랑스러운 소녀가 된 기분일 거예요.

PATRASCHE
V-NECK VEST

HOW TO P.138

ANYWAY MITTEN SWEATER

HOW TO P.160

아무튼 미튼 스트라입 스웨터

늘 장갑과 양말은 한 짝씩 잃어버리게 돼요.
분명히 가방에 넣어뒀는데, 찾으려고 보면 없는 경우가 너무 많아 장갑과 하나인 스웨터를 만들었어요.
소매를 더 길게 길게 늘이고 구멍을 만들어 손가락을 넣을 수 있답니다.
스티치를 넣어 귀여운 포인트 같지만 손바닥이 따뜻하니 아무튼 장갑이지요.

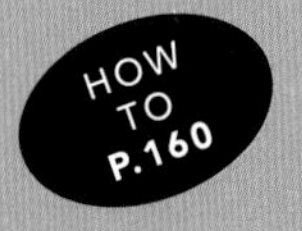
HOW TO P.160

ANYWAY MITTEN SWEATER

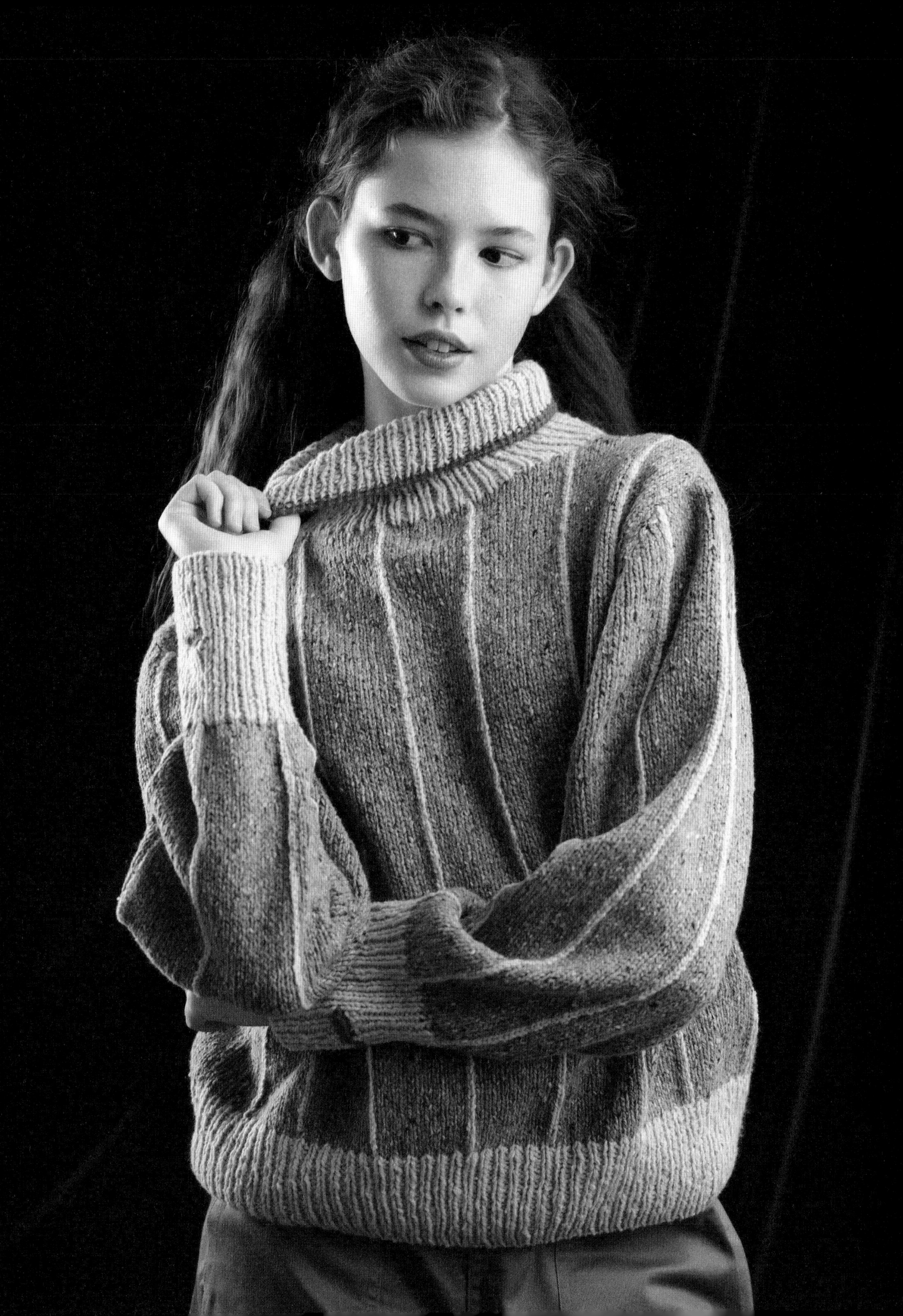

HUCKLEBERRY FINN
SHAWL OUTER
HOW
TO
P.180

허클베리 핀의 지그재그 숄 아우터

허클베리 핀이 사는 미시시피도 겨울에는 몹시 추워요.
헛간 밑이나 선박용 통에서 살아야 하니
따뜻한 옷을 만들어 주고 싶은 마음이 들더라고요.
소매는 왜 없냐고요? 낚시해야 하니까요!

HOW TO P.206,228

HOME ALONE COMFY SET-UP

홈 얼론 콤피 셋-업

오늘은 소파에 늘어지게 앉아 혼자 팝콘이나 우걱우걱 씹으며,
케빈을 만나고 싶은 날! 그런 날이라도 낭만 없이 아무거나 입고 싶지는 않아요.
귀여운 셋-업을 입고 있으면 영화를 보다가도
친한 친구의 전화에 모자만 쓰고 바로 나가도 돼요.

리본 묶고 나빌레라 드레스

70대가 된 마이클 아저씨의 인생 k-드라마는 '나빌레라'라고 하셨어요.
어쩜 한국은 이렇게 낭만적인 드라마를 잘 만드니?
그래서 저도 특별히 조금 더 낭만적인 무드를 가득 넣어봤어요.
이제 우리 같이 사랑스러워지자고요!

TIE UP RIBBON DRESS

HOW TO P.257

HOW TO P.262

클래식 스트라이프 폴라T와 원피스

스트라이프가 베이직하고 클래식하다는 말은 지겹도록 많이 들었어요.
하지만 여기서 중요한 것은 스트라이프 그 자체가 아니라 '바디와 슬리브의 선들이 한치의 오차 없이 멋지게 이어져 있는가?'라는 것이지요.
걱정하지 말고 따라오세요!

CLASSIC STRIPED
TURTLENECK TEE & DRESS

HOW TO P.262

LOVE SIGNAL
FLAT CARDIGAN
HOW TO P.288

러브 시그널 플랫 카디건

단순 겉뜨기와 안뜨기 그리고 배색만으로 이렇게 귀여운 패턴이 완성된다고요?
니트와 사랑에 빠지는 모먼트지요! 거기에 살포시 플랫 칼라까지 얹어준다면
다이애나 블라이스가 부럽지 않을 걸요?
원하는 칼라 모양을 선택해 카디건을 떠 보세요.

LOVE SIGNAL FLAT CARDIGAN

HOW TO P.288

BASIC SIMPLE LEG WARMER

베이직 심플 레그 워머

발목과 종아리만 감싸줘도 체온이 2도 올라간다는 거 아시나요?
마마랜스와 똑같은 색상을 쓰실 필요는 없어요.
배색은 내 마음대로라도 좋아요! 자투리 실들을 모아 만들어 보세요.

HOW
TO
P.319

데일리 비니, 베이직 심플 비니

그동안 비니에 대한 요청이 꾸준했어요.
기본템 찾기가 은근히 힘들다는 분들이 많더라고요.
머리 감지 않은 날에도 패셔너블할 수 있는 비니를 소개합니다.
실 굵기에 따라 코를 얼마나 잡으면 되는지, 줄이기의 규칙은 어떤 건지 궁금하시죠?
QR 코드를 확인하세요!

HOW TO P.322

HOW TO KNIT

작품 뜨는 법

크레파스 배색 스웨터

사이즈 cm (S/M/L)

어깨	55/60/64
가슴	66/70.5/76
암홀	25/27/30
소매	57/60/62.5
총장	62/65/68

실

Lang Phoenix
(밑단) 28. Salmon 15, 18, 21g
(바탕실) 11. Copper 300, 335, 370g
(네크라인) 88. Petrol 12, 14, 16g
92. Sage 5, 7, 9g
48. Dusty Pink 5, 7, 9g
(포켓) 26. Beige 10, 13, 16g

바늘

4.0mm, 4.5mm 대바늘

게이지

13코×23단

BACK 뒤판

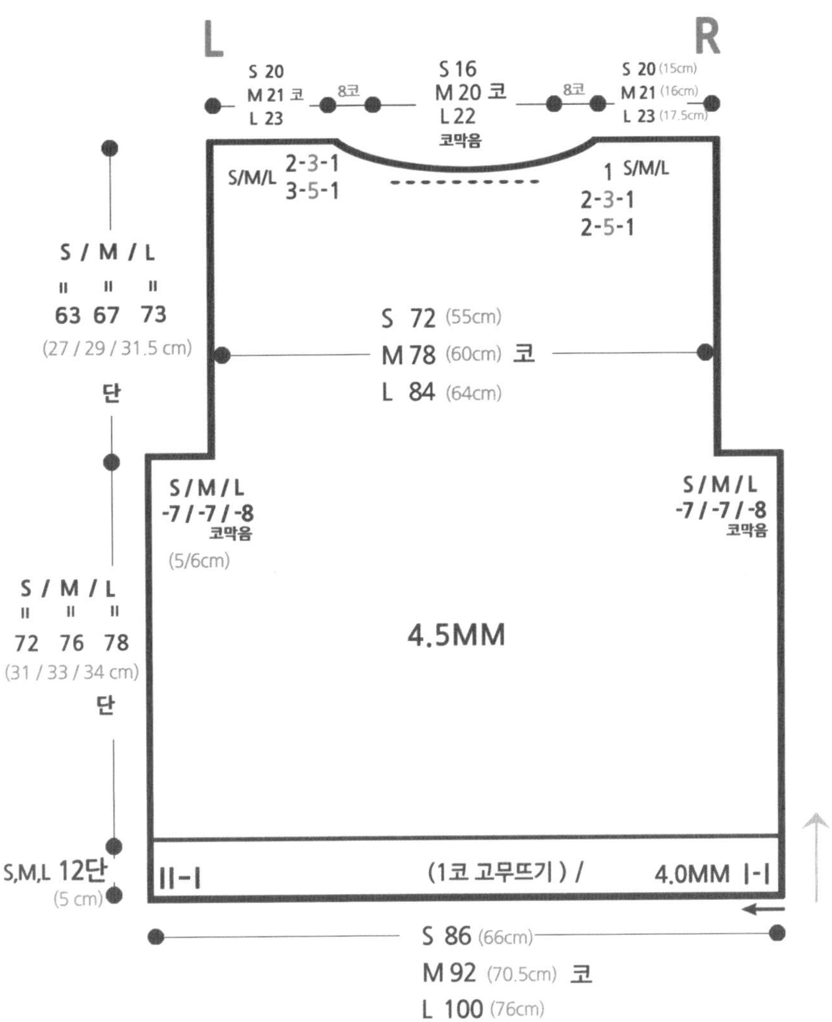

1 밑실과 4.0mm 대바늘로 고무단 (S 86, M 92, L 100)코를 만들어 10단을 뜹니다. (이때 사슬이나 밑실로 고무코를 잡으면 2단이 더해져 12단이 됩니다.)

2 4.5mm 대바늘로 바꾸고 도안을 따라 (S 72, M 76, L 78)단을 뜹니다. 양옆 암홀 (SM 7, L 8)코씩 코막음을 합니다.

3 코막음 후에 (S 72, M 78, L 84)코가 됩니다. 코막음 단부터 1단으로 카운팅하고 도안을 따라 (S 58, M 62, L 68)단까지 뜹니다.

★ 여기부터는 각 사이즈에 맞는 설명을 따릅니다.

S size

58단까지 뜬 후, 도안을 따라 오른쪽 어깨를 진행합니다.

① 59단 : 어깨코 20코 + 줄일 코 8코 = 28코 (왼쪽 바늘의 나머지 코들은 다른 바늘에 옮겨둡니다.)

② 60단 : 안뜨기로 5코 코막음, 도안 진행 (2-5-1)

③ 61단 : 어깨코 20코 + 줄일 코 3코 = 23코

④ 62단 : 안뜨기로 3코 코막음, 도안 진행 (2-3-1)

⑤ 63단 : 어깨코 겉뜨기 20코, 실 넉넉하게 (20코 길이의 3~4배) 남기고 끊기

실을 다시 연결해 가운데 16코 코막음합니다. (59단)

왼쪽 어깨를 진행합니다.

① 59단 : 겉뜨기로 16코 코막음 후 어깨코 28코

② 60단 : 안뜨기

③ 61단 : 겉뜨기로 5코 코막음, 어깨코 23코 (3-5-1)

④ 62단 : 안뜨기

⑤ 63단 : 겉뜨기로 3코 코막음, 어깨코 20코, 실 넉넉하게 (20코 길이의 3~4배) 남기고 끊기

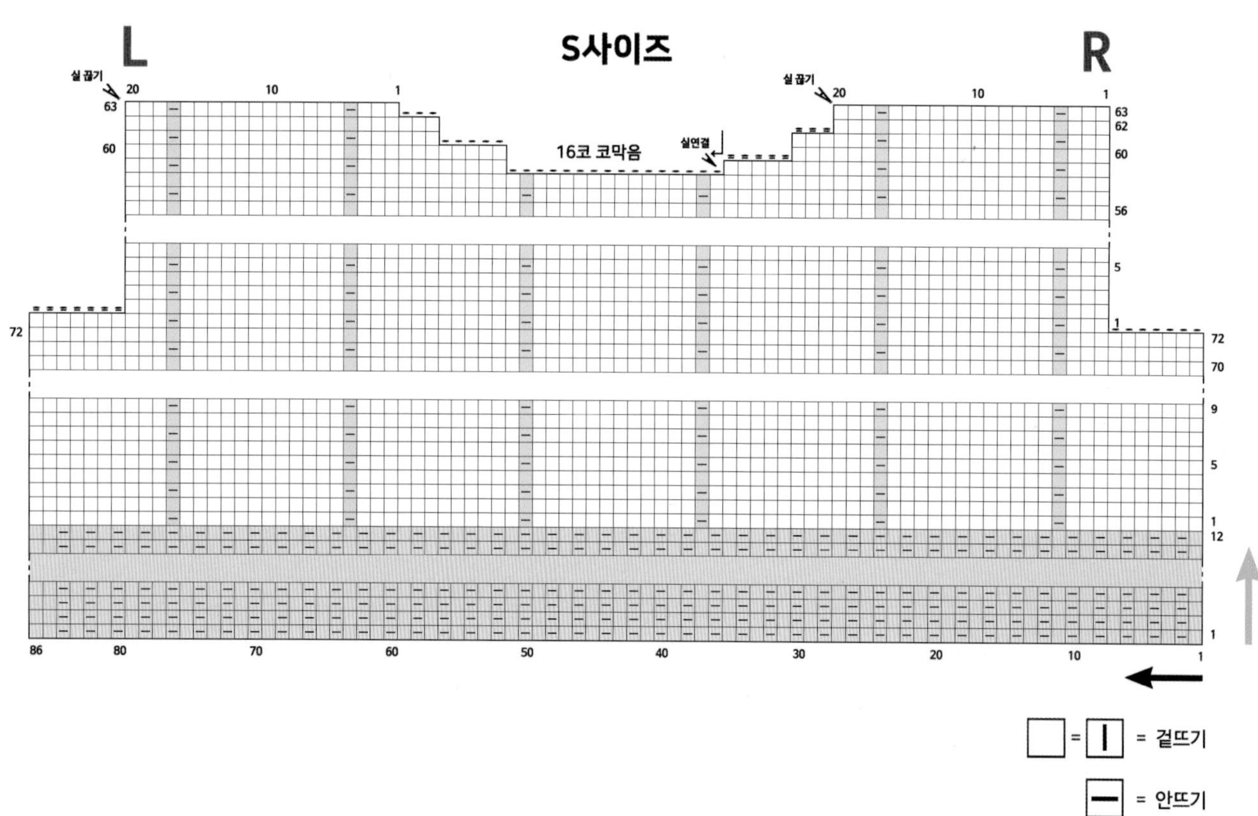

M size

62단까지 뜬 후, 도안을 따라 오른쪽 어깨를 진행합니다.

① 63단 : 어깨코 21코 + 줄일 코 8코 = 29코 (왼쪽 바늘의 나머지 코들은 다른 바늘에 옮겨둡니다.)

② 64단 : 안뜨기로 5코 코막음, 도안 진행 (2-5-1)

③ 65단 : 어깨코 21코 + 줄일 코 3코 = 24코

④ 66단 : 안뜨기로 3코 코막음, 도안 진행 (2-3-1)

⑤ 67단 : 어깨코 겉뜨기 21코, 실 넉넉하게 (21코 길이의 3~4배) 남기고 끊기

실을 다시 연결해 가운데 20코 코막음합니다. (63단)

왼쪽 어깨를 진행합니다.

① 63단 : 겉뜨기로 20코 코막음 후 어깨코 29코

② 64단 : 안뜨기

③ 65단 : 겉뜨기로 5코 코막음, 어깨코 24코 (3-5-1)

④ 66단 : 안뜨기

⑤ 67단 : 겉뜨기로 3코 코막음, 어깨코 21코, 실 넉넉하게 (21코 길이의 3~4배) 남기고 끊기

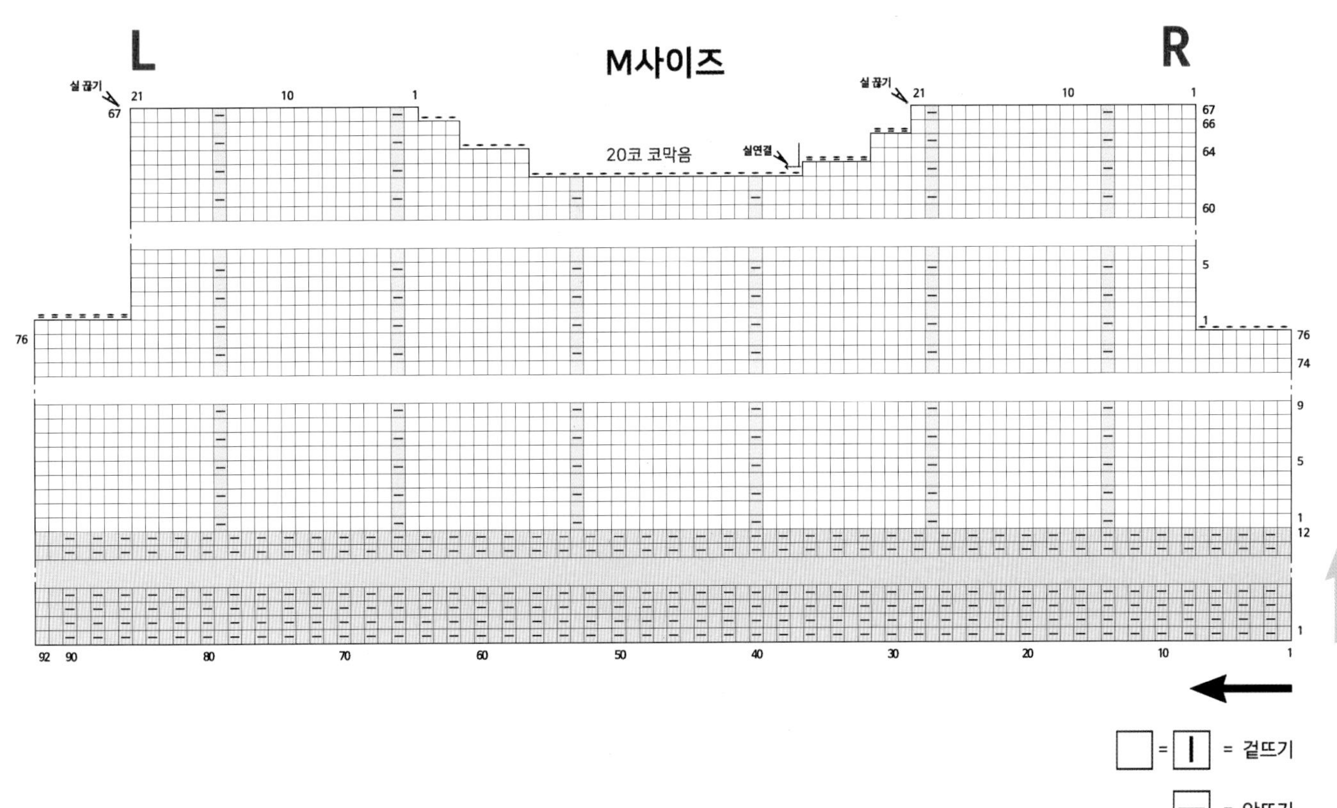

L size

68단까지 뜬 후, 도안을 따라 오른쪽 어깨를 진행합니다.

① 69단 : 어깨코 23코 + 줄일 코 8코 = 31코 (왼쪽 바늘의 나머지 코들은 다른 바늘에 옮겨둡니다.)

② 70단 : 안뜨기로 5코 코막음, 도안 진행 (2-5-1)

③ 71단 : 어깨코 23코 + 줄일 코 3코 = 26코

④ 72단 : 안뜨기로 3코 코막음, 도안 진행 (2-3-1)

⑤ 73단 : 어깨코 겉뜨기 23코, 실 넉넉하게 (23코 길이의 3~4배) 남기고 끊기

실을 다시 연결해 가운데 22코 코막음합니다. (69단)

왼쪽 어깨를 진행합니다.

① 69단 : 겉뜨기로 22코 코막음 후 어깨코 31코

② 70단 : 안뜨기

③ 71단 : 겉뜨기로 5코 코막음, 어깨코 26코 (3-5-1)

④ 72단 : 안뜨기

⑤ 73단 : 겉뜨기로 3코 코막음, 어깨코 23코, 실 넉넉하게 (23코 길이의 3~4배) 남기고 끊기

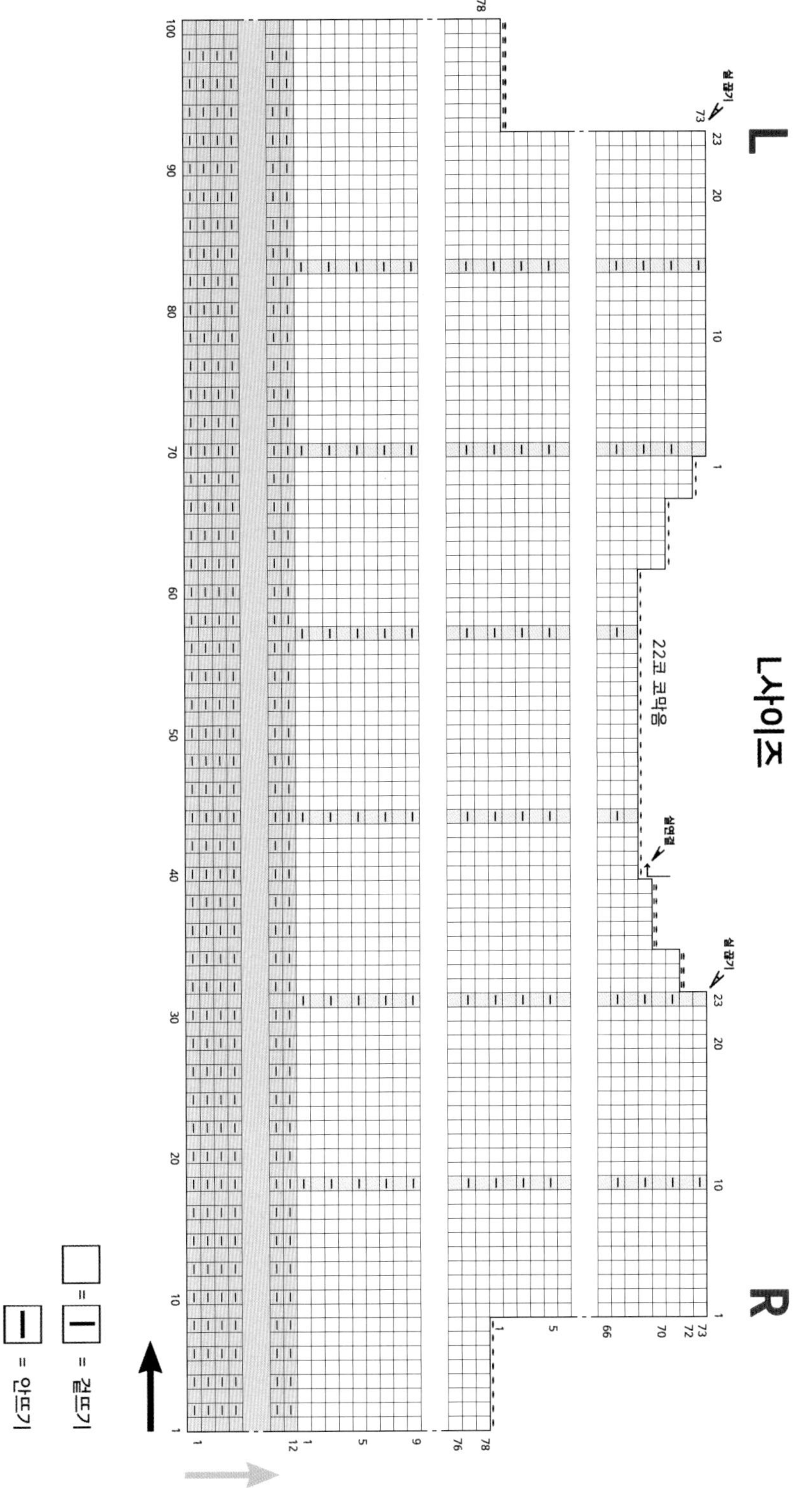
L사이즈
L
R
22코 코막음
= 겉뜨기
= 안뜨기

FRONT 앞판

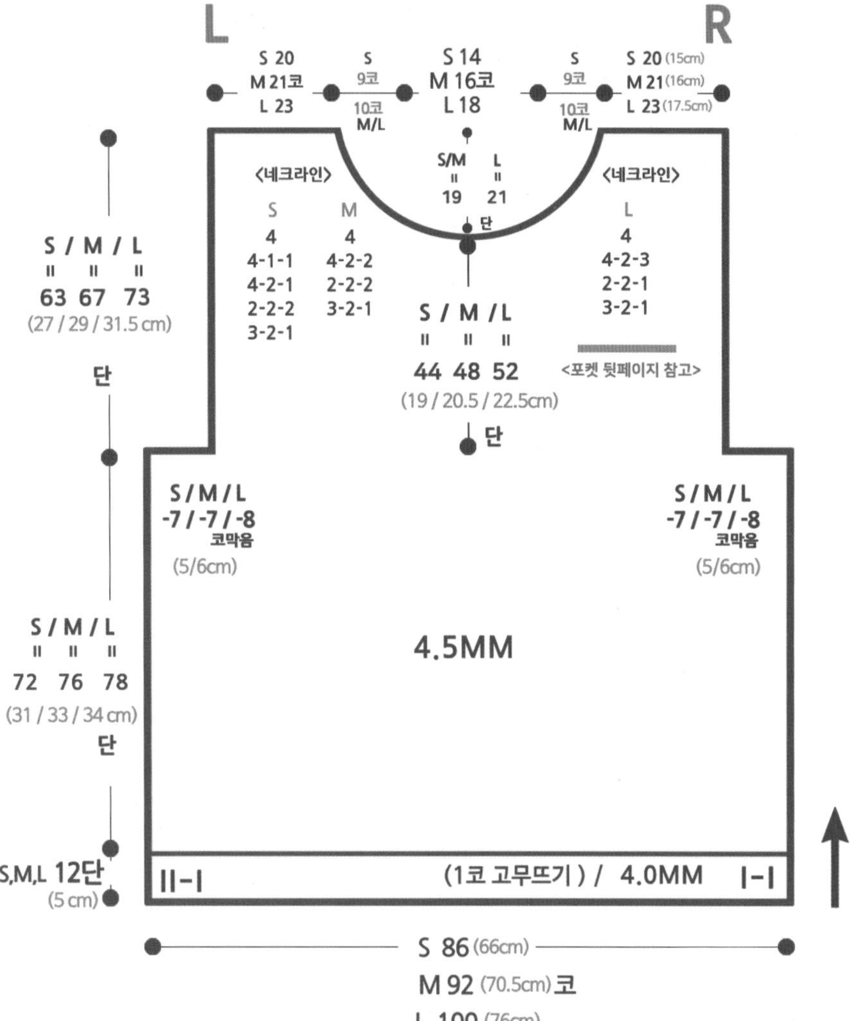

아웃 포켓 만들기

인 포켓 만들기

1 암홀 코막음부터 (S 18, M 20, L 22)단까지 뒤판과 동일합니다.
포켓은 QR 코드와 각 사이즈의 도안을 따라 진행합니다.

2 포켓 만들기 후, 암홀 코막음부터 (S 44, M 48, L 52)단까지 도안을 따라 뜹니다.
네크라인을 진행합니다.

★ 여기부터는 각 사이즈에 맞는 설명을 따릅니다.

S size

44단까지 뜬 후, 도안을 따라 오른쪽 어깨를 진행합니다.

① 45단 : 어깨코 20코 + 줄일 코 9코 = 29코 (왼쪽 바늘의 나머지 코들은 다른 바늘에 옮겨둡니다.)

② 46단 : 안뜨기

③ 47단 : 6코 남을 때까지 도안 진행, ⋌⋌// (3-2-1) = 27코

④ 48단 : 안뜨기

⑤ 49단 : 6코 남을 때까지 도안 진행, ⋌⋌// = 25코

★ ④~⑤ 1회 더 반복 (2-2-2) 50단, 51단 완료 (어깨코 23코)

⑥ 52~54단 : 도안 참고

⑦ 55단 : 6코 남을 때까지 도안 진행, ⋌⋌// (4-2-1) = 21코

⑧ 56~58단 : 도안 참고

⑨ 59단 : 4코 남을 때까지 도안 진행, ⋌// (4-1-1) = 20코

⑩ 60~63단 : 도안 참고, 마지막에 실 넉넉하게 (20코 길이의 3~4배) 남기고 끊기

실을 다시 연결해 가운데 14코 코막음합니다. (45단)

왼쪽 어깨를 진행합니다.

① 45단 : 14코 코막음 후 어깨코 29코

② 46단 : 안뜨기

③ 47단 : \\⋋⋋, 도안 진행 (3-2-1) = 27코

④ 48단 : 안뜨기

⑤ 49단 : \\⋋⋋, 도안 진행 = 25코

★ ④~⑤ 1회 더 반복 (2-2-2) 50단, 51단 완료 (어깨코 23코)

⑥ 52~54단 : 도안 참고

⑦ 55단 : \\⋋⋋, 도안 진행 (4-2-1) = 21코

⑧ 56~58단 : 도안 참고

⑨ 59단 : \\⋋, 도안 진행 (4-1-1) = 20코

⑩ 60~63단 : 도안 참고, 마지막에 실 넉넉하게 (20코 길이의 3~4배) 남기고 끊기

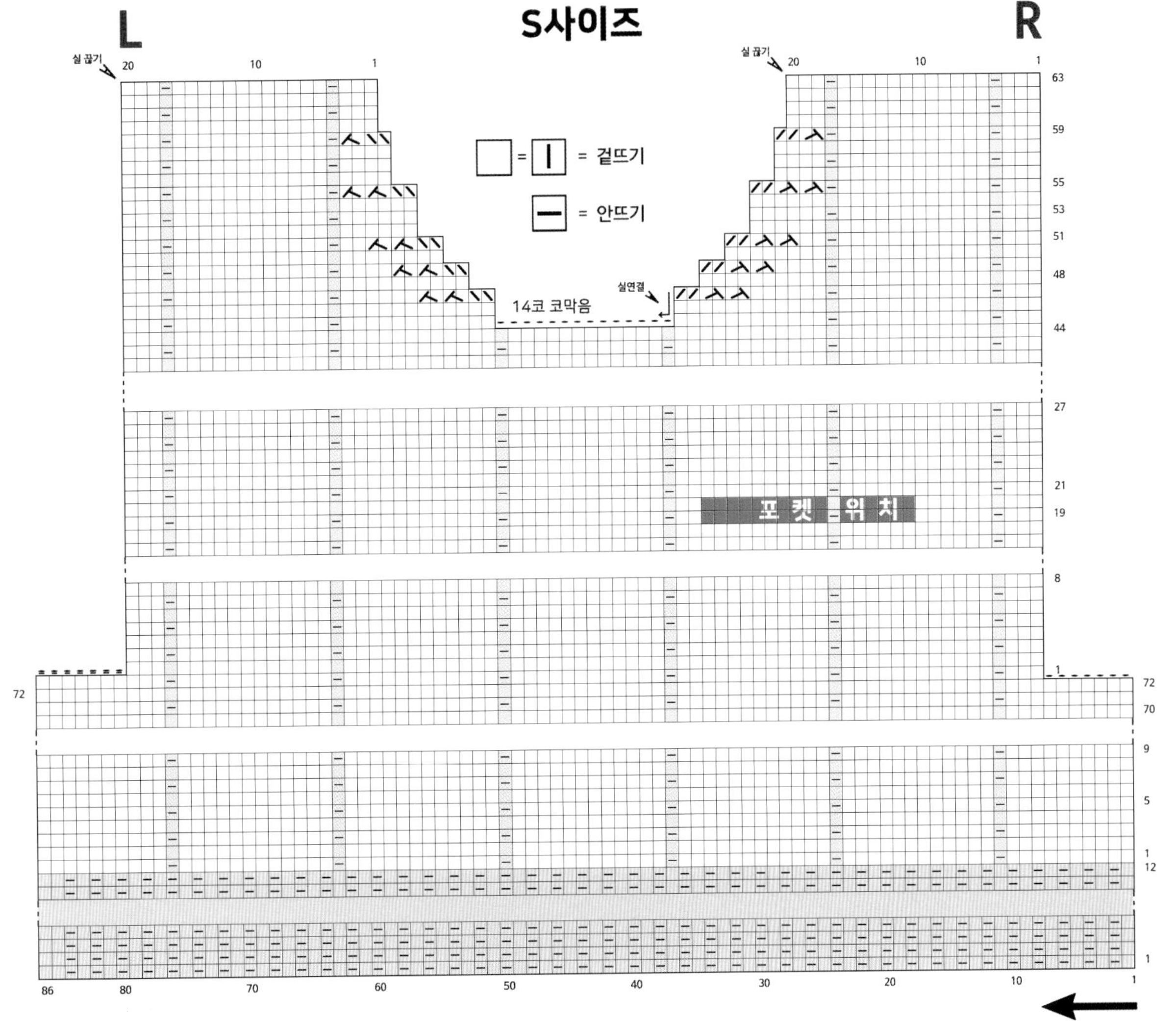

M size

48단까지 뜬 후, 도안을 따라 오른쪽 어깨를 진행합니다.

① 49단 : 어깨코 21코 + 줄일 코 10코 = 31코 (왼쪽 바늘의 나머지 코들은 다른 바늘에 옮겨둡니다.)

② 50단 : 안뜨기

③ 51단 : 6코 남을 때까지 도안 진행, ⋌⋌// (3-2-1) = 29코

④ 52단 : 안뜨기

⑤ 53단 : 6코 남을 때까지 도안 진행, ⋌⋌// = 27코

★ ④~⑤ 1회 더 반복 (2-2-2) 54단, 55단 완료 (어깨코 25코)

⑥ 56~58단 : 도안 참고

⑦ 59단 : 6코 남을 때까지 도안 진행, ⋌⋌// = 23코

⑧ 60~62단 : 도안 진행 (4-2-2 중 1회)

⑨ 63단 : 6코가 남을 때까지 도안 진행, ⋌⋌// 진행 (4-2-2 중 2회) = 21코

⑩ 64~67단 : 도안 참고, 마지막에 실 넉넉하게 (21코 길이의 3~4배) 남기고 끊기

실을 다시 연결해 가운데 16코를 코막음합니다. (49단)

왼쪽 어깨를 진행합니다.

① 49단 : 16코 코막음 후 어깨코 31코

② 50단 : 안뜨기

③ 51단 : \\⋋⋋, 도안 진행 (3-2-1) = 29코

④ 52단 : 안뜨기

⑤ 53단 : \\⋋⋋, 도안 진행 = 27코

★ ④~⑤ 1회 더 반복 (2-2-2) 54단, 55단 완료 (어깨코 25코)

⑥ 56~58단 : 도안 참고

⑦ 59단 : \\⋋⋋, 도안 진행 (4-2-2 중 1회) = 23코

⑧ 60~62단 : 도안 참고

⑨ 63단 : \\⋋⋋, 도안 진행 (4-2-2 중 2회) = 21코

⑩ 64~67단 : 도안 참고, 마지막에 실 넉넉하게 (21코 길이의 3~4배) 남기고 끊기

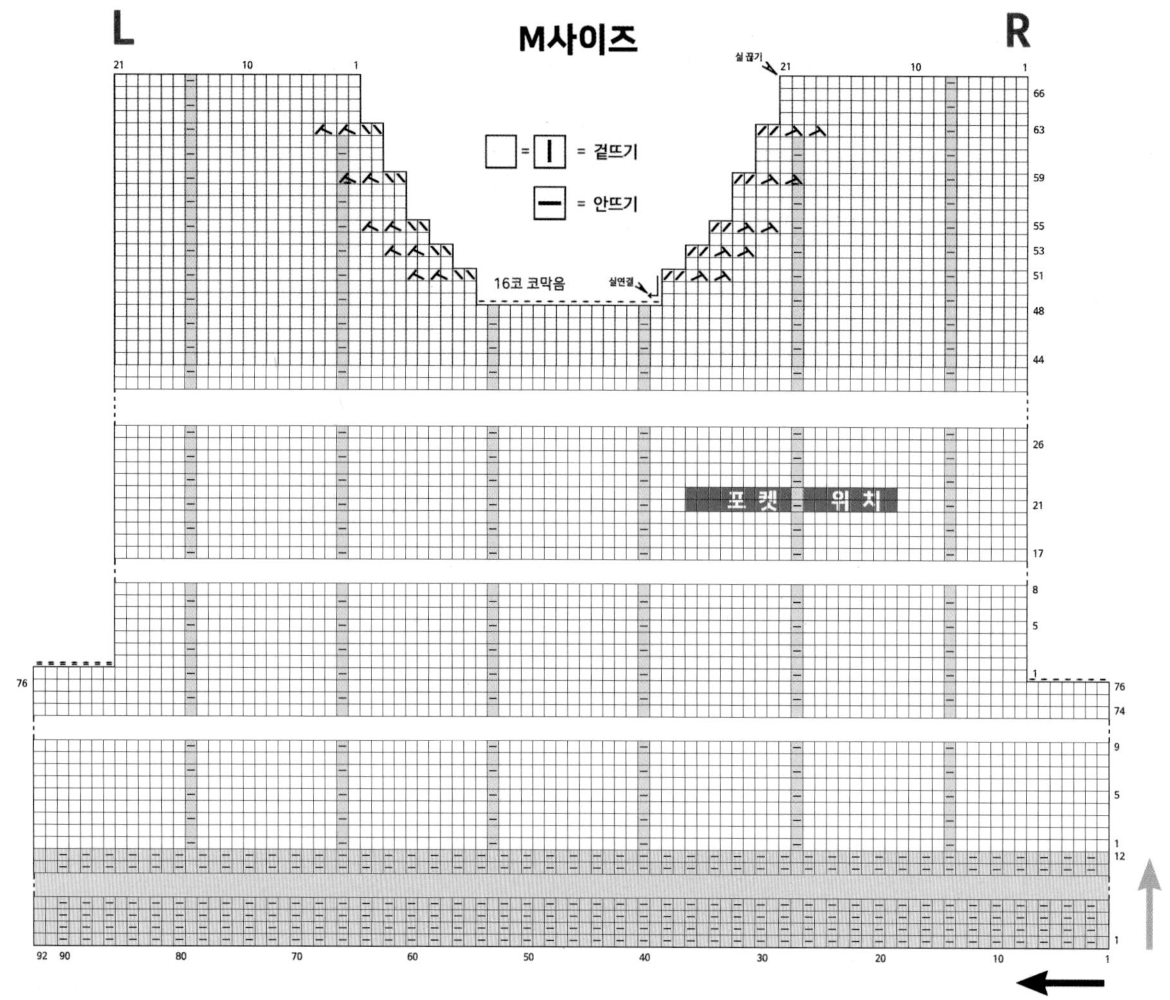

L size

52단까지 뜬 후, 도안을 따라 오른쪽 어깨를 진행합니다.

① 53단 : 어깨코 23코 + 줄일 코 10코 = 33코 (왼쪽 바늘의 나머지 코들은 다른 바늘에 옮겨둡니다.)

② 54단 : 안뜨기

③ 55단 : 6코 남을 때까지 도안 진행, ㅅㅅ// (3-2-1) = 31코

④ 56단 : 안뜨기

⑤ 57단 : 6코 남을 때까지 도안 진행, ㅅㅅ// (2-2-1) = 29코

⑥ 58~60단 : 도안 참고

⑦ 61단 : 6코 남을 때까지 도안 진행, ㅅㅅ// = 27코

⑧ 62~64단 : 도안 진행 (4-2-3 중 1회)

⑨ 65단 : 6코 남을 때까지 도안 진행, ㅅㅅ// (4-2-3 중 2회) = 25코

⑩ 66~68단 : 도안 참고

⑪ 69단: 6코 남을 때까지 도안 진행, ㅅㅅ// (4-2-3 중 3회) = 23코

⑫ 70~73단 : 도안 참고, 마지막에 실 넉넉하게 (23코 길이의 3~4배) 남기고 끊기

실을 다시 연결해 가운데 18코를 코막음합니다. (53단)

왼쪽 어깨를 진행합니다.

① 53단 : 18코 코막음 후 어깨코 33코

② 54단 : 안뜨기

③ 55단 : \\ㅅㅅ, 도안 진행 (3-2-1) = 31코

④ 56단 : 안뜨기

⑤ 57단 : \\ㅅㅅ, 도안 진행 (2-2-1) = 29코

⑥ 58~60단 : 도안 참고

⑦ 61단 : \\ㅅㅅ, 도안 진행 (4-2-3 중 1회) = 27코

⑧ 62~64단 : 도안 참고

⑧ 65단 : \\ㅅㅅ, 도안 진행 (4-2-3 중 2회) = 25코

⑨ 66~68단 : 도안 참고

⑩ 69단 : \\ㅅㅅ, 도안 진행 (4-2-3 중 3회) = 23코

⑪ 70~73단 : 도안 참고, 마지막에 실 넉넉하게 (23코의 2~3배 길이) 남기고 끊기

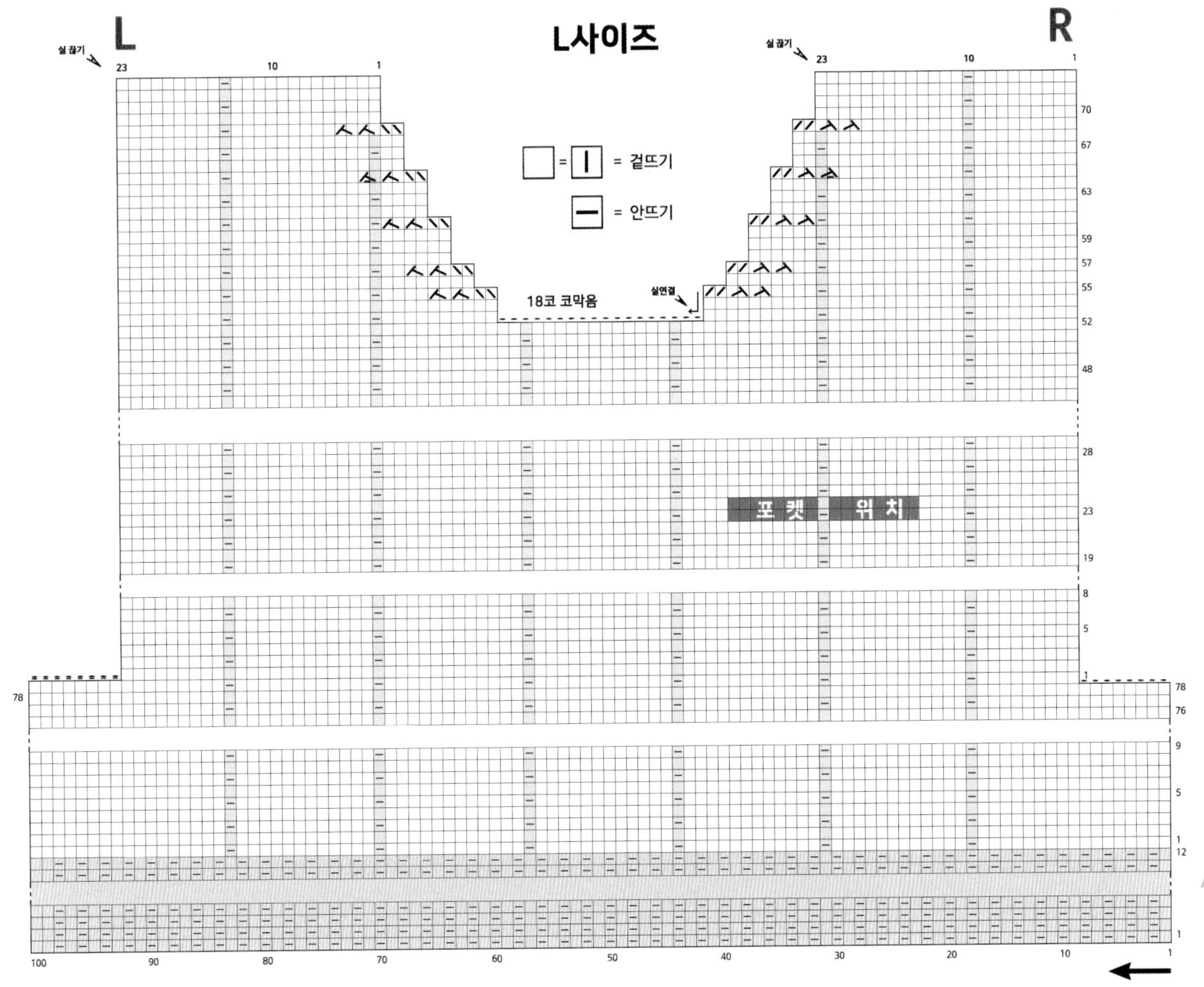

SLEEVE 소매

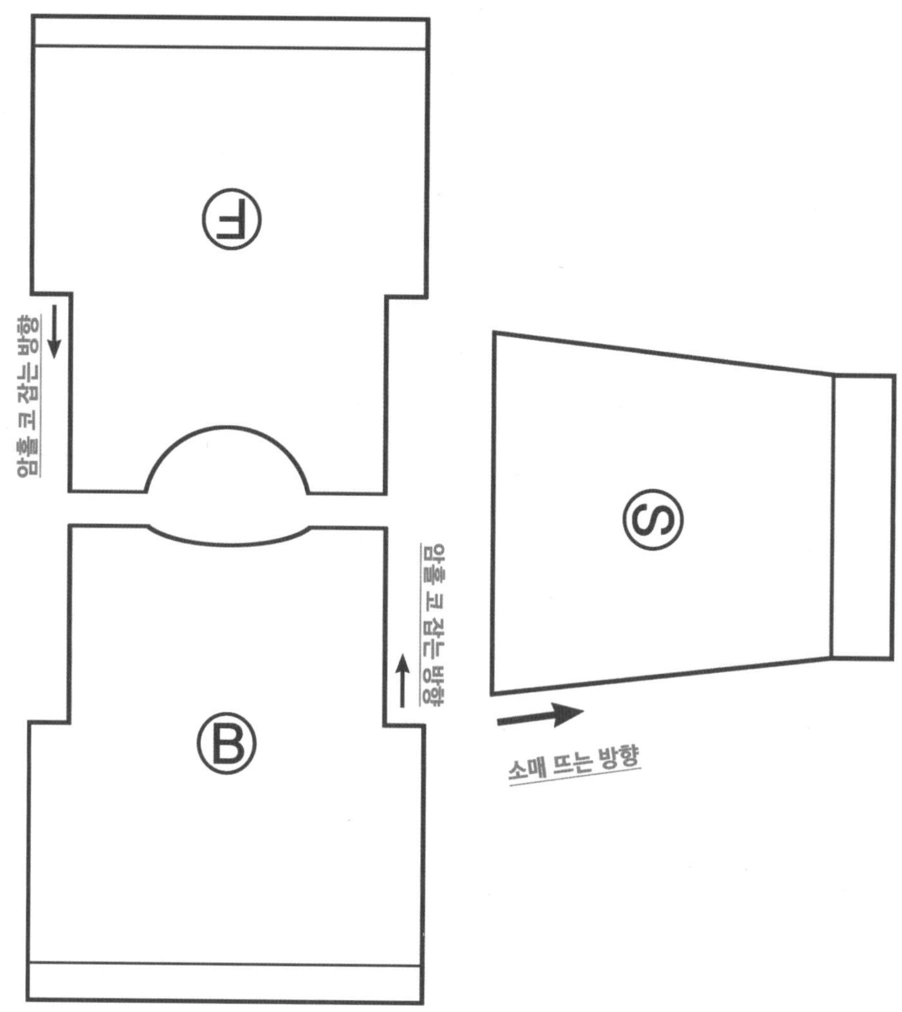

앞, 뒤판의 어깨를 연결합니다. 암홀 부분부터 '단에서 코잡기' 방법으로 소매코를 줍습니다. 이때 2코 잡고 1코 건너뛰는 방식으로 잡습니다. 4.5mm 대바늘로 앞, 뒤판에서 각각 (S 41, M 44, L 48)코씩 잡아 (S 82, M 88, L 96)코로 시작합니다.

★ 여기부터는 각 사이즈에 맞는 설명을 따릅니다.

S size

① 코를 줍고 5단을 더 뜹니다. (6단 완성)

② 7단에서 도안을 참고하여 양옆 1코씩 줄입니다.

③ 이후 매 8단마다 양옆 1코씩 줄이기를 13회 반복합니다. (8-1-13) = 111단

④ 9단을 뜹니다. (120단)

⑤ 배색실과 4.0mm 대바늘로 1×1 고무뜨기를 하되 마지막 2코는 겉뜨기합니다.

⑥ 12~14단까지 고무단 뜨기를 진행하고 돗바늘을 이용해 마무리합니다.

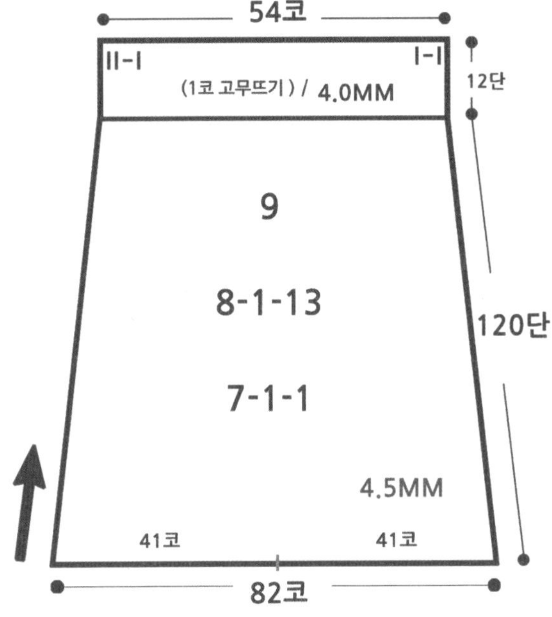

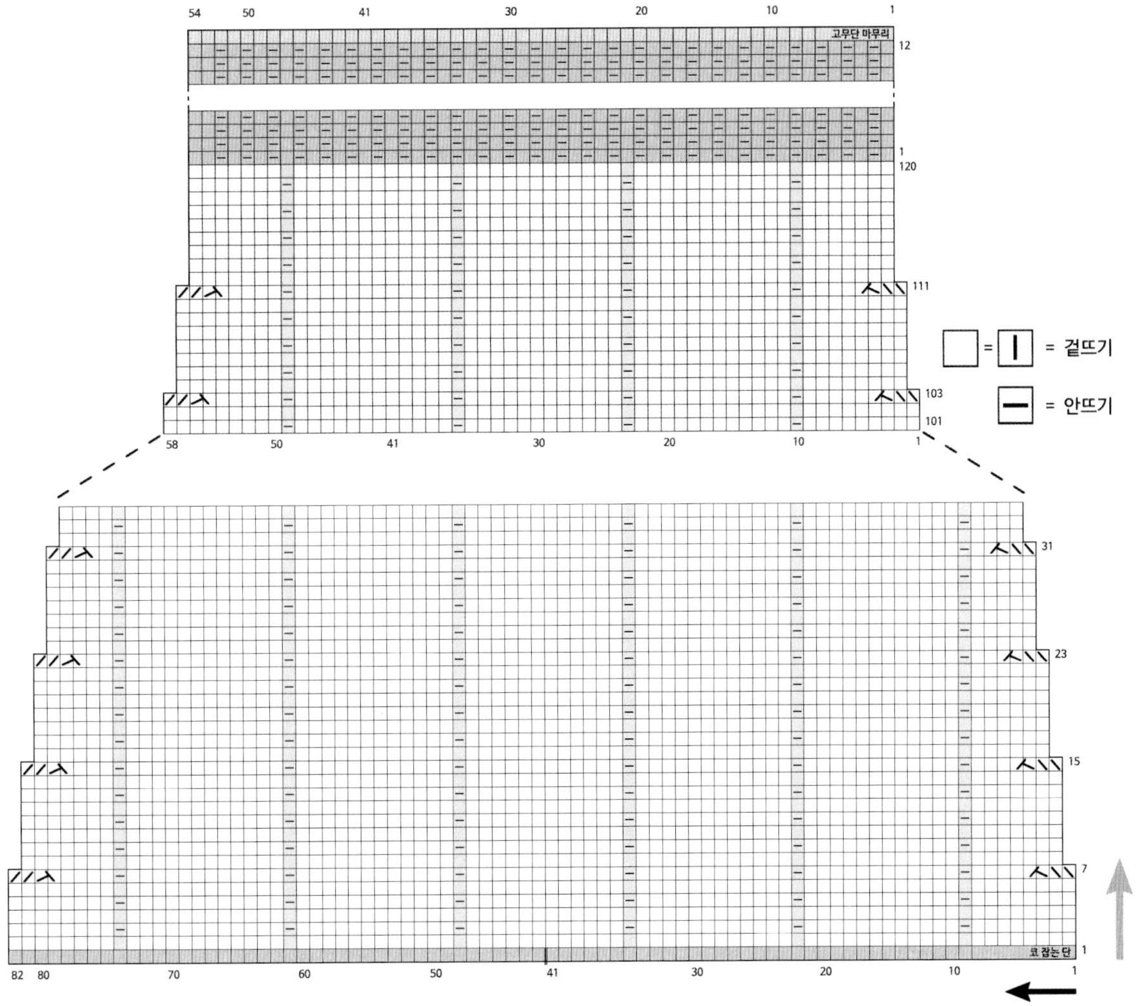

고무단 마무리

코 잡는 단

□ = | = 겉뜨기

— = 안뜨기

M size

① 코를 줍고 5단을 더 뜹니다. (6단 완성)

② 7단에서 도안을 참고하여 양옆 1코씩 줄입니다.

③ 이후 매 8단마다 양옆 1코씩 줄이기를 14회 반복합니다.
(8-1-14) = 119단

④ 7단을 뜹니다. (126단)

⑤ 배색실과 4.0mm 대바늘로 1×1 고무뜨기를 하되 마지막 2코는 겉뜨기합니다.

⑥ 12~14단까지 고무단 뜨기를 진행하고 돗바늘을 이용해 마무리합니다.

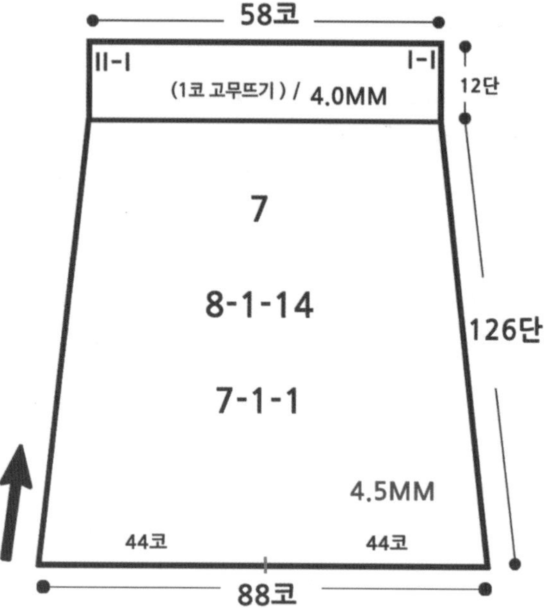

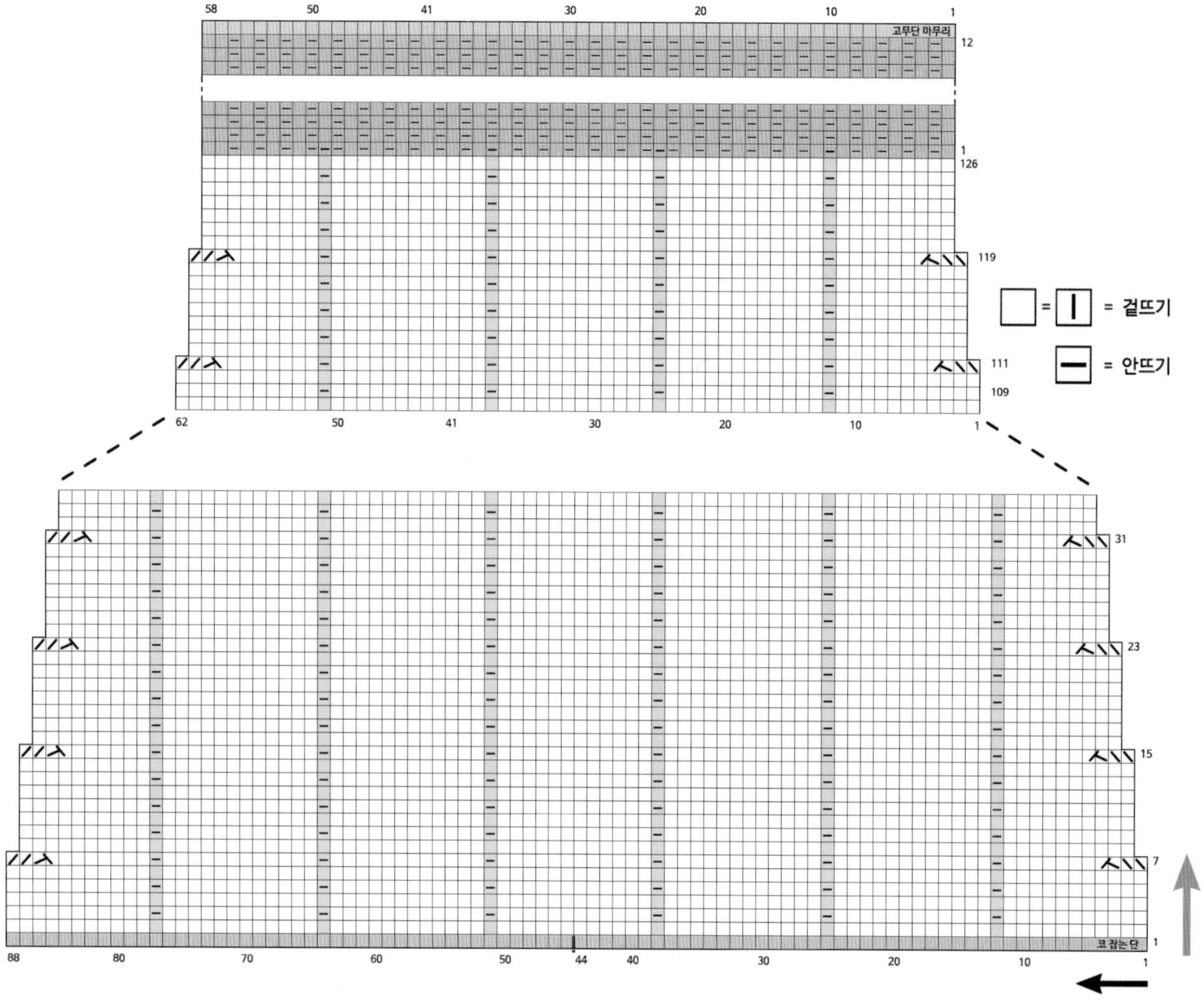

L size

① 코를 줍고 7단을 더 뜹니다. (8단 완성)

② 9단에서 도안을 참고하여 양옆 1코씩 줄입니다.

③ 9단을 더 뜬 후, 19단에서 양옆 1코씩 줄입니다. (10-1-1)

④ 이후 매 8단마다 양옆 1코씩 줄이기를 13회 반복합니다. (8-1-13) = 123단

⑤ 9단을 뜹니다. (132단)

⑥ 배색실과 4.0mm 대바늘로 1×1 고무뜨기를 하되 마지막 2코는 겉뜨기합니다.

⑦ 12~14단까지 고무단 뜨기를 진행하고 돗바늘을 이용해 마무리합니다.

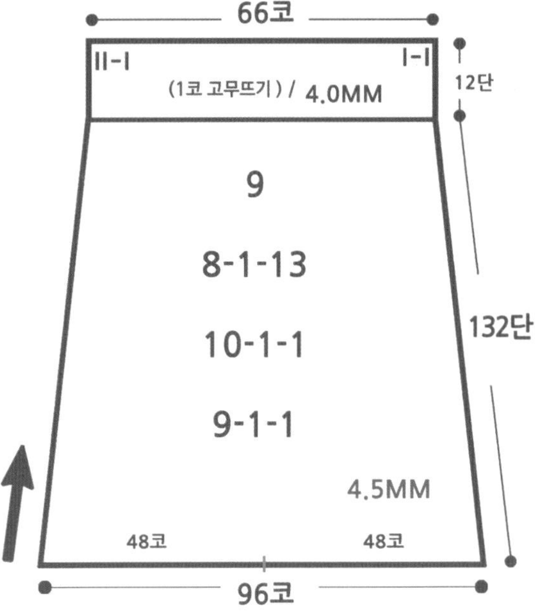

고무단 마무리

코 잡는 단

□ = | = 겉뜨기

— = 안뜨기

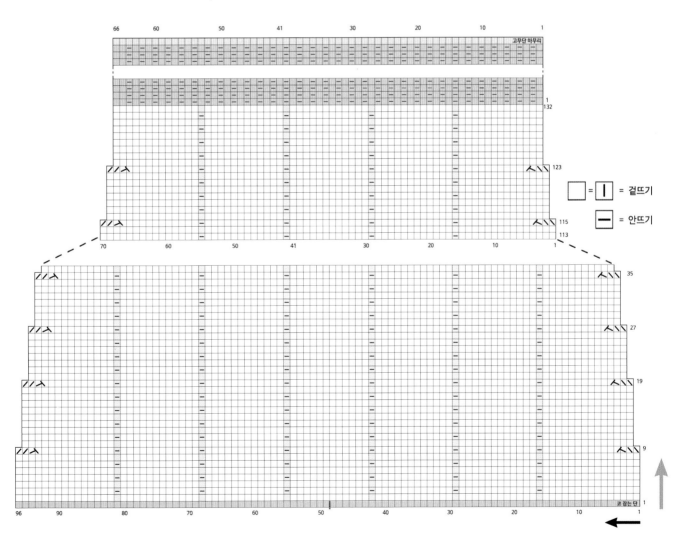

NECK LINE 네크라인

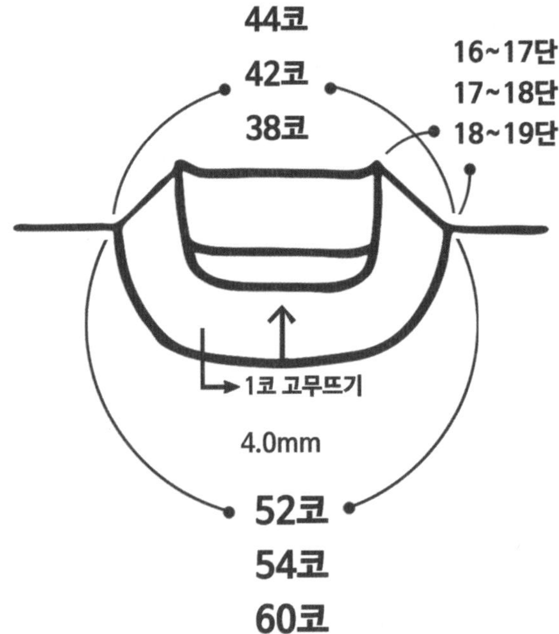

옆선/소매 꿰매기

겹단 네크라인

옆선을 꿰맵니다.

네크라인 코는 최대한 다 줍습니다.

S size

앞 네크라인에서 52코, 뒤 네크라인에서 38코를 주워 총 16~17단 고무단을 뜬 후 돗바늘로 마무리합니다.

M size

앞 네크라인에서 54코, 뒤 네크라인에서 42코를 주워 총 17~18단 고무단을 뜬 후 돗바늘로 마무리합니다.

L size

앞 네크라인에서 60코, 뒤 네크라인에서 44코를 주워 총 18~19단 고무단을 뜬 후 돗바늘로 마무리합니다.

HERSHEYS
1934 Cookbook

프레피 애버딘 판초

사이즈 cm

어깨 66
가슴 66
총장 72

실

Daruma Spanish Merino
(바탕실) 01. Kinari 780g
(배색실) 02. Marine Blue 45g
(벨트) 02. Marine Blue 50g

바늘

5.5mm, 6.0mm 대바늘

게이지

16코×22단

BACK 뒤판

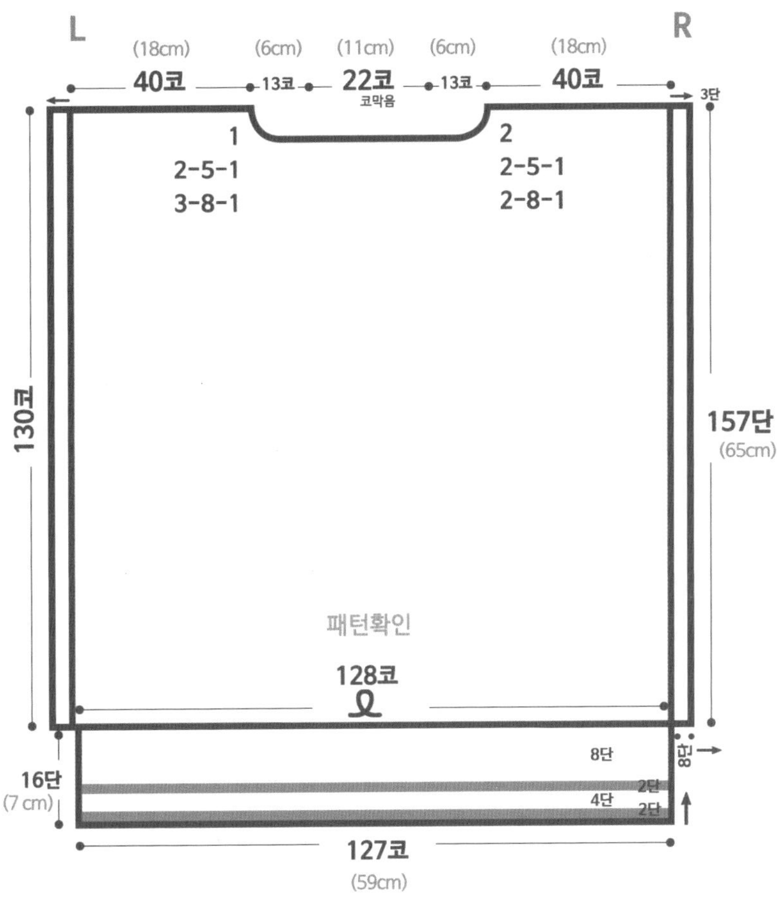

1 밀실과 5.5mm 대바늘로 고무코 127코를 만듭니다. (이때, 사슬이나 밑실로 고무코를 잡으면 배색실을 끌어올려 2단이 이미 완성됩니다.) 배색실로 2~3단, 바탕실로 4단을 뜨고, 다시 배색실로 2단, 바탕실로 8단을 뜹니다. 옆선을 티우고 싶다면 첫 코는 걸러 뜹니다.

2 도안을 따라 152단까지 뜬 후 53코로 오른쪽 네크라인을 완성합니다. 실을 적당량 남기고 끊습니다.

3 실을 다시 연결하여 가운데 네크라인 22코를 코막음 한 후 왼쪽 네크라인을 완성합니다.

4 어깨의 코들은 별도의 마무리 없이 사용하지 않는 바늘에 그대로 둡니다.

I = ⧄ = ⧅ : 겉뜨기　□ = ⊟ : 안뜨기　V : 코 거르기

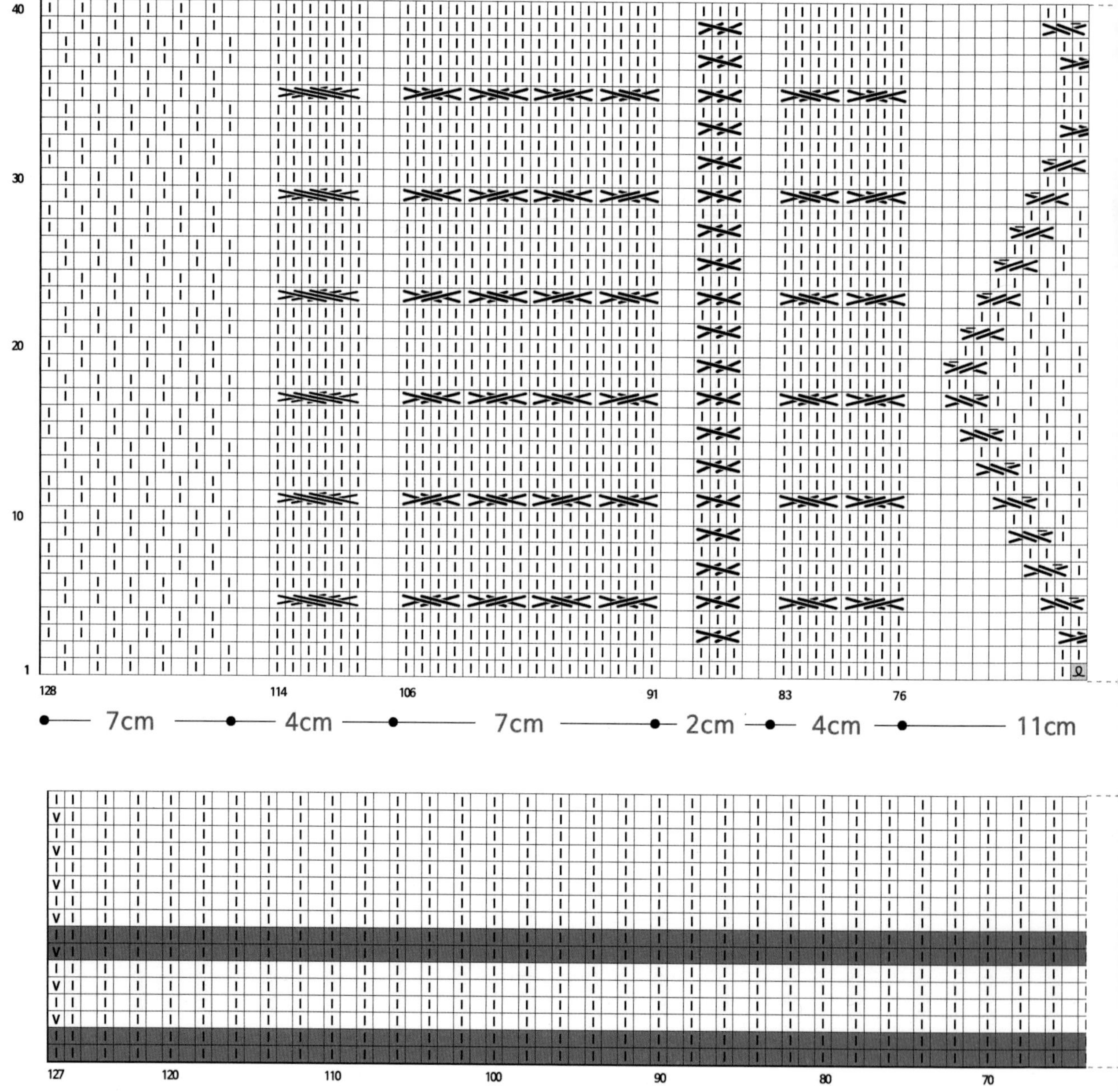

늘리기 부호

꽈배기 부호 설명

다이아 무늬 설명

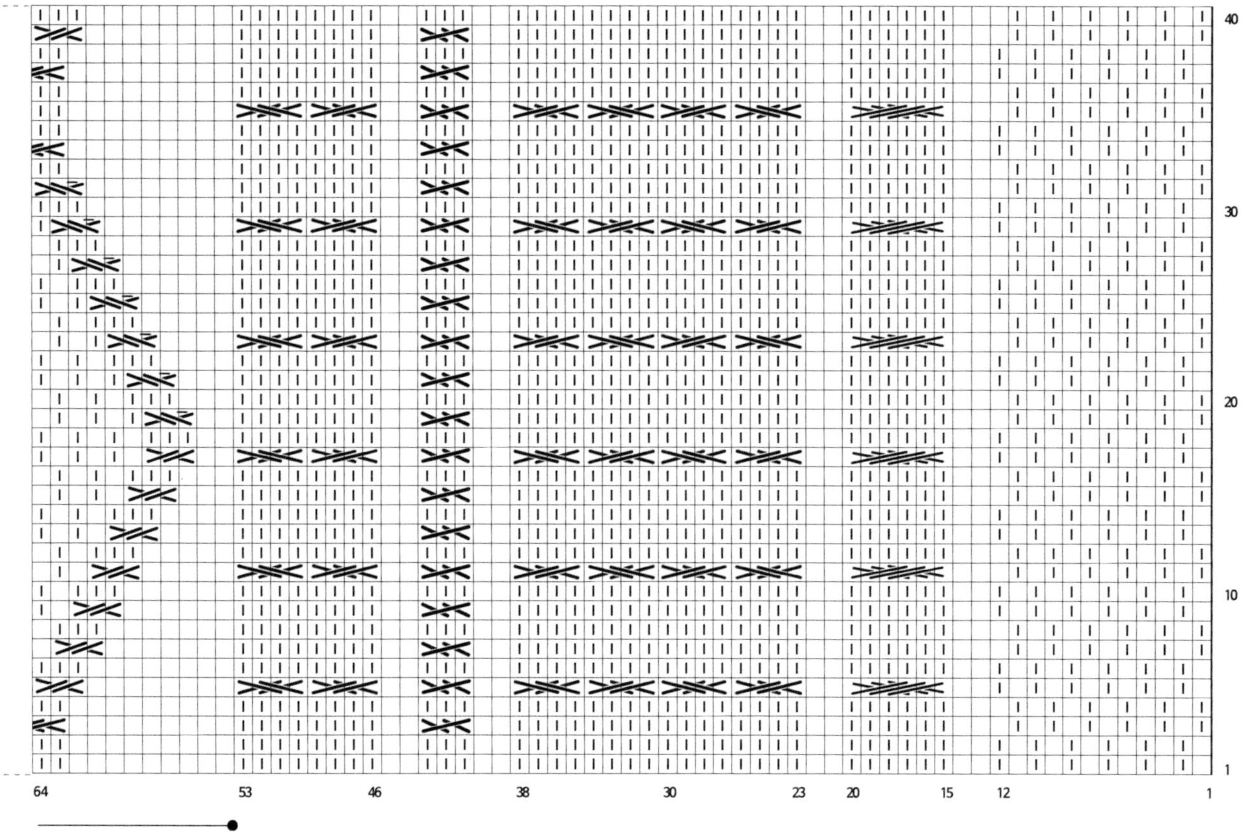

40
30
20
10
1

64 53 46 38 30 23 20 15 12 1

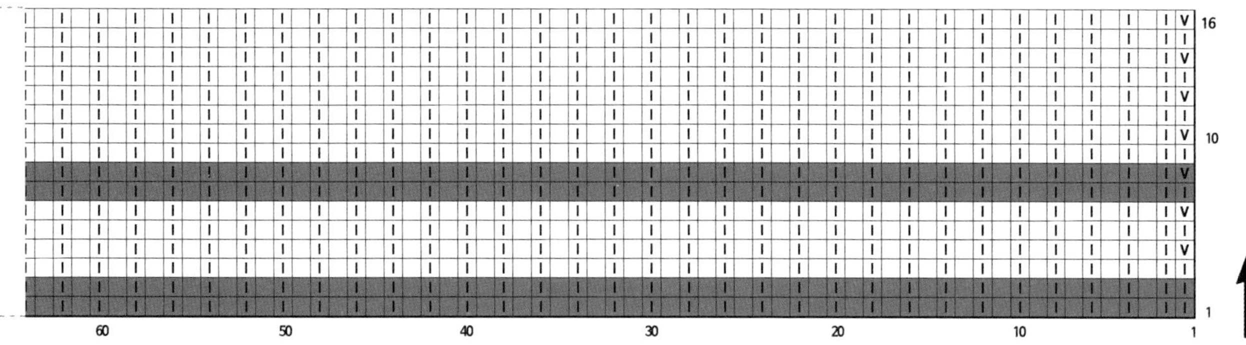

[I]=[/]=[\]: 겉뜨기 [ ]=[–]: 안뜨기

110

100

90

80

70

60

50

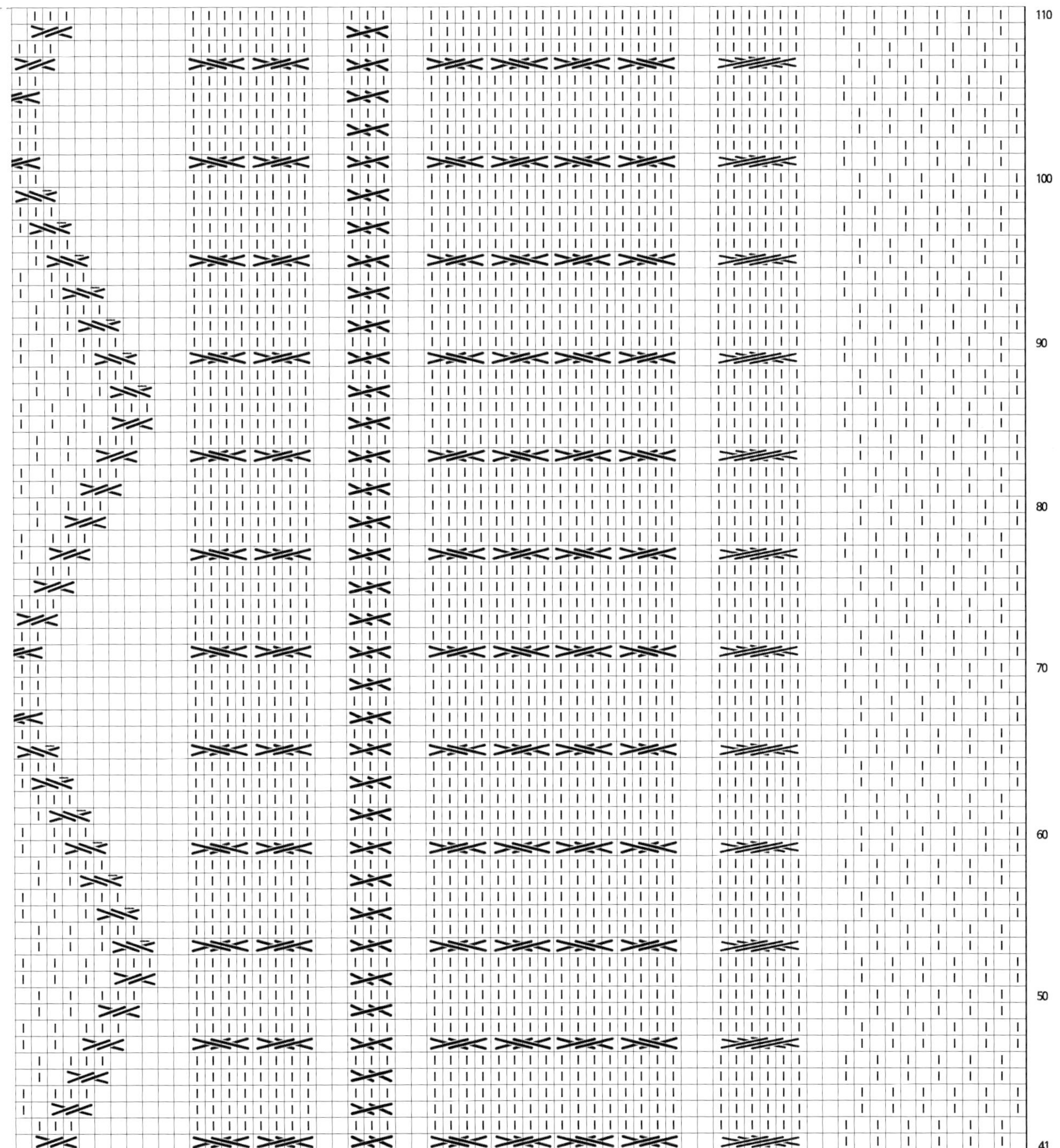
110
100
90
80
70
60
50
41

I=/=\: 겉뜨기　□=⊟: 안뜨기
⊟: 겉뜨기로 코막음　⊟: 안뜨기로 코막음

L

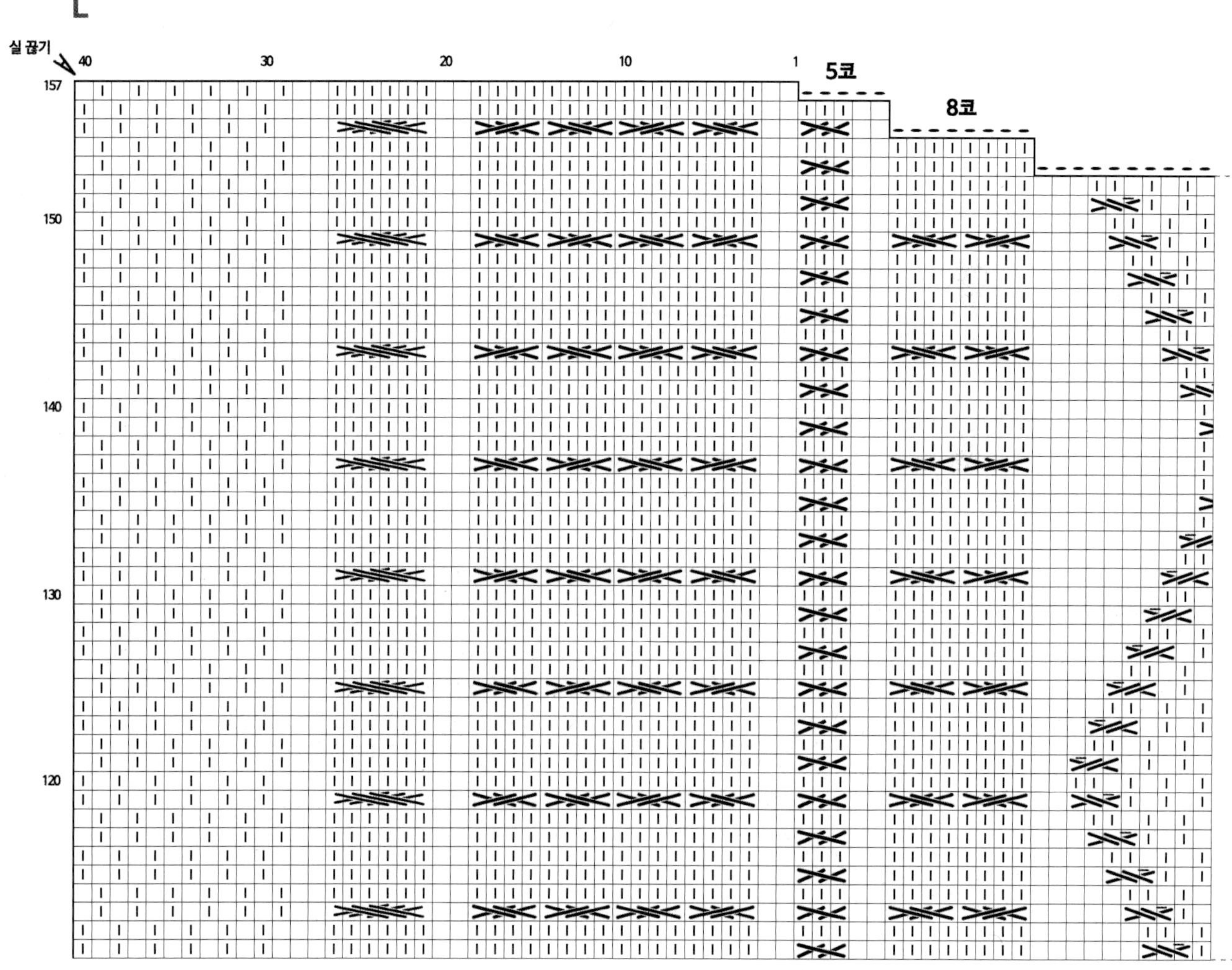

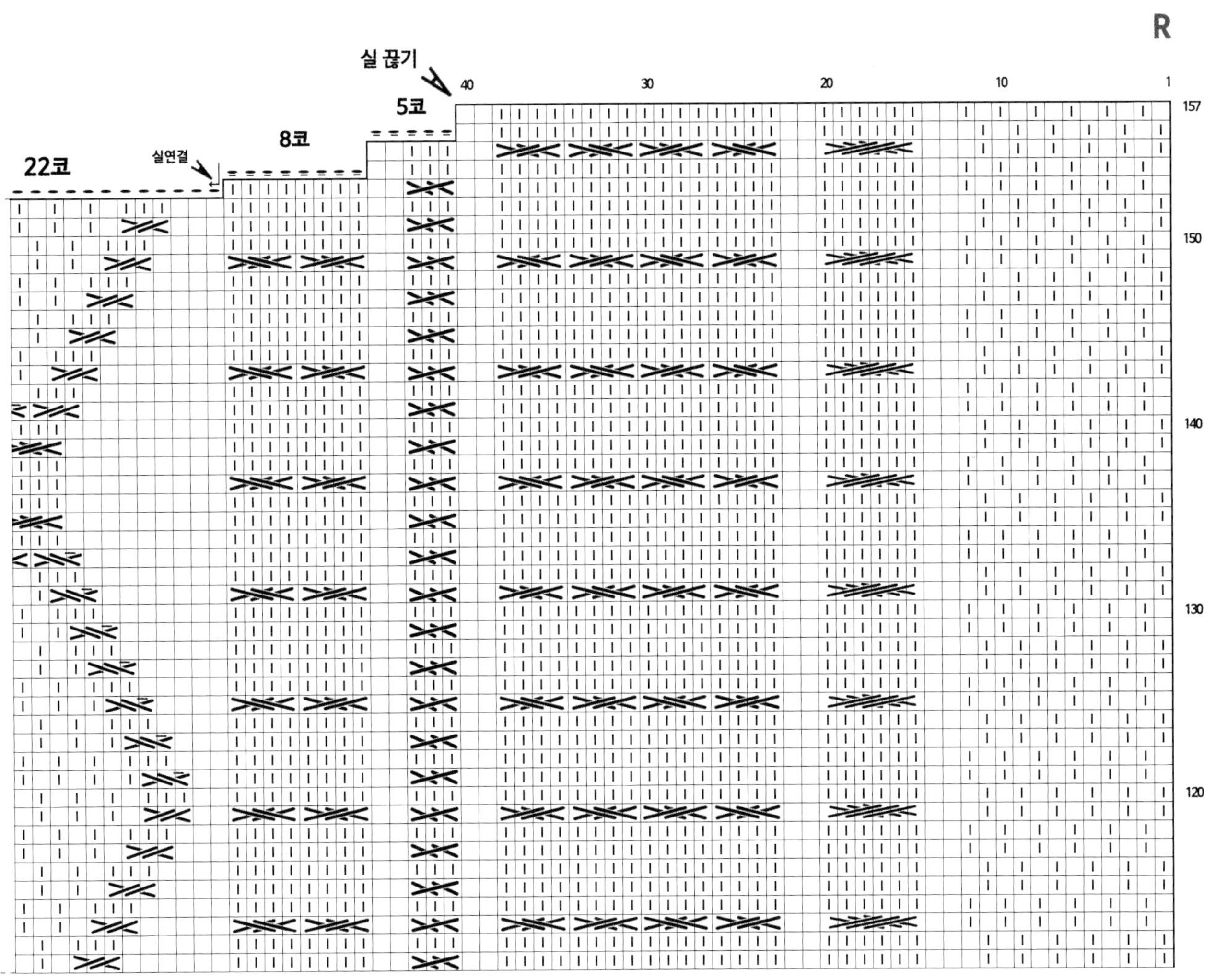
R
실 끊기
40
30
20
10
1
5코
8코
22코
실연결
157
150
140
130
120

FRONT 앞판

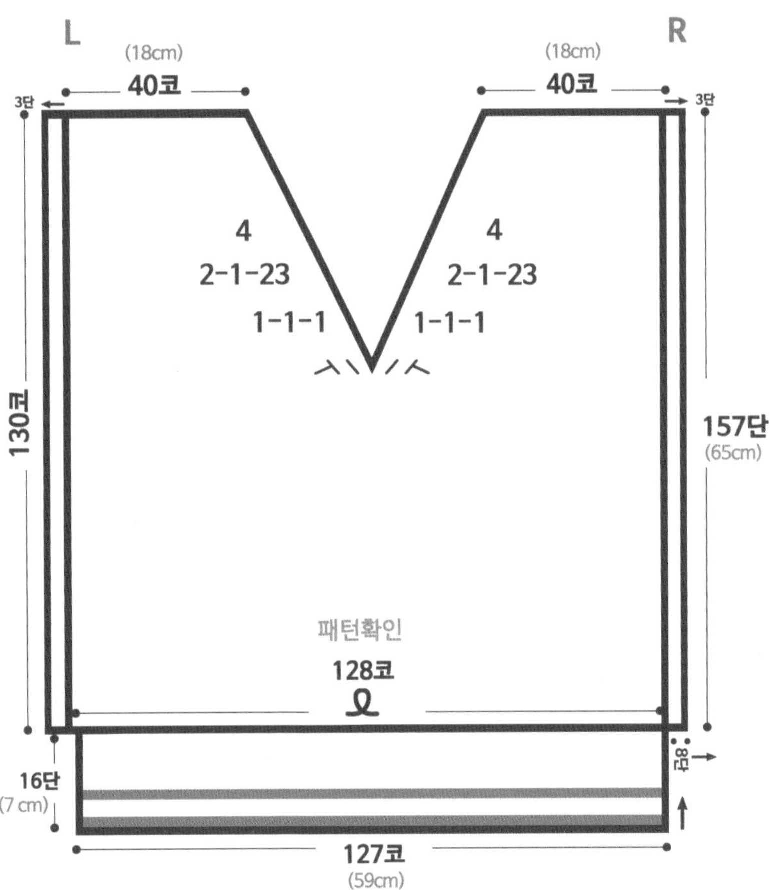

1 106단까지 뒤판과 동일합니다.

2 도안을 따라 106단까지 뜬 후 64코로 오른쪽 V넥을 진행합니다. 107단에서 코줄임을 시작해 (1-1-1) 이후 매 2단마다 1코 줄이기를 23회를 반복합니다. 이때 부호에 따라 줄이는 방식이 조금씩 다르니 QR 코드의 영상을 참고합니다. 도안을 따라 4단을 더 뜹니다.

3 오른쪽 네크라인 완성 후 실을 적당량 남기고 끊습니다.

4 왼쪽 네크라인을 진행합니다. 이때 실 연결 후 바로 1-1-1을 진행합니다. 이후 매 2단마다 1코 줄이기를 23회를 반복합니다. 마찬가지로 QR 코드의 영상을 참고합니다. 도안을 따라 4단을 더 뜹니다.

5 앞, 뒤판의 어깨를 연결합니다.

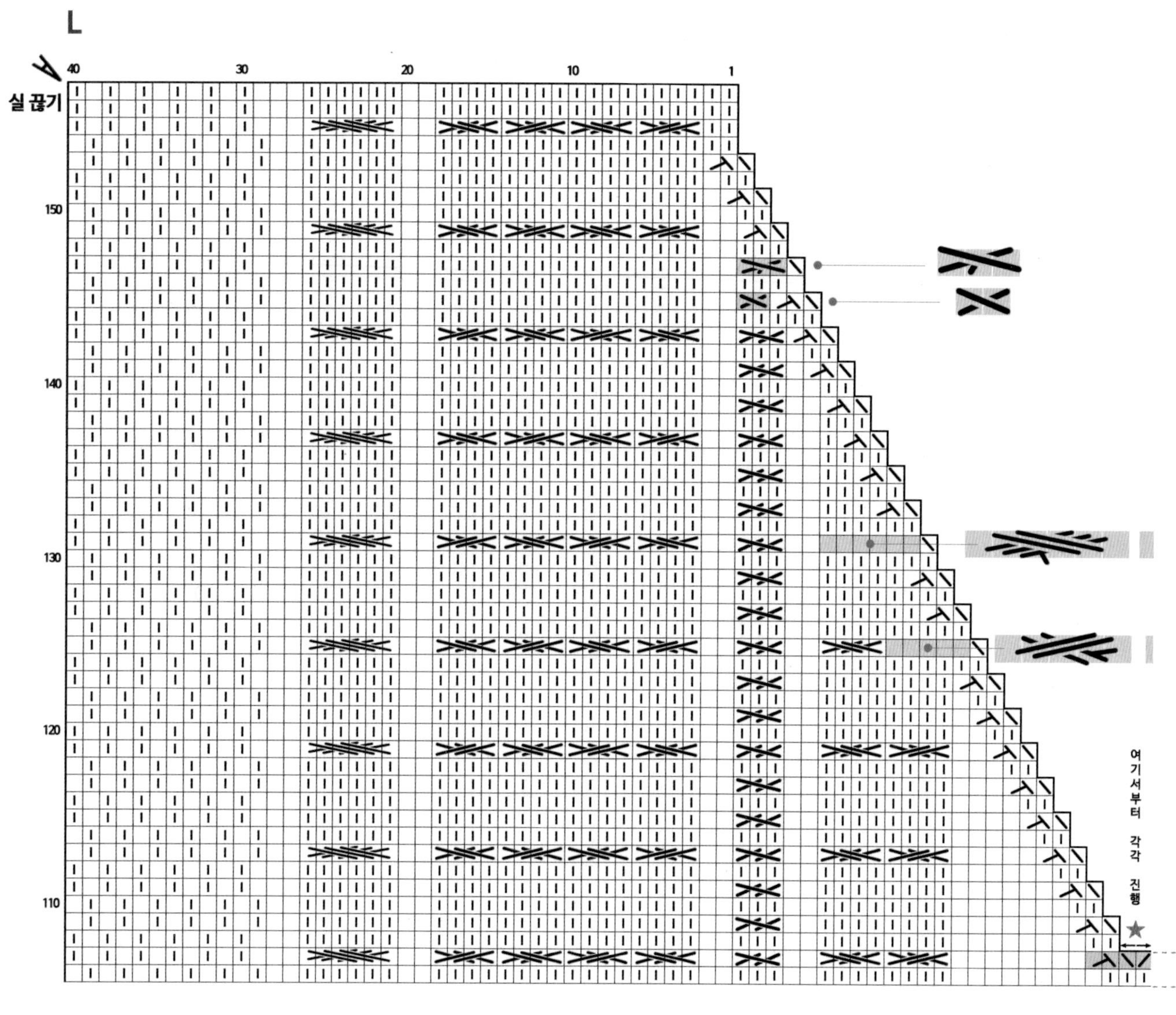

□=◪=◩: 겉뜨기 □=⊟: 안뜨기

변형 꽈배기 설명

R

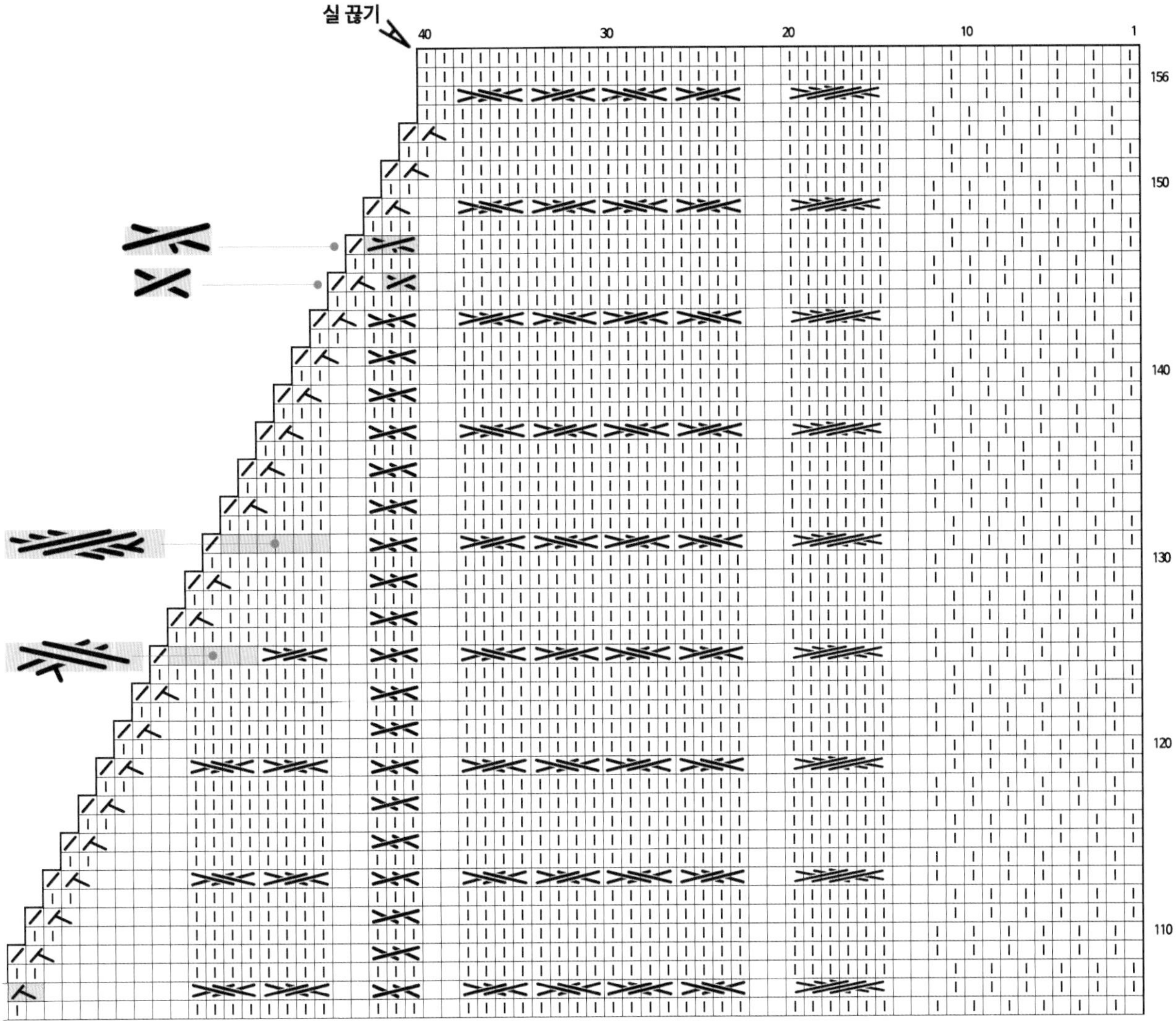

실 끊기

40 30 20 10 1

156
150
140
130
120
110

NECK LINE 네크라인

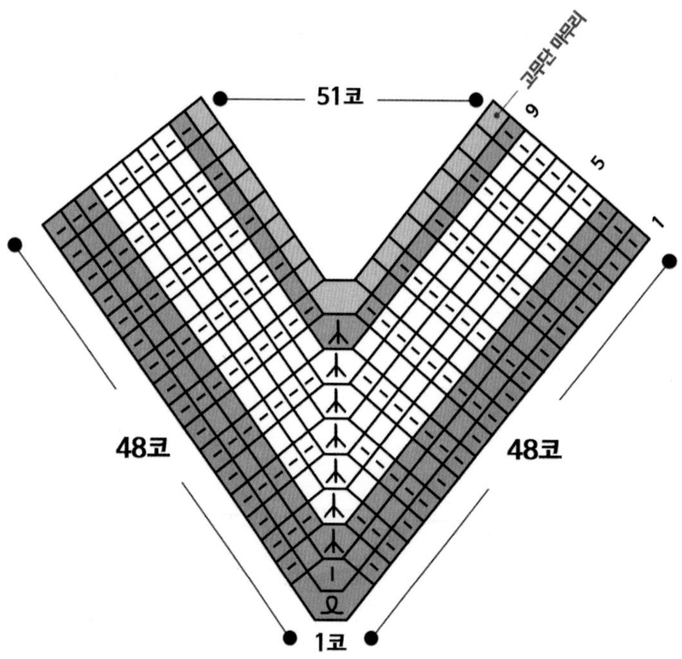

1 '단에서 코잡기' 방법으로 앞판과 뒤판에서 코를 줍습니다. 이때 앞판에서 48코 + 임의 1코 + 48코, 뒤판에서 51코를 잡아 총 148코를 잡습니다. 코를 잡은 단을 1단으로 카운팅하고 2단에서 1×1 고무뜨기를 진행합니다.

2 3단부터 QR 코드를 참고해 중심 모아뜨기를 진행합니다. 마지막 단의 가운데 부분은 겉뜨기 3코가 됩니다. 마마랜스는 9단까지 뜨고 마무리했으나 1×1 고무뜨기로 계속 진행하고 싶다면 1단을 더 떠 총 10단을 만듭니다.

3 배색과 단수는 취향에 따라 바꿔 떠도 좋습니다.

BELT 벨트

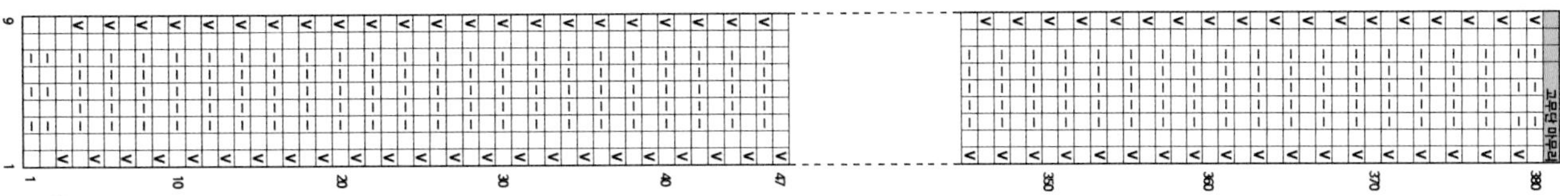

1 5mm 대바늘로 9코 고무코를 잡은 후 가터뜨기를 합니다. 이때 양옆 2코는 고무뜨기로 세우며, 첫 코는 걸러뜨기를 합니다. 원하는 길이만큼 벨트를 뜹니다.

SIDE HEM 옆단

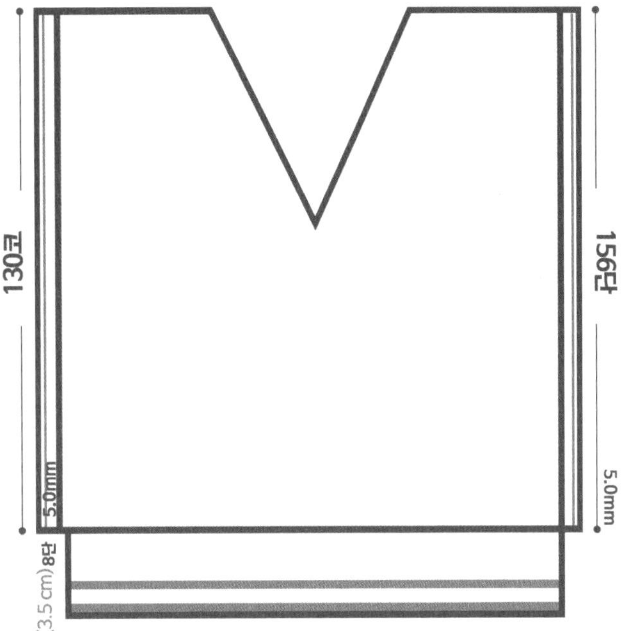

1 앞, 뒤판 어깨를 연결한 후 '단에서 코잡기' 방법으로 앞판과 뒤판에서 코를 줍습니다. 이때 5코 잡고 1코 건너뛰는 방식으로 앞뒤 각 130코씩 잡습니다. (마지막에 1코를 줄이거나 늘려 129코 또는 131코를 만들면 양옆 겉뜨기 2코로 마무리할 수 있습니다.)

2 바탕실로 코를 잡은 후 1단, 배색실로 2단, 바탕실로 4단을 뜬 후 1단은 돗바늘로 고무단 마무리합니다. 배색은 취향에 따라 바꿔 떠도 좋습니다.

컨트리 샌드위치 케이블 스웨터

L

사이즈 cm (L/XL)

어깨 54/58.5
가슴 58/63.5
암홀 22/23
소매 47.5/50.5
총장(배색) 62.5/69
(단색) 59.5/65.5

실

(배색ver)Daruma Cheviot Wool
03. Emerald 350, 400g
04. Deep Blue 400, 450g
02. Grey 20, 25g
(단색ver)Mamalans Mix Yarn
Country Beige 780, 880g

바늘

4.5mm, 5.0mm 대바늘

게이지

(배색ver)16코×24단
(단색ver)16코×26단

〈배색+84단 / 넓은 소매〉

〈단색+84단 / 좁은 소매〉

1 QR 코드 영상은 단색 버전 기준입니다. (L / 84단 / 좁은 소매)

배색하는 방법에 대한 영상은 별도로 준비했으니 배색 버전은 시작 전에 해당 영상을 먼저 참고합니다.

2 암홀 전까지 84단 혹은 100단을 뜰 지는 취향에 따라 선택합니다.

고무단 이후 암홀 코막음 전까지 84단을 뜬 후 네크라인의 코줄임 부호와 100단을 뜬 후 네크라인의 코줄임 부호가 다르니 꼭 도안을 확인해 진행합니다.

3 소매는 넓은 버전과 좁은 버전 중 취향에 따라 선택합니다.

가장 처음 만들 샘플은 단색+84단/좁은 소매였는데, 완성 후 착용을 해보니 소매가 넓어도 좋을 것 같아 도안을 추가했습니다. 소매가 살짝 넓어진 정도로 두 가지 버전 중 원하는 디자인으로 선택합니다.

BACK 뒤판

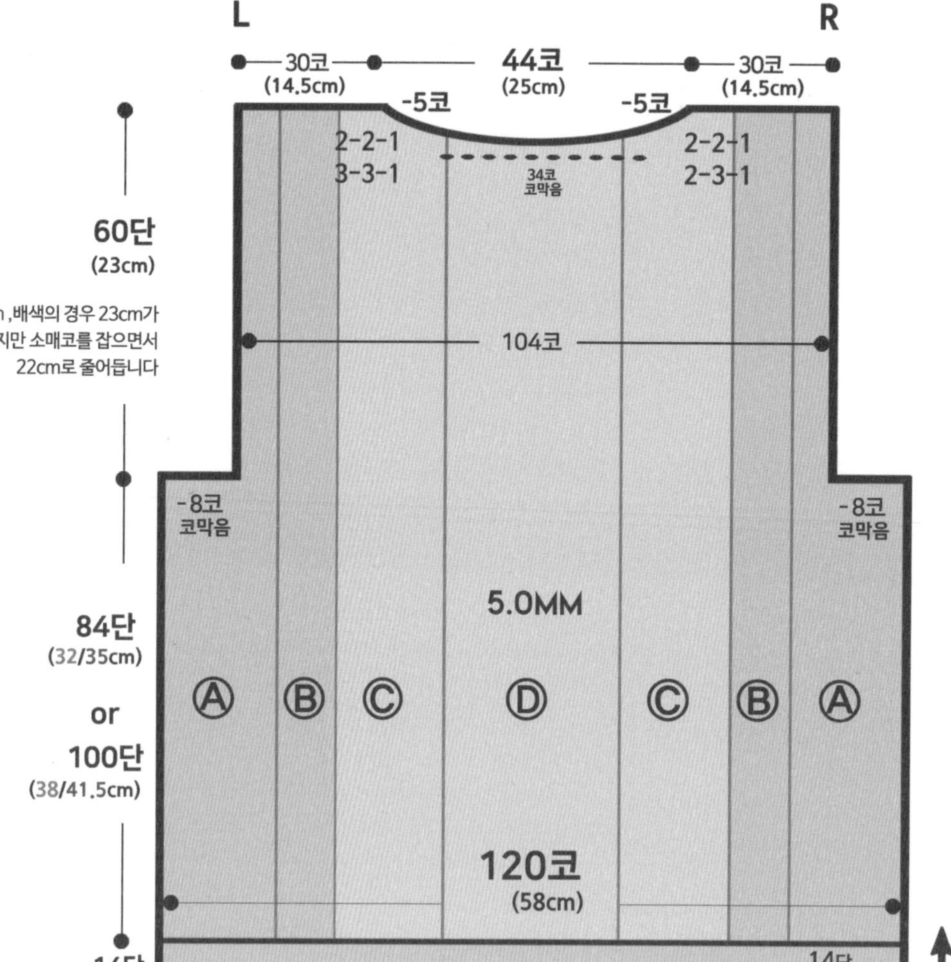

배색 참고 영상

스웨터 뒤판

1 밑실과 4.5mm 대바늘로 57코를 잡아 메인실로 3단을 뜨고 코를 끌어올려 114코를 만들어 12단을 뜹니다. (이때 사슬이나 밑실로 고무코를 잡으면 2단이 더해져 14단이 됩니다.) 고무단 114코를 만들어 12단을 더 뜹니다.

2 5.0mm 바늘로 바꾸고 QR 코드 영상과 도안을 따라 몸통을 진행합니다. 취향에 따라 84단 또는 100단을 뜨고 암홀 코막음을 진행합니다.

3 암홀 양옆 8코 줄이기를 진행하고 56단까지 뜬 후, 네크라인을 진행합니다.

BACK NECK LINE 뒤판 네크라인

R (착용 시 오른쪽)

① 57단 : 어깨코 30코 + 코막음할 코 5코 = 35코 (왼쪽 바늘의 나머지 코들은 다른 바늘에 옮겨둡니다.)

② 58단 : 안뜨기로 3코 코막음, 도안 진행 = 32코

③ 59단 : 도안 참고

④ 60단 : 안뜨기로 2코 코막음, 도안 진행 = 30코

⑤ 61단 : 도안 참고, 마지막에 여유분의 실 남기고 끊기

새 실을 연결해 왼쪽 어깨를 진행합니다.

L (착용 시 왼쪽)

① 57단 : 겉뜨기 34코(네크라인의 가운데) 코막음, 도안 진행

② 58단 : 도안 참고

③ 59단 : 겉뜨기로 3코 코막음, 도안 진행 = 32코

④ 60단 : 도안 참고

⑤ 61단 : 겉뜨기로 2코 코막음, 도안 진행 = 30코
마지막에 여유분의 실 남기고 끊기

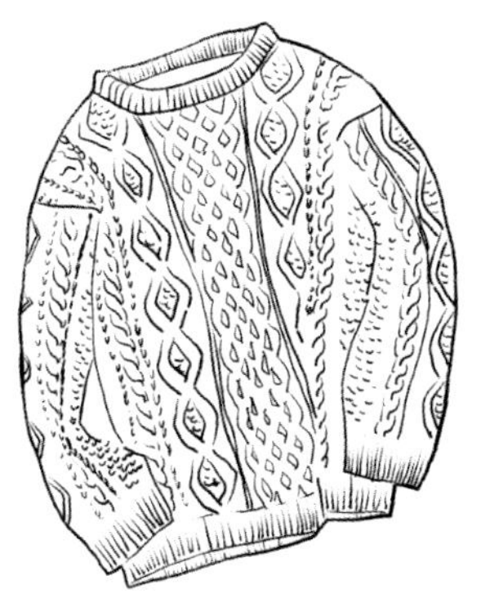

[뒤판]
84단

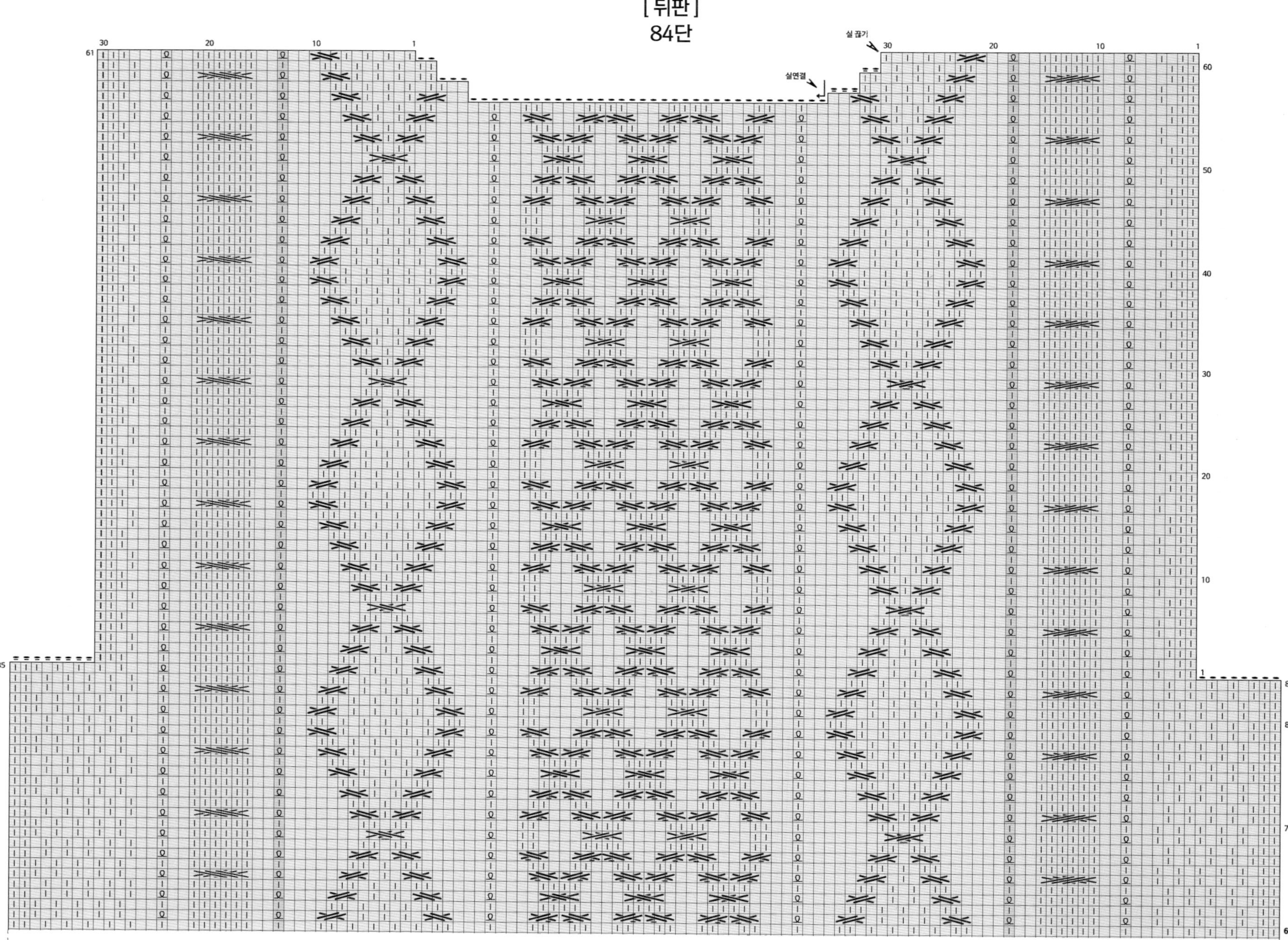

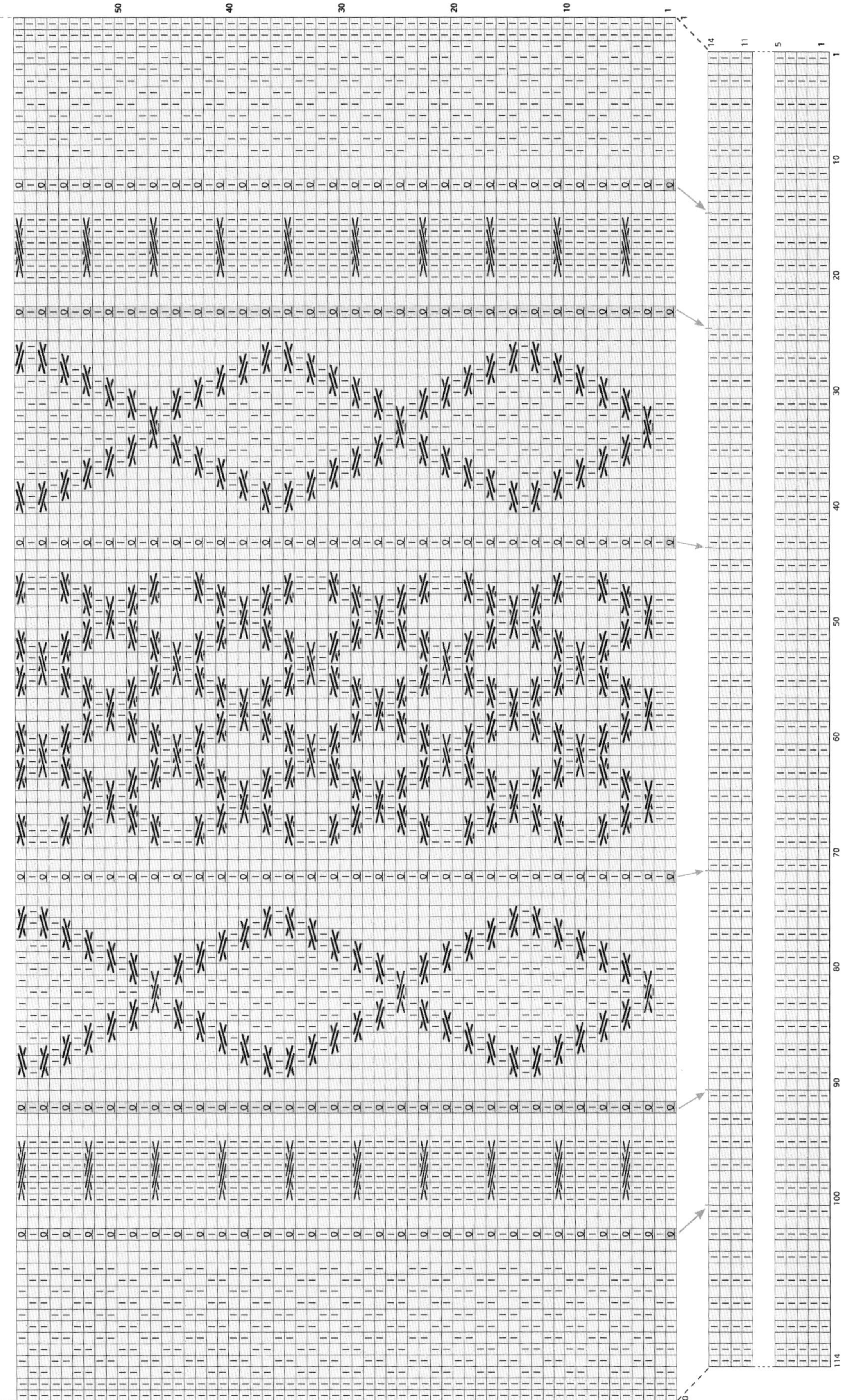

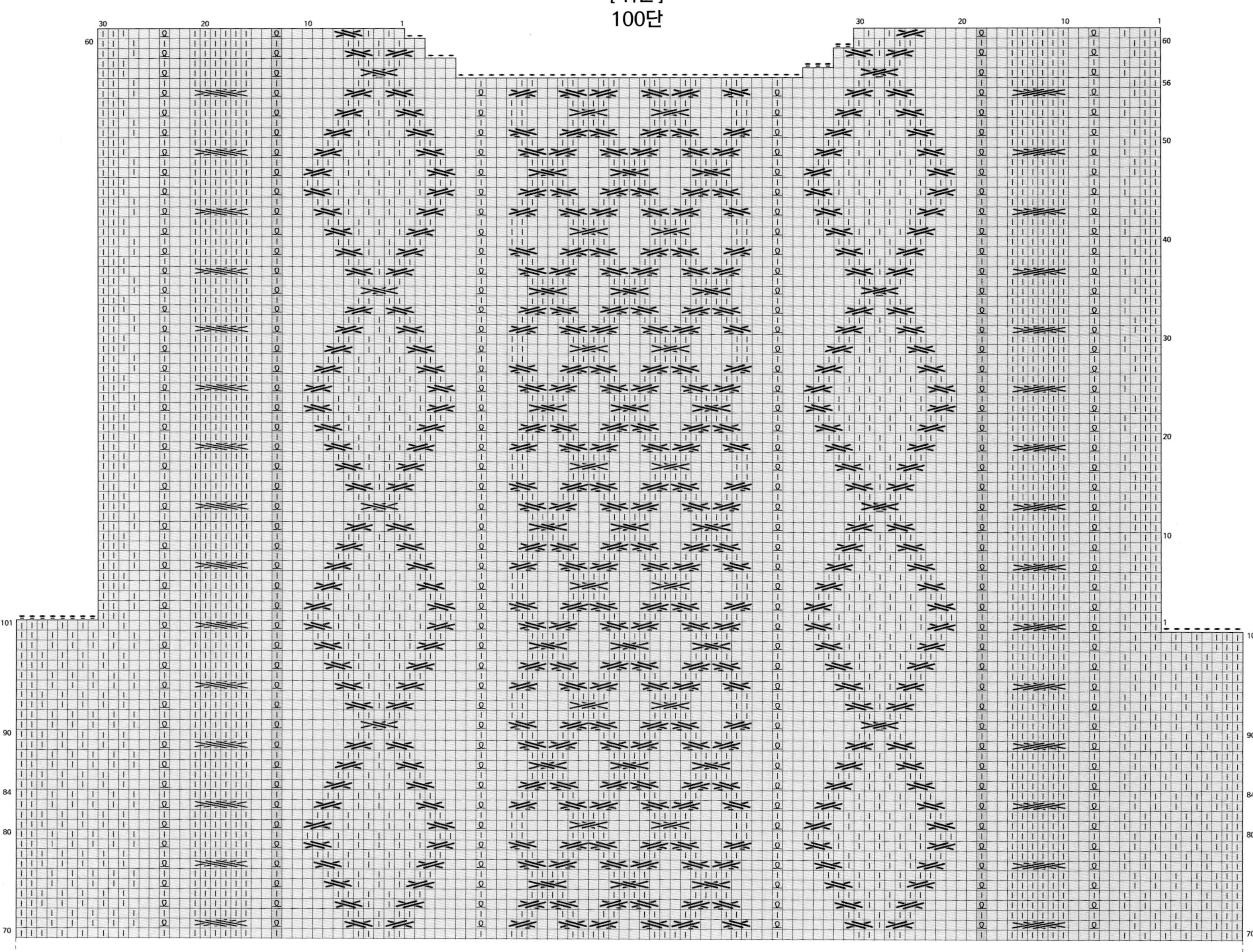
[뒤판]
100단

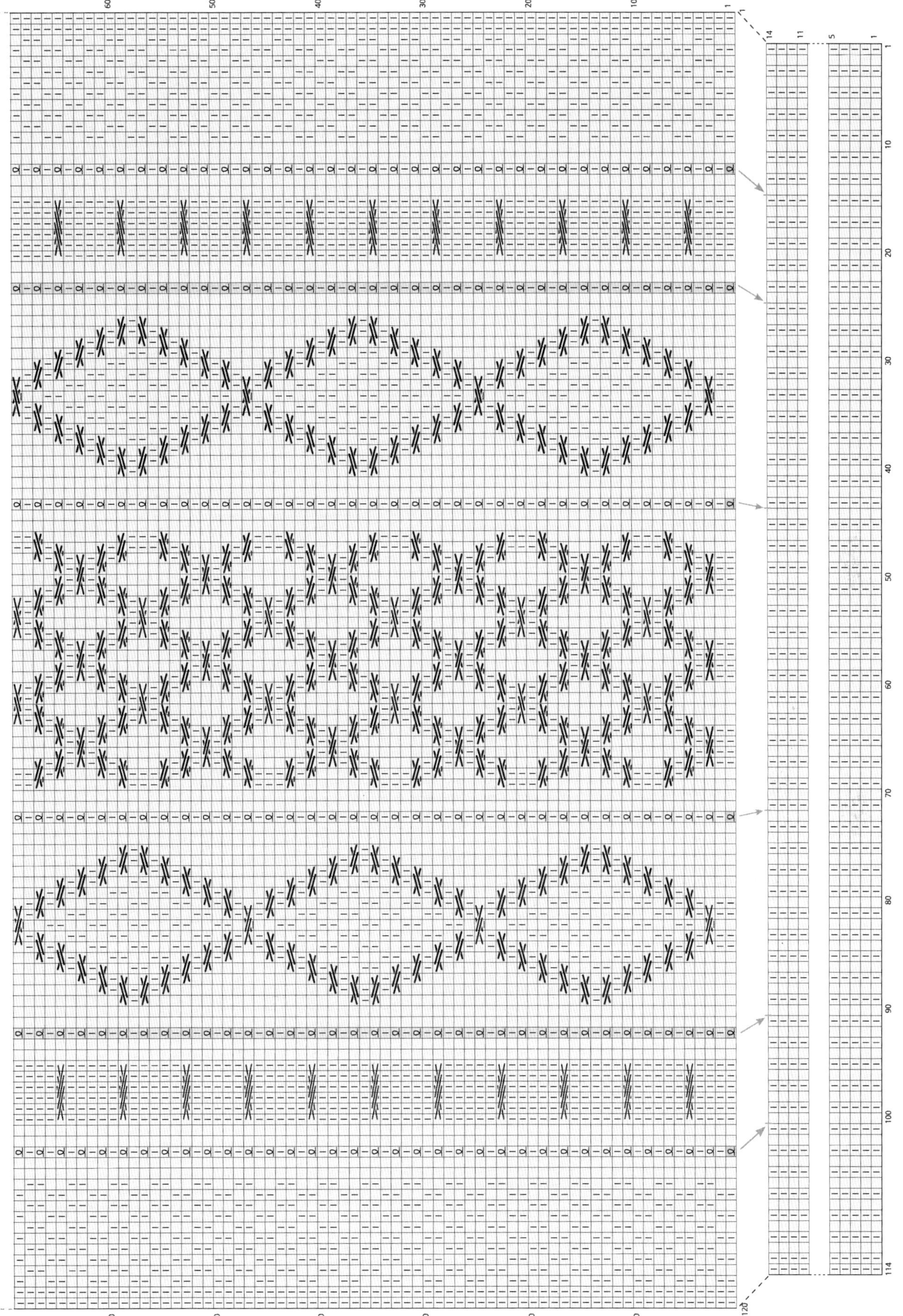

FRONT 앞판

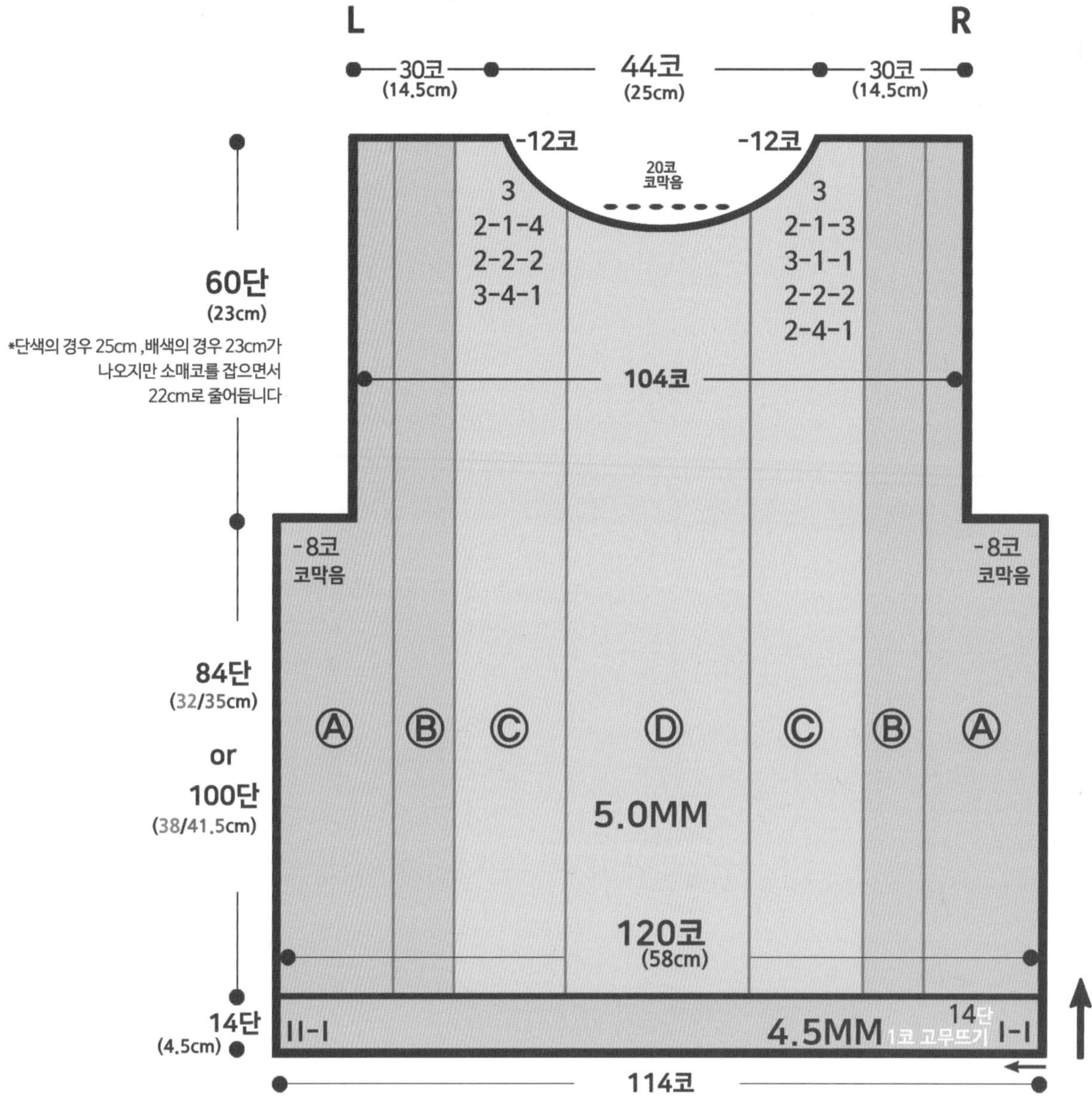

1 암홀 코막음까지 뒤판과 동일합니다.

2 암홀 양옆 8코 줄이기를 진행하고 42단까지 뜬 후, 네크라인을 진행합니다.

앞판 네크라인

FRONT NECK LINE 앞판 네크라인

R (착용 시 왼쪽)

① 43단 : 어깨코 30코+ 코막음할 코 12코 = 42코 (왼쪽 바늘의 나머지 코들은 다른 바늘에 옮겨둡니다.)
② 44단 : 안뜨기로 4코 코막음, 도안 진행 = 38코
③ 45단 : 도안 참고
④ 46단 : 안뜨기로 2코 코막음, 도안 진행 = 36코
⑤ 47단 : 도안 참고
⑥ 48단 : 안뜨기로 2코 코막음, 도안 진행 = 34코
⑦ 49~50단 : 도안 참고
⑧ 51단 : 4코 남을 때까지 도안 진행, 1코 코막음 = 33코 (QR 코드 참고)
⑨ 52단 : 도안 참고
⑩ 53단 : 5코 남을 때까지 도안 진행, 1코 코막음 = 32코 (암홀 아래 84단을 뜬 경우, 꼭 QR 코드 참고)
⑪ 54단 : 도안 참고
⑫ 55단 : 4코 남을 때까지 도안 진행, 1코 코막음 = 31코
⑬ 56단 : 도안 참고
⑭ 57단 : 4코 남을 때까지 도안 진행, 1코 코막음 = 30코
⑮ 58~60단 : 도안 참고, 마지막에 여유분의 실 남기고 끊기

새 실을 연결해 왼쪽 어깨를 진행합니다.

L (착용 시 오른쪽)

① 43단 : 네크라인의 가운데 20코 코막음, 도안 진행
② 44단 : 도안 참고 = 42코
③ 45단 : 4코 코막음, 도안 진행 = 38코
④ 46단 : 도안 참고
⑤ 47단 : 2코 코막음, 도안 진행 = 36코
⑥ 48단 : 도안 참고
⑦ 49단 : 2코 코막음, 도안 진행 = 34코
⑧ 50단 : 도안 참고
⑨ 51단 : 겉뜨기 2코, 2코 겹쳐 뜨기(1코 줄이기), 도안 진행 = 33코
⑩ 52단 : 도안 참고
⑪ 53단 : 1코 줄임, 도안 진행 = 32코 (암홀 아래 84단을 뜬 경우, 꼭 QR 코드 참고)
⑫ 54단 : 도안 참고
⑬ 55단 : 겉뜨기 2코, 2코 겹쳐 뜨기(1코 줄이기), 도안 진행 = 31코
⑭ 56단 : 도안 진행
⑮ 57단 : 겉뜨기 2코, 2코 겹쳐 뜨기(1코 줄이기), 도안 진행 = 30코
⑯ 58단 : 도안 진행
⑰ 59~60단 : 도안 참고, 마지막에 여유분의 실 남기고 끊기

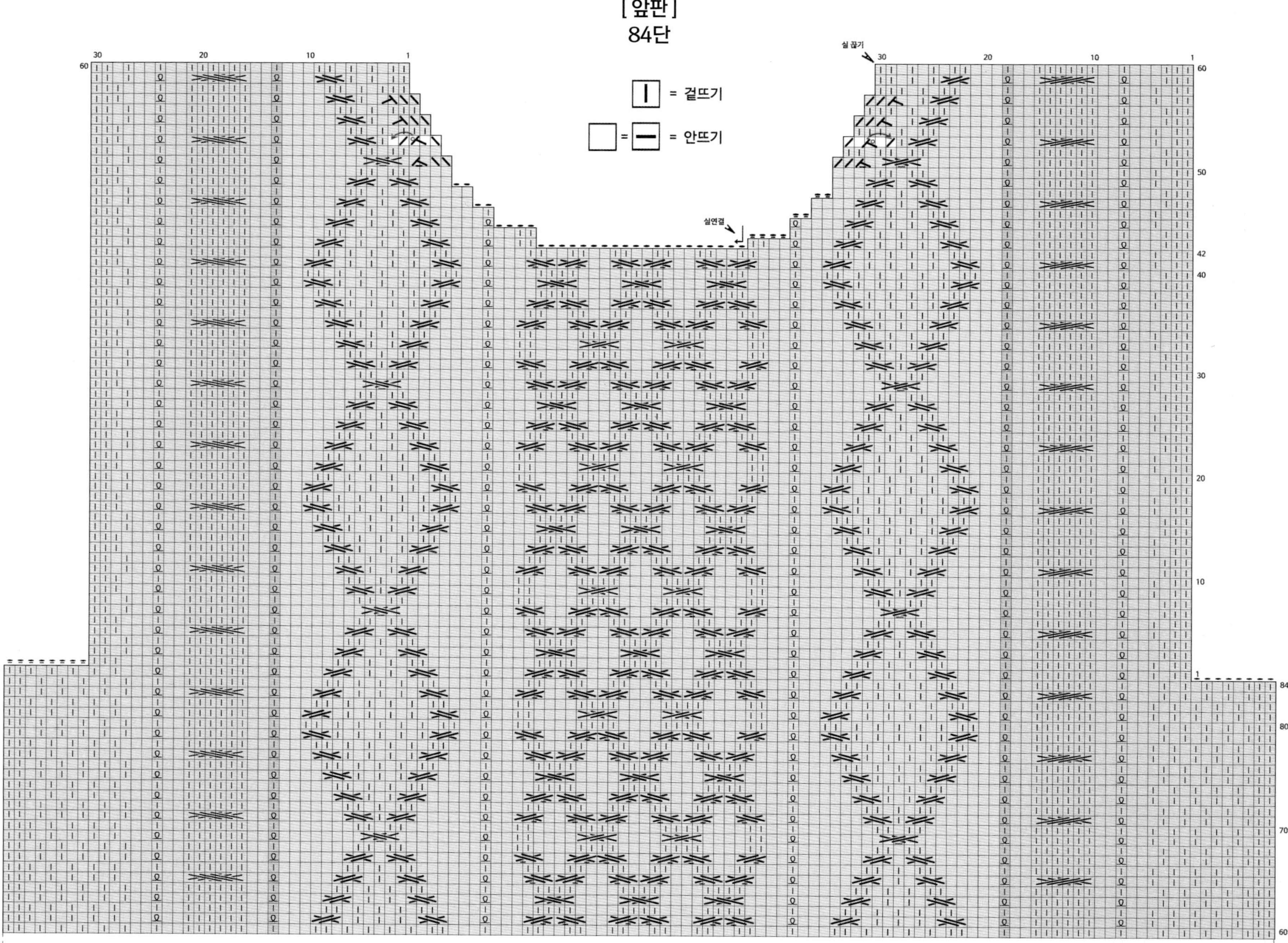
[앞판]
84단
= 겉뜨기
= 안뜨기
실 끊기
실연결

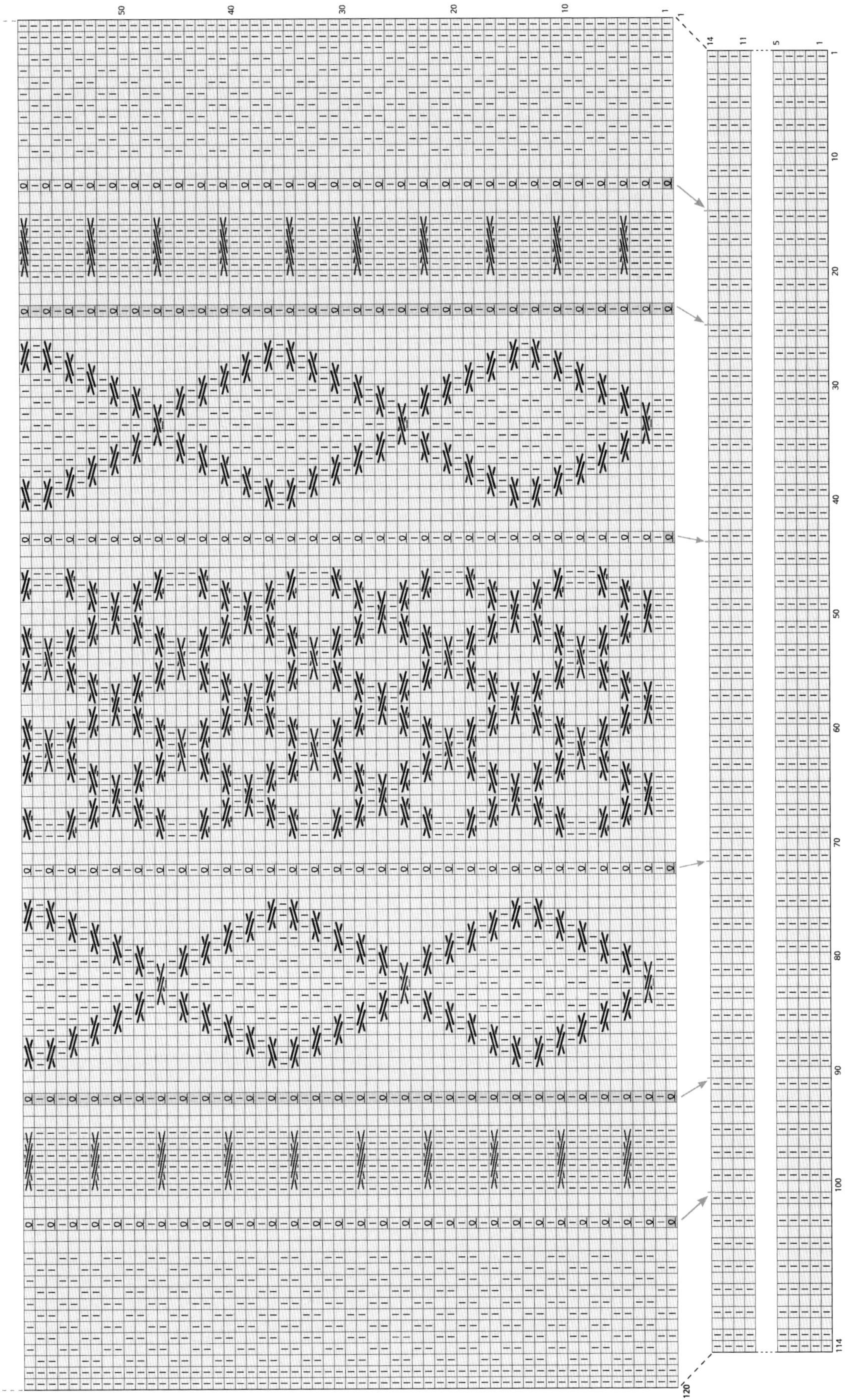

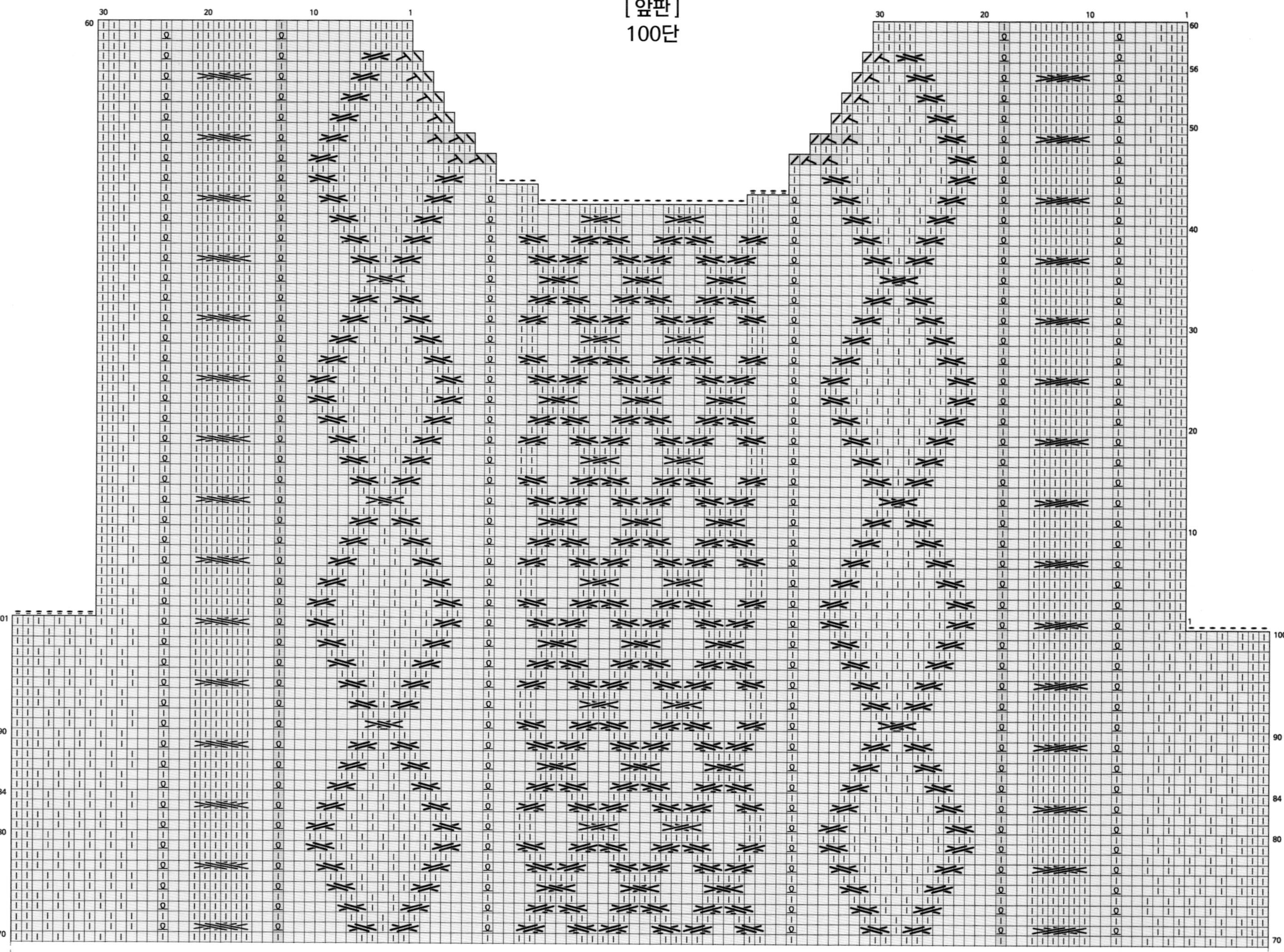
[앞판]
100단

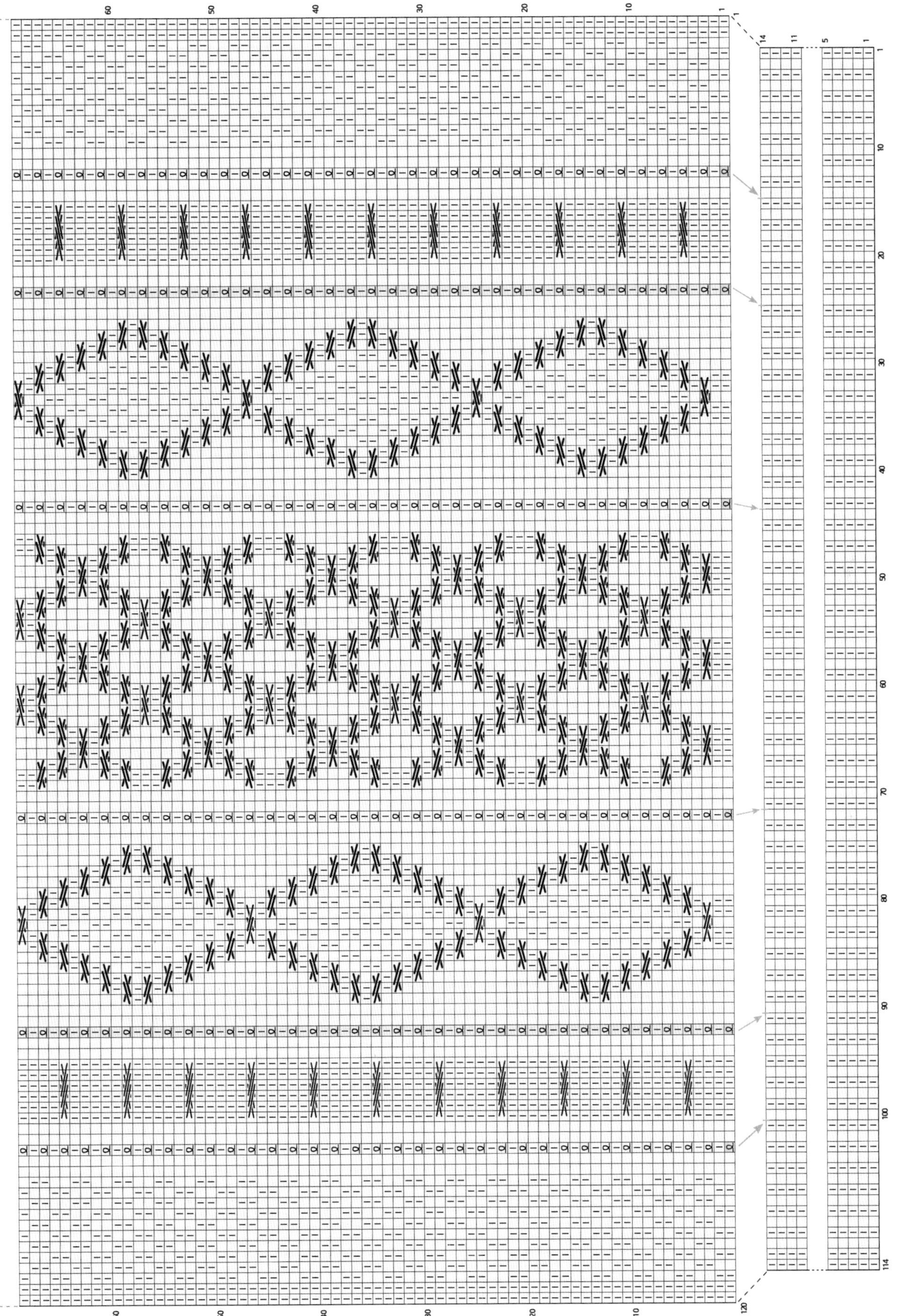

SLEEVE 소매

61코
(36cm)
14단
I-II
II-I
9단
8-1-7 단째에서 코줄이기 회
6-1-7 단째에서 코줄이기 회
5-1-1 단에 코줄이기 회
91코

[좁은 버전/단색]

112단
(43/46cm)

65코
(37cm)
14단(4.5cm)
I-II
II-I
7단
8-1-12 단째에서 코줄이기 회
9-1-1 단에 코줄이기 회
91코

[넓은 버전/배색]

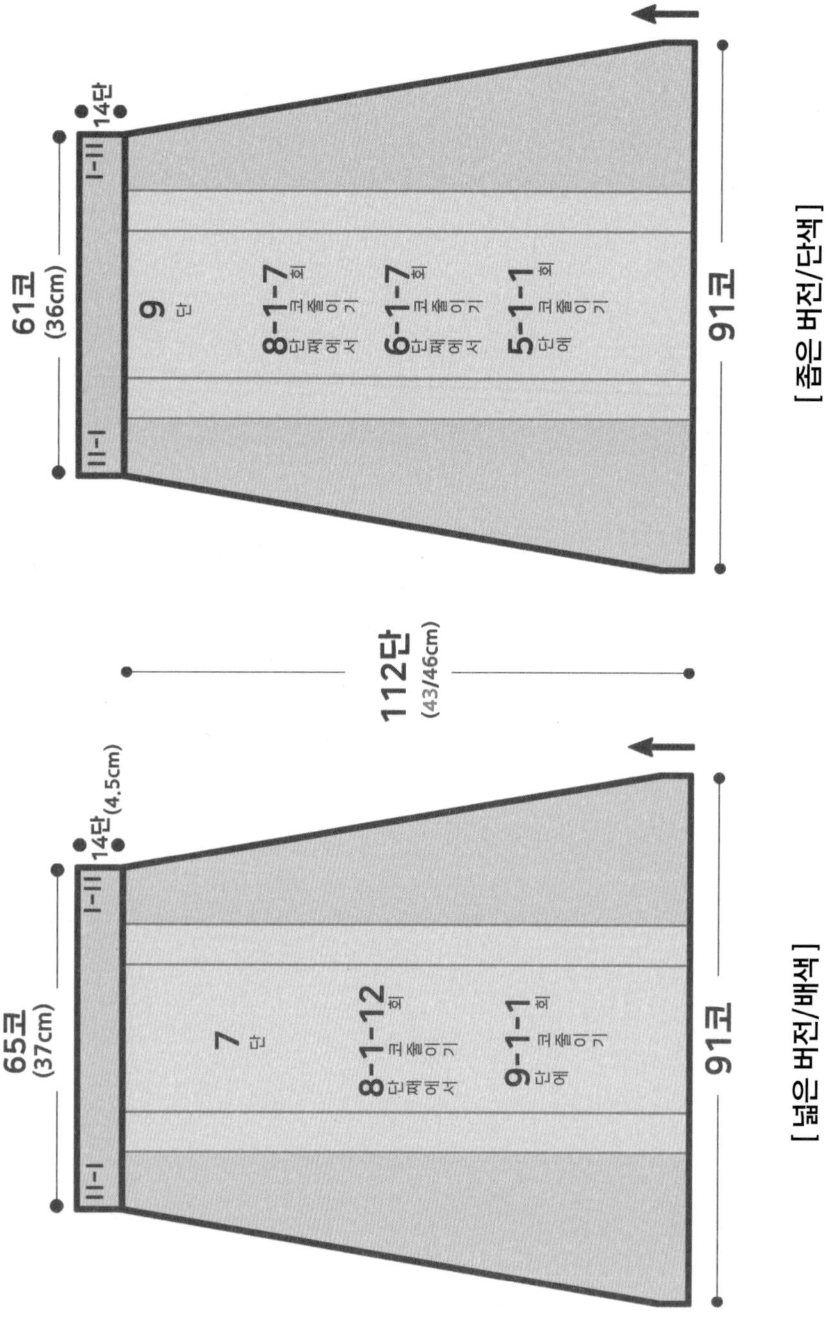

앞, 뒤판의 어깨를 연결합니다. 5.0mm 대바늘로 앞, 뒤판에서 각각 45코씩, 어깨선에서 1코를 주워 총 소매코 91코를 잡습니다.

★ 단색 버전의 경우, 양옆 1코를 겉뜨기로 세웠고, 배색 버전의 경우 양옆 2코를 겉뜨기로 세웠습니다. 배치도는 배색을 기준으로 작성했습니다. 단색 버전은 색상 구분 없이 뜹니다.

넓은 버전

① 도안을 따라 7단을 더 뜹니다. (8단)

② 9단에서 도안을 참고해 양옆 1코씩 줄입니다.

③ 이후 매 8단마다 양옆 1코 줄이기를 12회 반복합니다. (8-1-12)

④ 도안을 따라 7단을 더 뜹니다. 4.5mm 바늘로 바꾸고 1×1 고무뜨기를 14단 뜬 후, 돗바늘을 이용해 마무리합니다.

좁은 버전

① 도안을 따라 3단을 더 뜹니다. (4단)

② 5단에서 도안을 참고해 양옆 1코씩 줄입니다.

③ 이후 매 6단마다 양옆 1코 줄이기를 7회 반복합니다. (6-1-7)

④ 이후 매 8단마다 양옆 1코 줄이기를 7회 반복합니다. (8-1-7)

⑤ 도안을 따라 9단을 더 뜹니다. 4.5mm 바늘로 바꾸고 1×1 고무뜨기를 14단 뜬 후, 돗바늘을 이용해 마무리합니다.

[소매 넓은 버전]

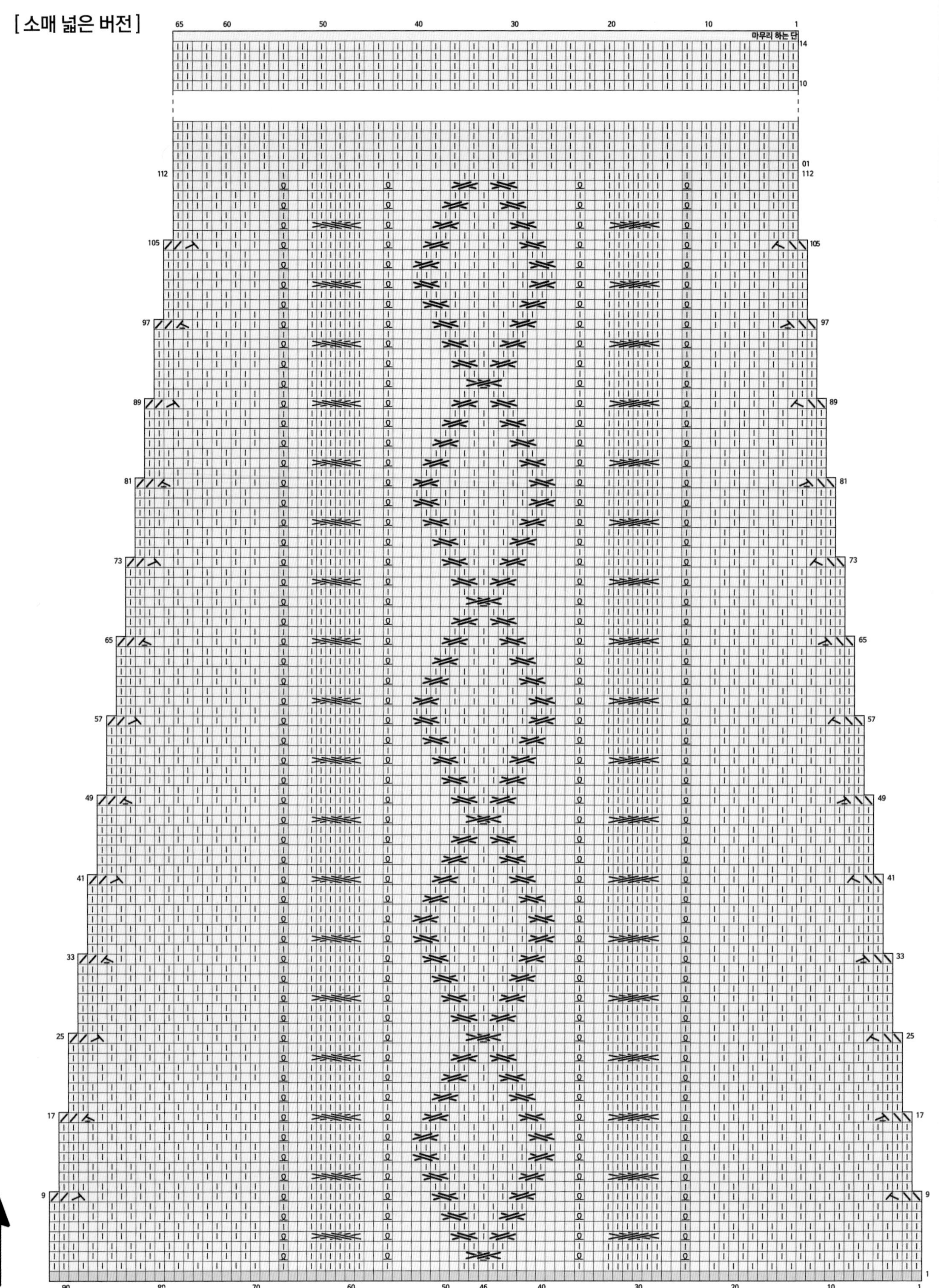

[소매 좁은 버전]

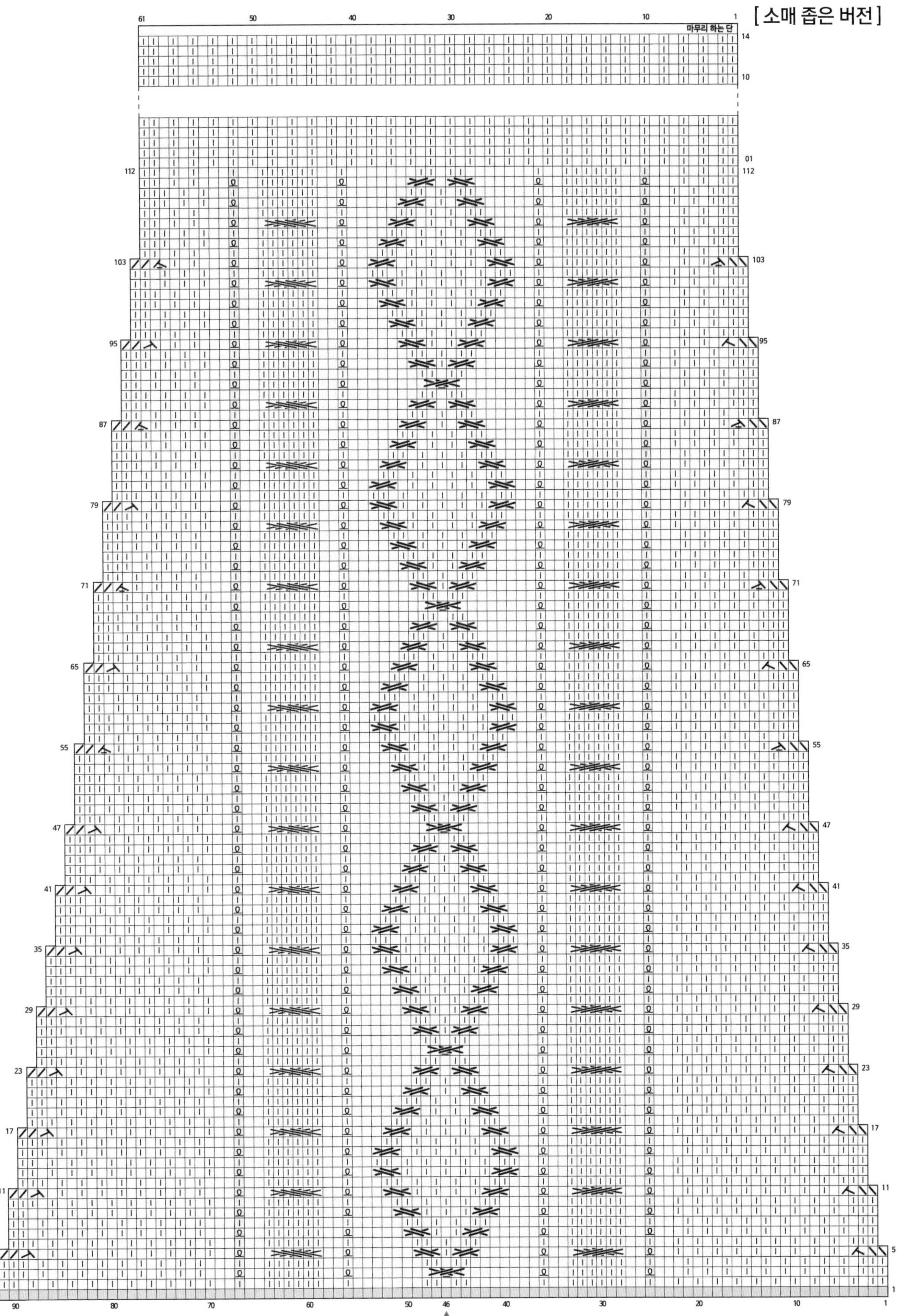

NECK 목

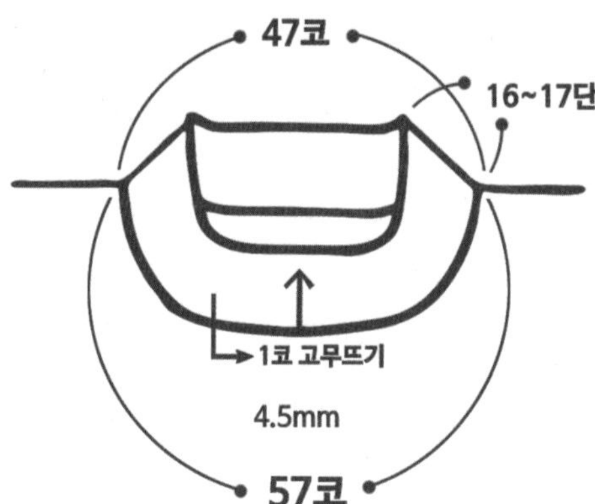

겹단 네크라인

겹단 네크라인
(색이 잘 보이는 버전)

1 4.5mm 대바늘로 네크라인 코는 최대한 다 잡습니다. 앞 네크라인에서 57코, 뒷 네크라인에서 47코를 주워 총 108코를 잡습니다. 1×1 고무뜨기를 16~17단 뜬 후, 돗바늘을 이용해 마무리합니다.

XL

BACK 뒤판

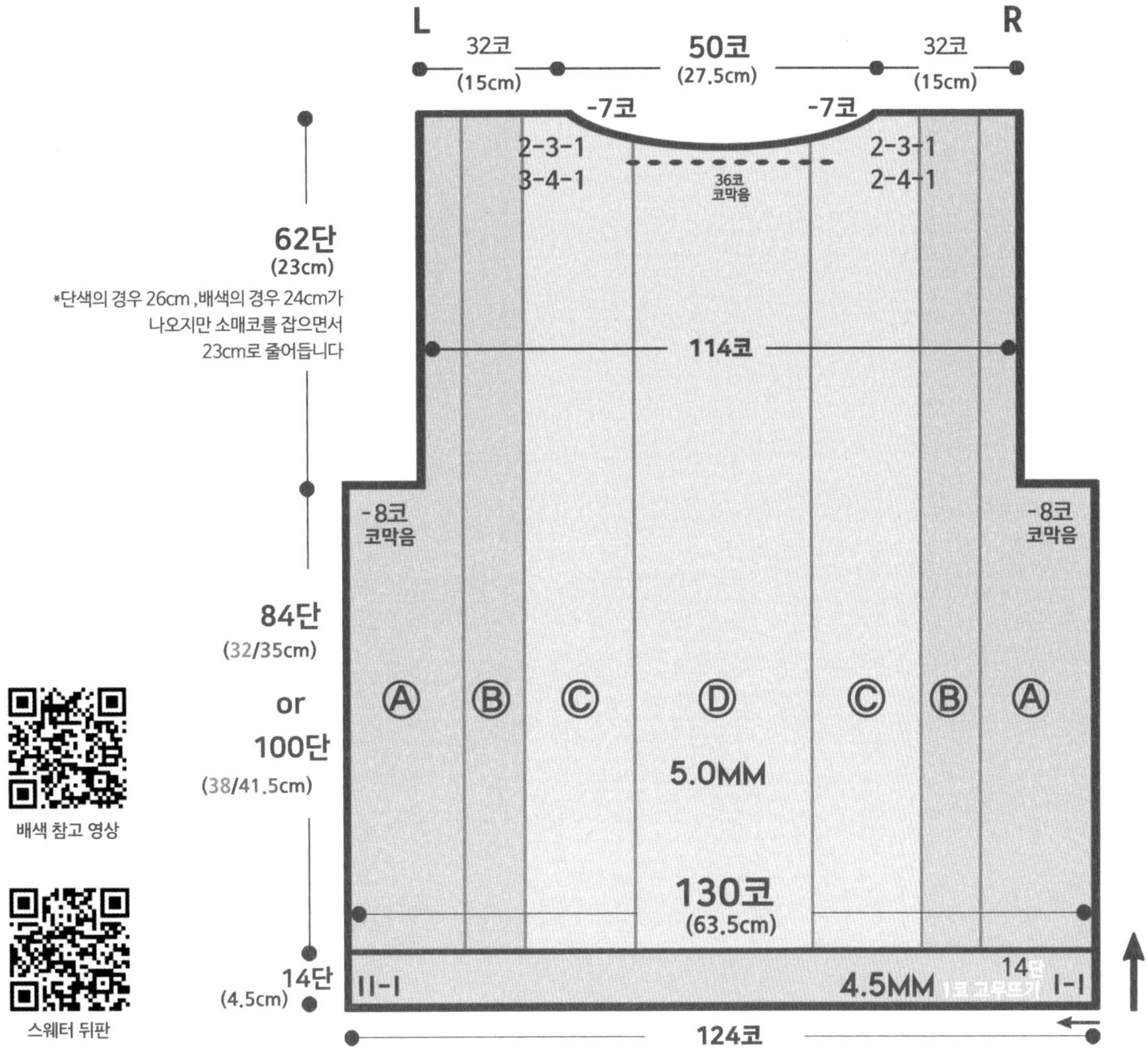

1 밑실과 4.5mm 대바늘로 62코를 잡아 메인실로 3단을 뜨고 코를 끌어올려 124코를 만들어 12단을 뜹니다. (이때 사슬이나 밑실로 고무코를 잡으면 2단이 더해져 14단이 됩니다.)

2 5.0mm 바늘로 바꾸고 QR 코드 영상과 도안을 따라 몸통을 진행합니다. 취향에 따라 84단 또는 100단을 뜨고 암홀 코막음을 진행합니다.

3 암홀 양옆 8코 줄이기를 진행하고 58단까지 뜬 후, 네크라인을 진행합니다.

BACK NECK LINE 뒤판 네크라인

암홀 및 네크라인

R (착용 시 오른쪽)

① 59단 : 어깨코 32코 + 코막음할 코 7코 = 39코 (왼쪽 바늘의 나머지 코들은 다른 바늘에 옮겨둡니다.)

② 60단 : 안뜨기로 4코 코막음, 도안 진행 = 35코

③ 61단 : 도안 참고

④ 62단 : 안뜨기로 3코 코막음, 도안 진행 = 32코

⑤ 63단 : 도안 참고, 마지막에 여유분의 실 남기고 끊기

새 실을 연결해 왼쪽 어깨를 진행합니다.

L (착용 시 왼쪽)

① 59단 : 네크라인의 가운데 36코 코막음, 도안 진행

② 60단 : 도안 참고

③ 61단 : 4코 코막음, 도안 진행 = 35코

④ 62단 : 도안 참고

⑤ 63단 : 3코 코막음, 도안 진행 = 32코
마지막에 여유분의 실 남기고 끊기

[뒤판]
84단

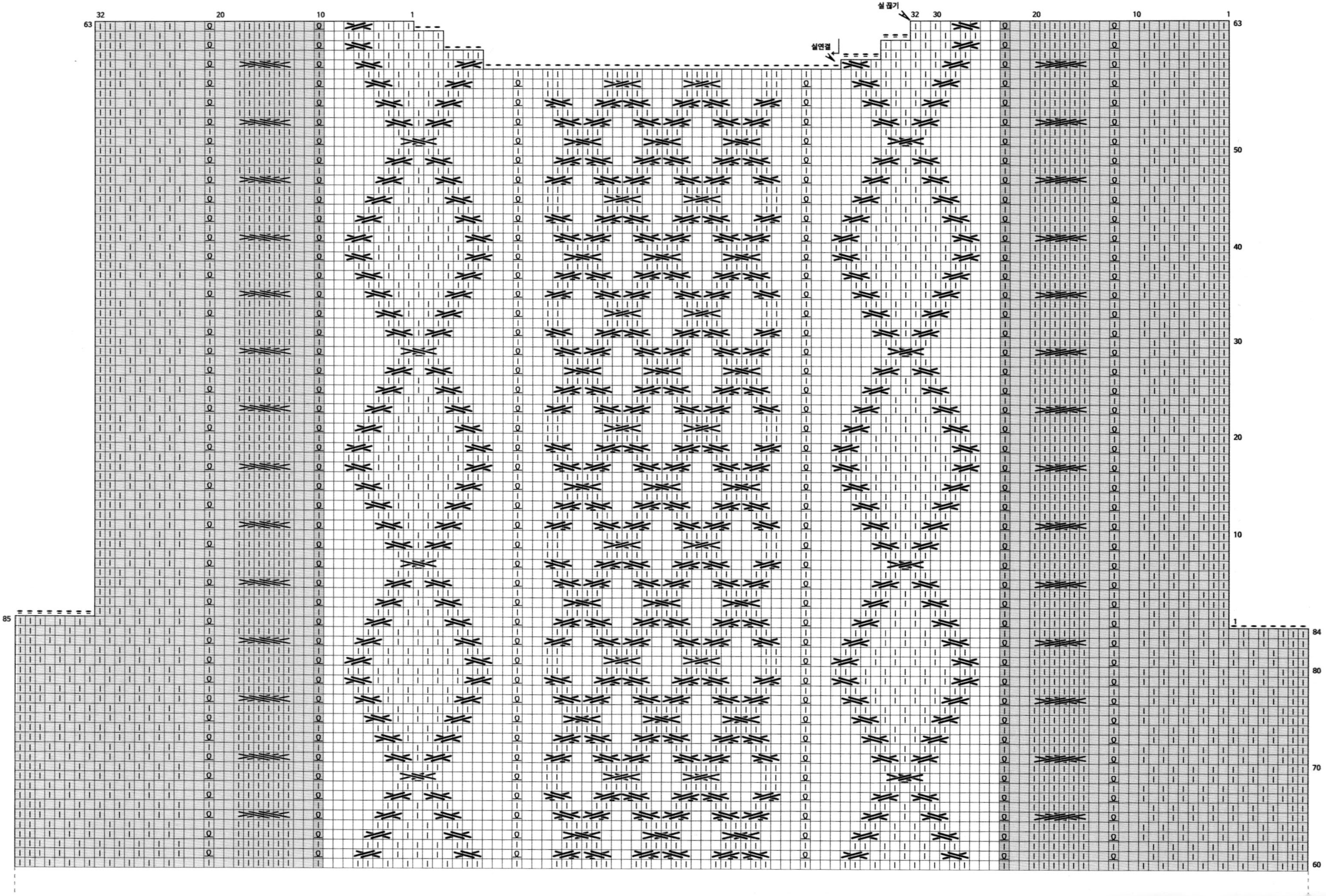

실 끊기

실연결

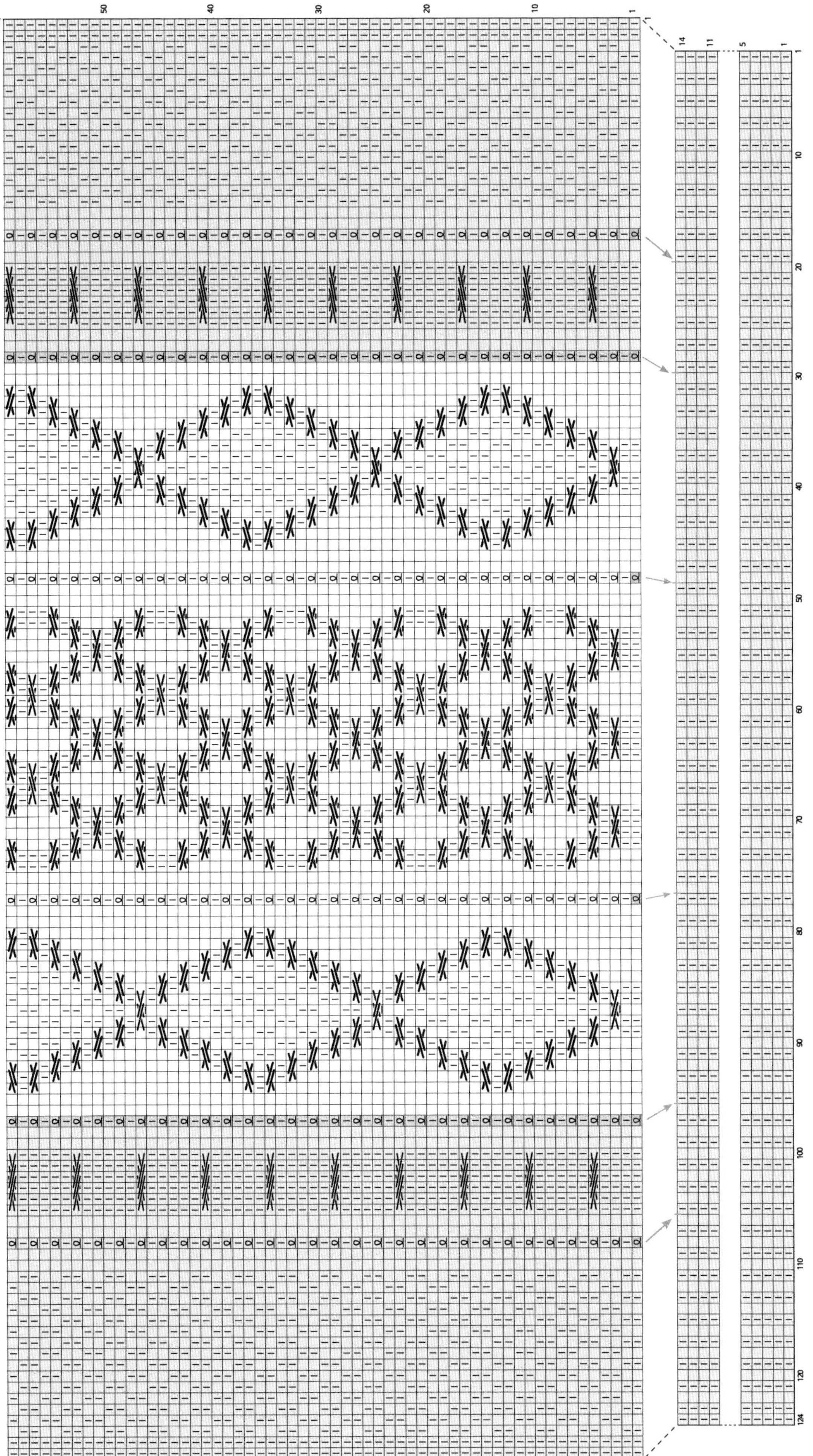

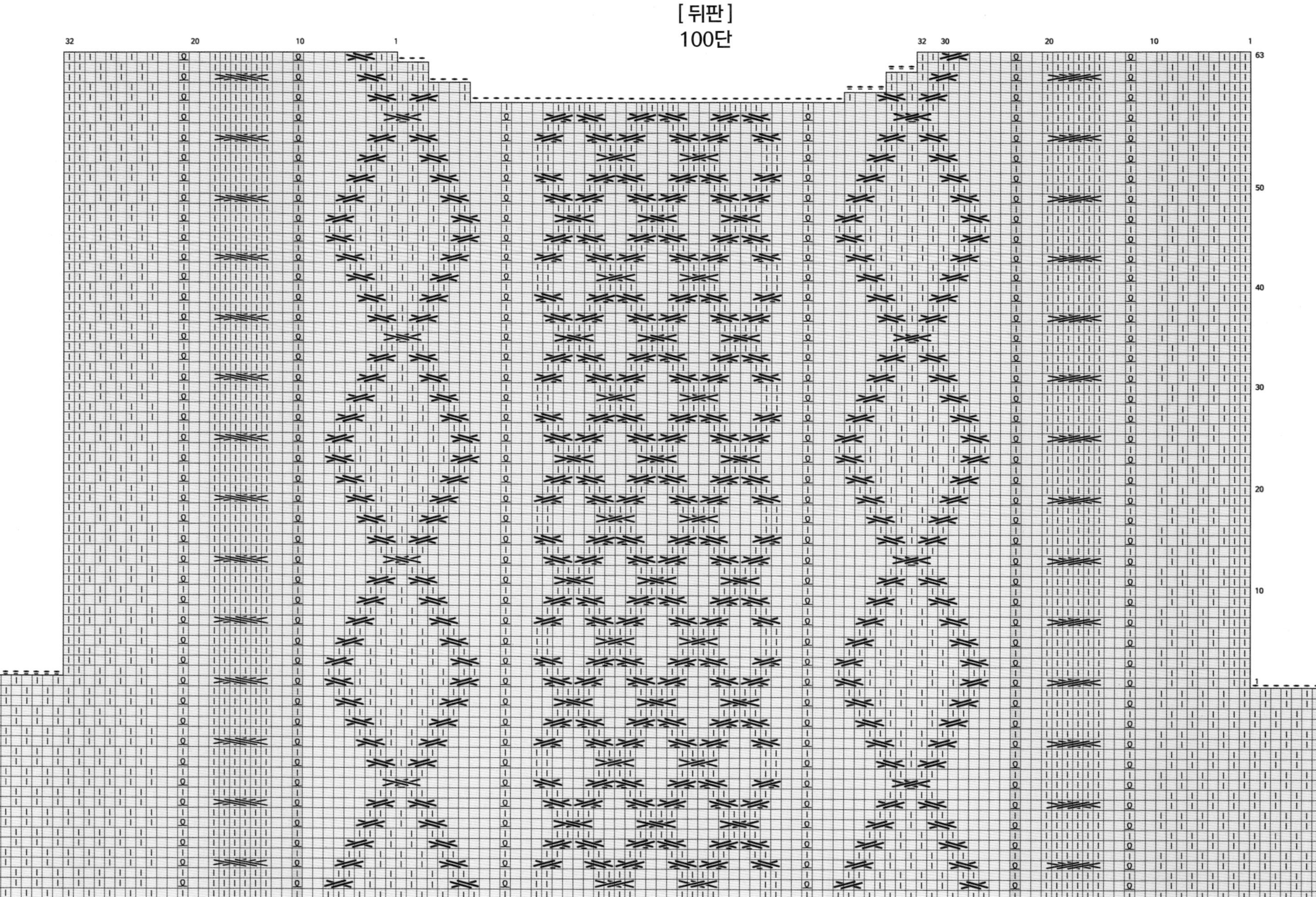
[뒤판]
100단

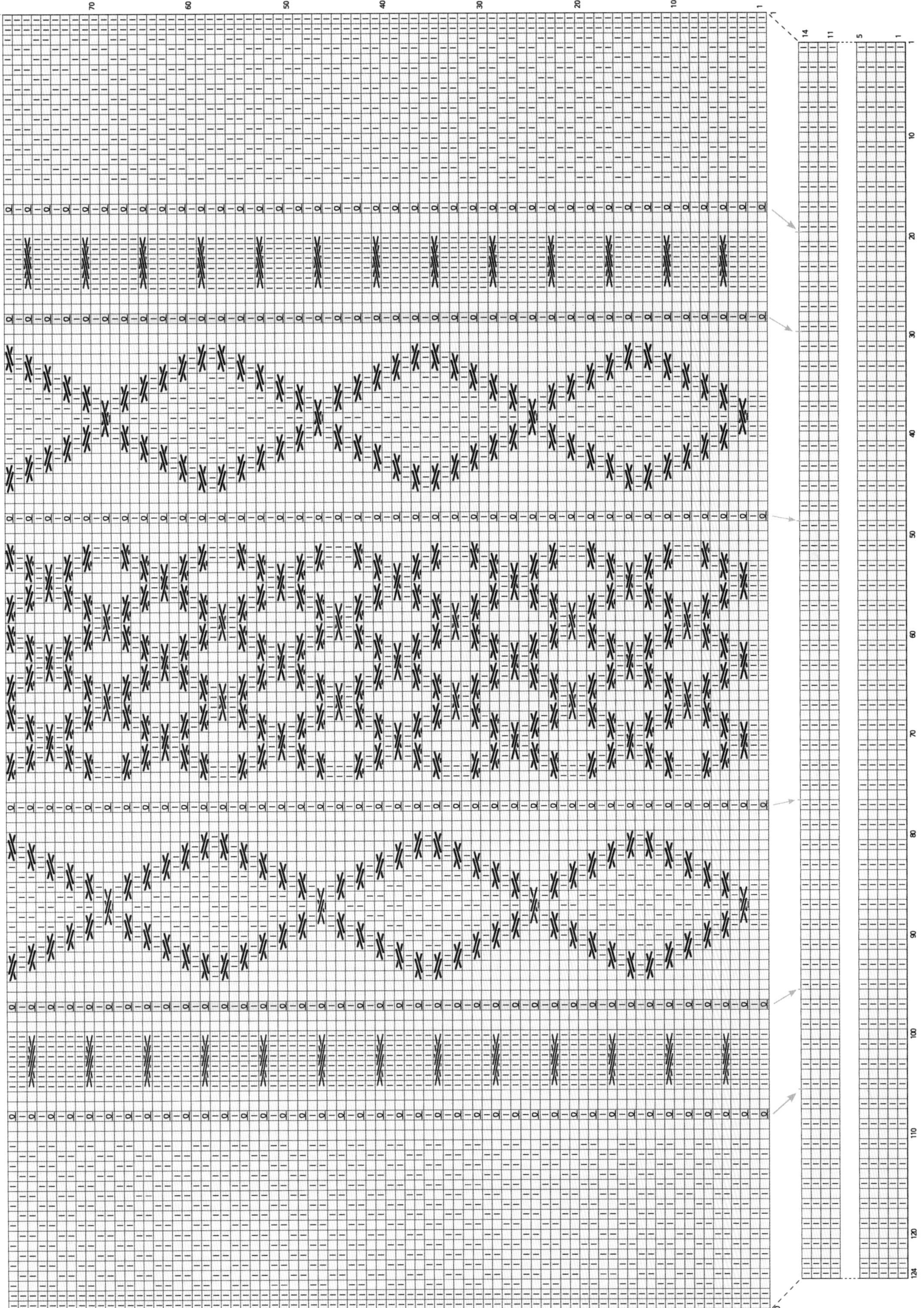

FRONT 앞판

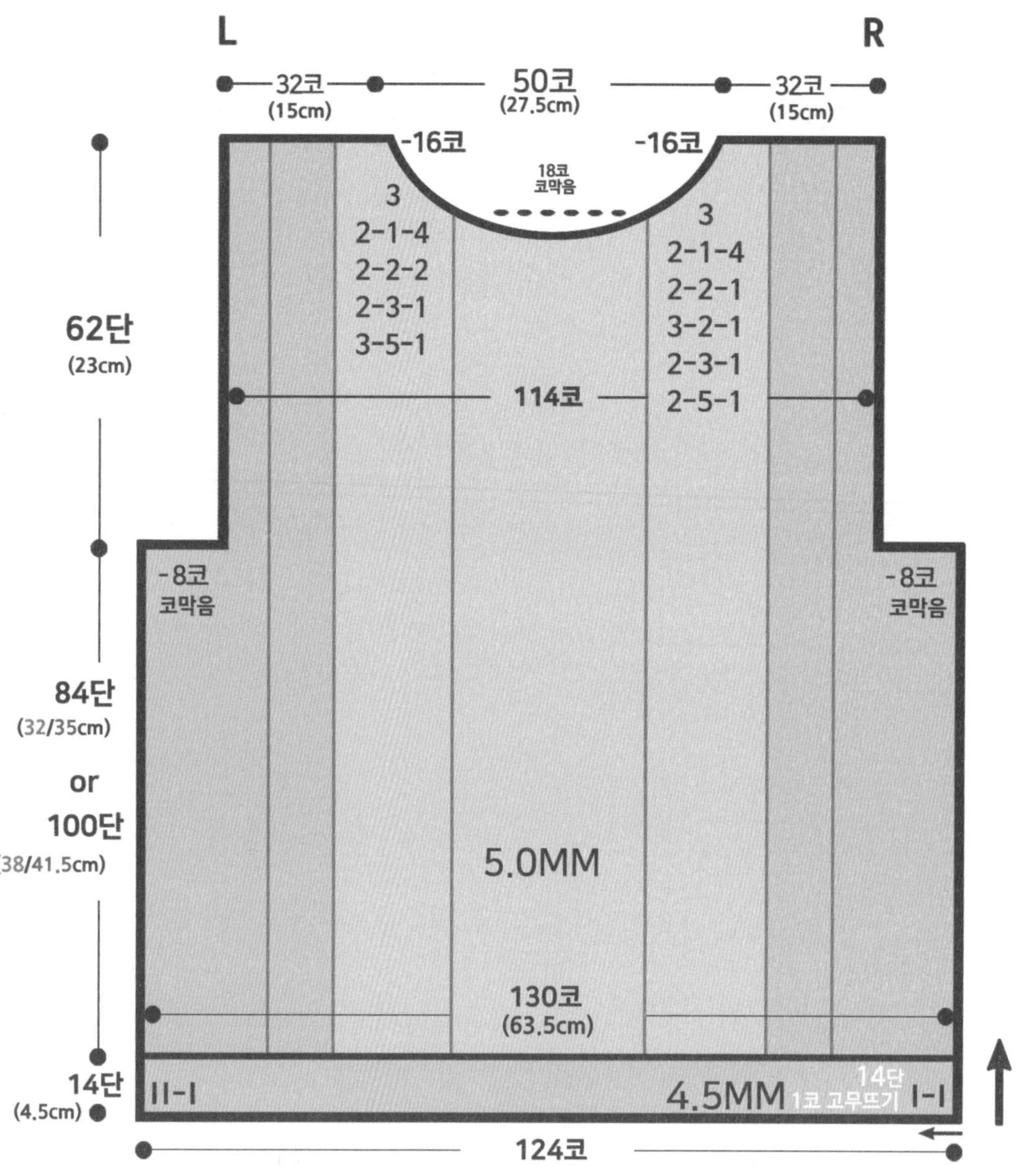

1 암홀 코막음까지 뒤판과 동일합니다.

2 암홀 양옆 8코 줄이기를 진행하고 42단까지 뜬 후, 네크라인을 진행합니다.

FRONT NECK LINE 앞판 네크라인

R (착용 시 왼쪽)

① 43단 : 어깨코 32코 + 코막음할 코 16코 = 48코 (왼쪽 바늘의 나머지 코들은 다른 바늘에 옮겨둡니다.)
② 44단 : 안뜨기로 5코 코막음, 도안 진행 = 43코
③ 45단 : 도안 참고
④ 46단 : 안뜨기로 3코 코막음, 도안 진행 = 40코
⑤ 47~48단: 도안 참고
⑥ 49단 : 도안을 따라 2코 줄이기 = 38코
⑦ 50단 : 도안 참고
⑧ 51단 : 도안을 따라 2코 줄이기 = 36코
⑨ 52단 : 도안 참고
⑩ 53단 : 도안을 따라 1코 줄이기 = 35코
⑪ 54단 : 도안 참고
⑫ 55단 : 도안을 따라 1코 줄이기 = 34코
⑬ 56단 : 도안 참고
⑭ 57단 : 도안을 따라 1코 줄이기 = 33코
⑮ 58단 : 도안 참고
⑯ 59단 : 도안을 따라 1코 줄이기 = 32코
⑰ 60~62단 : 도안 참고, 마지막에 여유분의 실 남기고 끊기

L (착용 시 오른쪽)

① 43단 : 네크라인의 가운데 18코 코막음, 도안 진행
② 44단 : 도안 참고 = 48코
③ 45단 : 5코 코막음, 도안 진행 = 43코
④ 46단 : 도안 참고
⑤ 47단 : 3코 코막음, 도안 진행 = 40코
⑥ 48단 : 도안 참고
⑦ 49단 : 도안을 따라 2코 줄이기 = 38코
⑧ 50단 : 도안 참고
⑨ 51단 : 도안을 따라 2코 줄이기 = 36코
⑩ 52단 : 도안 참고
⑪ 53단 : 도안을 따라 1코 줄이기 = 35코
⑫ 54단 : 도안 참고
⑬ 55단 : 도안을 따라 1코 줄이기 = 34코
⑭ 56단 : 도안 참고
⑮ 57단 : 도안을 따라 1코 줄이기 = 33코
⑯ 58단 : 도안 참고
⑰ 59단 : 도안을 따라 1코 줄이기 = 32코
⑱ 60~62단 : 도안 참고, 마지막에 여유분의 실 남기고 끊기

새 실을 연결해 왼쪽 어깨를 진행합니다.

[앞판]
84단

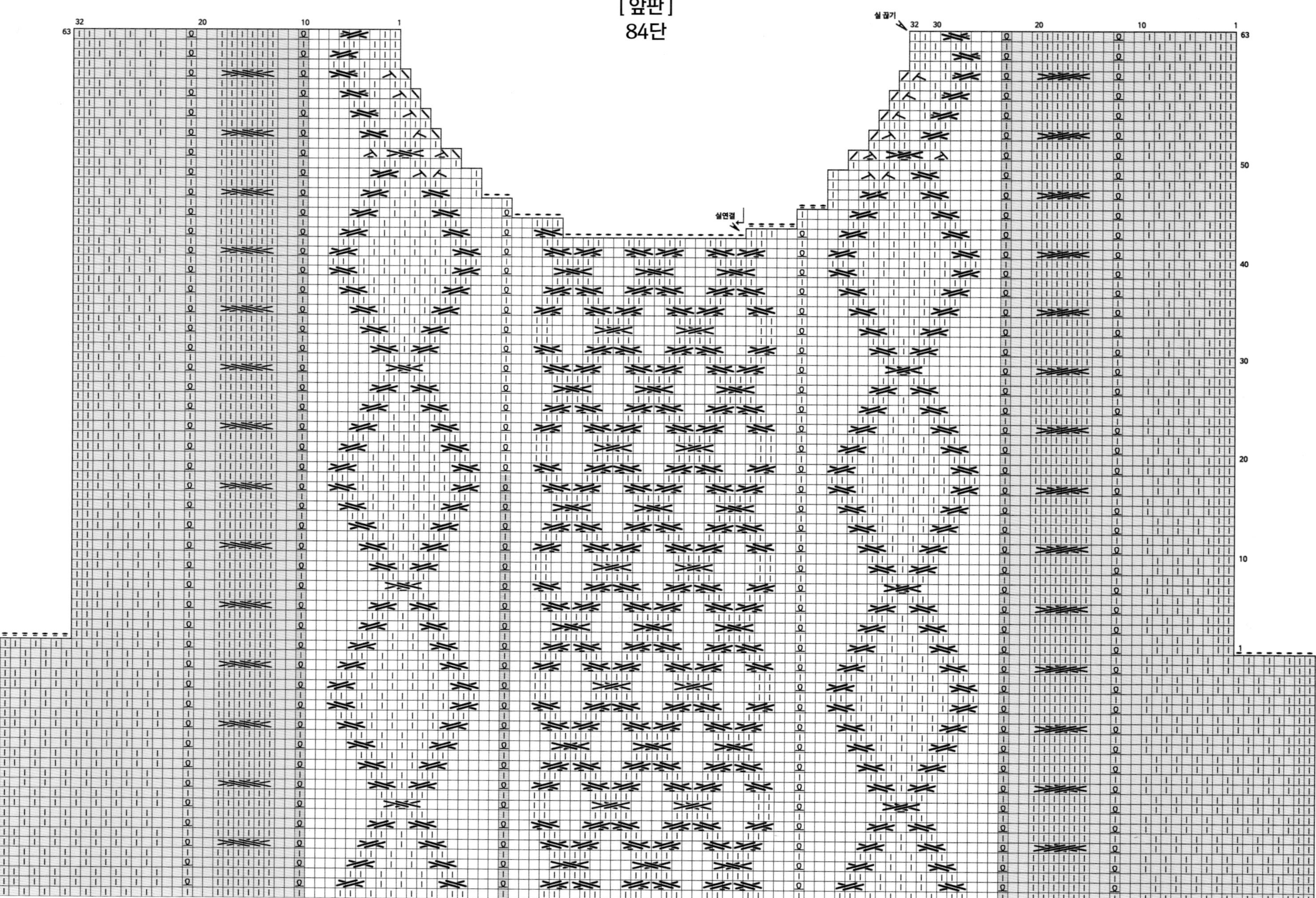

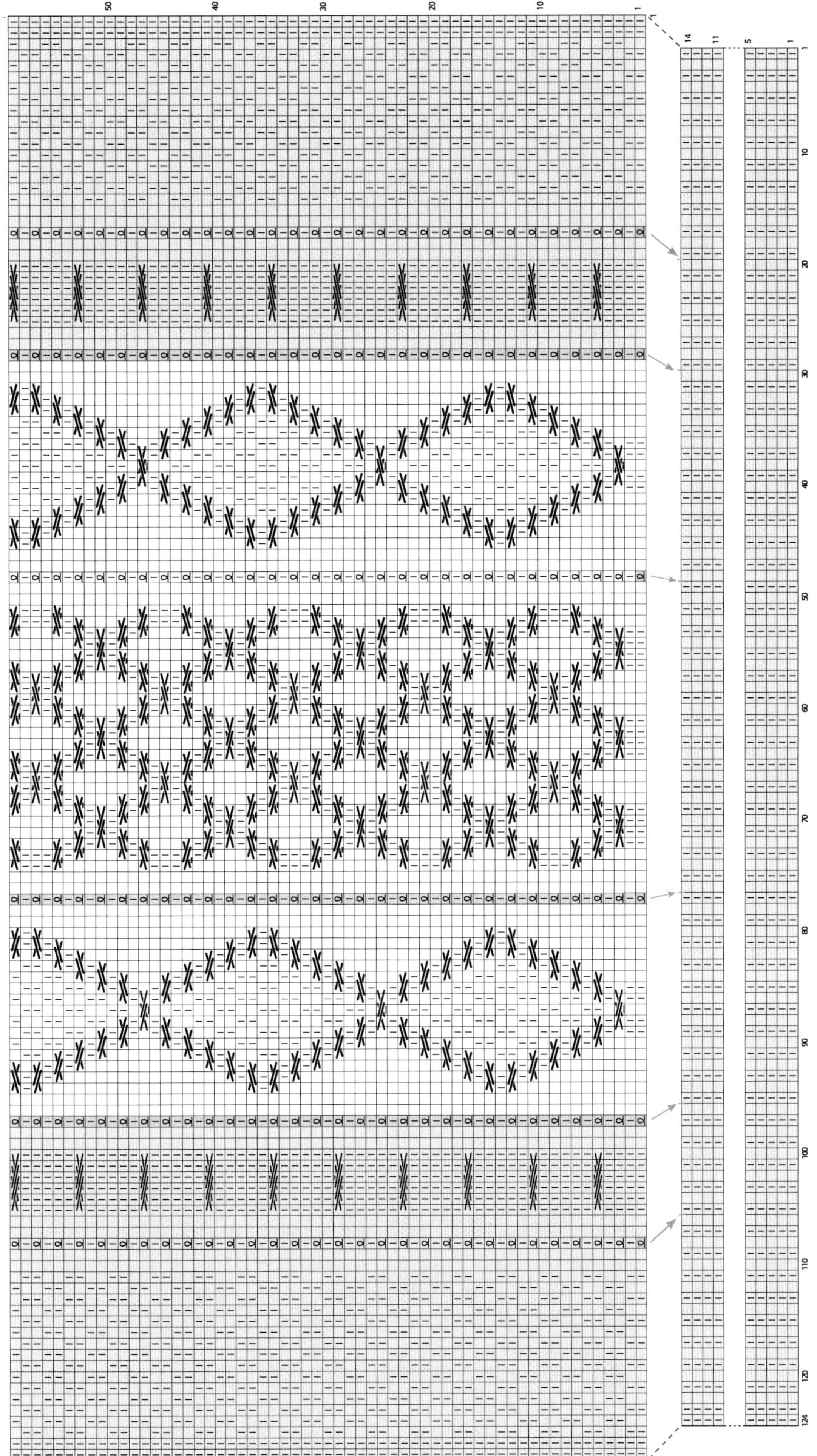

[앞판]
100단

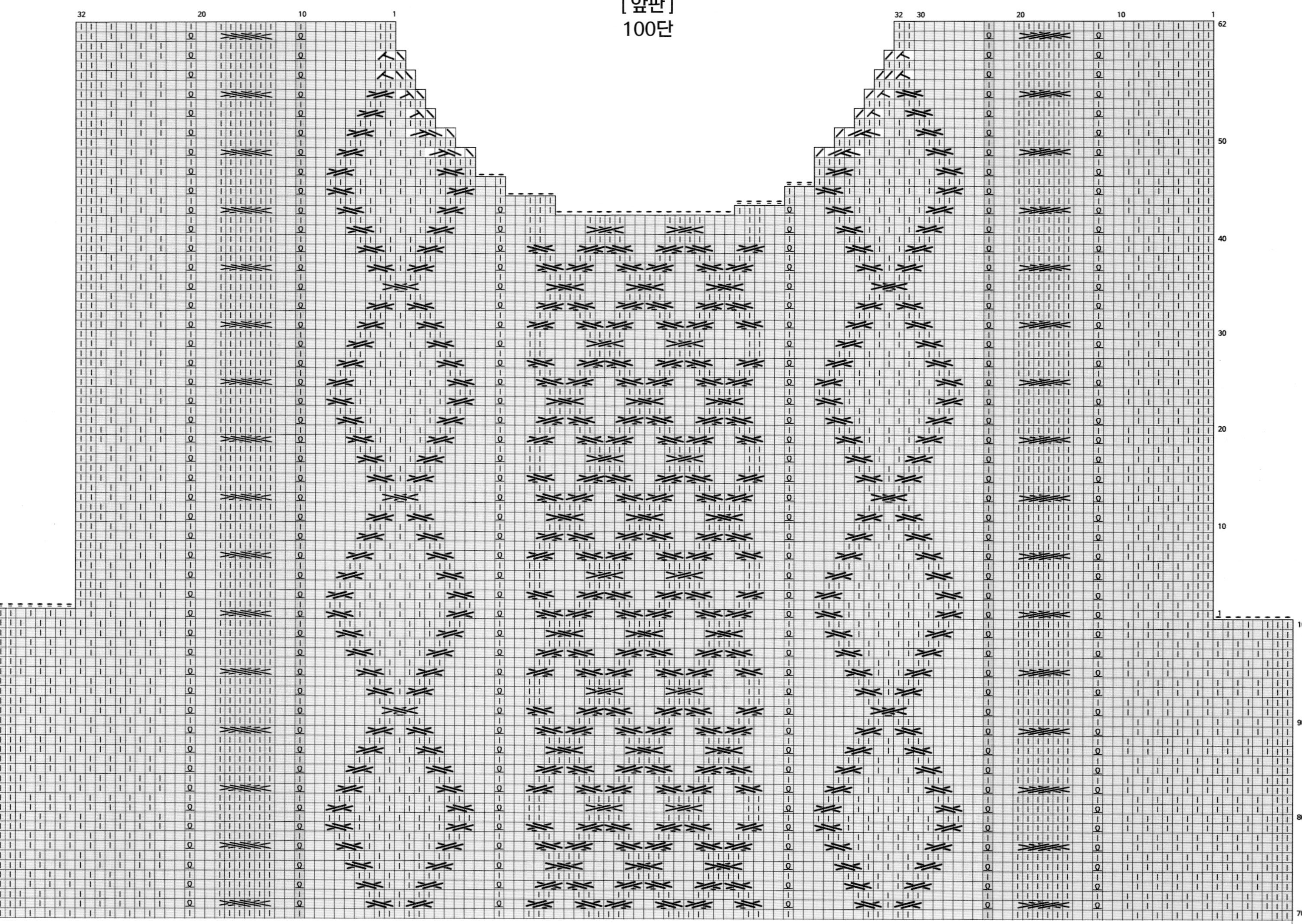

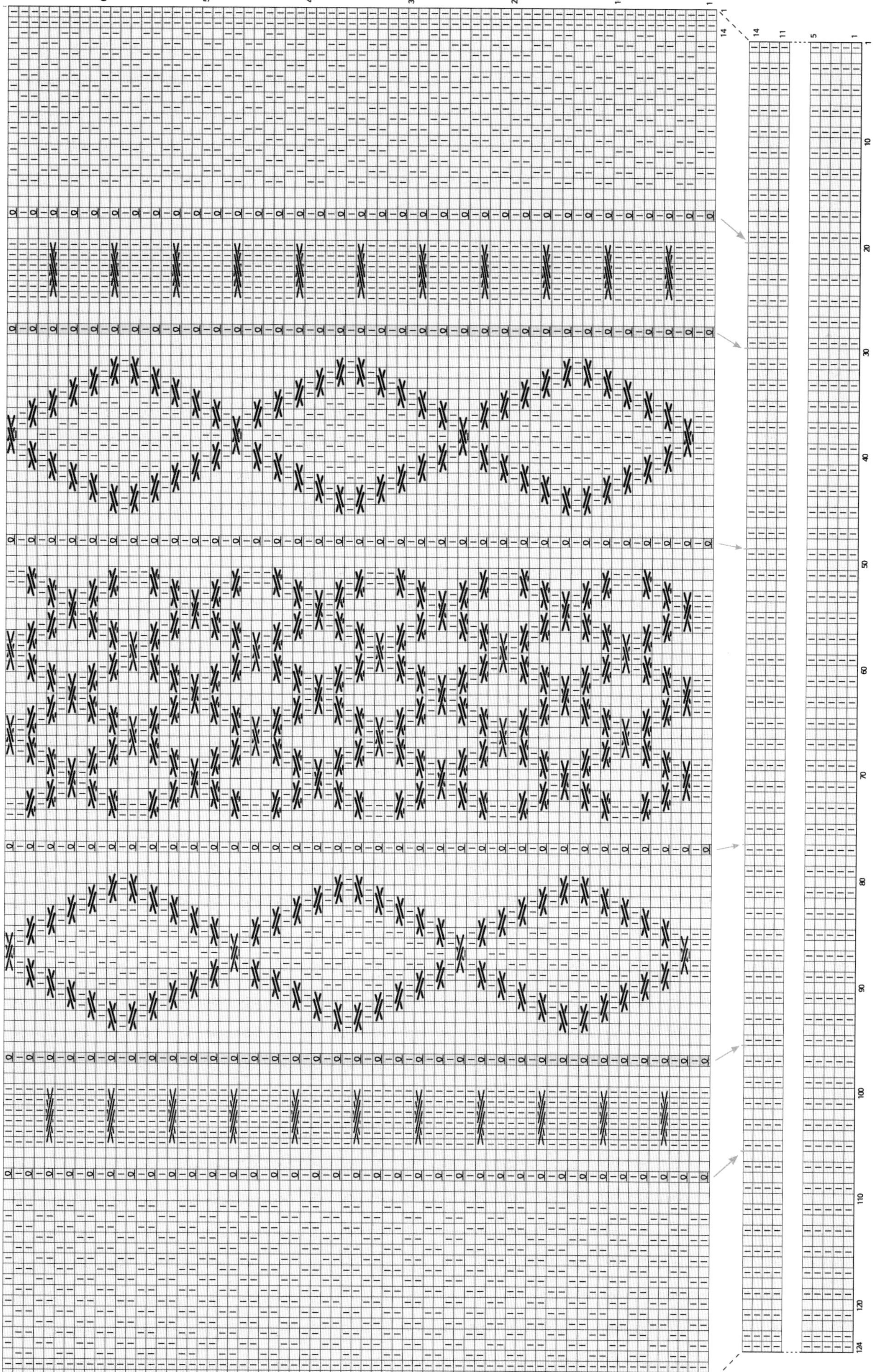

SLEEVE 소매

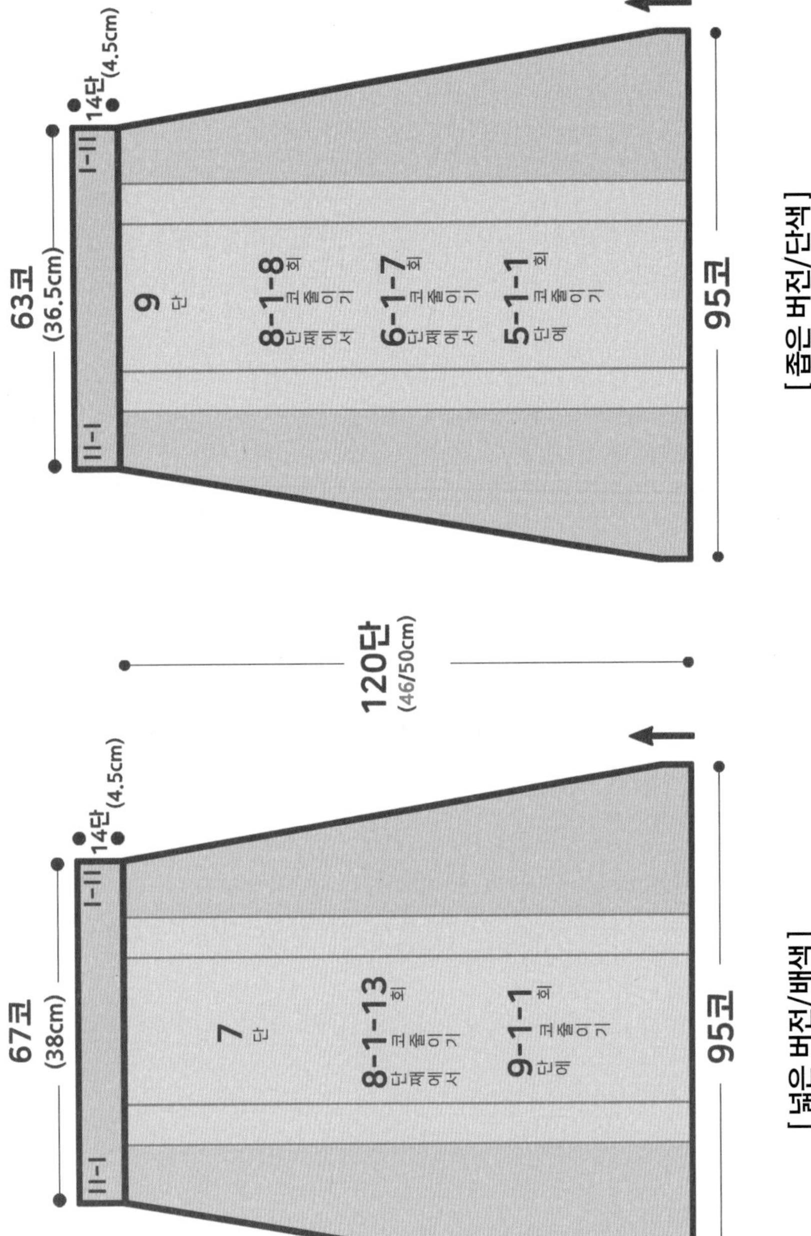

소매 설명

고무단 마무리

앞, 뒤판의 어깨를 연결합니다. 5.0mm 대바늘로 앞, 뒤판에서 각각 47코씩, 어깨선에서 1코를 주워 총 소매코 95코를 잡습니다.

★ 단색 버전의 경우, 양옆 1코를 따로 겉뜨기로 세우지 않았고, 배색 버전의 경우 양옆 2코를 겉뜨기로 세웠습니다. 배치도는 배색을 기준으로 작성했습니다. 단색 버전은 색상 구분 없이 뜹니다.

넓은 버전

① 도안을 따라 7단을 더 뜹니다. (8단)
② 9단에서 도안을 참고해 양옆 1코씩 줄입니다.
③ 이후 매 8단마다 양옆 1코 줄이기를 13회 반복합니다. (8-1-13)
④ 도안을 따라 7단을 더 뜹니다. 4.5mm 바늘로 바꾸고 1×1 고무뜨기를 14단 뜬 후, 돗바늘을 이용해 마무리합니다.

좁은 버전

① 도안을 따라 3단을 더 뜹니다. (4단)
② 5단에서 도안을 참고해 양옆 1코씩 줄입니다.
③ 이후 매 6단마다 양옆 1코 줄이기를 7회 반복합니다. (6-1-7)
④ 이후 매 8단마다 양옆 1코 줄이기를 8회 반복합니다. (8-1-8)
⑤ 도안을 따라 9단을 더 뜹니다. 4.5mm 바늘로 바꾸고 1×1 고무뜨기를 14단 뜬 후, 돗바늘을 이용해 마무리합니다.

[소매 넓은 버전]

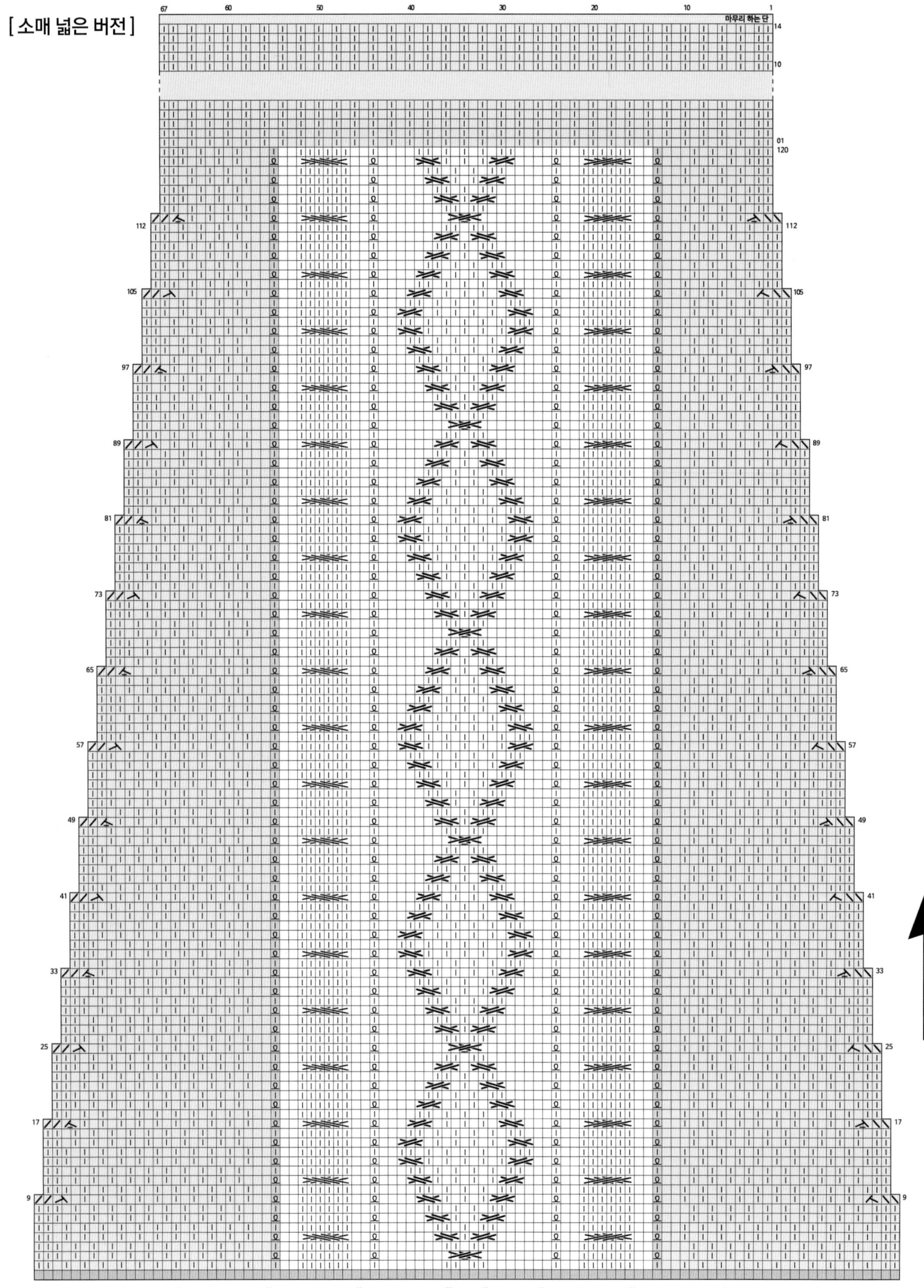

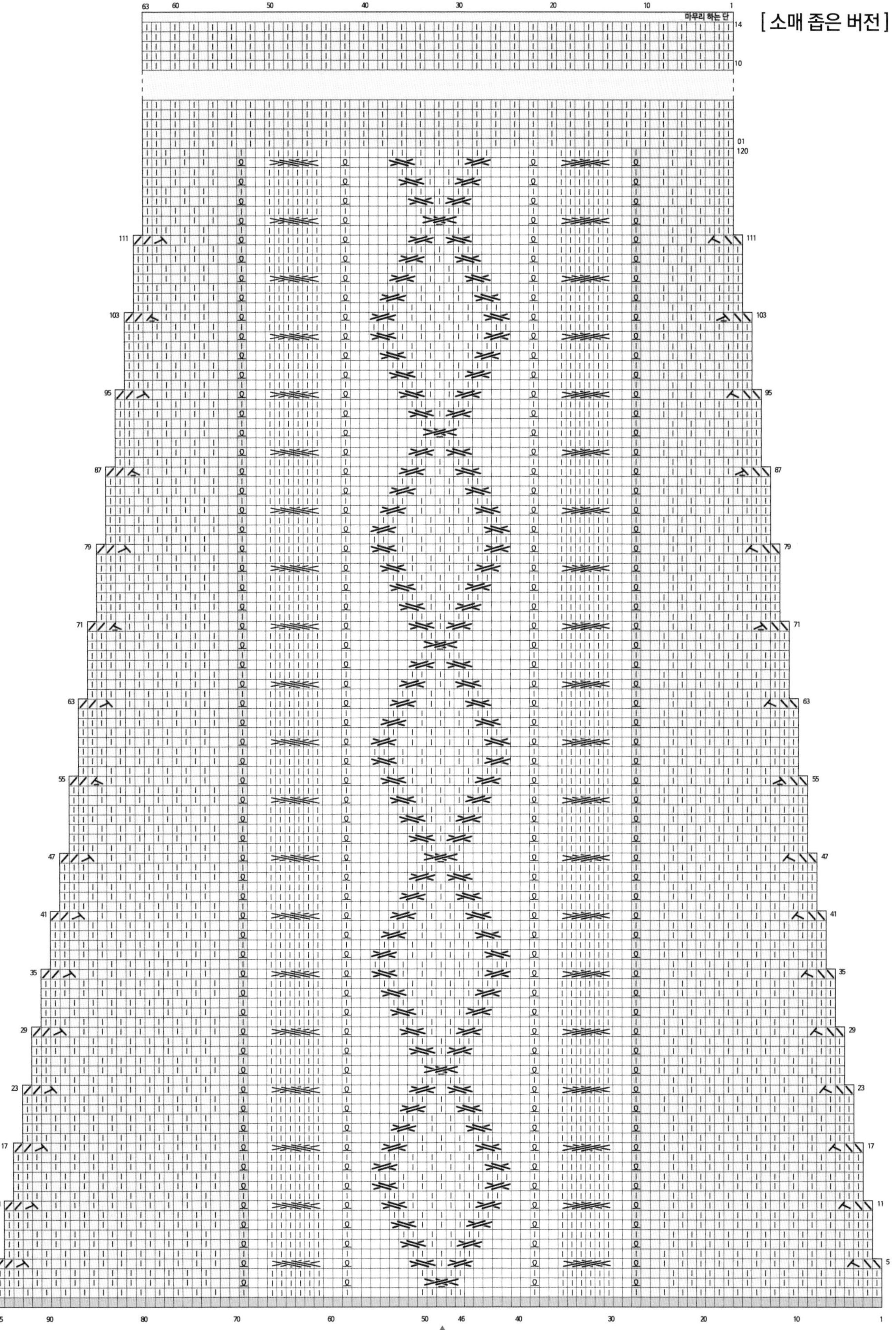
[소매 좁은 버전]
마무리 하는 단
어깨선

NECK 목

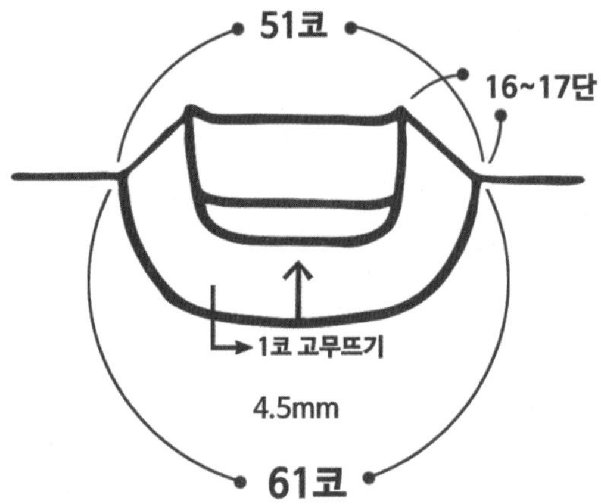

1 4.5mm 대바늘로 네크라인 코는 최대한 다 잡습니다. 앞 네크라인에서 61코, 뒷 네크라인에서 51코를 주워 총 112코를 잡습니다. 1×1 고무뜨기를 16~17단 뜬 후, 돗바늘을 이용해 마무리합니다.

KNIT 004 파트라슈와 함께 V넥 베스트

사이즈 cm (S-M/M-L)

어깨	46.5/51.5
가슴	59.5/65
암홀	28/30.5
총장	61.5/67.5

실

(S-M)Nakyang Winter Garden
(바탕실) 91. Macchiato 180g
(배색실) 92. Natural White 130g
Nakyang Morac
(고무단 합사) 344. Camel 14g
(M-L) Nakyang Winter Garden
(바탕실) 89. Deep Gray 200g
(배색실) 76. Hibiscus 150g
Sandnes Garn Tynn Silk Mohair
(고무단 합사) 6707. Steel Gray 19g

바늘

4.0mm, 4.5mm 대바늘

게이지

22코×36단

배색뜨기를 하며 코를 거를 때 겉뜨기로 거르면 올이 꼬이지만, 시간을 조금 더 들이더라도 안뜨기로 거르면 올은 꼬이지 않습니다. 마마랜스는 S-M 사이즈는 겉뜨기로, M-L 사이즈는 안뜨기로 걸러 작품을 만들었습니다. 어느 쪽이든 작품을 완성하는데는 문제가 없으니 취향에 따라 선택합니다.

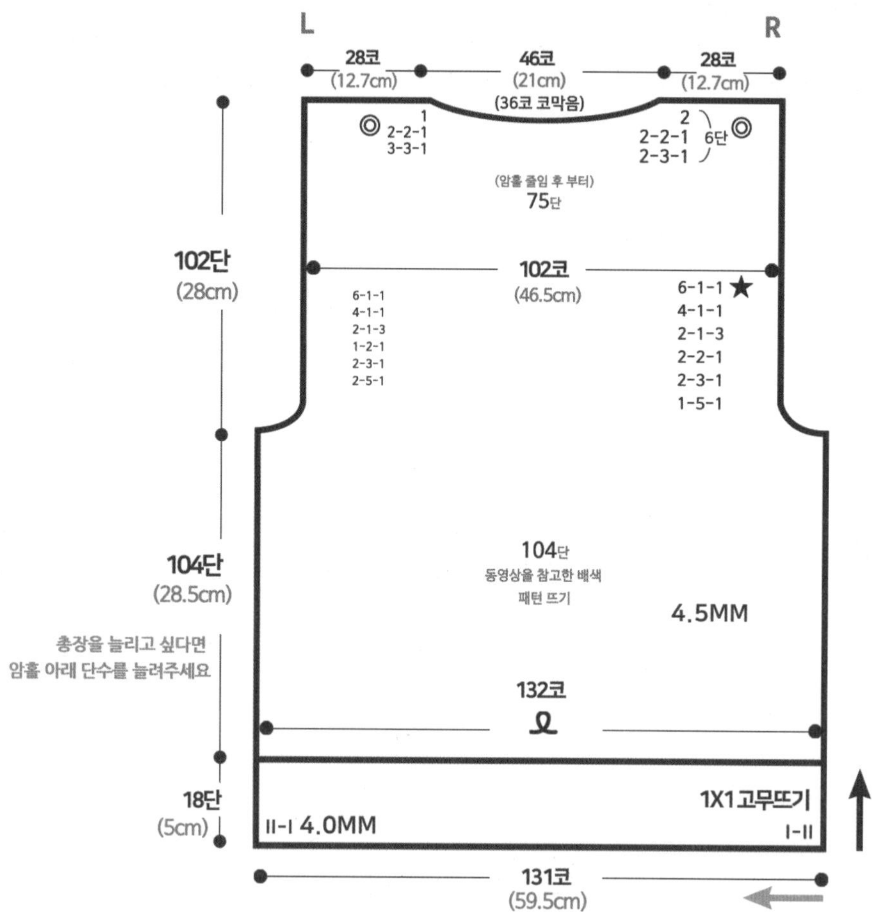

바탕실부터 시작합니다. 바탕실은 겨울 정원 91번. 마키아토, 배색실은 겨울 정원 92번. 내추럴 화이트입니다.

1 밑실과 4.0mm 대바늘로 고무단 131코를 만듭니다. (이때, 사슬이나 밑실로 고무코를 잡으면 2단이 이미 완성됩니다.) 바탕실과 모헤어실(모락) 1겹씩 총 2겹과 4.0mm의 대바늘로 고무단을 18단까지 뜹니다. 옆선을 띄우고 싶다면 첫 코는 걸러 뜹니다.

2 모헤어실을 끊고 몸통 첫 단에서 가운데 1코를 만들어 짝수코가 되도록 합니다. 도안을 따라 배색뜨기를 104단까지 뜹니다. (배색실 안뜨기로 끝납니다.)

3 암홀 부분을 진행합니다.

① 1단 : (바탕실) 5코 코막음, 도안 진행 (1-5-1)

② 2단 : 안뜨기로 5코 코막음, 도안 진행 (2-5-1)

③ 3단 : (배색실) 3코 코막음, 도안 진행 (2-3-1)

④ 4단 : 안뜨기로 3코 코막음, 도안 진행 (2-3-1)

⑤ 5단 : (바탕실) ＼ㅅㅅ, 5코 남을 때까지 도안 진행, ㅅㅅ／ (2-2-1 / 1-2-1)

⑥ 6단 : 안뜨기

⑦ 7단 : (배색실) ＼ㅅ, 3코 남을 때까지 도안 진행, 人／ (2-1-3 중 첫 번째)

⑧ 8단 : 안뜨기

⑨ 9단 : (바탕실) ＼人, 3코 남을 때까지 도안 진행, ㅅ／ (2-1-3 중 두 번째)

⑩ 10단 : 안뜨기

⑪ 11단 : (배색실) ＼人, 3코 남을 때까지 도안 진행, ㅅ／ (2-1-3 중 세 번째)

⑫ 12단 : 안뜨기

⑬ 13~14단 : (바탕실) 도안 참고

⑭ 15단 : (배색실) ＼ㅅ, 3코 남을 때까지 도안 진행, ㅅ／ (4-1-1)

⑮ 16~20단 : 도안 참고

⑯ 21단 : (바탕실) ＼ㅅ, 3코 남을 때까지 도안 진행, ㅅ／ (6-1-1)

도안을 따라 96단까지 뜹니다.

R (착용 시 오른쪽)

① 97단 : 어깨코 28코 + 코막음할 코 5코 = 33코

② 98단 : 안뜨기로 3코 코막음, 도안 진행 = 30코

③ 99단 : 도안 참고

④ 100단 : 안뜨기로 2코 코막음, 도안 진행 = 28코

⑤ 101~102단 : 도안 참고, 28코를 어깨핀에 옮겨 두기

(바탕실) 가운데 36코를 겉뜨기로 코막음합니다.

왼쪽 어깨를 진행합니다.

L (착용 시 왼쪽)

① 97단 : 도안 참고

② 98단 : 안뜨기 33코

③ 99단 : 3코 코막음, 도안 진행 = 30코

④ 100단 : 안뜨기

⑤ 101단 : 2코 코막음, 도안 진행 = 28코

⑥ 102단 : 안뜨기 후, 28코를 어깨핀에 옮겨 두기

[뒤판]

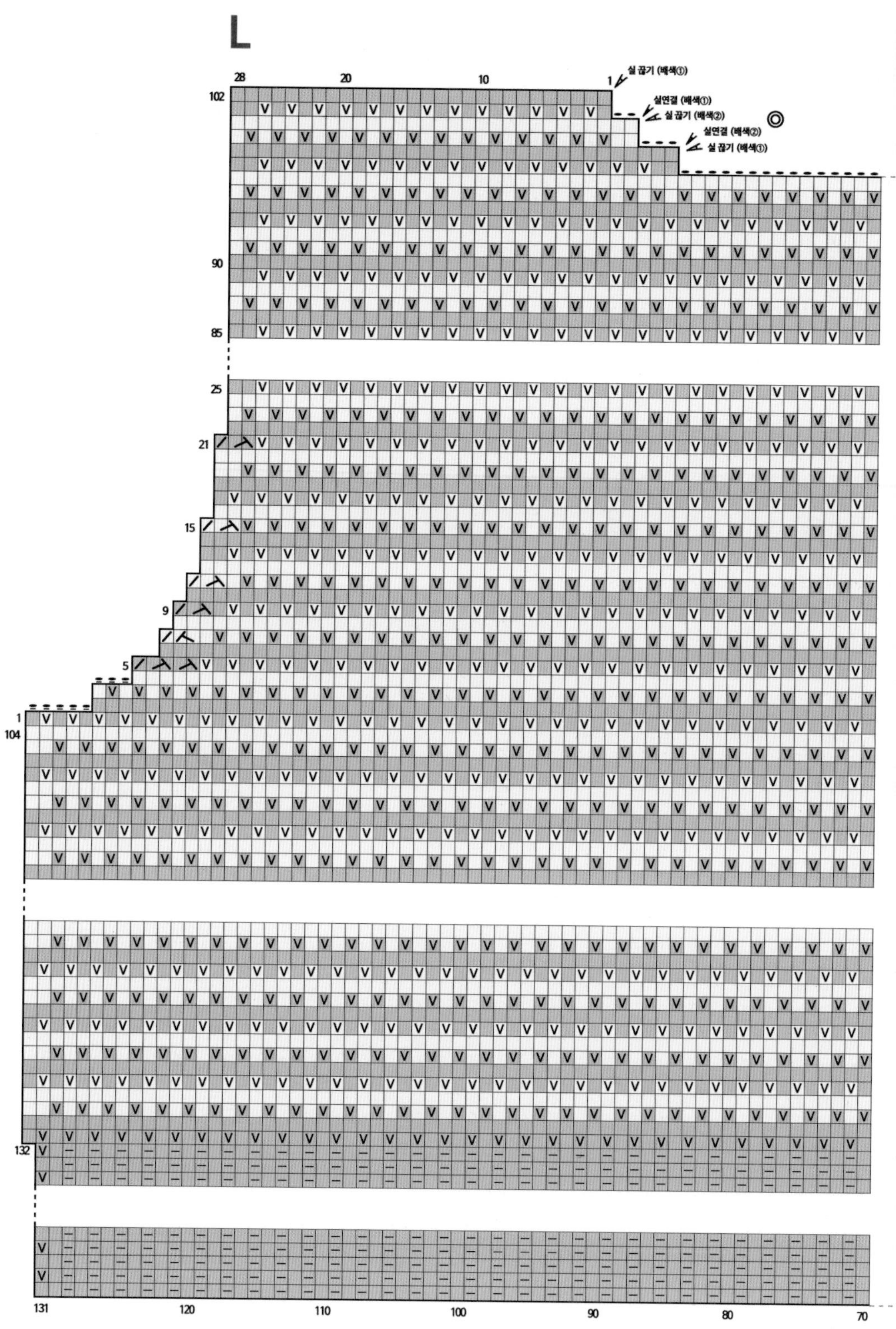
L
28
20
10
1
실 끊기 (배색①)
실연결 (배색①)
실 끊기 (배색②)
실연결 (배색②)
실 끊기 (배색①)
◎
102
90
85
25
21
15
9
5
1
104
132
131
120
110
100
90
80
70

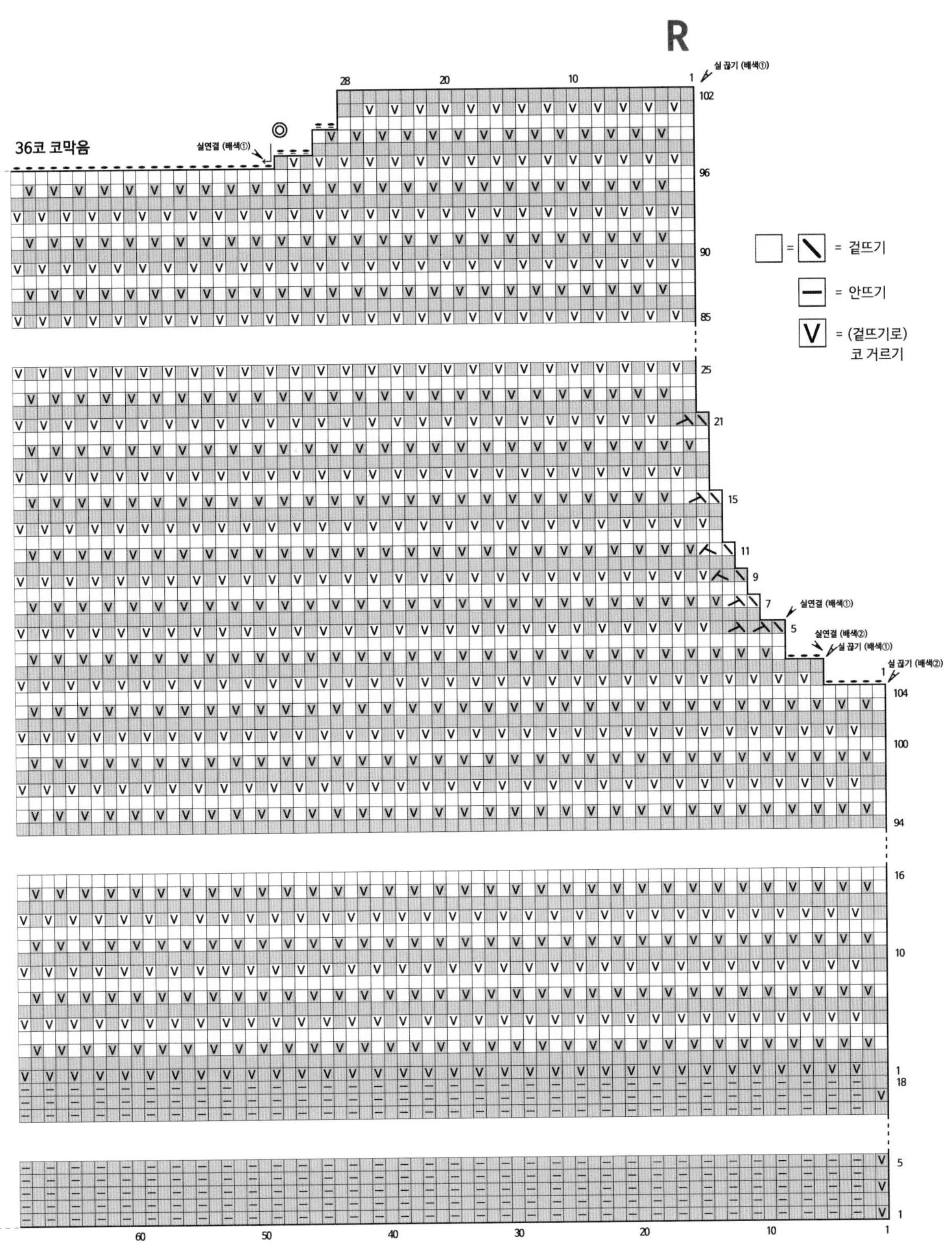
R
36코 코막음
실연결 (배색①)
실 끊기 (배색①)
실연결 (배색②)
실 끊기 (배색②)
= 겉뜨기
= 안뜨기
= (겉뜨기로) 코 거르기

FRONT 앞판

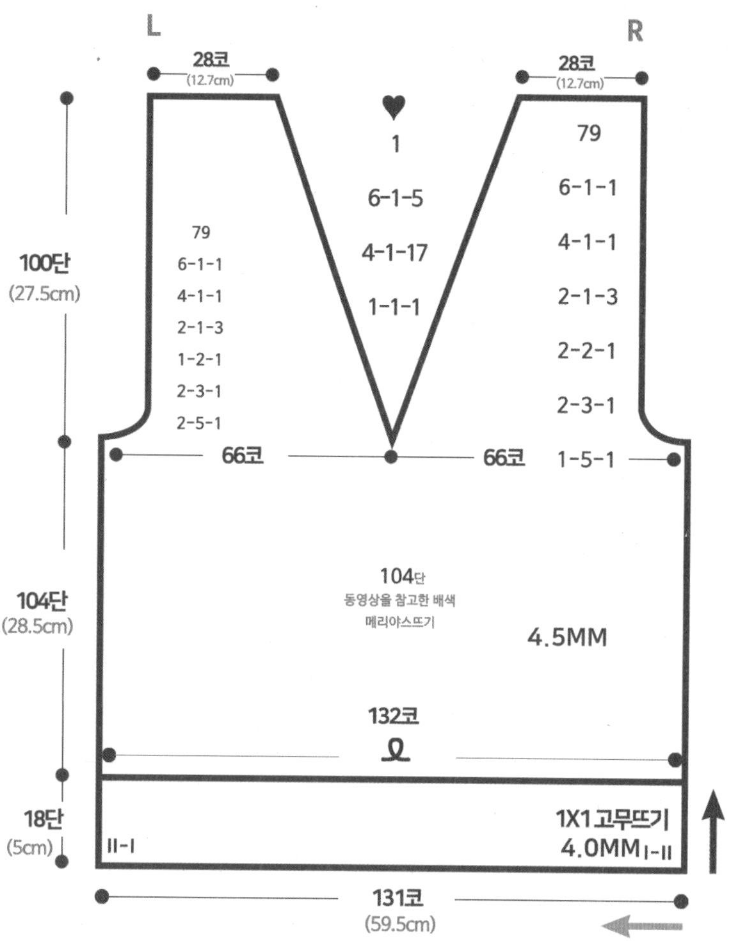

1 암홀 부분 전까지 뒤판과 동일합니다.

2 66코씩 나누어 암홀과 V넥의 사선을 진행합니다.

R (착용 시 왼쪽)

오른쪽은 암홀 줄이기 방법으로, 왼쪽은 V넥 줄이기로 진행합니다.

① 1단 : (바탕실) 5코 코막음, 3코가 남을 때까지 도안 진행, 2코를 함께 뜬 후 1코 겉뜨기(入／)

② 2단 : 안뜨기

③ 3단 : (배색실) 3코 코막음, 도안 진행

④ 4단 : 안뜨기

⑤ 5단 : (바탕실) 2코 줄이기 (＼入入), 3코 남을 때까지 도안 진행, 人／

⑥ 6단 : 안뜨기

⑦ 7단 : (배색실) 1코 줄이기 (＼入), 도안 진행

⑧ 8단 : 안뜨기

⑨ 9단 : (바탕실) 1코 줄이기 (＼人), 3코 남을 때까지 도안 진행, 入／

⑩ 10단 : 안뜨기

⑪ 11단 : (배색실) 1코 줄이기 (＼人), 도안 진행

⑫ 12단 : 안뜨기

⑬ 13단 : (바탕실) 3코 남을 때까지 도안 진행, 人／

⑭ 14단 : 안뜨기

⑮ 15단 : (배색실) ＼入, 도안 진행

⑯ 16단 : 안뜨기

⑰ 17단 : (바탕실) 3코 남을 때까지 도안 진행, 入／

⑱ 18단 : 안뜨기

⑲ 19단 : (배색실)겉뜨기

⑳ 20단 : 안뜨기

㉑ 21단 : (바탕실) ＼入, 3코 남을 때까지 도안 진행, 人／
이후 V넥의 줄이기인 4-1-12, 6-1-5, 1단 진행 (총 100단)

왼쪽 어깨도 동일한 방식으로 도안을 따라 진행합니다.

이때 오른쪽은 V넥 줄이기로, 왼쪽은 암홀 줄이기 방법으로 진행합니다.

[앞판]

★ 1단~104단까지는 뒤판과 앞판이 동일합니다.

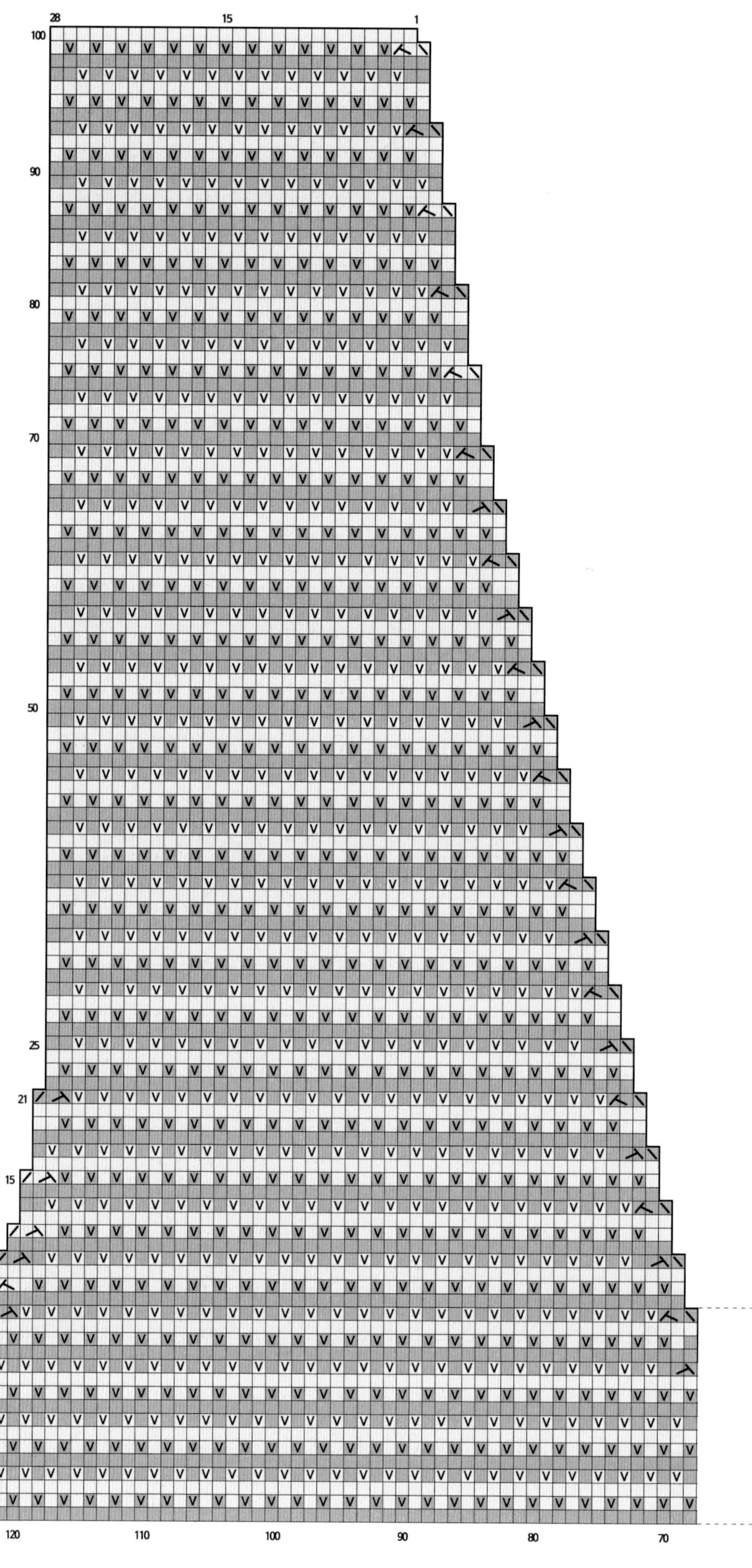

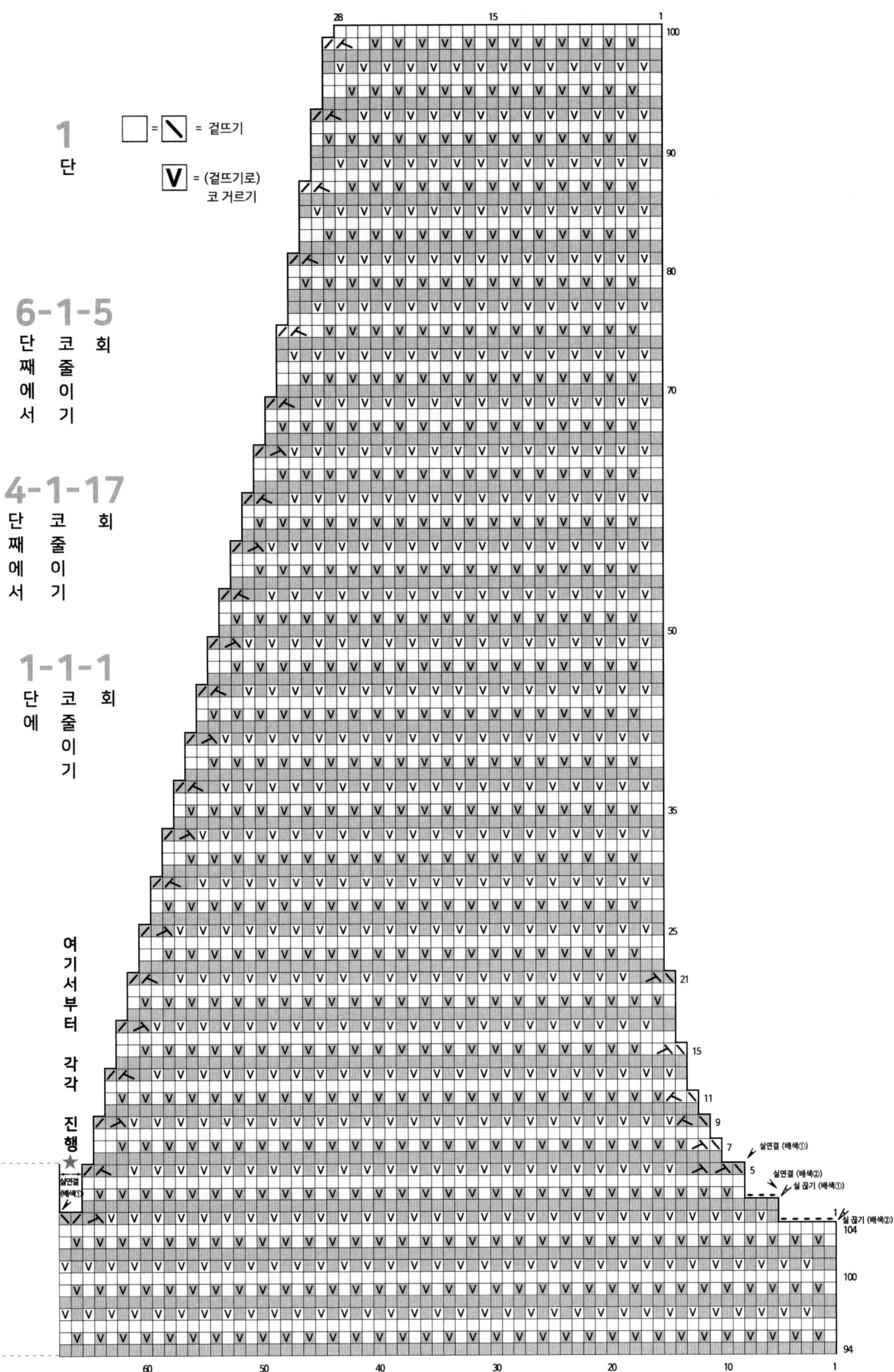

= 겉뜨기
= (겉뜨기로) 코 거르기
1 단
6-1-5
단째에서 코 줄이기 회
4-1-17
단째에서 코 줄이기 회
1-1-1
단에 코 줄이기 회
여기서부터 각각 진행
실연결 (배색①)
실연결 (배색②)
실 끊기 (배색①)
실 끊기 (배색②)

ARMHOLE 암홀

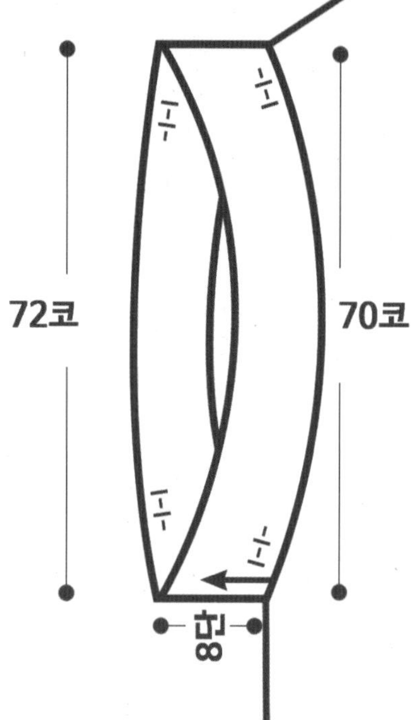

1 앞, 뒤판의 어깨와 옆선을 꿰매어 연결합니다. 4.0mm 대바늘로 오른쪽 또는 왼쪽 어깨의 선부터 코를 줍습니다. 이때 2코 줍고 1코 건너뛰는 방식으로 앞판에서 70코, 뒤판에서 72코를 주워 총 142코를 잡습니다.

2 1×1 고무뜨기를 8단을 뜨고 돗바늘을 이용해 마무리합니다. 취향에 따라 단수를 조절해도 좋습니다.

V넥 앞단

V-NECK 브이넥

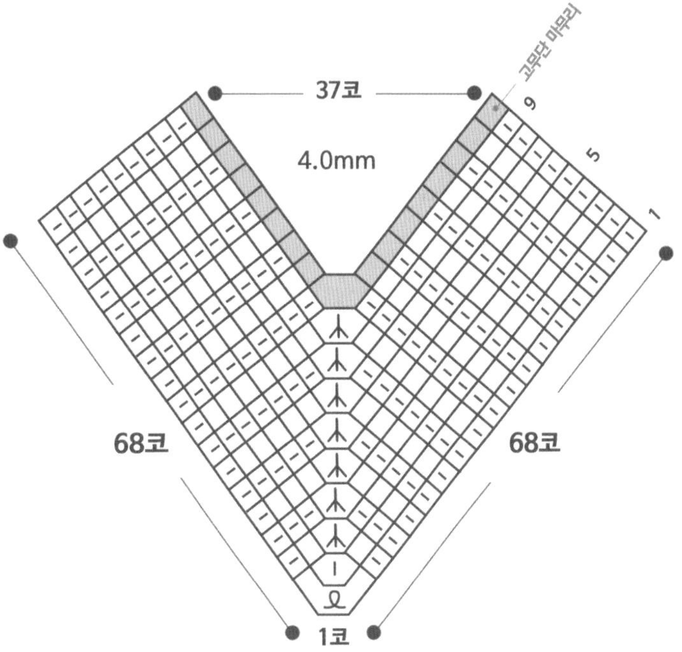

1 4.0mm 대바늘로 오른쪽 또는 왼쪽 어깨의 선부터 코를 줍습니다. 이때 2코 줍고 1코 건너뛰는 방식으로 총 174코를 줍습니다.

2 1×1 고무뜨기를 8단 뜹니다. 이때 중심 모아뜨기는 총 7회 진행합니다. 마지막 단의 가운데 부분은 겉뜨기 3코가 됩니다. 마마랜스는 9단까지 뜨고 마무리했으나 1×1 고무뜨기로 계속 진행하고 싶다면 1단을 더 떠 총 10단을 만듭니다. 돗바늘을 이용해 마무리합니다. 취향에 따라 단수를 조절해도 좋습니다.

BACK 뒤판

M-L

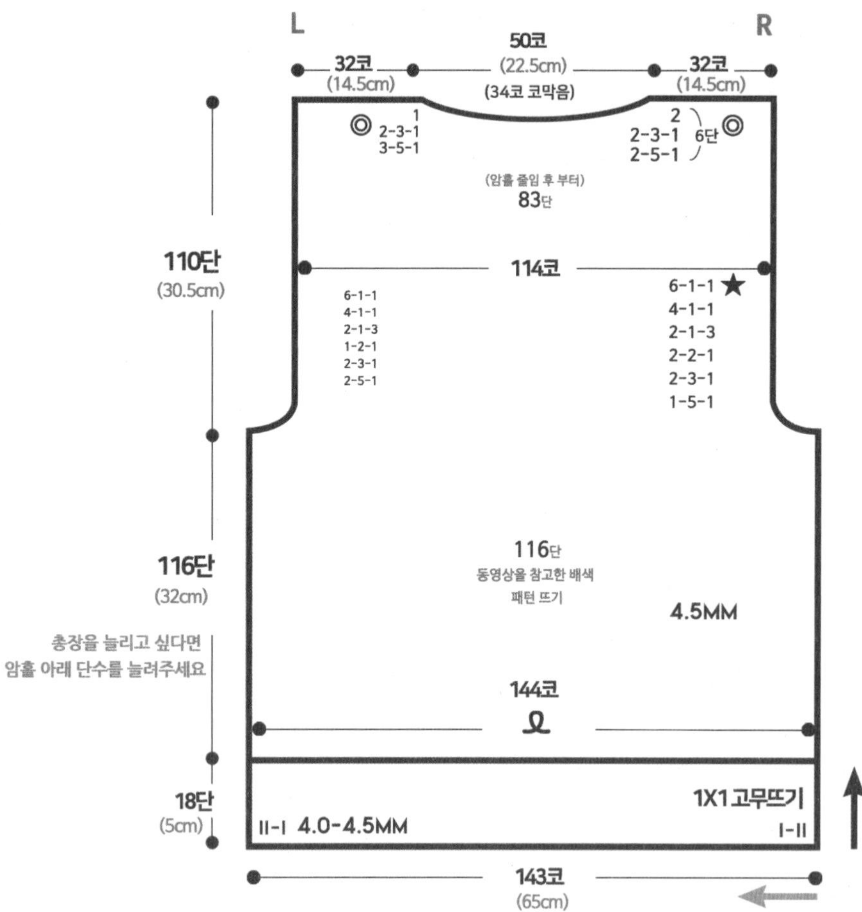

바탕실부터 시작합니다. 바탕실은 겨울 정원 89번. 딥그레이, 배색실은 겨울 정원 76번. 무궁화입니다.

1 밑실과 4.0mm 대바늘로 고무단 143코를 만듭니다. (이때 사슬로 고무코를 잡으면 2단이 이미 완성됩니다.) 바탕실과 모헤어실 1겹씩 총 2겹과 4.5mm의 대바늘로 고무단을 18단까지 뜹니다. 옆선을 띄우고 싶다면 첫 코는 걸러 뜹니다.

2 모헤어실을 끊고 몸통 첫 단에서 가운데 1코를 만들어 짝수코가 되도록 합니다. 도안을 따라 배색뜨기를 116단까지 뜹니다. (배색실 안뜨기로 끝납니다.)

3 암홀 부분을 진행합니다.

① 1단 : (바탕실) 5코 코막음, 도안 진행 (1-5-1)

② 2단: 안뜨기로 5코 코막음, 도안 진행 (2-5-1)

③ 3단 : (배색실) 3코 코막음, 도안 진행 (2-3-1)

④ 4단 : 안뜨기로 3코 코막음, 도안 진행 (2-3-1)

⑤ 5단 : (바탕실) ＼入入, 5코 남을 때까지 도안 진행, 入入／ (2-2-1 / 1-2-1)

⑥ 6단 : 안뜨기

⑦ 7단 : (배색실) ＼入, 3코 남을 때까지 도안 진행, 人／ (2-1-3 중 첫 번째)

⑧ 8단 : 안뜨기

⑨ 9단 : (바탕실) ＼人, 3코 남을 때까지 도안 진행, 人／ (2-1-3 중 두 번째)

⑩ 10단 : 안뜨기

⑪ 11단 : (배색실) ＼人, 3코 남을 때까지 도안 진행, 人／ (2-1-3 중 세 번째)

⑫ 12단 : 안뜨기

⑬ 13~14단 : (바탕실) 도안 참고

⑭ 15단 : (배색실) ＼入, 3코 남을 때까지 도안 진행, 入／ (4-1-1)

⑮ 16~20단 : 도안 참고

⑯ 21단 : (바탕실) ＼入, 3코 남을 때까지 도안 진행, 入／ (6-1-1)

도안을 따라 104단까지 뜹니다.

R (착용 시 오른쪽)

① 105단 : 어깨코 32코 + 코막음할 코 8코 = 40코

② 106단 : 안뜨기로 5코 코막음, 도안 진행 = 35코

③ 107단 : 도안 참고

④ 108단 : 안뜨기로 3코 코막음, 도안 진행 = 32코

⑤ 109~110단 : 도안 참고 후, 32코를 어깨핀에 옮겨 두기

(바탕실) 가운데 34코를 겉뜨기로 코막음합니다.

왼쪽 어깨를 진행합니다.

L (착용 시 왼쪽)

① 105단 : 도안 참고

② 106단 : 안뜨기 = 40코

③ 107단 : 5코 코막음, 도안 진행 = 35코

④ 108단 : 안뜨기

⑤ 109단 : 3코 코막음, 도안 진행 = 32코

⑥ 110단 : 안뜨기 후, 32코를 어깨핀에 옮겨 두기

[뒤판]

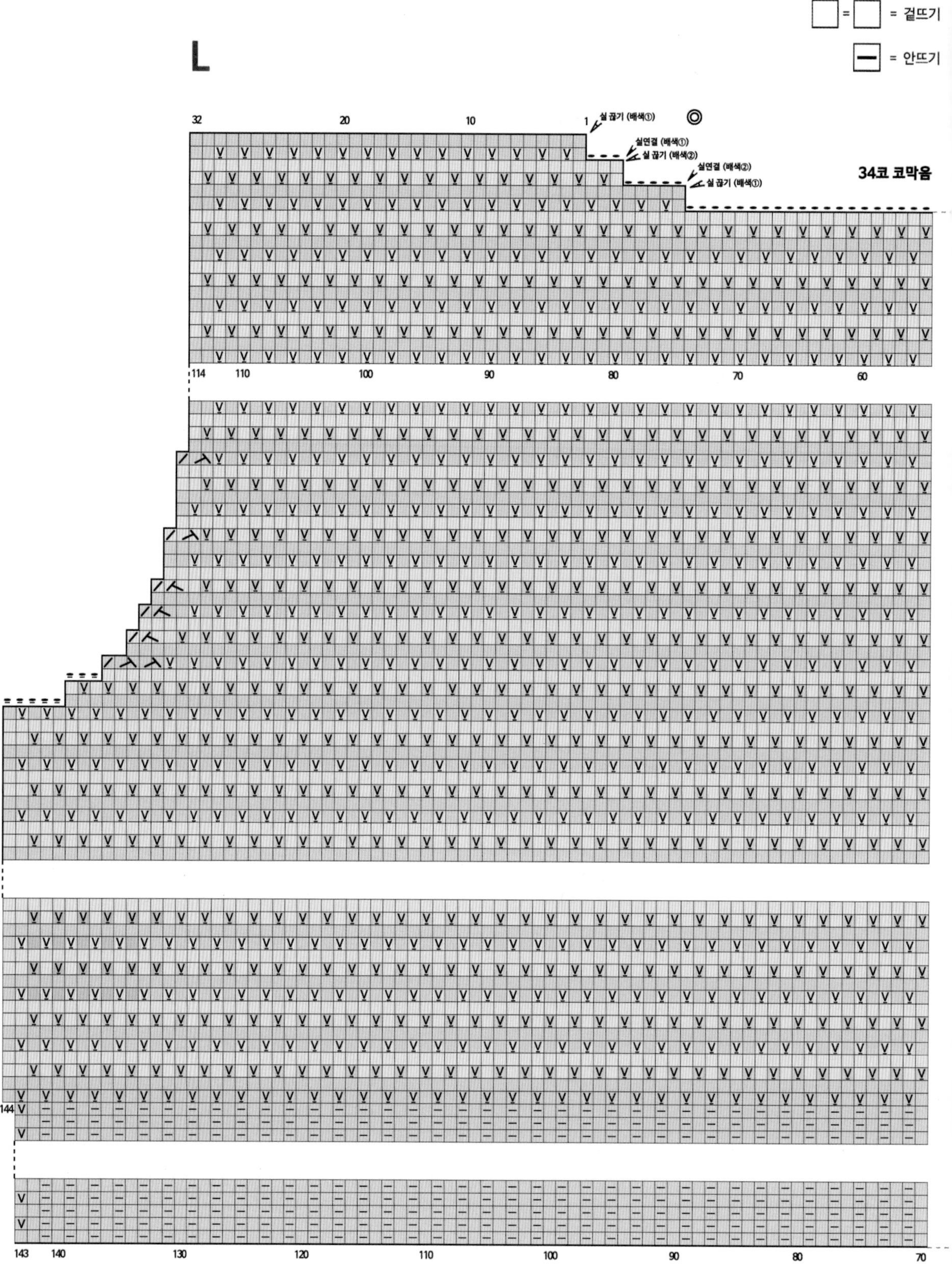

= 겉뜨기
= 안뜨기
L
32
20
10
1
실 끊기 (배색①)
◎
실연결 (배색①)
실 끊기 (배색②)
실연결 (배색②)
실 끊기 (배색①)
34코 코막음
114
110
100
90
80
70
60
144
143
140
130
120
110
100
90
80
70

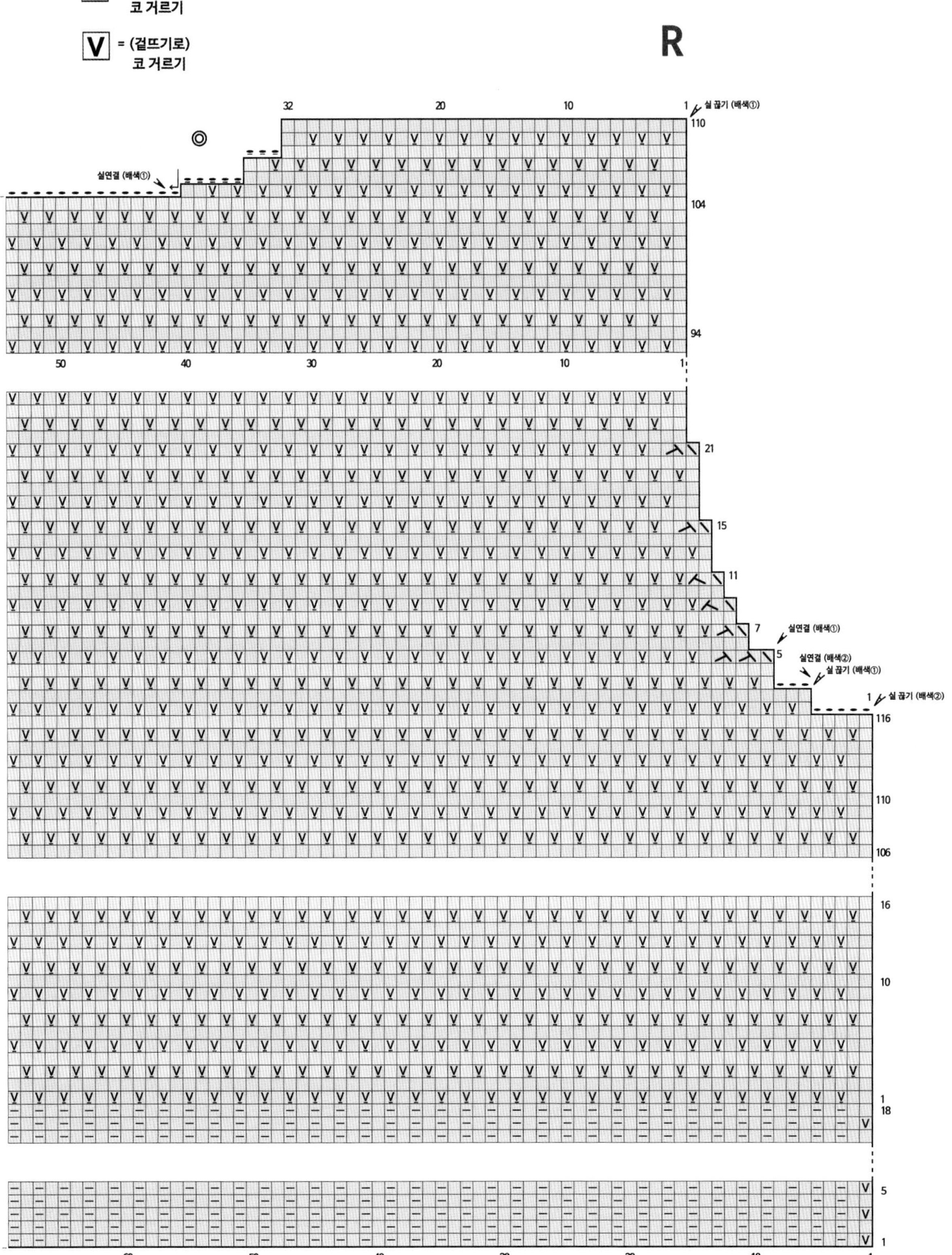
= (안뜨기로)
코 거르기
= (겉뜨기로)
코 거르기
R
실 끊기 (배색①)
실연결 (배색①)
실연결 (배색①)
실연결 (배색②)
실 끊기 (배색①)
실 끊기 (배색②)

FRONT 앞판

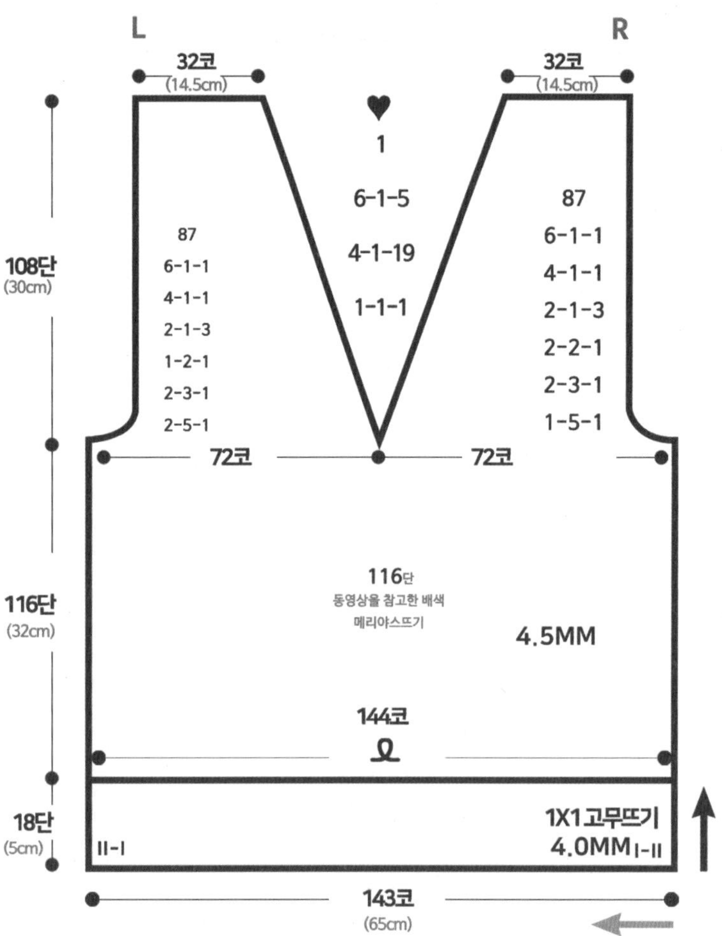

1 암홀 부분 전까지 뒤판과 동일합니다.

2 72코씩 나누어 암홀과 V넥의 사선을 진행합니다.

R (착용 시 왼쪽)

오른쪽은 암홀 줄이기 방법으로, 왼쪽은 V넥 줄이기로 진행합니다.

① 1단: (바탕실) 5코 코막음, 3코가 남을 때까지 도안 진행, 2코를 함께 뜬 후 1코 겉뜨기(人/)

② 2단 : 안뜨기

③ 3단 : (배색실) 3코 코막음, 도안 진행

④ 4단 : 안뜨기

⑤ 5단 : (바탕실) 2코 줄이기 (＼入入), 3코 남을 때까지 도안 진행, 人/

⑥ 6단 : 안뜨기

⑦ 7단 : (배색실) 1코 줄이기 (＼入), 도안 진행

⑧ 8단 : 안뜨기

⑨ 9단 : (바탕실) 1코 줄이기 (＼人), 3코 남을 때까지 도안 진행, 入/

⑩ 10단 : 안뜨기

⑪ 11단 : (배색실) 1코 줄이기 (＼人), 도안 진행

⑫ 12단 : 안뜨기

⑬ 13단 : (바탕실) 3코 남을 때까지 도안 진행, 人/

⑭ 14단 : 안뜨기

⑮ 15단 : (배색실) ＼入, 도안 진행

⑯ 16단 : 안뜨기

⑰ 17단 : (바탕실) 3코 남을 때까지 도안 진행, 入/

⑱ 18단 : 안뜨기

⑲ 19단 : (배색실)겉뜨기

⑳ 20단 : 안뜨기

㉑ 21단 : (바탕실) ＼入, 3코 남을 때까지 도안 진행, 人/

이후 V넥의 줄이기인 4-1-14, 6-1-5, 1단 진행 (총 108단)

왼쪽 어깨도 동일한 방식으로 도안을 따라 진행합니다.

이때 오른쪽은 V넥 줄이기로, 왼쪽은 암홀 줄이기 방법으로 진행합니다.

[앞판]

★ 1단~116단까지는 뒤판과 앞판이 동일합니다.

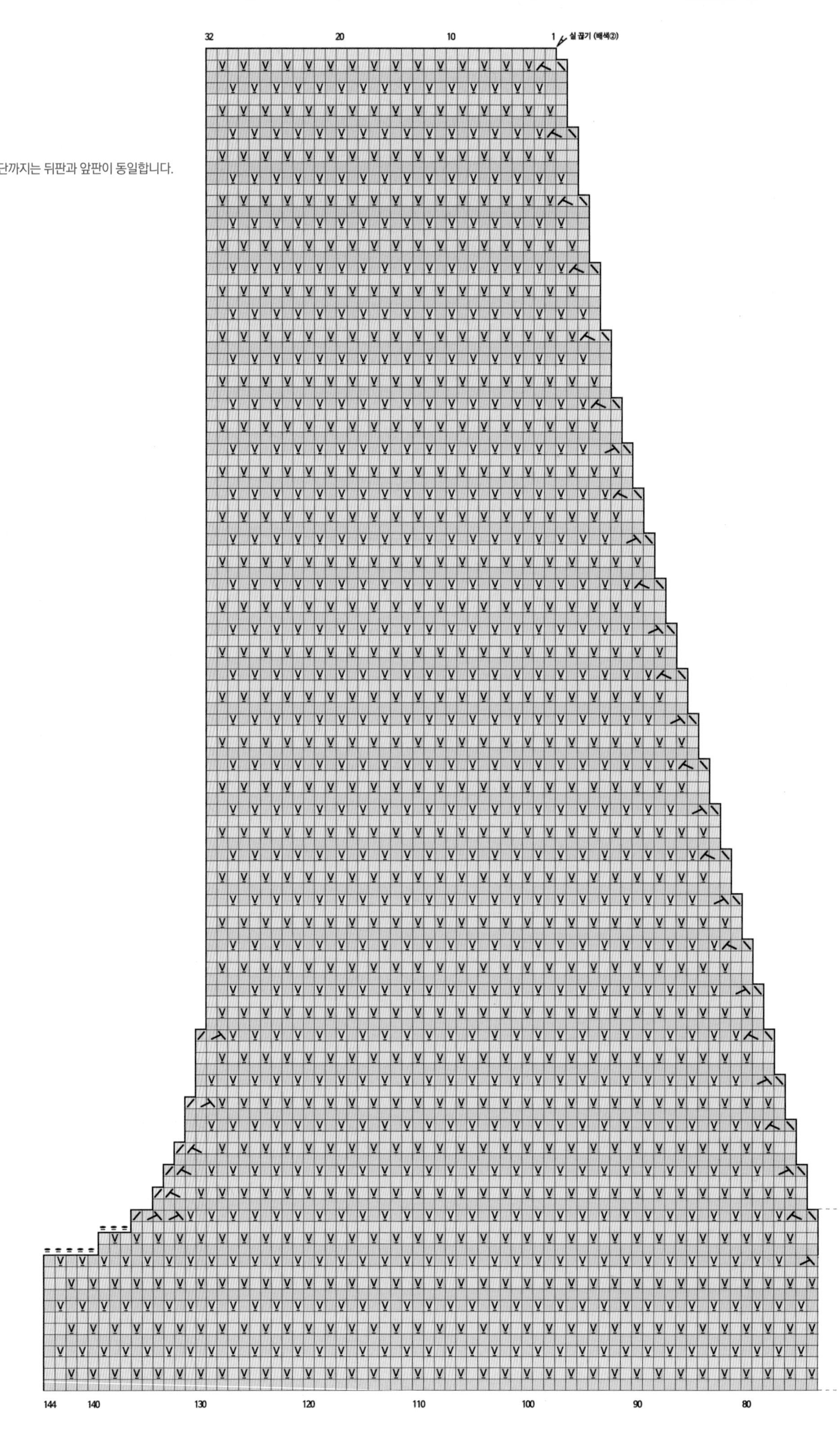

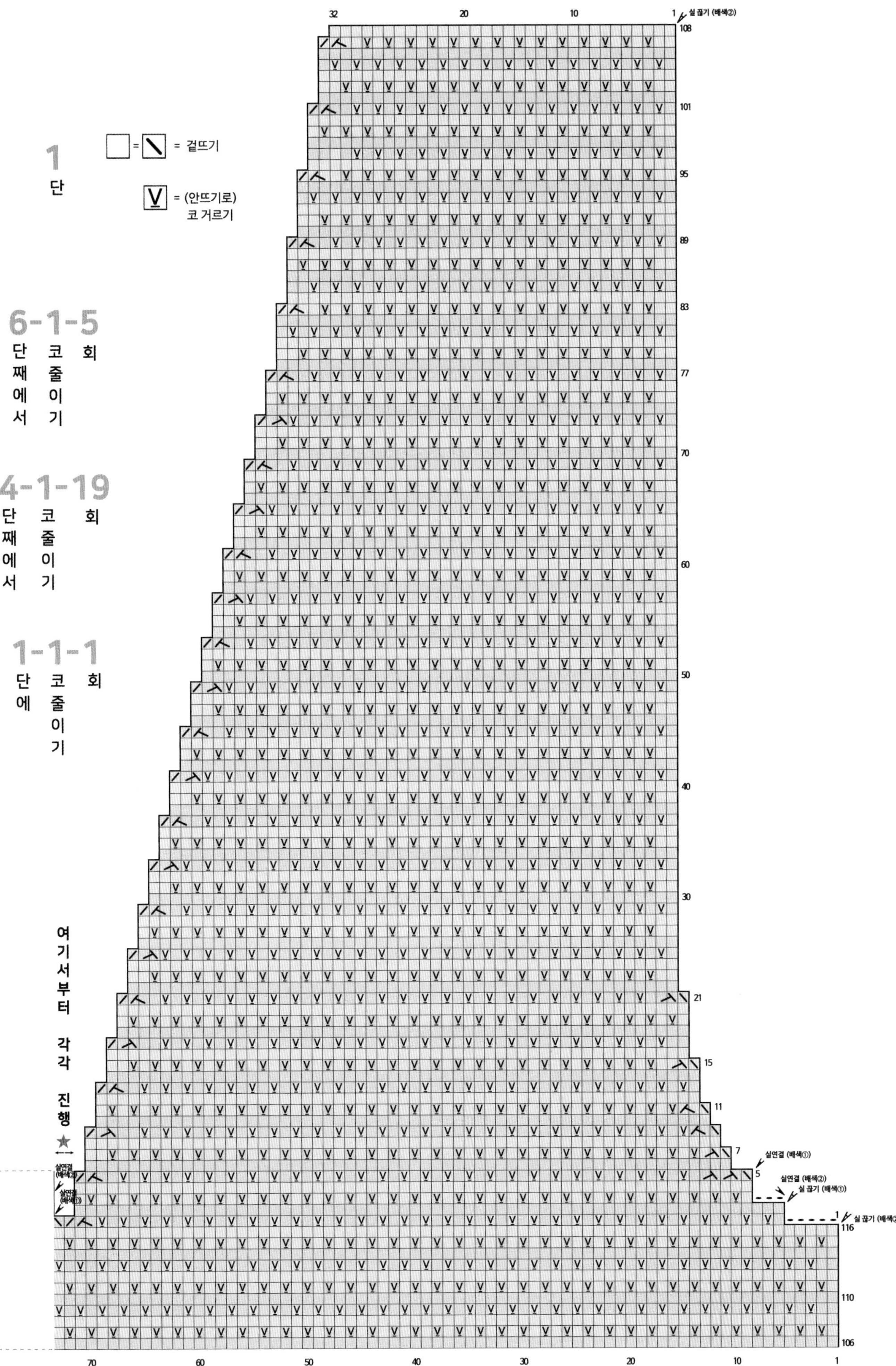

= 겉뜨기
= (안뜨기로) 코 거르기
1 단
6-1-5
단째에서 코 줄이기 회
4-1-19
단째에서 코 줄이기 회
1-1-1
단에 코 줄이기 회
여기서부터 각각 진행
실 끊기 (배색②)
실연결 (배색①)
실연결 (배색②)
실 끊기 (배색①)

ARMHOLE 암홀

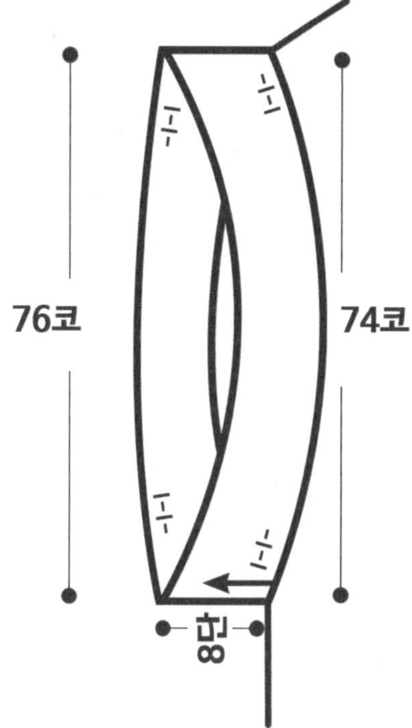

1 앞, 뒤판의 어깨와 옆선을 꿰매어 연결합니다. 4.0mm 대바늘로 오른쪽 또는 왼쪽 어깨의 선부터 코를 줍습니다. 이때 2코 줍고 1코 건너뛰는 방식으로 앞판에서 74코, 뒤판에서 76코를 주워 총 150코를 잡습니다.

2 1×1 고무뜨기를 8단을 뜨고 돗바늘을 이용해 마무리합니다. 취향에 따라 단수를 조절해도 좋습니다.

V넥 앞단

V-NECK 브이넥

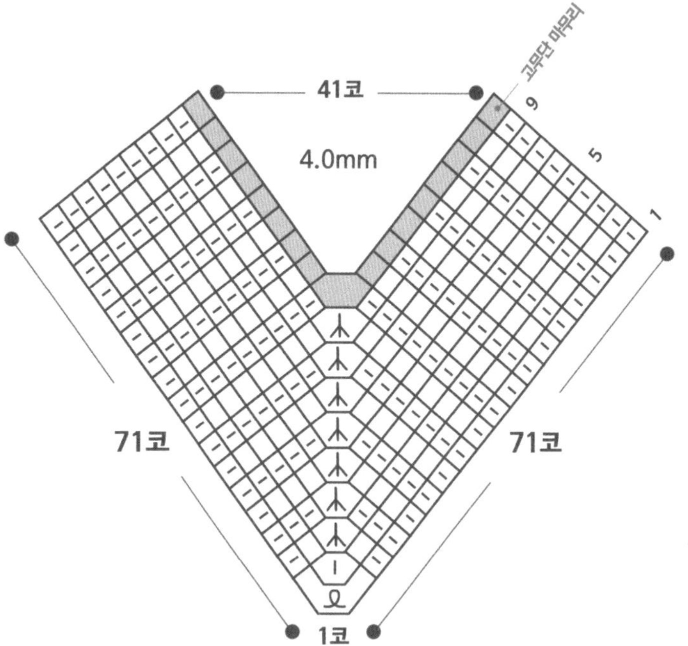

1 4.0mm 대바늘로 오른쪽 또는 왼쪽 어깨의 선부터 코를 줍습니다. 이때 2코 줍고 1코 건너뛰는 방식으로 총 184코를 줍습니다.

2 1×1 고무뜨기를 8단 뜹니다. 이때 중심 모아뜨기는 총 7회 진행합니다. 마지막 단의 가운데 부분은 겉뜨기 3코가 됩니다. 마마랜스는 9단까지 뜨고 마무리했으나 1×1 고무뜨기로 계속 진행하고 싶다면 1단을 더 떠 총 10단을 만듭니다. 돗바늘을 이용해 마무리합니다. 취향에 따라 단수를 조절해도 좋습니다.

아무튼 미튼 스트라입 스웨터

S-M

사이즈 cm (S-M/M-L)

어깨	40/46
가슴	55/61
암홀	22/24
소매	57/63
총장	56/58.5

실

(S-M) Boutique(by Filip) Tweedeco
(바탕실) 46. Light Gray 540g
(배색실) 6. Sky Blue 160g
(포인트실) **Sandnes Garn Peer Gynt**
4008. Poppy 2g
(M-L) Boutique(by Filip) Tweedeco
(바탕실) 1. Ivory 600g
(배색실) 8. Navy 180g
(포인트실) **Sandnes Garn Peer Gynt**
4008. Poppy 2g

바늘

4.0mm, 4.5mm 대바늘,
모사용 5호 코바늘

게이지

19코×27단

BACK, FRONT 뒤, 앞판

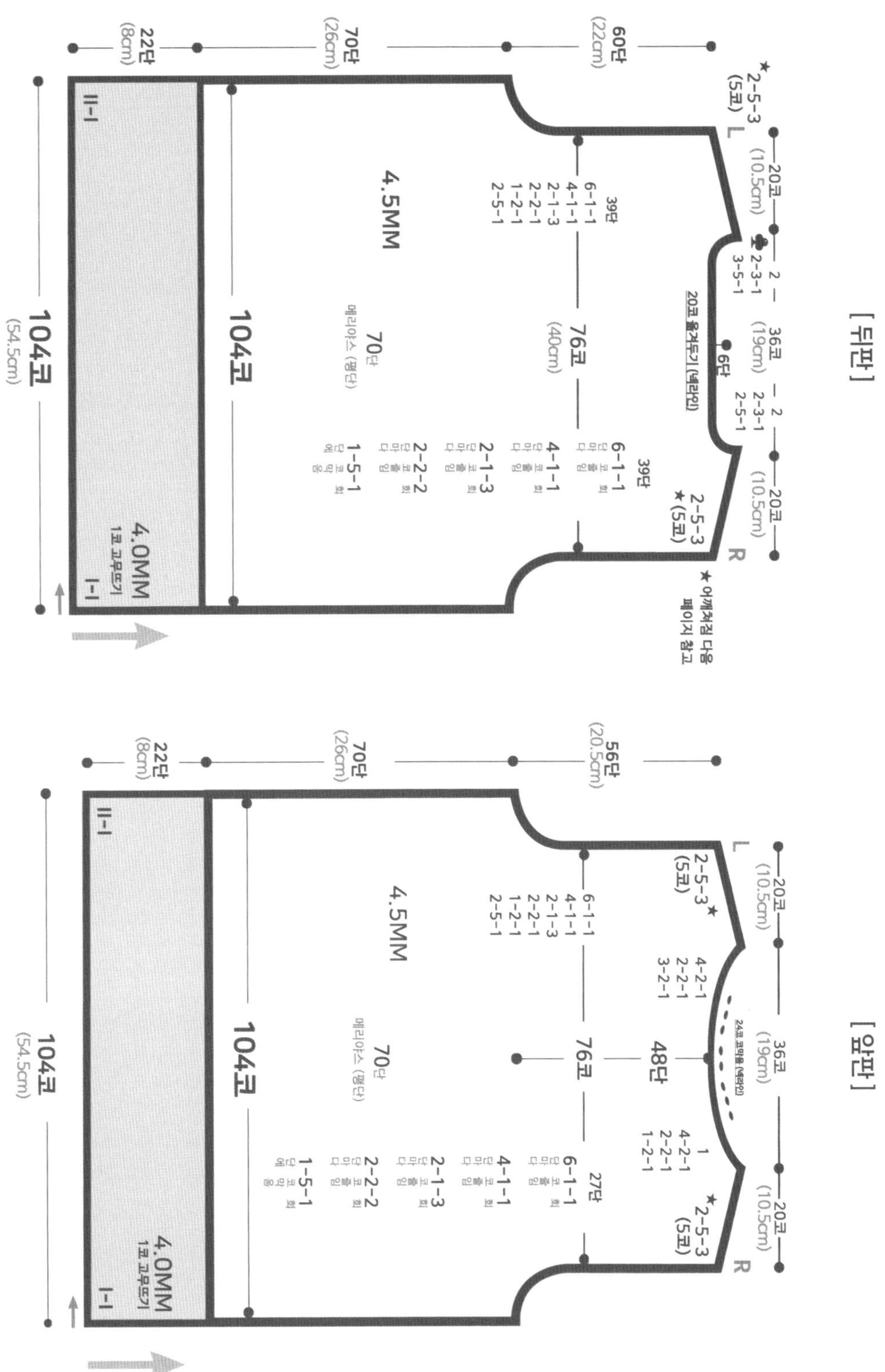

1 밑실과 4.0mm 대바늘로 고무단 104코를 만듭니다. (이때 사슬로 고무코를 잡으면 2단이 이미 완성됩니다.) 배색실로 고무단을 22단까지 뜹니다.

2 바탕실과 4.5mm 바늘로 메리야스뜨기를 70단 뜹니다.

3 암홀 코줄임을 진행합니다.

① 1단 : 5코 코막음, 도안 진행

② 2단 : 안뜨기로 5코 코막음, 도안 진행

③ 3단 : ＼＼／⋌ (변형 줄이기), 6코 남을 때까지 도안 진행, ⋋＼／／

④ 4단 : 안뜨기

⑤ 5단 : ＼＼／⋌ (변형 줄이기), 6코 남을 때까지 도안 진행, ⋋＼／／

⑥ 6단 : 안뜨기

⑦ 7단 : ＼＼⋏, 4코 남을 때까지 도안 진행, ⋏／／

⑧ 8단 : 안뜨기

⑨ 9단 : ＼＼⋏, 4코 남을 때까지 도안 진행, ⋏／／

⑩ 10단 : 안뜨기

⑪ 11단 : ＼＼⋏, 4코 남을 때까지 도안 진행, ⋏／／

⑫ 12단 : 안뜨기

⑬ 13~14단 : 도안 참고

⑭ 15단 : ＼＼⋏, 4코 남을 때까지 도안 진행, ⋏／／

⑮ 16~20단 : 도안 참고

⑯ 21단 : ＼＼⋏, 4코 남을 때까지 도안 진행, ⋏／／

4 뒤판은 39단을 더 떠서 총 60단을, 앞판은 27단을 떠서 총 48단을 뜹니다.

BACK 네크라인
및 어깨산

BACK NECK LINE 뒤판 네크라인

QR 코드 영상을 참고하여 진행합니다.

R (착용 시 오른쪽)

① 60단 : 안면에서 시작되므로 5코 다시 풀기

② 61단 : 겉면에서 1코 걸기, 겉뜨기 23코

③ 62단 : 안뜨기로 5코 코막음, 안뜨기 12코 = 13코 (처음 남긴 5코 + 걸어준 1코 + 남길 5코 = 11코)

④ 63단 : 겉면에서 1코 걸기, 겉뜨기 13코

⑤ 64단 : 안뜨기로 3코 코막음, 안뜨기 4코 = 5코 (남긴 5코 + 걸어준 1코 + 남긴 5코+ 걸어준 1코 + 남길 5코)

⑥ 65단 : 겉면에서 1코 걸기, 겉뜨기 5코

⑦ 66단 : 안뜨기로 늘어난 3코 줄이기 = 총 20코

가운데 20코를 코막음하거나 어깨핀에 옮겨 둡니다.

L (착용 시 왼쪽)

① 61단 : 겉뜨기 23코, 마지막 5코 남김

② 62단 : 안면에서 1코 걸기, 안뜨기 23코

③ 63단 : 5코 코막음, 겉뜨기 12코 = 13코 (처음 남긴 5코 + 걸어준 1코 + 남길 5코 = 11코)

④ 64단 : 안면에서 1코 걸기, 안뜨기 13코

⑤ 65단 : 3코 코막음, 겉뜨기 4코 = 5코 (남긴 5코 + 걸어준 1코 + 남긴 5코 + 걸어준 1코 + 남길 5코 = 17코)

⑥ 66단 : 안면에서 1코 걸기, 안뜨기 5코

⑦ 67단 : 겉면에서 늘어난 3코 줄이기 = 총 20코

[뒤판]

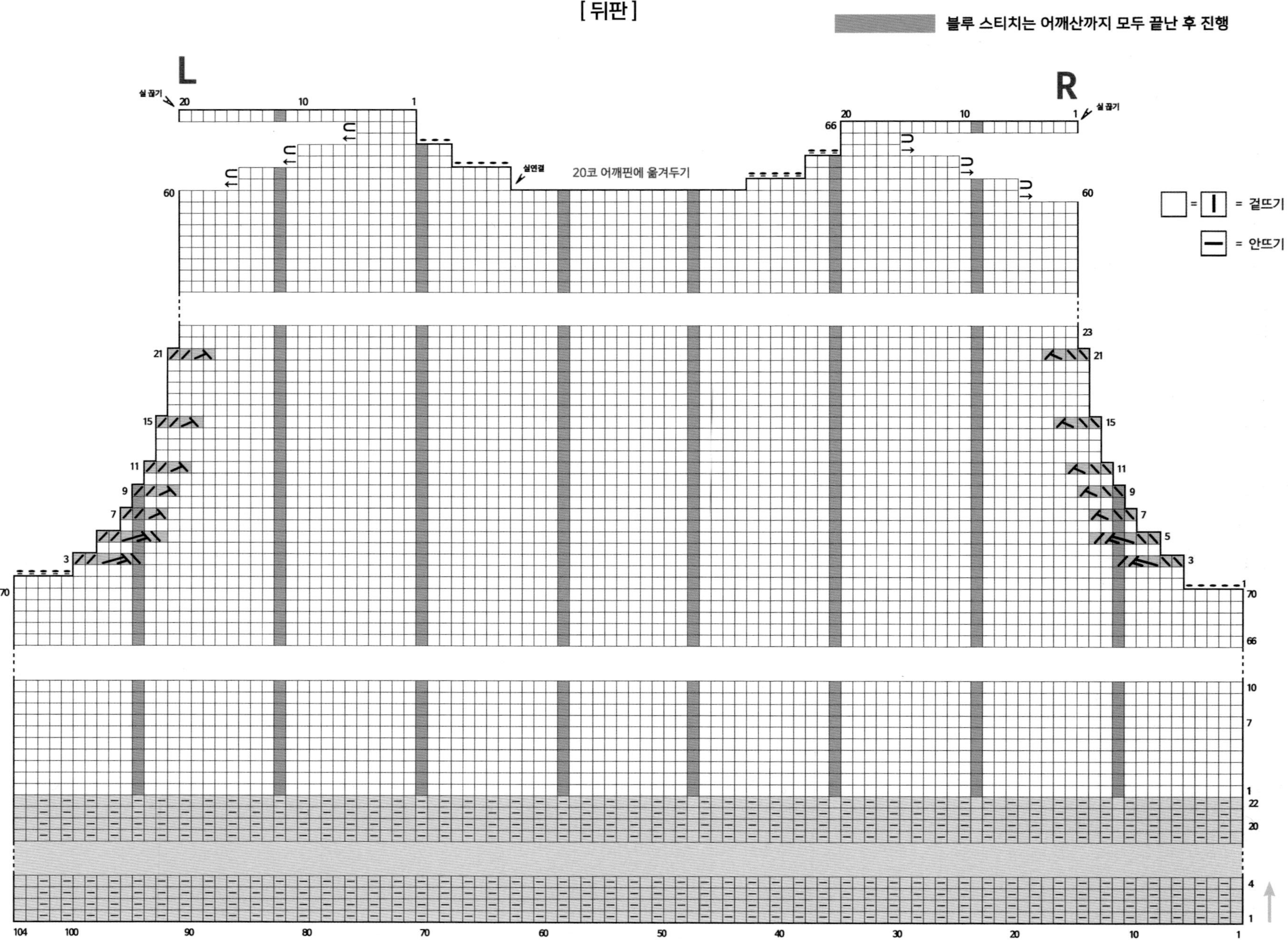

FRONT NECK LINE 앞판 네크라인

FRONT 네크라인
및 어깨산

QR 코드 영상을 참고하여 진행합니다. 26코로 오른쪽 네크라인과 어깨산을 먼저 진행합니다.

스티치 넣기

R (착용 시 왼쪽)

① 49단 : 겉뜨기 20코, /⩤//
② 50단 : 안뜨기
③ 51단 : 겉뜨기 18코, /⩤//
④ 52~54단 : 도안 참고
⑤ 55단 : 겉뜨기 16코, /⩤//
⑥ 56단 : 5코 남을 때까지 안뜨기
⑦ 57단 : 겉면에서 1코 걸기, 도안 진행
⑧ 58단 : 안뜨기 10코 (처음 남긴 5코 + 걸어둔 1코 + 남길 5코)
⑨ 59단 : 겉면에서 1코 걸기, 도안 진행
⑩ 60단 : 안뜨기 5코 (처음 남긴 5코 + 걸어준 1코 + 남긴 5코 + 걸어둔 1코 + 남길 5코)
⑪ 61단 : 겉면에서 1코 걸기, 도안 진행
⑫ 62단 : 안면에서 늘어난 3코 줄이기

가운데 24코를 코막음하거나 어깨핀에 옮겨 둡니다.

L (착용 시 오른쪽)

① 49단 : \\⩥\, 도안 진행
② 50단 : 안뜨기
③ 51단 : \\⩥\, 도안 진행
④ 52~54단 : 도안 참고
⑤ 55단 : \\⩥\, 5코 남을 때까지 겉뜨기
⑥ 56단 : 안면에서 1코 걸기, 안뜨기 15코
⑦ 57단 : 겉뜨기 10코
⑧ 58단 : 안면에서 1코 걸기, 안뜨기 10코
⑨ 59단 : 겉뜨기 5코
⑩ 60단 : 안면에서 1코 걸기, 안뜨기 5코
⑪ 61단 : 겉면에서 늘어난 3코 줄이기

블루 스티치는 어깨산까지 모두 끝난 후 진행

[앞판]

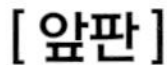

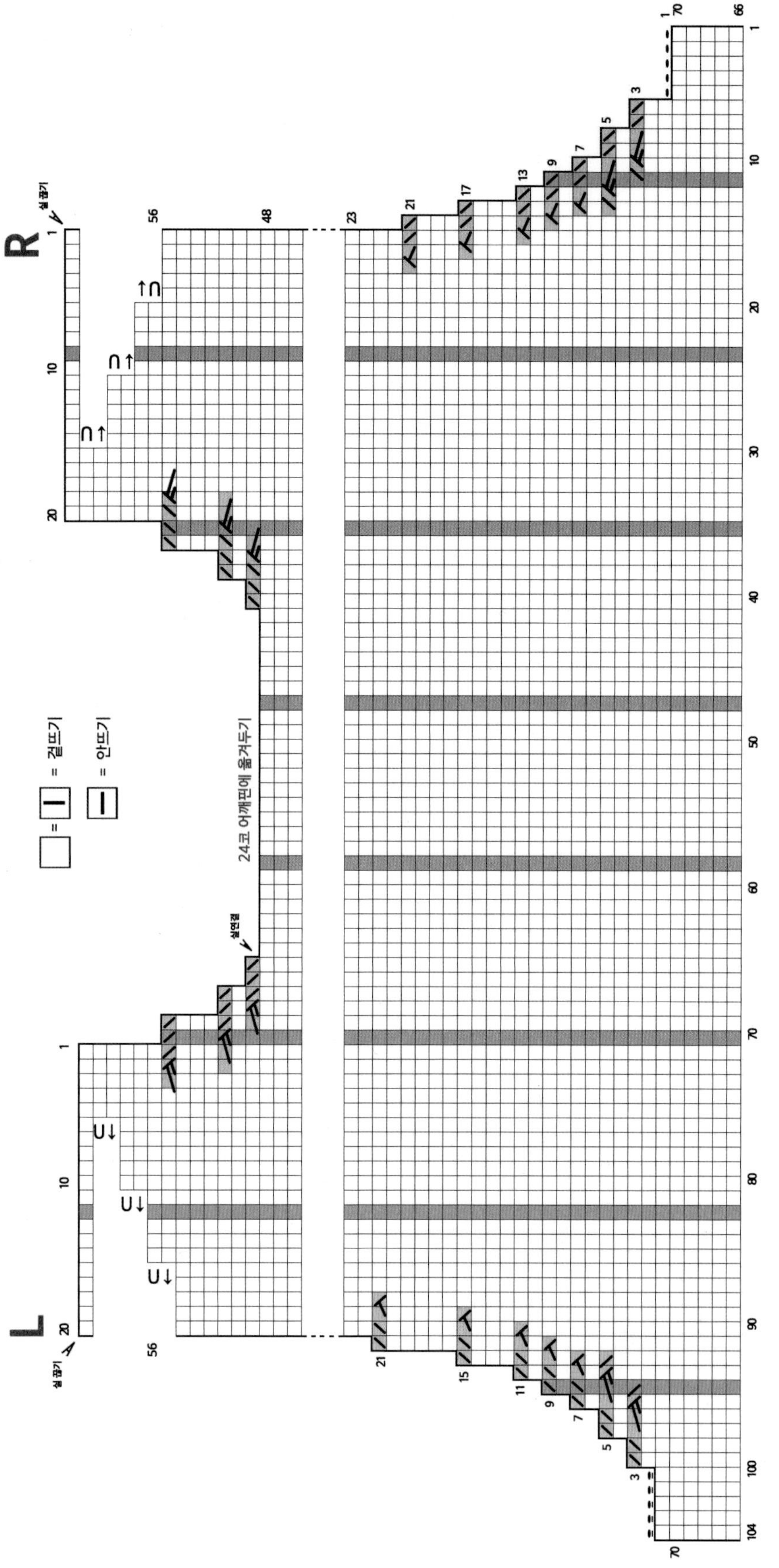

SLEEVE 소매

1 밑실과 4.5mm 대바늘로 54코를 만듭니다. 바탕실로 메리야스뜨기를 6단 뜹니다.

2 코늘림을 진행합니다.

① 7-1-1 : 7단에서 양옆 1코 늘리기 1회 진행
② 이후 매 6단마다 양옆 1코씩 늘리기 7회 반복 (6-1-7) = 49단
③ 이후 매 8단마다 양옆 1코씩 늘리기 4회 반복 (8-1-4) = 81단
④ 도안을 따라 5단 더 진행 = 86단

3 암홀 코막음과 줄이기를 진행합니다. (여기부터 1단으로 카운팅합니다.)

① 1단 : 5코 코막음, 도안 진행
② 2단 : 안뜨기로 5코 코막음, 도안 진행
③ 도안을 따라 2단 더 진행, 다음 5단째에서 양옆 2코 줄이기(도안 참고)
④ 도안을 따라 3단 더 진행, 이후 매 4단마다 양옆 2코 줄이기 9회 반복
⑤ 도안을 따라 1단 더 진행, 이후 매 2단마다 양옆 2코 줄이기 2회 반복, 안뜨기 1단, 코막음해 마무리

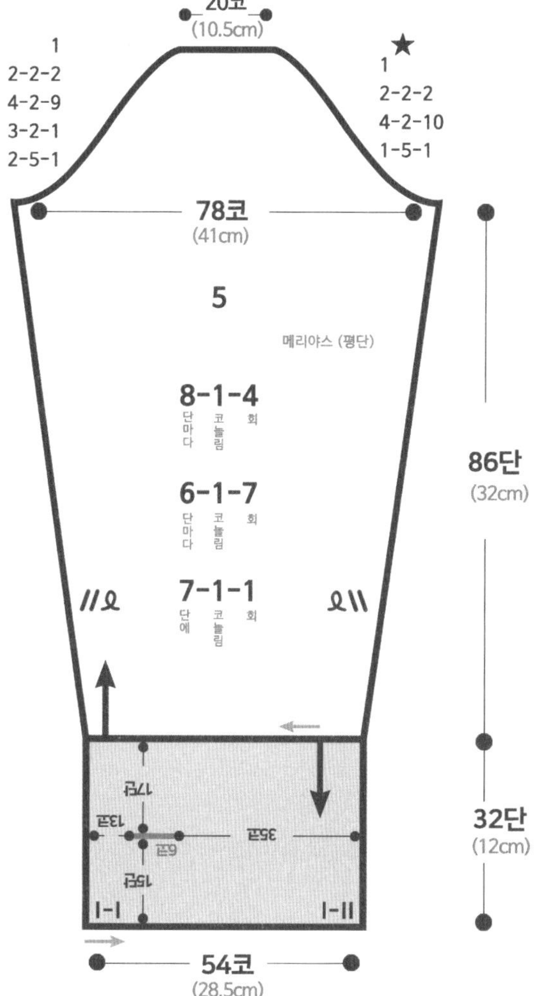

4 소매 끝단을 배색실로 진행합니다. 하나는 손가락 구멍을 왼쪽에, 하나는 손가락 구멍을 오른쪽에 냅니다. 밑실이 걸려있는 부분의 코를 4.0mm 바늘로 옮깁니다.

5 배색실로 안뜨기 1단, 1×1 고무뜨기 16단 진행합니다.

6 18단에서 도안을 따라 고무뜨기를 진행하다 사용하지 않는 실로 구멍이 될 6코를 뜬 후 다시 왼쪽 바늘에 옮겨 한 번 더 뜹니다. 도안을 참고해 오른팔, 왼팔 구멍의 위치를 확인합니다.

7 1×1 고무뜨기 15단을 더 진행한 후, 돗바늘을 이용해 마무리합니다.

8 사용하지 않는 실로 뜬 6코를 바늘에 끼우며 실을 제거합니다.

9 손가락 구멍에 포인트실과 코바늘로 짧은뜨기를 합니다. 이때, 틈이 생기지 않게 양옆 1코씩 코를 늘려 총 8코의 짧은뜨기를 합니다.

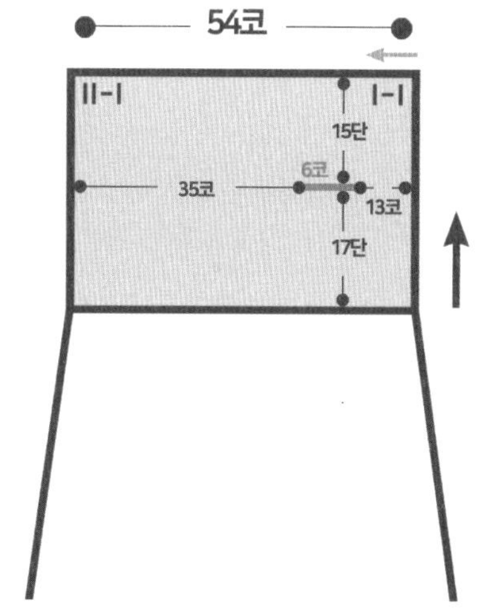

[소매]

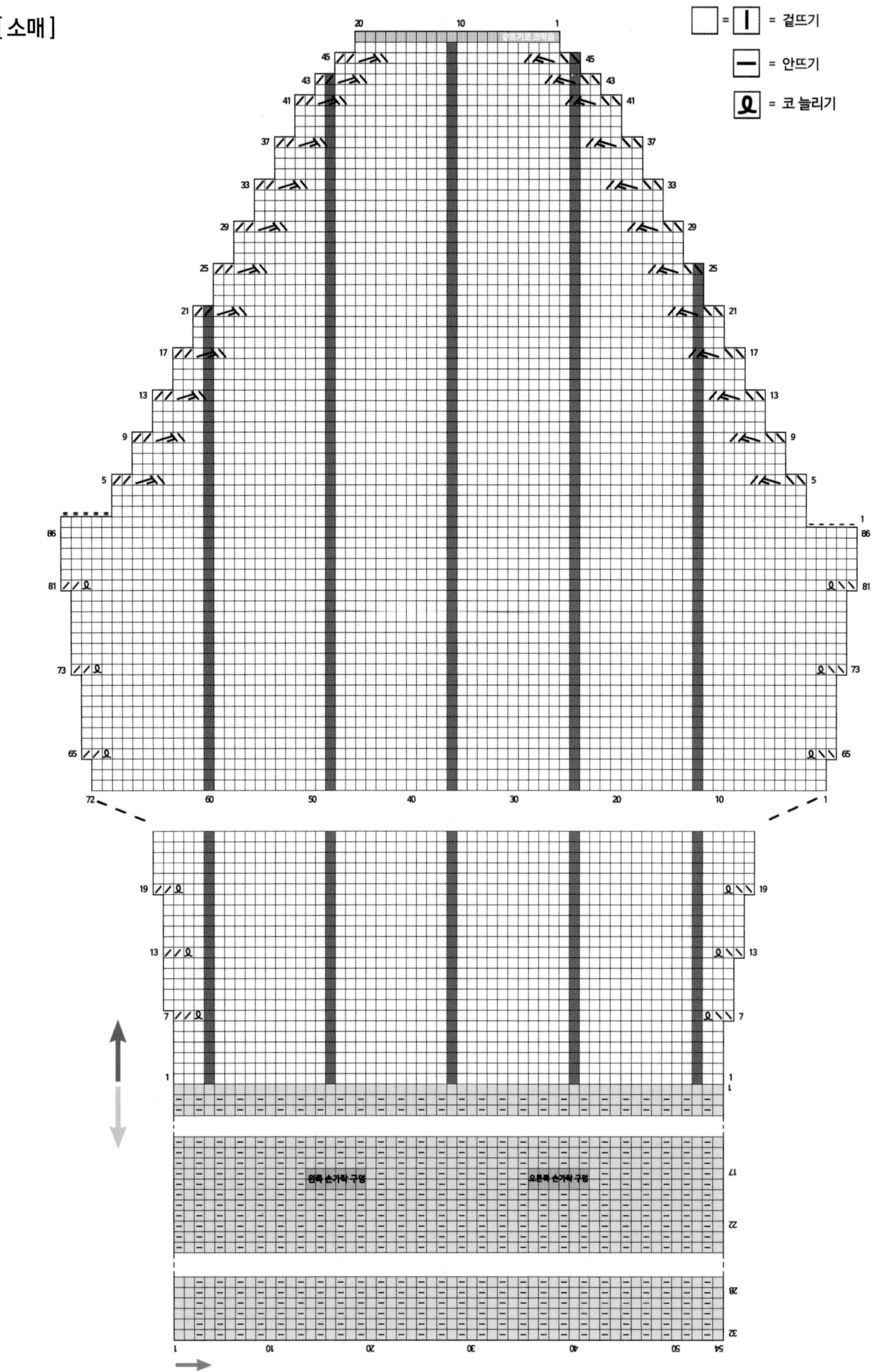

네크라인 마무리

NECK 목

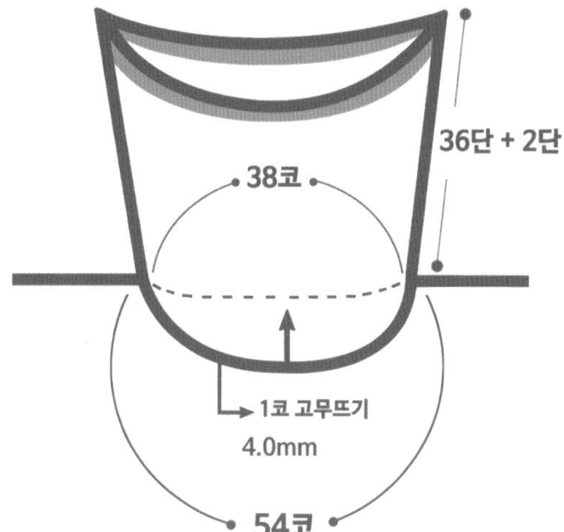

1 배색실과 4.0mm 대바늘로 '단에서 코잡기', '코에서 코잡기' 등의 방법으로 앞판에서 54코, 뒤판에서 38코를 잡습니다.

2 1×1 고무뜨기를 36단 뜹니다. 포인트실로 1×1 고무뜨기를 2단 뜨고 돗바늘을 이용해 마무리합니다. (마무리를 할 때, 실이 너무 당겨지지 않도록 주의합니다.)

BACK, FRONT 뒤, 앞판

M-L

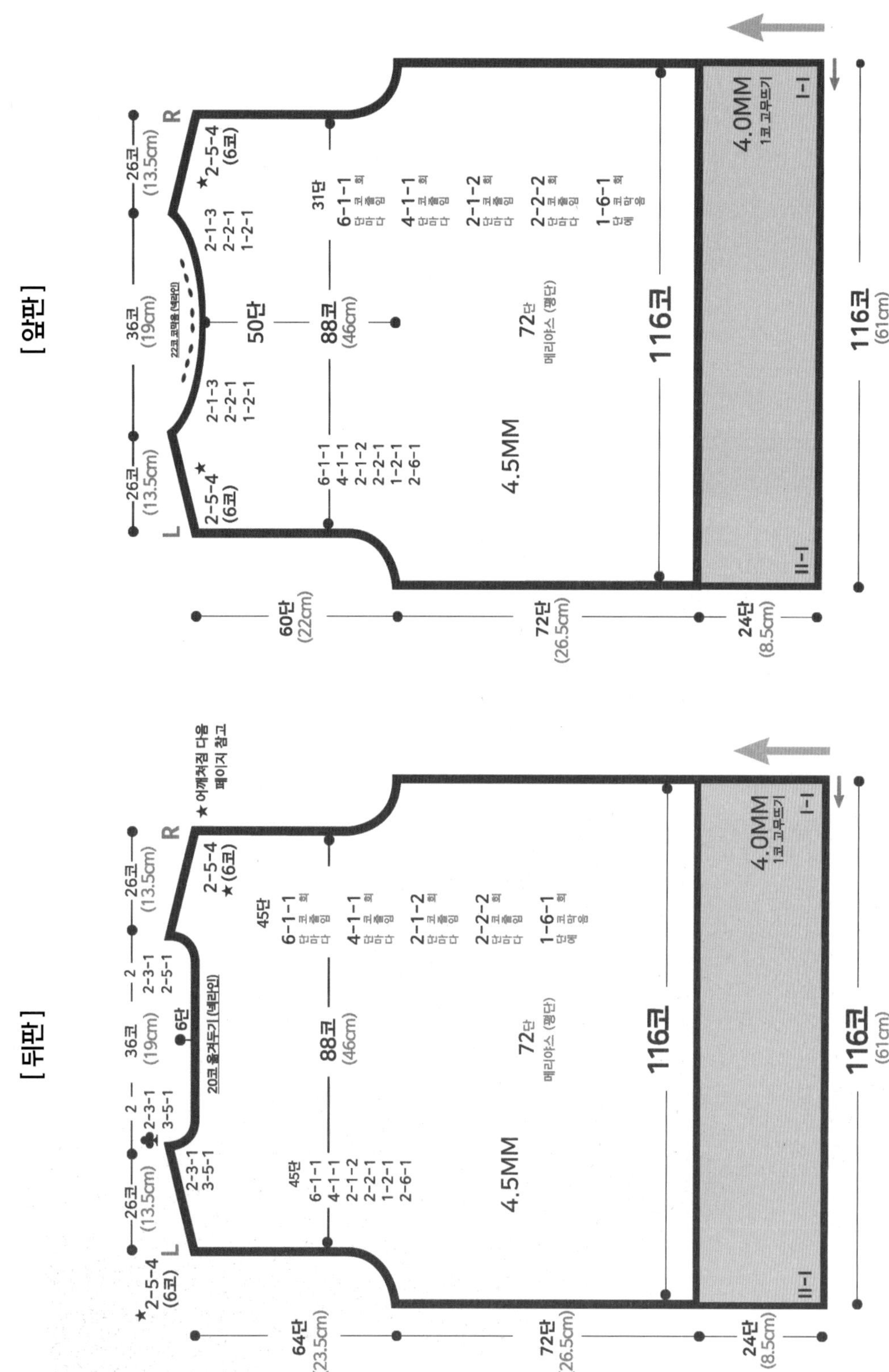

1 밑실과 4.0mm 대바늘로 고무단 116코를 만듭니다. (이때 사슬로 고무코를 잡으면 2단이 이미 완성됩니다.) 배색실로 고무단을 24단까지 뜹니다.

2 바탕실과 4.5mm 대바늘로 메리야스뜨기를 72단 뜹니다.

3 암홀 코줄임을 진행합니다.

① 1단 : 6코 코막음, 도안 진행
② 2단 : 안뜨기로 6코 코막음, 도안 진행
③ 3단 : ＼＼／⋌ (변형 줄이기), 6코 남을 때까지 도안 진행, ⋋＼／／
④ 4단 : 안뜨기
⑤ 5단 : ＼＼／⋌ (변형 줄이기), 6코 남을 때까지 도안 진행, ⋋＼／／
⑥ 6단 : 안뜨기
⑦ 7단 : ＼＼⋌, 4코 남을 때까지 도안 진행, ⋋／／
⑧ 8단 : 안뜨기
⑨ 9단 : ＼＼⋌, 4코 남을 때까지 도안 진행, ⋋／／
⑩ 10~12단 : 도안 참고
⑪ 13단 : ＼＼⋌, 4코 남을 때까지 도안 진행, ⋋／／
⑫ 14~18단 : 도안 참고
⑬ 19단 : ＼＼⋌, 4코 남을 때까지 도안 진행, ⋋／／

4 뒤판은 45단을 더 떠서 총 64단을, 앞판은 31단을 떠서 총 50단을 뜹니다.

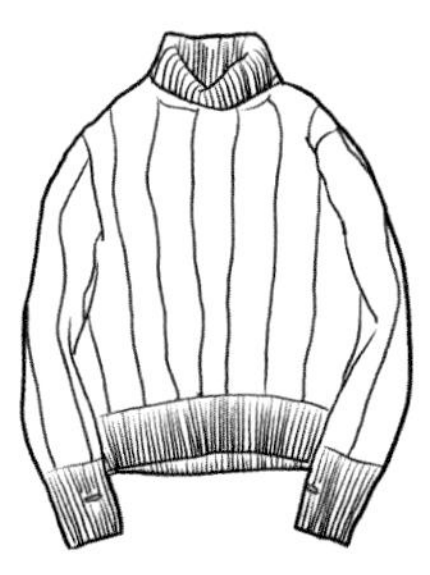

BACK NECK LINE 뒤판 네크라인

BACK 네크라인
및 어깨산

QR 코드 영상을 참고하여 진행합니다.

① 64단 : 안면에서 시작되므로 6코 다시 풀기
② 65단 : 겉면에서 1코 걸기, 6코 남을 때까지 겉뜨기
③ 66단 : 안면에서 1코 걸기, 12코 남을 때까지 안뜨기 (처음 남긴 6코 + 걸어준 1코 + 남길 5코 = 12코)

R (착용 시 오른쪽)

① 67단 : 겉면에서 1코 걸기, 겉뜨기 23코 (어깨코 26코 + 줄일 8코)
② 68단 : 안뜨기로 5코 코막음, 안뜨기 12코 (남긴 6코 + 걸어준 1코 + 남긴 5코+ 걸어준 1코 + 남길 5코)
③ 69단 : 겉면에서 1코 걸기, 도안 진행 (13코)
④ 70단 : 안뜨기로 3코 코막음, 겉뜨기 4코
⑤ 71단 : 겉면에서 1코 걸기, 도안 진행 (5코)
⑥ 72단 : 안면에서 늘어난 4코 줄이기 = 총 26코

가운데 20코를 코막음하거나 어깨핀에 옮겨 둡니다.

L (착용 시 왼쪽)

① 67단 : 12코 남을 때까지 겉뜨기 (처음 남긴 6코 + 걸어준 1코 + 남길 5코)
② 68단 : 안면에서 1코 걸기, 도안 진행
③ 69단 : 5코 코막음, 겉뜨기 12코 = 13코
④ 70단 : 안면에서 1코 걸기, 도안 진행
⑤ 71단 : 3코 코막음, 겉뜨기 4코 = 5코
⑥ 72단 : 안면에서 1코 걸기, 도안 진행
⑦ 73단 : 겉면에서 늘어난 4코 줄이기 = 총 26코

[뒤판]

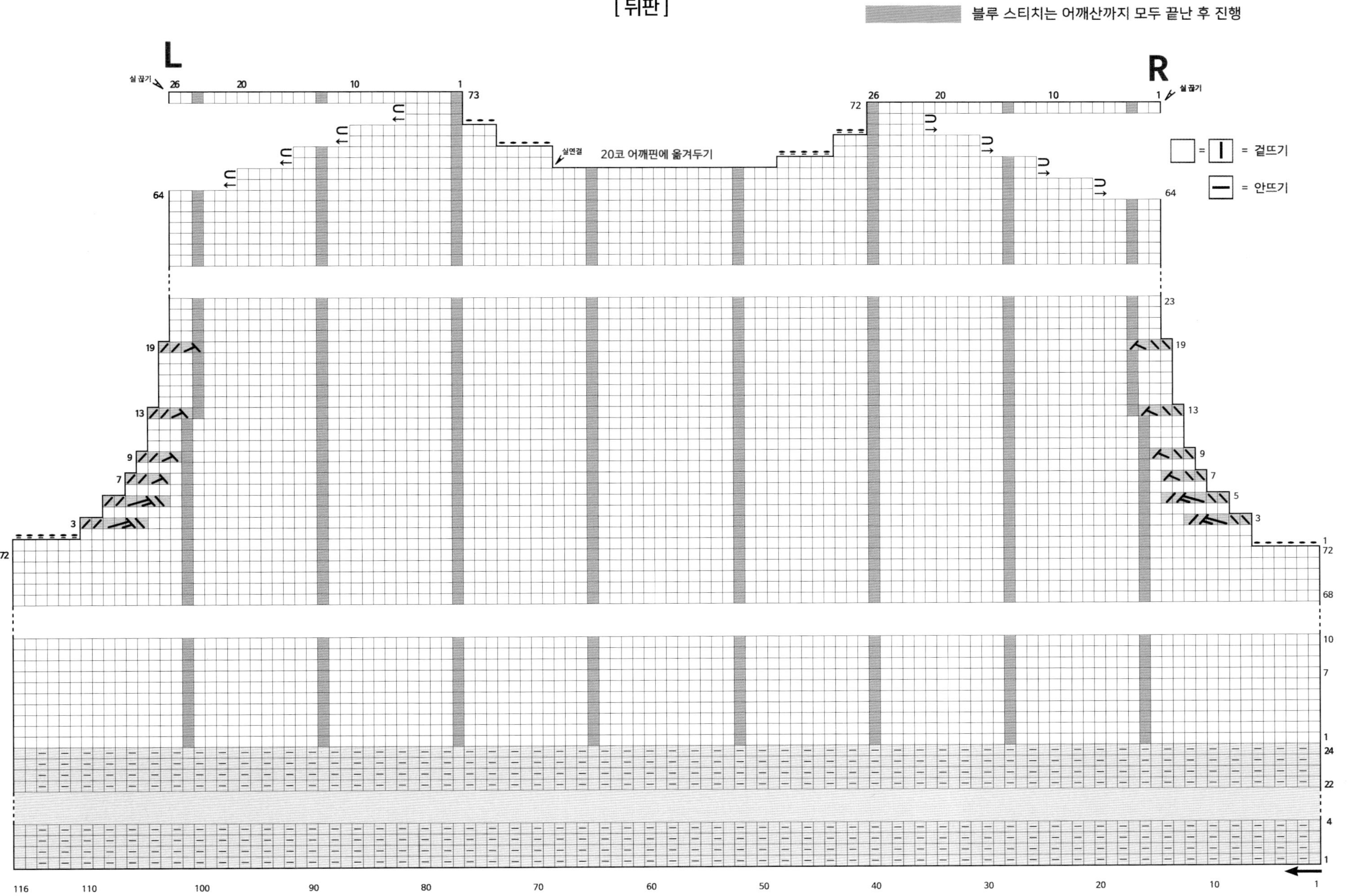

블루 스티치는 어깨산까지 모두 끝난 후 진행
L
R
실 끊기
실 끊기
실연결
20코 어깨핀에 옮겨두기
= 겉뜨기
= 안뜨기

FRONT NECK LINE 앞판 네크라인

FRONT 네크라인
및 어깨산

스티치 넣기

QR 코드 영상을 참고하여 진행합니다. 33코로 오른쪽 네크라인과 어깨산을 먼저 진행합니다.

R (착용 시 왼쪽)

① 51단 : 겉뜨기 27코, //\//
② 52단 : 안뜨기
③ 53단 : 겉뜨기 25코, //\//
④ 54단 : 안뜨기
⑤ 55단 : 겉뜨기 25코, //\//
⑥ 56단 : 안뜨기
⑦ 57~59단 : 도안 참고
⑧ 60단 : 6코 남을 때까지 안뜨기
⑨ 61단 : 겉면에서 1코 걸기, 도안 진행
⑩ 62단 : 안뜨기 15코 (처음 남긴 6코 + 걸어준 1코 + 남길 5코)
⑪ 63단 : 겉면에서 1코 걸기, 도안 진행
⑫ 64단 : 안뜨기 10코 (처음 남긴 6코 + 걸어준 1코 + 남긴 5코 + 걸어둔 1코 + 남길 5코)
⑬ 65단 : 겉면에서 1코 걸기, 도안 진행
⑭ 66단 : 안뜨기 5코 (처음 남긴 6코 + 걸어준 1코 + 남긴 5코 + 걸어둔 1코 + 남긴 5코 + 걸어둔 1코 + 남길 5코)
⑮ 67단 : 겉면에서 1코 걸기, 도안 진행
⑯ 68단 : 안면에서 늘어난 4코 줄이기

가운데 22코를 코막음하거나 어깨핀에 옮겨 둡니다.

L (착용 시 오른쪽)

① 51단 : \\/\\, 도안 진행
② 52단 : 안뜨기
③ 53단 : \\/\\, 도안 진행
④ 54단 : 안뜨기
⑤ 55단 : \\/\\, 도안 진행
⑥ 56~59단 : 도안 참고
⑦ 60단 : 안면에서 1코 걸기, 안뜨기 20코
⑧ 61단 : 겉뜨기 15코
⑨ 62단 : 안면에서 1코 걸기, 안뜨기 15코
⑩ 63단 : 겉뜨기 10코
⑪ 64단 : 안면에서 1코 걸기, 안뜨기 10코
⑫ 65단 : 겉뜨기 5코
⑬ 66단 : 안면에서 1코 걸기, 안뜨기 5코
⑭ 67단 : 겉면에서 늘어난 4코 줄이기

블루 스티치는 어깨산까지 모두 끝난 후 진행

[앞판]

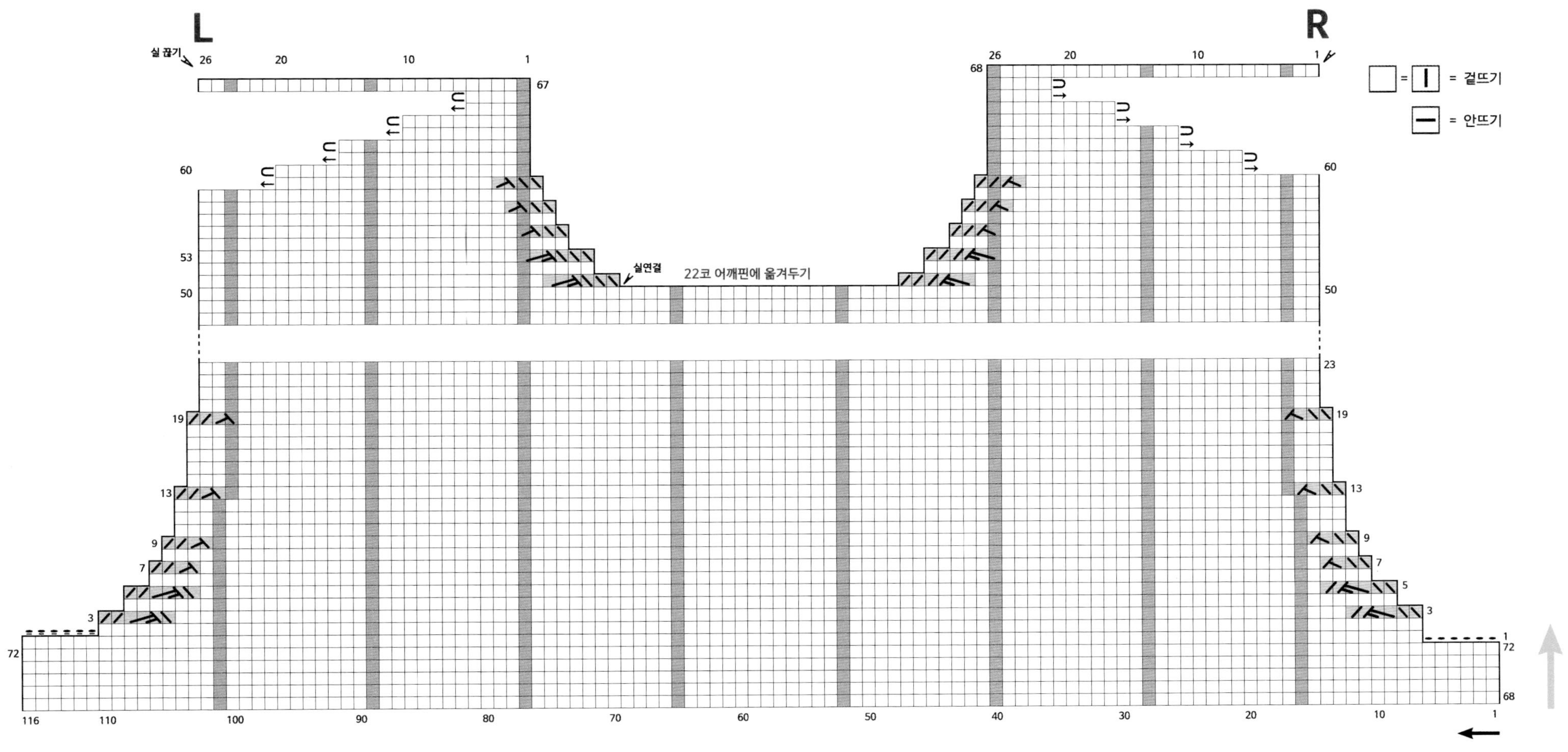

SLEEVE 소매

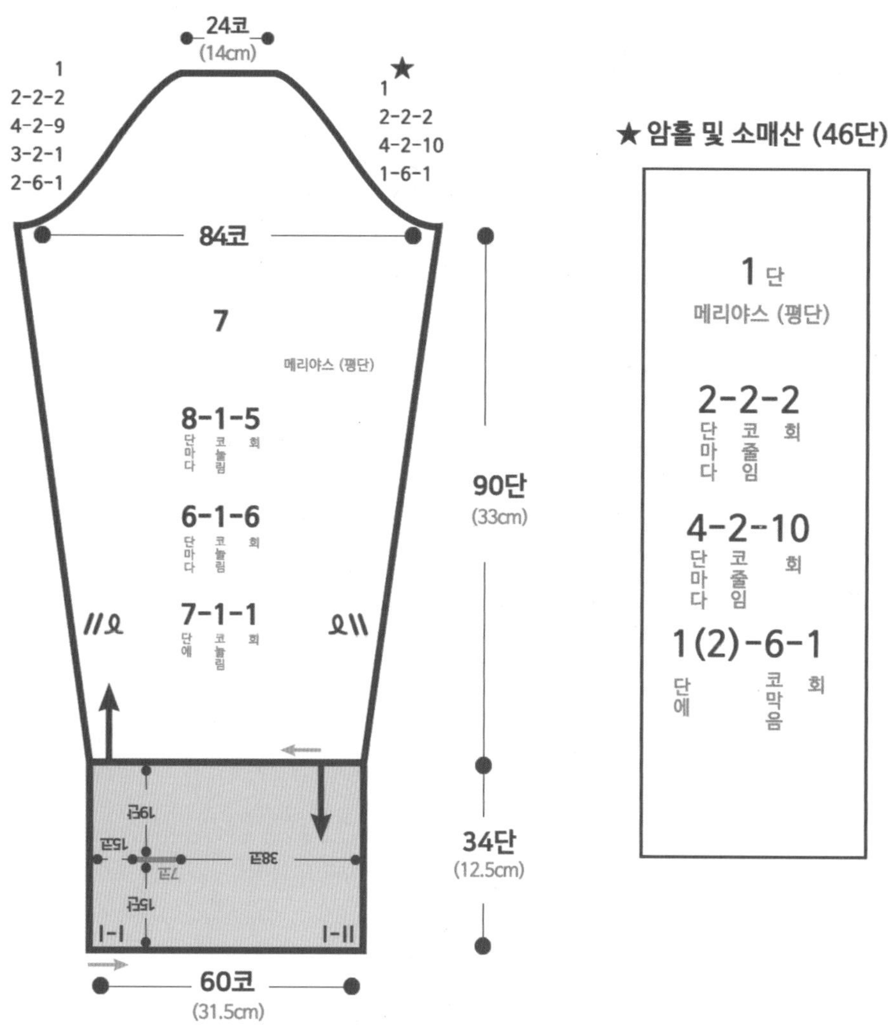

1 밑실과 4.5mm 대바늘로 60코를 만듭니다. 바탕실로 메리야스뜨기를 6단 뜹니다.

2 코늘림을 진행합니다.

① 7-1-1 : 7단에서 양옆 1코 늘리기 1회 진행

② 이후 매 6단마다 양옆 1코씩 늘리기 6회 반복 (6-1-6) = 43단

③ 이후 매 8단마다 양옆 1코씩 늘리기 5회 반복 (8-1-5) = 83단

④ 도안을 따라 7단 더 진행 = 90단

3 암홀 코막음과 줄이기를 진행합니다. (여기부터 1단으로 카운팅합니다.)

① 1단 : 6코 코막음, 도안 진행

② 2단 : 안뜨기로 6코 코막음, 도안 진행

③ 도안을 따라 2단 더 진행, 이후 5단째에서 양옆 2코 줄이기 (도안 참고)

④ 도안을 따라 3단 더 진행, 이후 매 4단마다 양옆 2코 줄이기 9회 반복

⑤ 도안을 따라 1단 더 진행, 이후 매 2단마다 양옆 2코 줄이기 2회 반복, 안뜨기 1단, 코막음해 마무리

4 소매 끝단을 배색실로 진행합니다. 하나는 손가락 구멍을 왼쪽에, 하나는 손가락 구멍을 오른쪽에 냅니다. 밑실이 걸려있는 부분의 코를 4.0mm 바늘로 옮깁니다.

5 배색실로 안뜨기 1단, 1×1 고무뜨기 18단 진행합니다.

6 19단에서 도안을 따라 고무뜨기를 진행하다 사용하지 않는 실로 구멍이 될 7코를 뜬 후 다시 왼쪽 바늘에 옮겨 한 번 더 뜹니다. 도안을 참고해 오른팔, 왼팔 구멍의 위치를 확인합니다.

7 1×1 고무뜨기 15단을 더 진행한 후, 돗바늘을 이용해 마무리합니다.

8 사용하지 않는 실로 뜬 7코를 바늘에 끼우며 실을 제거합니다.

9 손가락 구멍에 포인트실과 코바늘로 짧은뜨기를 합니다. 이때, 틈이 생기지 않게 양옆 1코씩 코를 늘려 총 9코의 짧은뜨기를 합니다.

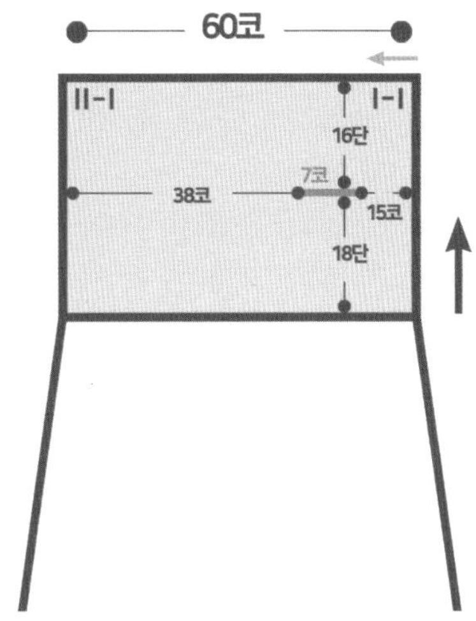

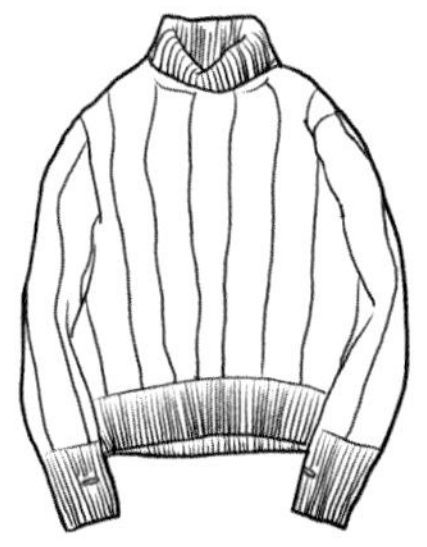

[소매]

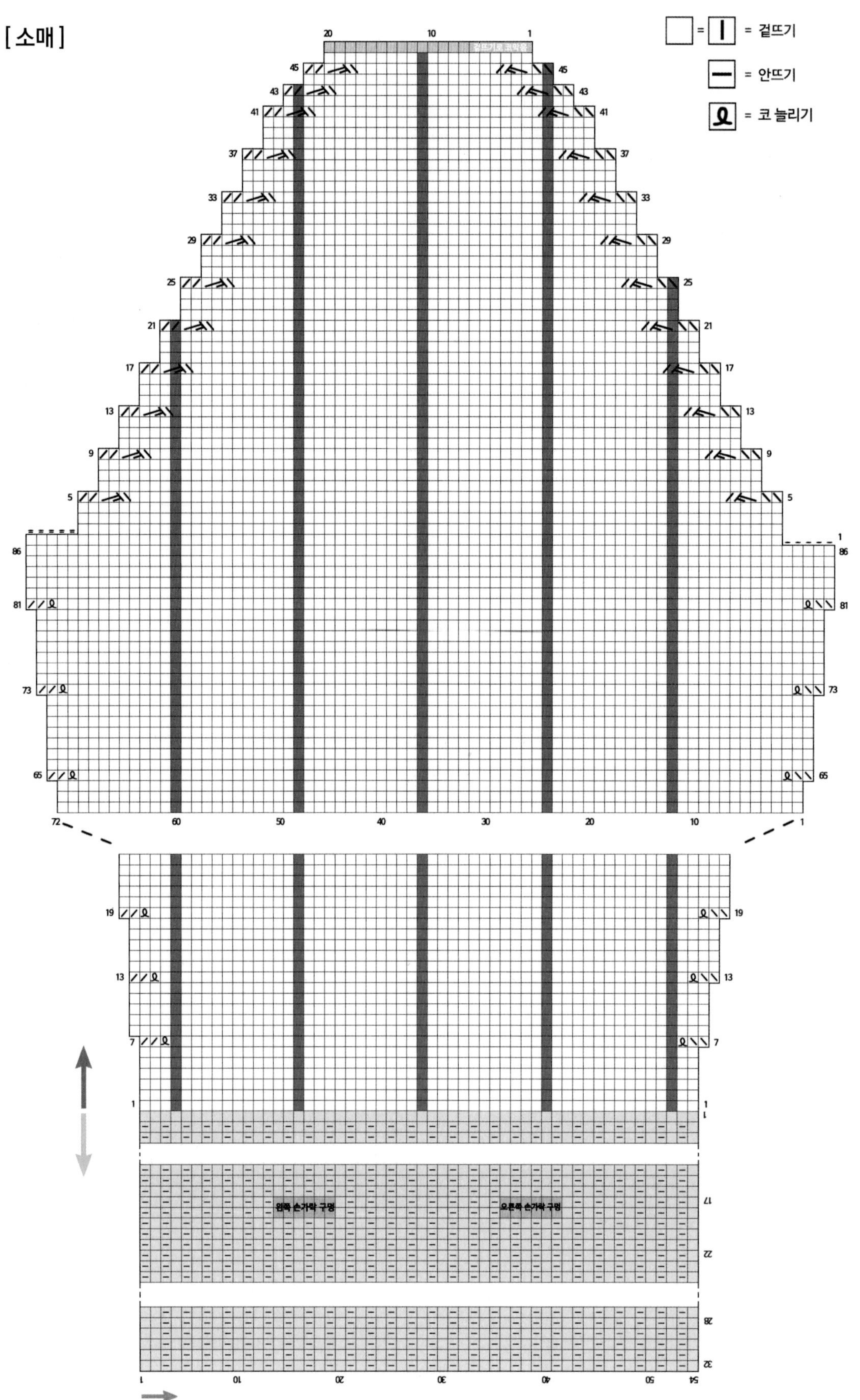

NECK 목

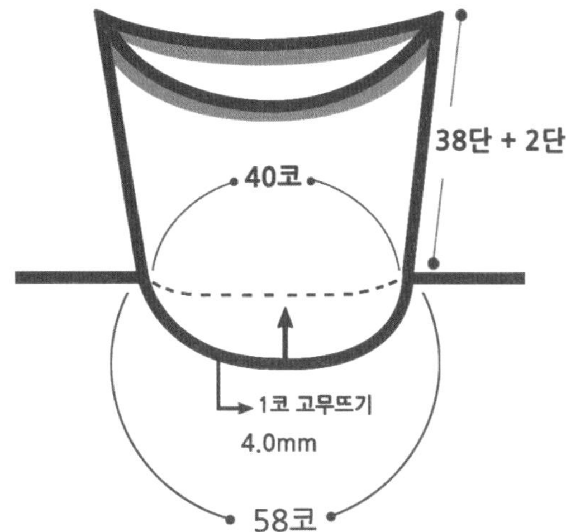

1 배색실과 4.0mm 대바늘로 '단에서 코잡기', '코에서 코잡기' 등의 방법으로 앞판에서 58코, 뒤판에서 40코를 잡습니다.

2 1×1 고무뜨기를 38단 뜹니다. 포인트실로 1×1 고무뜨기를 2단 뜨고 돗바늘을 이용해 마무리합니다. (마무리를 할 때, 실이 너무 당겨지지 않도록 주의합니다.)

허클베리 핀의 지그재그 숄 아우터

사이즈 cm (S-M/M-L)

어깨 46/50
가슴 63.5/71
암홀 26.5/30
총장 67/76

실

(S-M) Hamanaka Sonomono
123. 110g, (포인트실) 122. 2g
Linea Raccoon Wool
03. 580g, (포인트실) 01. 5g
(M-L) Hamanaka Sonomono
122. 180g, (포인트실) 123. 3g
Linea Raccoon Wool
01. 680g, (포인트실) 03. 6g

바늘

5.5mm, 6.0mm 대바늘

게이지

13.5코×19단

패턴 부호 설명

BACK 뒤판

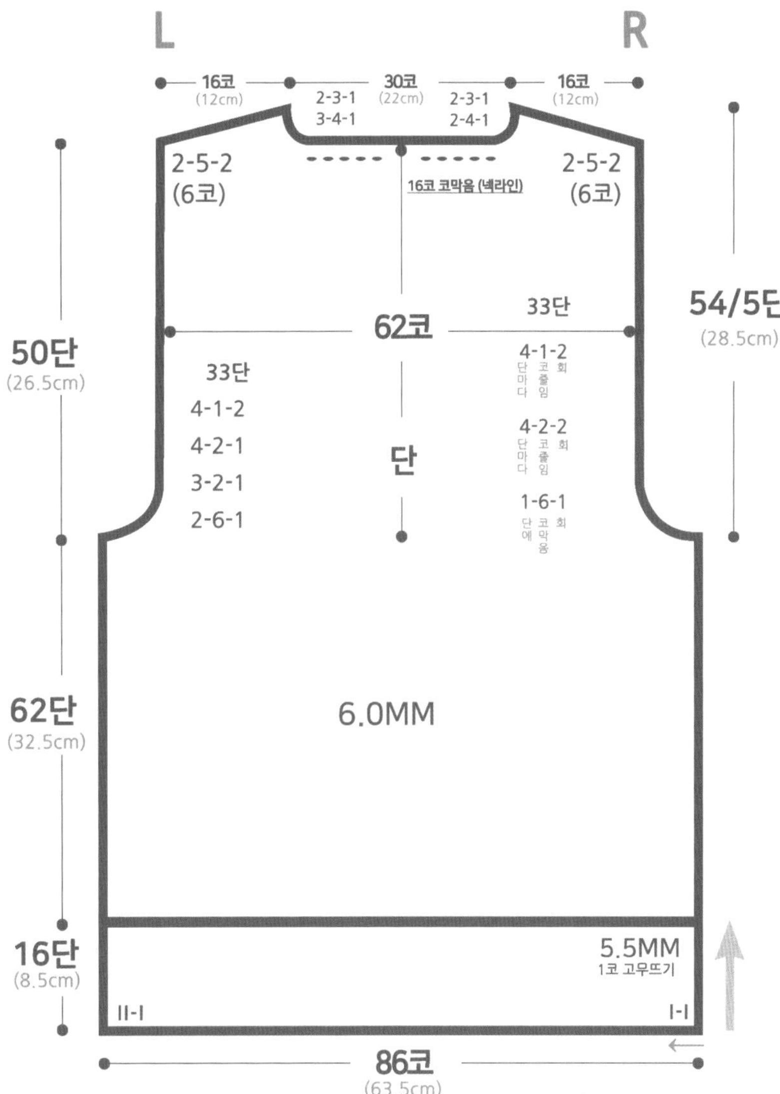

1 밑실과 5.5mm 대바늘로 고무단 86코를 만듭니다. (이때 사슬로 고무코를 잡으면 2단이 이미 완성됩니다.) 바탕실과 모헤어실 1겹씩 총 2겹으로 고무단을 16단까지 뜹니다.

2 6.0mm 바늘로 바꾸고 도안을 따라 62단까지 뜹니다.

3 암홀을 시작합니다.

① 1단 : 겉뜨기로 코막음, 도안 진행

② 2단 : 안뜨기로 6코 코막음, 도안 진행

4 오른쪽과 왼쪽의 줄이는 콧수가 다를 수는 있어도 코줄임은 같은 단에서 진행합니다.

① 3, 4단 : 도안 참고

② 5단 : \\ ⋏ ⋏ (오른쪽 4-2-2의 첫 번째), 6코 남을 때까지 도안 진행, ⋏ ⋏ // (왼쪽 3-2-1의 첫 번째)

③ 6~8단 : 도안 참고

④ 9단 : \\ ⋏ ⋊⋉ (오른쪽 4-2-2의 두 번째), 7코 남을 때까지 도안 진행, ⋊⋉ ⋏ // (왼쪽 4-2-1의 첫 번째)

⑤ 10~12단 : 도안 참고

⑥ 13단 : \\ ⋏ (양쪽 4-1-2 중 첫 번째), 4코 남을 때까지 도안 진행, ⋏ //

⑦ 14~16단 : 도안 참고

⑧ 17단 : \\ ⋏ (양쪽 4-1-2중 두 번째), 4코 남을 때까지 도안 진행, ⋏ //

변형 부호 설명

네크라인 및 어깨산

5 도안을 따라 33단을 더 뜹니다. (50단째에서 어깨산을 시작합니다.)

R (착용 시 오른쪽)

① 50단 : (안면) 6코 남을 때까지 도안 진행

② 51단 : 겉면에서 1코 걸기, 겉뜨기 17코

③ 52단 : 안뜨기로 4코 코막음, 안뜨기 7코 = 총 8코

④ 53단 : 겉면에서 1코 걸기, 겉뜨기 8코

⑤ 54단 : 안뜨기로 3코 코막음, 늘어난 2코를 없애 16코로 마무리 (어깨핀이나 사용하지 않는 바늘에 옮겨 둡니다.)

가운데 16코를 코막음합니다.

L (착용 시 왼쪽)

① 51단 : (겉면) 6코 남을 때까지 도안 진행

② 52단 : 안면에서 1코 걸기, 안뜨기 17코

③ 53단 : 4코 코막음, 겉뜨기 7코 = 총 8코

④ 54단 : 안면에서 1코 걸기, 안뜨기 8코

⑤ 55단 : 겉뜨기로 3코 코막음, 늘어난 2코를 없애 16코로 마무리 (어깨핀이나 사용하지 않는 바늘에 옮겨 둡니다.)

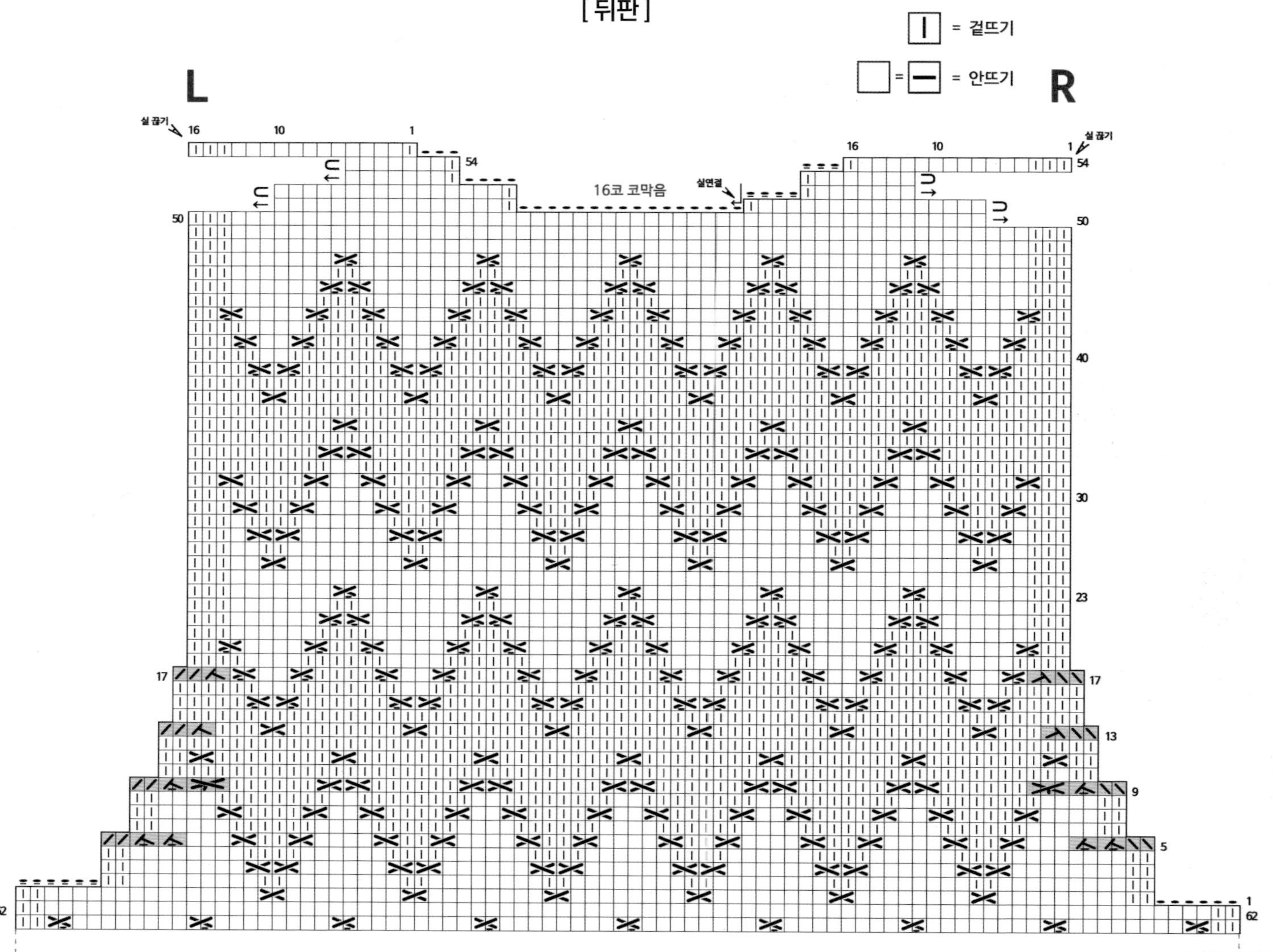
[뒤판]
= 겉뜨기
= = 안뜨기
L
R
실 끊기
16코 코막음
실연결

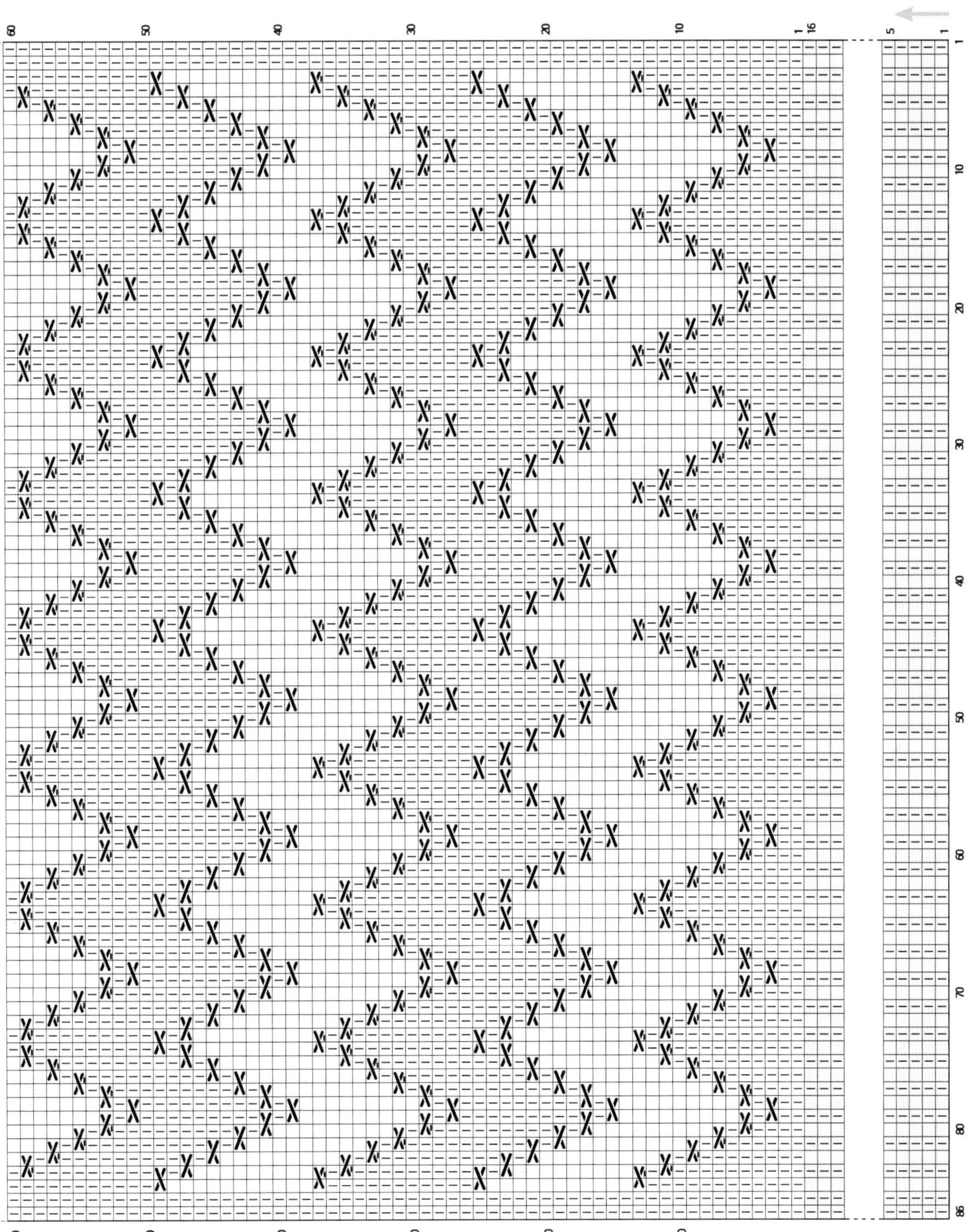

FRONT 앞판

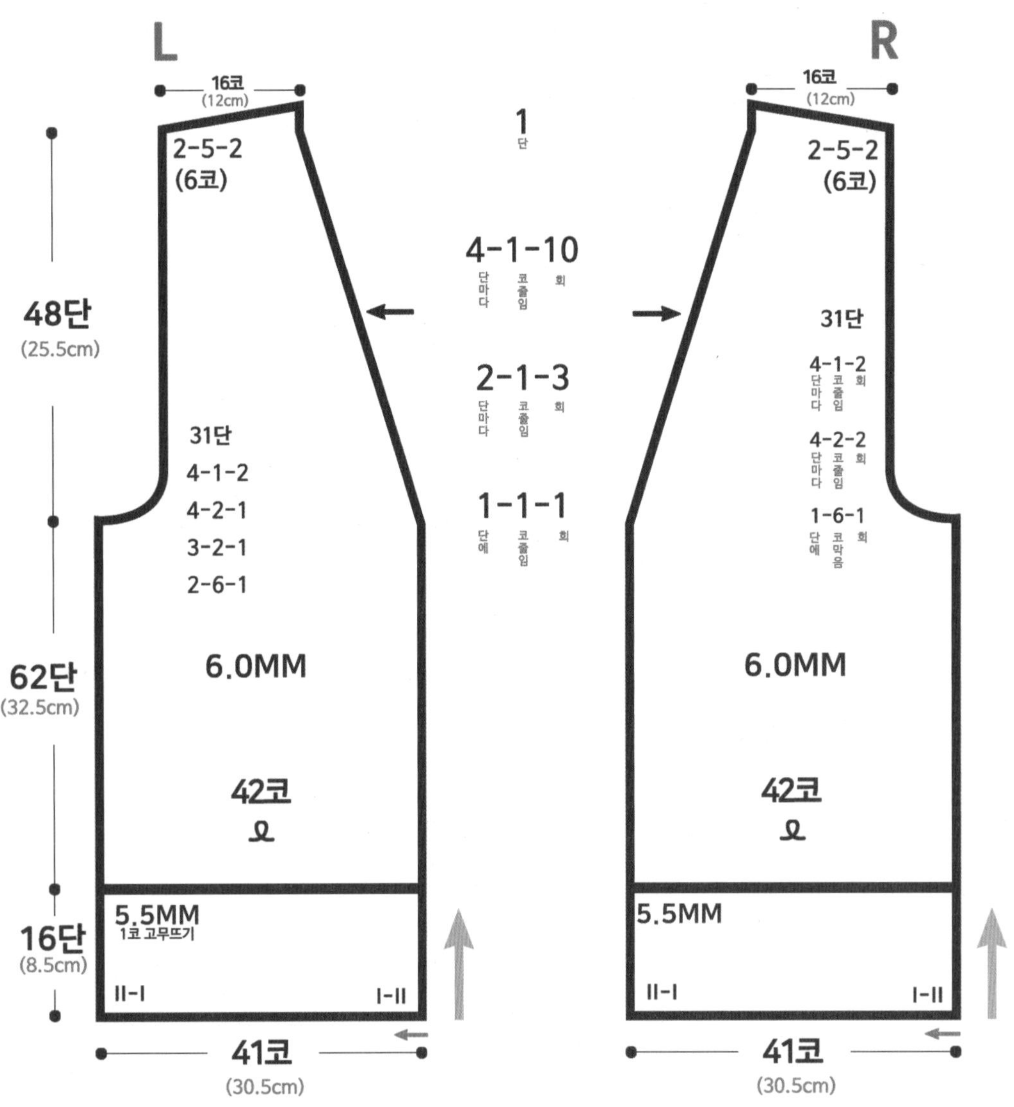

1 바탕실과 모헤어실 1겹씩 총 2겹과 5.5mm 대바늘로 고무단 41코를 만듭니다. (이때 사슬로 고무코를 잡으면 2단이 이미 완성됩니다.) 고무단을 16단까지 뜹니다.

2 6.0mm 바늘로 바꾸고 가운데 1코를 늘려 콧수를 42코로 만듭니다. 도안을 따라 62단까지 뜹니다.

3 암홀을 시작합니다. 오른쪽과 왼쪽 각각 좌우 반대로 진행합니다.

R (착용 시 왼쪽)

① 1단 : 6코 코막음, 4코 남을 때까지 도안 진행, ⋏//
② 2~3단 : (V넥 ⋏//)
③ 4단 : 도안 참고
④ 5단 : (암홀 4-2-2 중 첫 번째) \\≚≚, 4코 남을 때까지 도안 진행, ⋏// (V넥)
⑤ 6~7단 : (V넥 ⋏//)
⑥ 8단 : 도안 참고
⑦ 9단 : (암홀 4-2-2 중 두 번째) \\≚⋊, 도안 진행
⑧ 10~11단 : (V넥 ⋏//)
⑨ 12단 : 도안 진행
⑩ 13단 : (암홀 4-1-2 중 첫 번째) \\⋏, 도안 진행
⑪ 14~15단 : (V넥 ⋏//)
⑫ 16단 : 도안 진행
⑬ 17단 : (암홀 4-1-2 중 두 번째) \\⋏, 도안 진행

여기까지가 V넥의 4-1-10 중 2번째까지 진행입니다. 8회를 더 진행해 4-1-10을 완료합니다. 이후, 안뜨기 1단을 뜨면서 어깨산을 진행합니다.

L (착용 시 오른쪽)

① 1단 : \\⋏, 도안 진행
② 2단 : 안뜨기로 6코 코막음, 도안 진행
③ 3단 : (V넥 2-1-3 중 첫 번째) \\⋏, 도안 진행
④ 4단 : 도안 참고
⑤ 5단 : (V넥 2-1-3 중 두 번째) \\⋏, 6코 남을 때까지 도안 진행, ≚≚// (암홀)
⑥ 6~7단 : (V넥 2-1-3 중 세 번째) \\⋏, 도안 진행
⑦ 8단 : 도안 참고
⑧ 9단 : 7코 남을 때까지 도안 진행, ⋊≚// (암홀)
⑨ 10~11단 : (V넥 4-1-10 중 첫 번째) \\⋏, 도안 진행
⑩ 12단 : 도안 참고
⑪ 13단 : 4코 남을 때까지 도안 진행, ⋏// (암홀)
⑫ 14~15단 : (V넥 4-1-10 중 두 번째) \\⋏, 도안 진행
⑬ 16단 : 도안 참고
⑭ 17단 : 5코 남을 때까지 도안 진행, ⋏// (암홀)

여기까지가 V넥의 4-1-10 중 2번째까지 진행입니다. 8회를 더 진행해 4-1-10을 완료합니다. 이후, 안뜨기 1단을 뜨고 어깨산을 진행합니다.

[앞판]

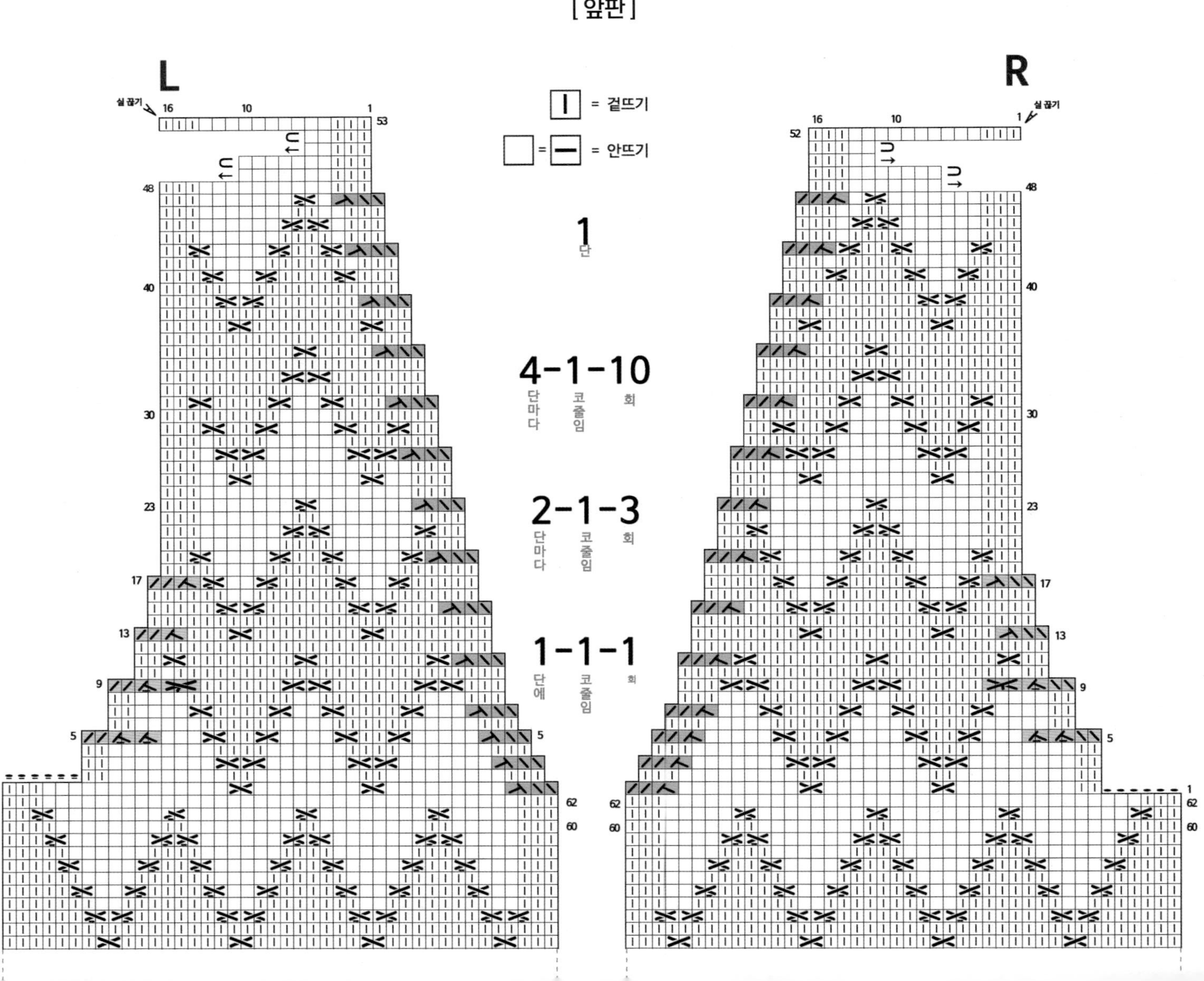

L
R
실 끊기
= 겉뜨기
= 안뜨기
1 단
4-1-10
단마다 코줄임 회
2-1-3
단마다 코줄임 회
1-1-1
단에 코줄임 회

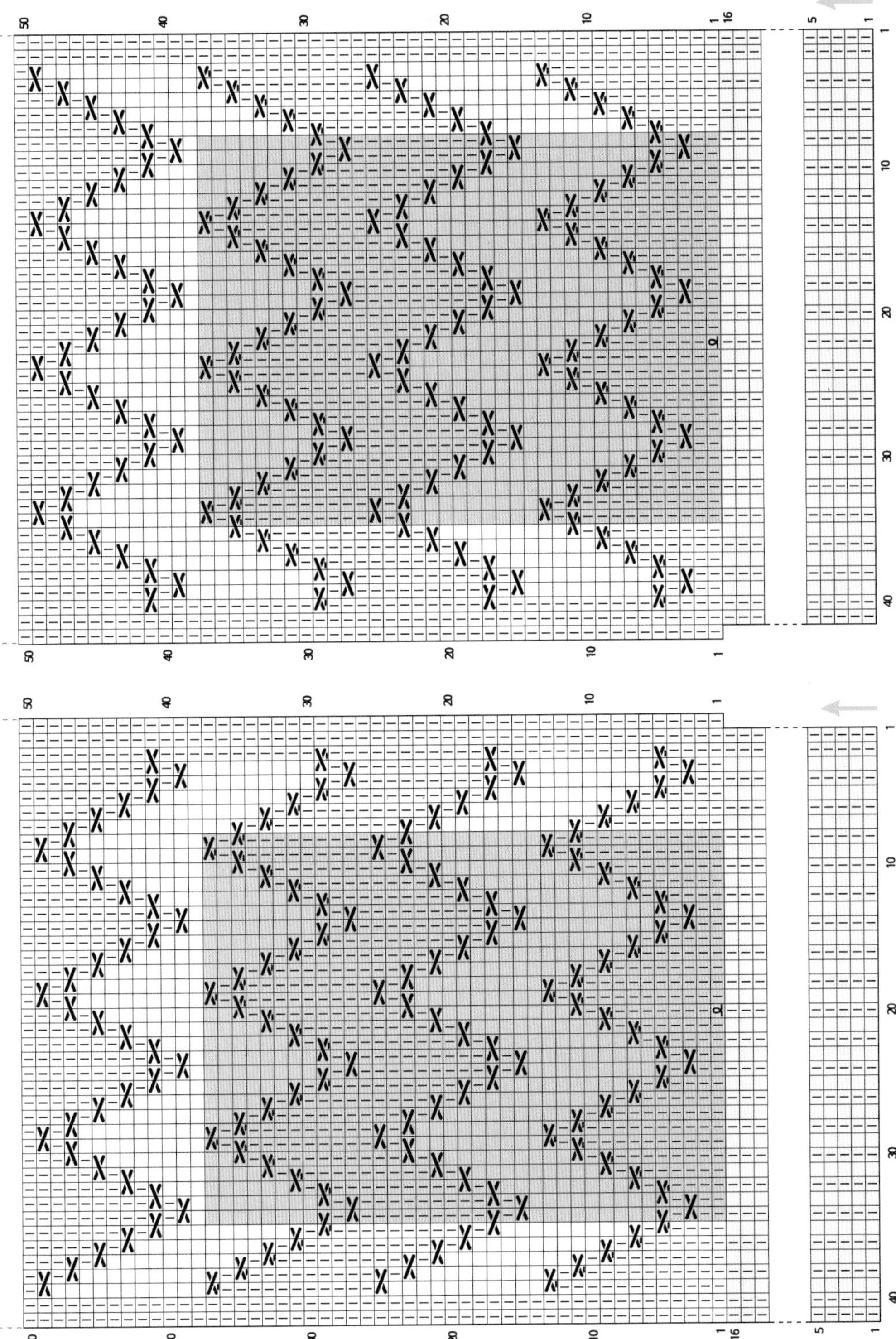

POCKET 포켓

아웃포켓 만들기(28p)를 참고하여 6mm 코바늘로 주머니를 만듭니다. 겉뜨기로 코를 잡은 후 도안을 따라 뜹니다. 이때 양옆 1코씩을 임의로 만듭니다. (임의로 잡은 양옆 1코는 꿰매면서 사라집니다.)

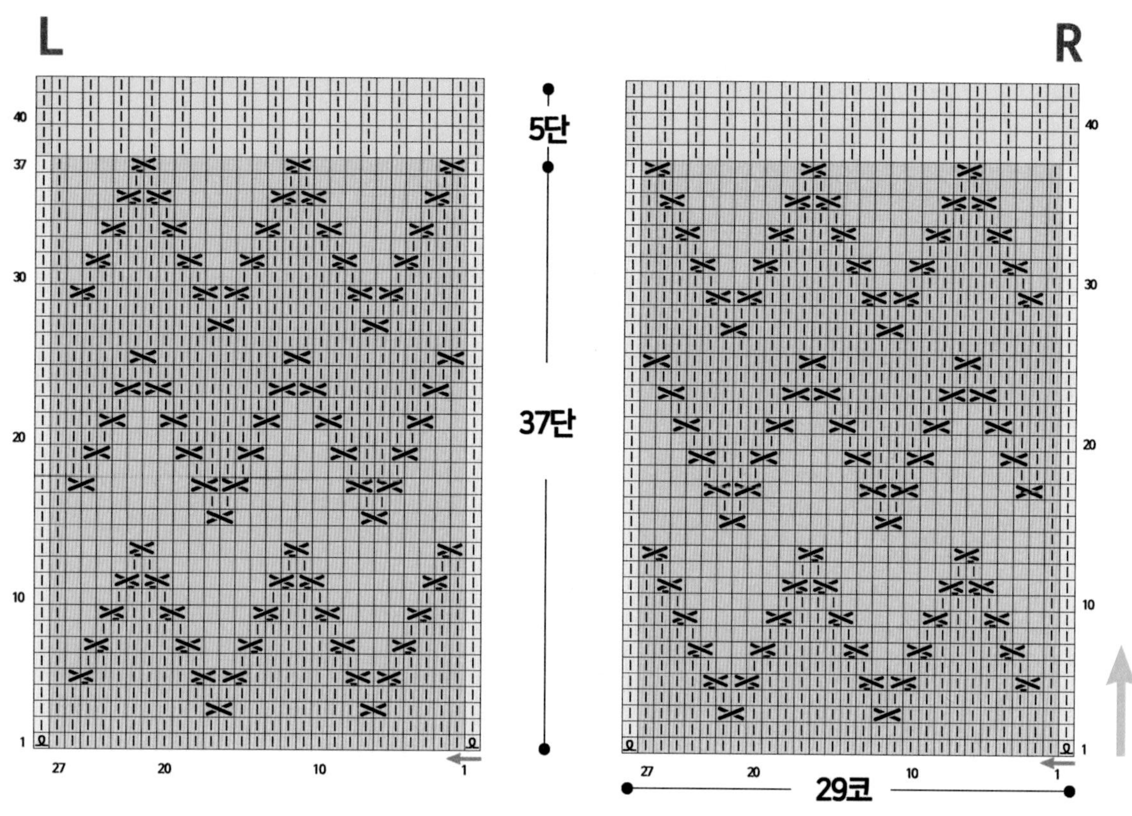

ARMHOLE 암홀

1 앞, 뒤판의 어깨와 옆선을 연결합니다. 5.5mm 대바늘로 오른쪽 또는 왼쪽 어깨의 선부터 코를 줍습니다. 이때 5코를 줍고 1코 건너뛰기를 진행해 앞판에서 43코, 뒤판에서 47코를 주워 총 90코를 잡습니다.

2 1×1 고무뜨기를 8단을 뜨고 돗바늘을 이용해 마무리합니다. 단수는 취향에 따라 조절해도 좋습니다.

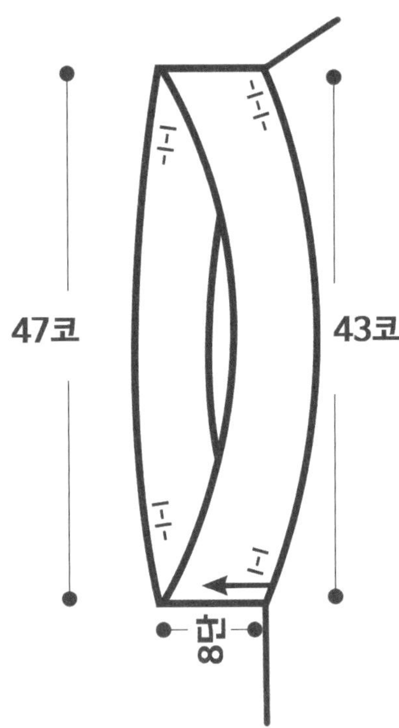

COLLAR 칼라

몸판과 칼라 잇기

오른쪽에 단춧구멍이 생기도록 만들었습니다. 남성용은 단춧구멍 위치를 반대로 바꾸어 진행합니다.

1 바탕실과 모헤어실 1겹씩 총 2겹과 5.5mm 대바늘로 고무단 11코를 만듭니다. 고무단을 78단까지 뜹니다.

2 도안을 따라 코늘림과 코줄임을 진행합니다.

① 1-1-1 : 1단에서 마지막 3코 남았을 때 1코 늘린 후 겉뜨기 2코

② 2-1-9 : '매 2단마다 마지막 3코 남았을 때 1코 늘린 후 겉뜨기 2코' 9회

③ 4-1-8 : '매 4단마다 마지막 3코 남았을 때 1코 늘린 후 겉뜨기 2코' 8회

④ 1×1 고무뜨기 42단 진행

⑤ 4-1-8 : '매 4단마다 마지막 3코 남았을 때 1코 줄이기 후 겉뜨기 2코' 8회

⑥ 2-1-10 : '매 2단마다 마지막 3코 남았을 때 1코 줄이기 후 겉뜨기 2코' 10회

3 고무단 77단을 진행하면서 도안을 따라 단춧구멍을 만듭니다. 돗바늘을 이용해 마무리합니다.

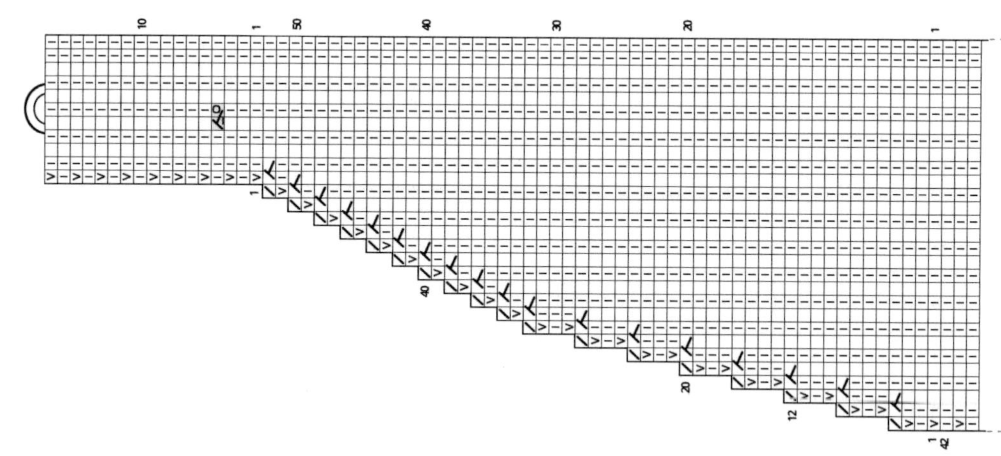

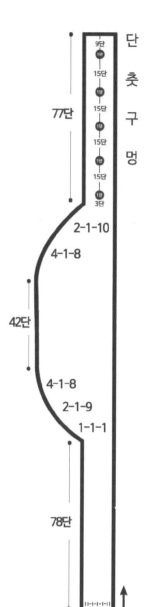

단춧구멍 부호

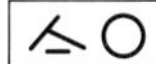

코 걸어 바늘을 비운 후 안뜨기로 2코 겹쳐뜨기

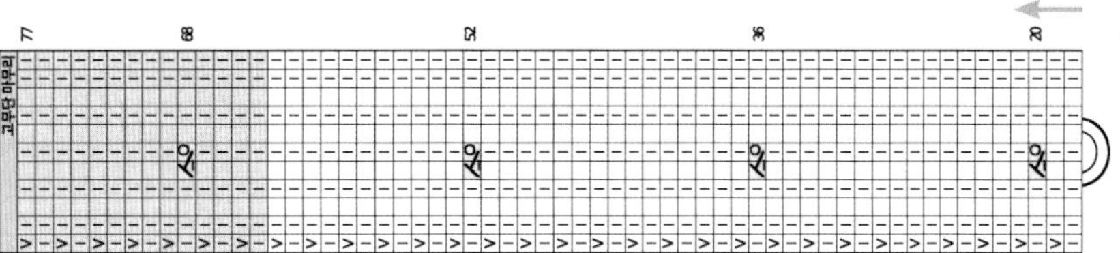

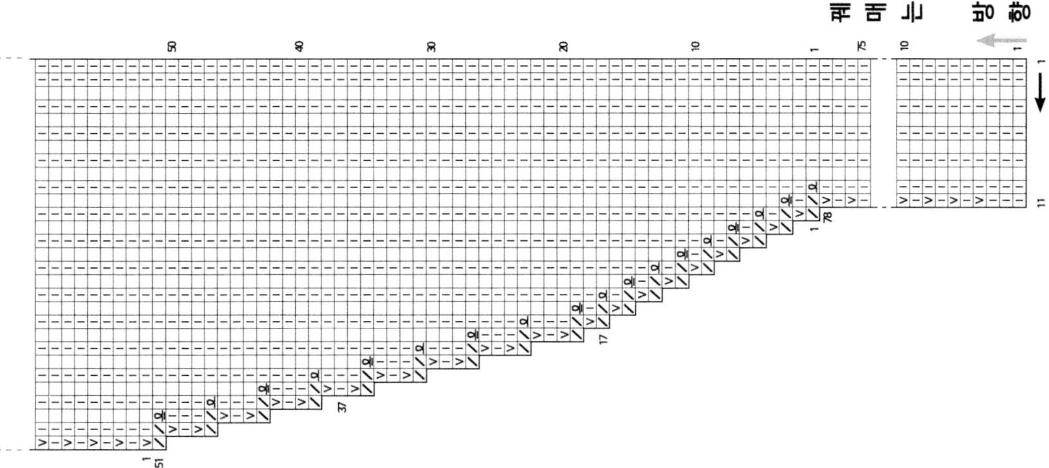

BACK 뒤판

M-L

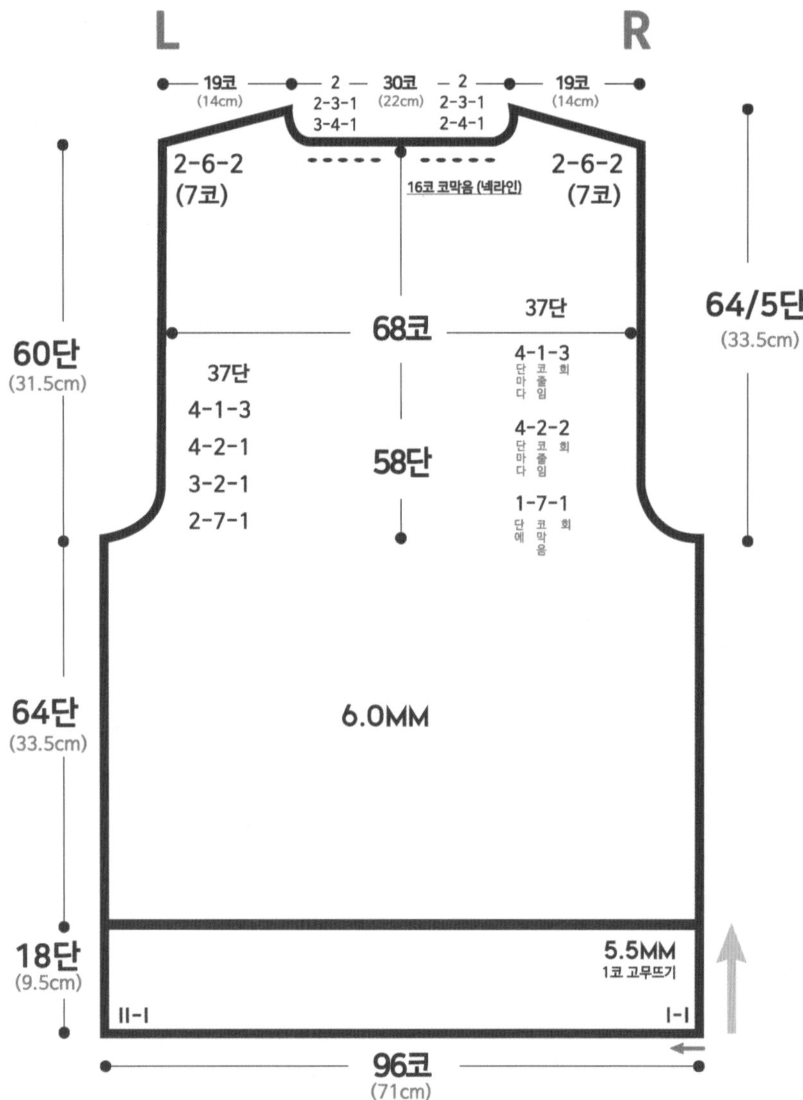

패턴 부호 설명

1 밑실과 5.5mm 대바늘로 고무단 96코를 만듭니다. (이때 사슬로 고무코를 잡으면 2단이 이미 완성됩니다.) 바탕실과 모헤어실 1겹씩 총 2겹으로 고무단을 18단까지 뜹니다.

2 6.0mm 바늘로 바꾸고 도안을 따라 64단까지 뜹니다.

3 암홀을 시작합니다.

① 1단 : 겉뜨기로 7코 코막음, 도안 진행

② 2단 : 안뜨기로 7코 코막음, 도안 진행

변형 부호 설명

네크라인 및 어깨산

4 오른쪽과 왼쪽의 줄이는 콧수가 다를 수는 있어도 코줄임은 같은 단에서 진행합니다.

① 3~4단 : 도안 참고

② 5단 : \\ ㅿ ㅿ (오른쪽 4-2-2의 첫 번째), 6코 남을 때까지 도안 진행, ㅿ ㅿ // (왼쪽 3-2-1의 첫 번째)

③ 6~8단 : 도안 참고

④ 9단 : \\ ㅿ ⋊ (오른쪽 4-2-2의 두 번째), 7코 남을 때까지 도안 진행, ⋉ ㅿ // (왼쪽 4-2-1의 첫 번째)

⑤ 10~12단 : 도안 참고

⑥ 13단 : \\ ⋏ (양쪽 4-1-3 중 첫 번째), 4코 남을 때까지 도안 진행, ⋏ //

⑦ 14~16단 : 도안 참고

⑧ 17단 : \\ ⋊ (양쪽 4-1-3 중 두 번째), 5코 남을 때까지 도안 진행, ⋉ //

⑨ 18~20단 : 도안 참고

⑩ 21단 : \\ ⋏ (양쪽 4-1-3 중 세 번째), 4코 남을 때까지 도안 진행, ⋏ //

5 도안을 따라 37단을 더 뜹니다. (58단째에서 어깨산을 시작합니다.)

R (착용 시 오른쪽)

① 59단 : (겉면) 도안 진행

② 60단 : 안뜨기로 4코 코막음, 7코 남을 때까지 안뜨기

③ 61단 : 겉면에서 1코 걸기, 도안 진행

④ 62단 : 안뜨기로 3코 코막음, 안뜨기 5코 = 총 6코

⑤ 63단 : 겉면에서 1코 걸기, 도안 진행

⑥ 64단 : 안면에서 늘어난 2코를 없애 19코로 마무리 (어깨핀이나 사용하지 않는 바늘에 옮겨 둡니다.)

가운데 16코를 코막음합니다.

L (착용 시 왼쪽)

① 59단 : (겉면) 도안 진행 (26코)

② 60단 : 안뜨기 26코

③ 61단 : 4코 코막음, 7코 남을 때까지 겉뜨기

④ 62단 : 안면에서 1코 걸기, 도안 진행

⑤ 63단 : 3코 코막음, 도안 진행 (총 6코)

⑥ 64단 : 안면에서 1코 걸기, 도안 진행

⑦ 65단 : 늘어난 2코를 없애 19코로 마무리 (어깨핀이나 사용하지 않는 바늘에 옮겨 둡니다.)

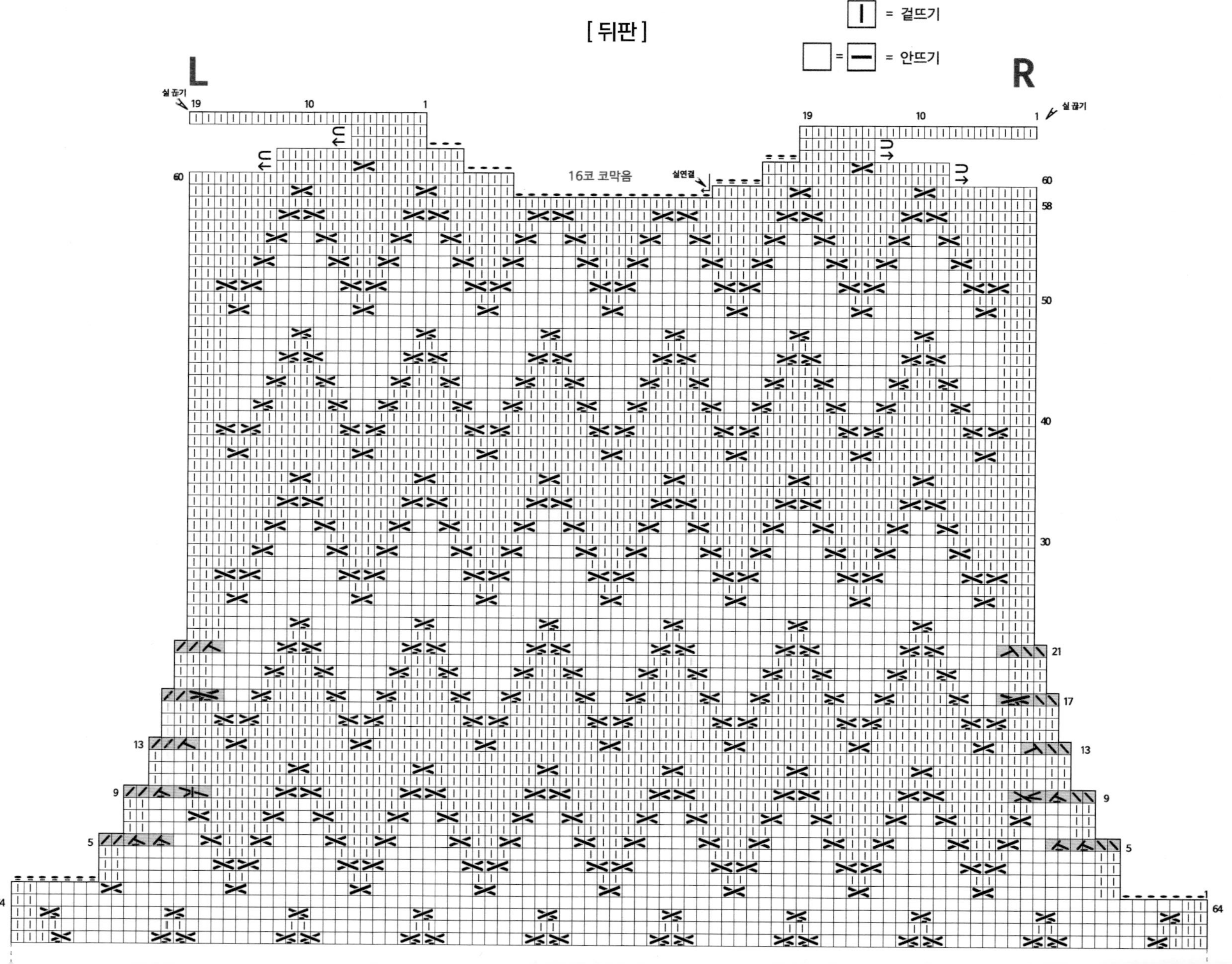
[뒤판]
= 겉뜨기
= 안뜨기
L
R
16코 코막음
실연결
실 끊기

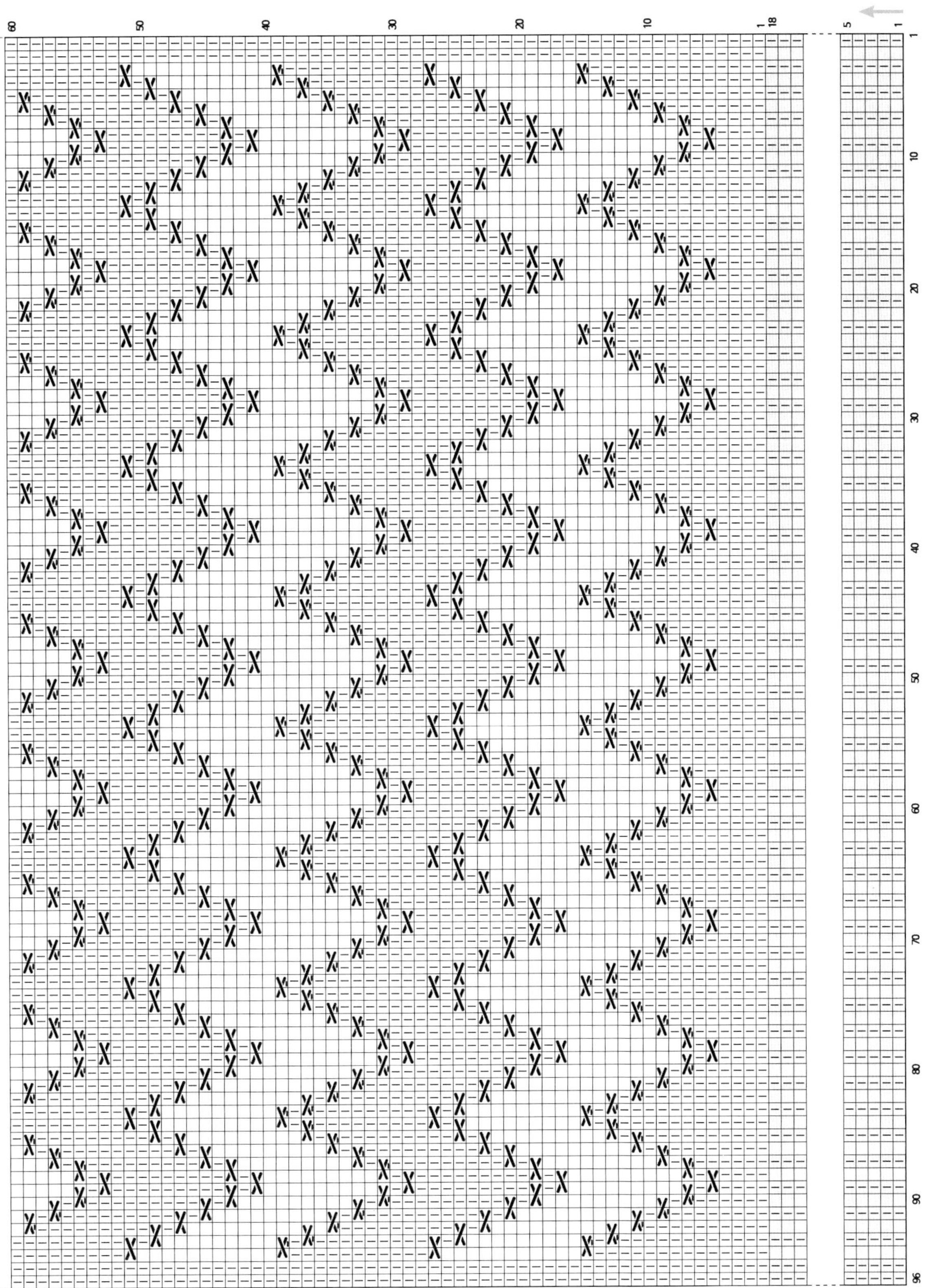

FRONT 앞판

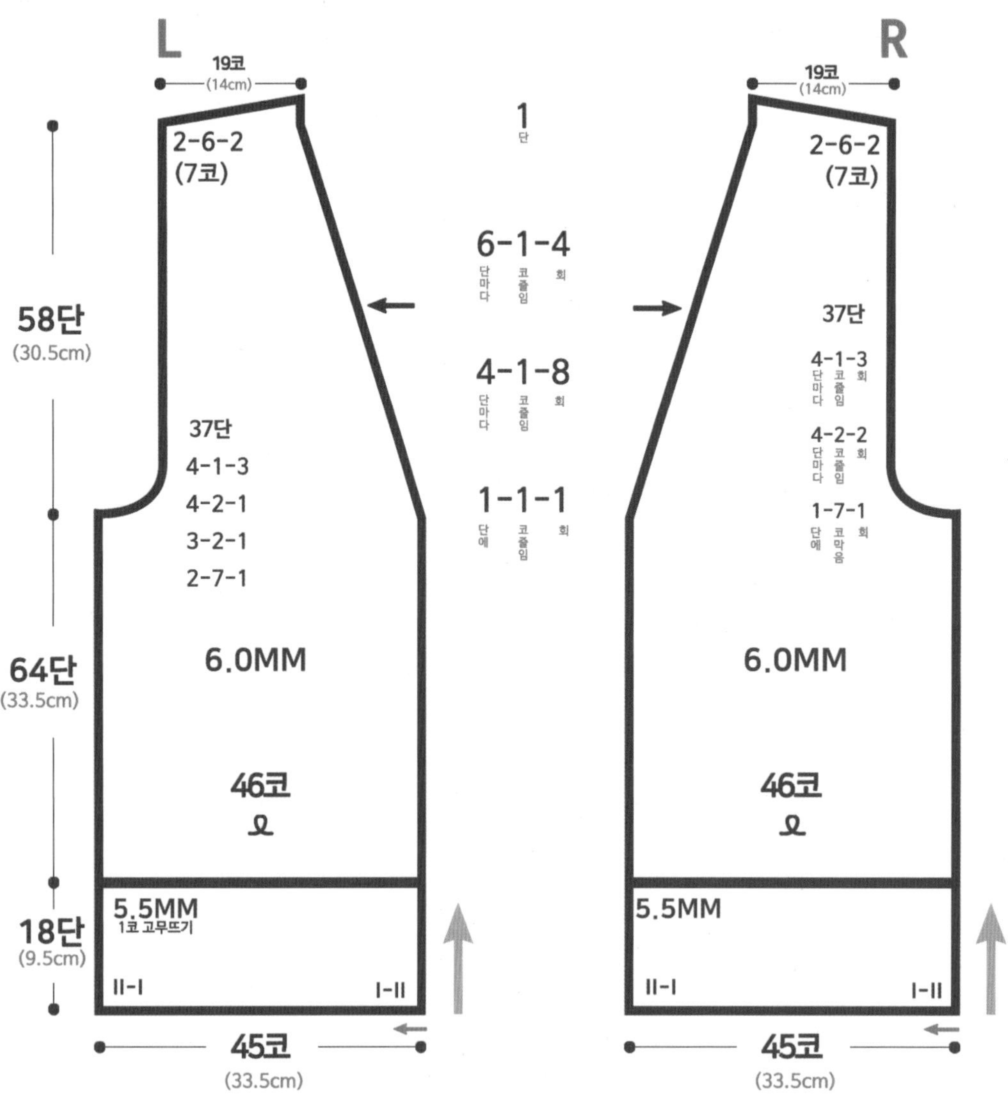

1 바탕실과 모헤어실 1겹씩 총 2겹과 5.5mm 대바늘로 고무단 45코를 만듭니다. (이때 사슬로 고무코를 잡으면 2단이 이미 완성됩니다.) 고무단을 18단까지 뜹니다.

2 6.0mm 바늘로 바꾸고 가운데 1코를 늘려 콧수를 46코로 만듭니다. 도안을 따라 64단까지 뜹니다.

3 암홀을 시작합니다. 오른쪽과 왼쪽 각각 좌우 반대로 진행합니다. 변형 부호가 포함되어 있으니 꼭 영상을 참고합니다.

R (착용 시 왼쪽)

① 1단 : 7코 코막음, 4코 남을 때까지 도안 진행, [기호] //

② 2~4단 : 도안 참고

③ 5단 : (암홀 4-2-2 중 첫 번째) \\ [기호] [기호], 4코 남을 때까지 도안 진행, [기호] // (V넥)

④ 6~8단 : 도안 참고

⑤ 9단 : (암홀 4-2-2 중 두 번째) \\ [기호] [기호], 4코 남을 때까지 도안 진행, [기호] // (V넥)

⑥ 10~12단 : 도안 참고

⑦ 13단 : (암홀 4-1-3 중 첫 번째) \\ [기호], 4코 남을 때까지 도안 진행, [기호] // (V넥)

⑧ 14~16단 : 도안 참고

⑨ 17단 : (암홀 4-1-3 중 두 번째) \\ [기호], 4코 남을 때까지 도안 진행, [기호] // (V넥)

⑩ 18~20단 : 도안 참고

⑪ 21단 : (암홀 4-1-3 중 세 번째) \\ [기호], 4코 남을 때까지 도안 진행, [기호] // (V넥)

여기까지가 V넥의 4-1-8 중 5번째까지 진행입니다. 3회를 더 진행해 4-1-8을 완료하고 6-1-4를 완료합니다. 이후, 안뜨기 1단을 뜨면서 어깨산을 진행합니다.

L (착용 시 오른쪽)

① 1단 : \\ [기호], 도안 진행

② 2단 : 안뜨기로 7코 코막음, 도안 진행

③ 3~4단 : 도안 참고

④ 5단 : (V넥 4-1-8 중 첫 번째) \\ [기호], 6코 남을 때까지 도안 진행, [기호] [기호] // (암홀)

⑤ 6~8단 : 도안 참고

⑥ 9단 : (V넥 4-1-8 중 두 번째) \\ [기호], 7코 남을 때까지 도안 진행, [기호] [기호] // (암홀)

⑦ 10~12단 : 도안 참고

⑧ 13단 : (V넥 4-1-8 중 세 번째) \\ [기호], 4코 남을 때까지 도안 진행, [기호] // (암홀)

⑨ 14~16단 : 도안 참고

⑩ 17단 : (V넥 4-1-8 중 네 번째) \\ [기호], 5코 남을 때까지 도안 진행, [기호] // (암홀)

⑪ 18~20단 : 도안 함고

⑫ 21단 : (V넥 4-1-8 중 다섯 번째) \\ [기호], 4코 남을 때까지 도안 진행, [기호] // (암홀)

여기까지가 V넥의 4-1-8 중 5번째까지 진행입니다. 3회를 더 진행해 4-1-8을 완료하고 6-1-4를 완료합니다. 이후, 안뜨기 1단을 뜨고 어깨산을 진행합니다.

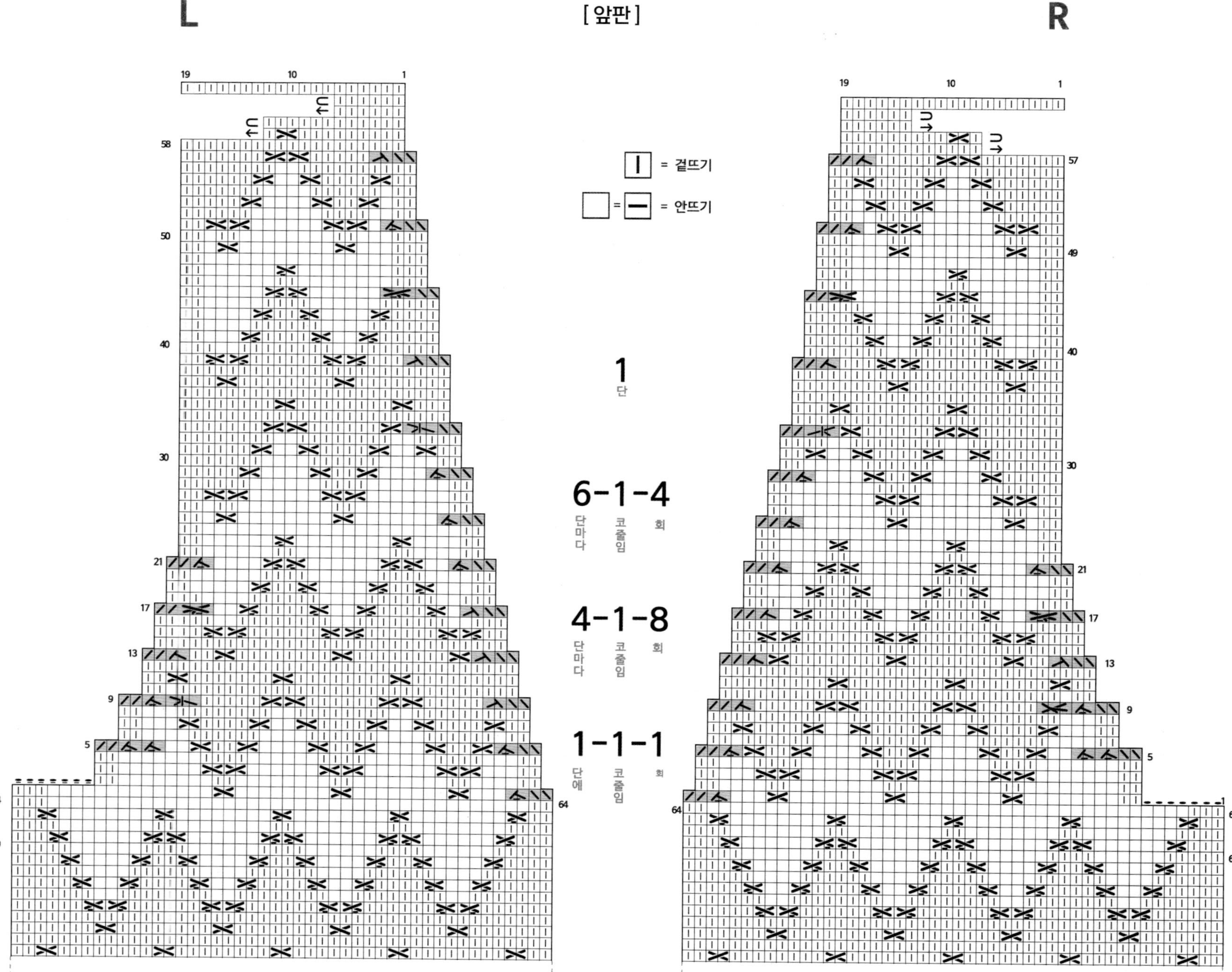

L
[앞판]
R
= 겉뜨기
= = 안뜨기
1 단
6-1-4 단마다 코줄임 회
4-1-8 단마다 코줄임 회
1-1-1 단에 코줄임 회

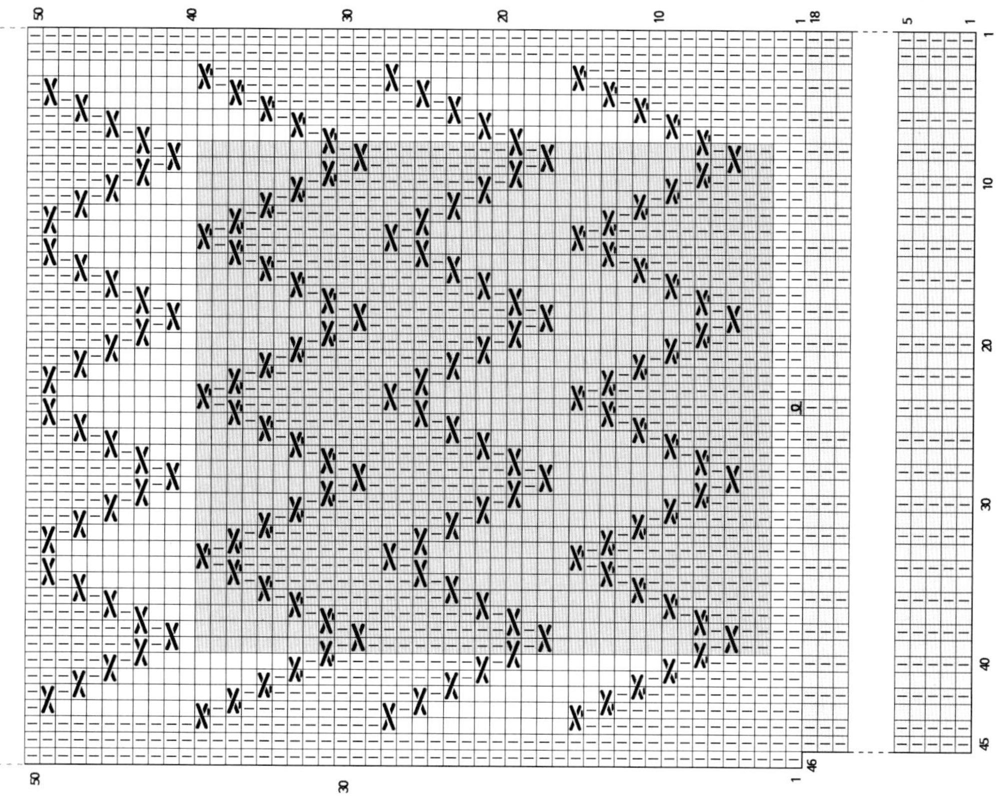

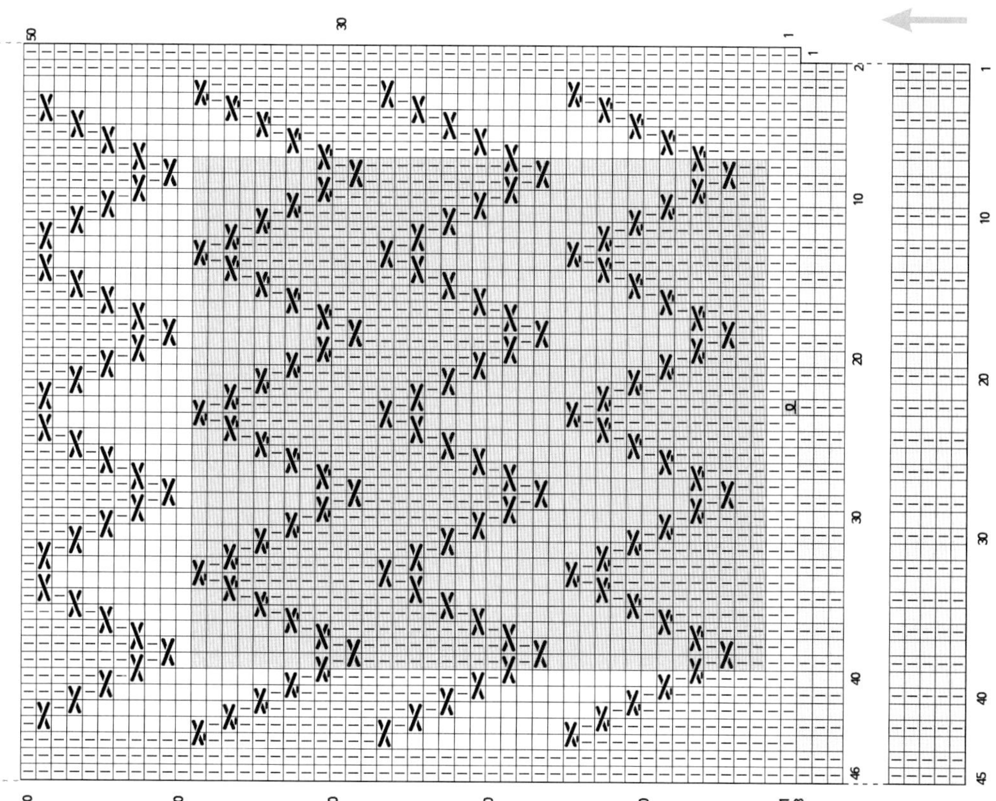

POCKET 포켓

아웃포켓 만들기(28p)를 참고하여 6mm 코바늘로 주머니를 만듭니다. 겉뜨기로 코를 잡은 후 도안을 따라 뜹니다. 이때 양옆 1코씩을 임의로 만듭니다. (임의로 잡은 양옆 1코는 꿰매면서 사라집니다.)

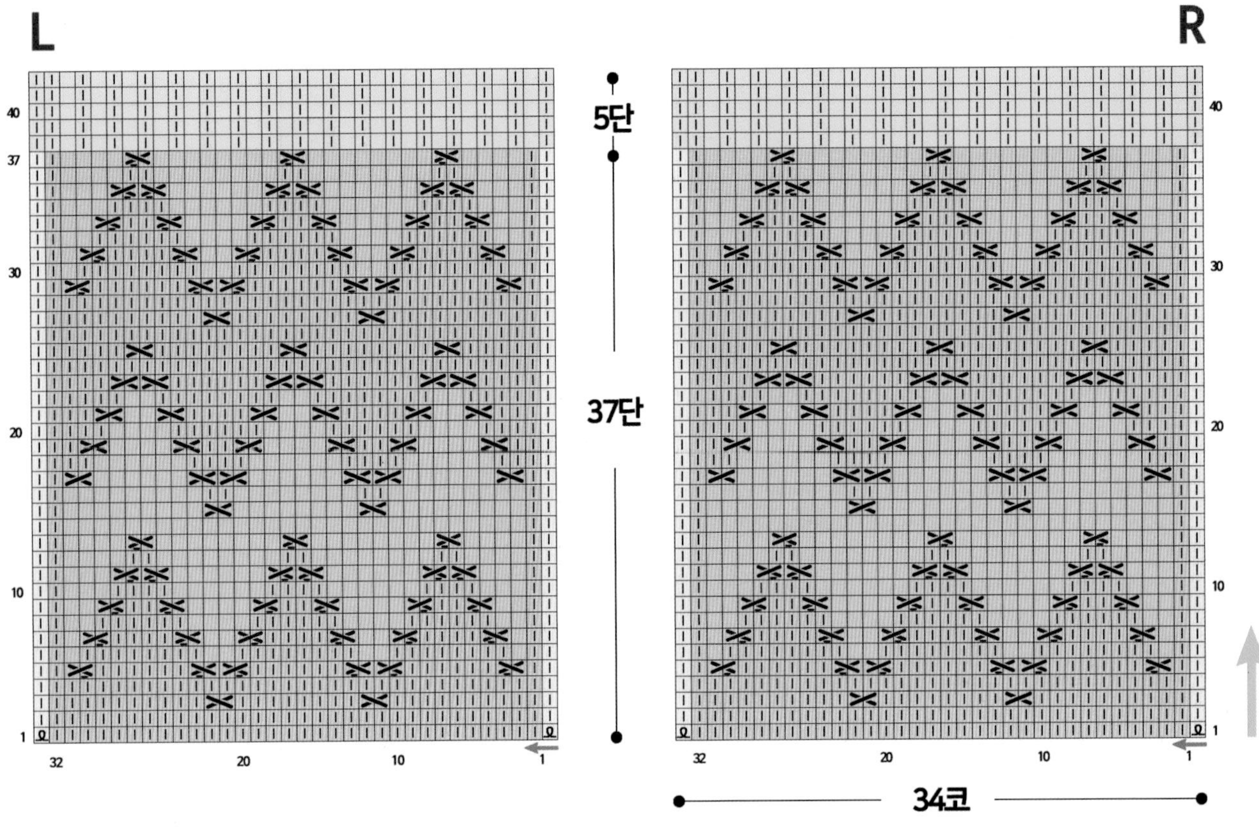

ARMHOLE 암홀

1 앞, 뒤판의 어깨와 옆선을 연결합니다. 5.5mm 대바늘로 오른쪽 또는 왼쪽 어깨의 선부터 코를 줍습니다. 이때 5코 줍고 1코 건너뛰기를 진행해 앞판에서 54코, 뒤판에서 56코를 주워 총 110코를 잡습니다.

2 1×1 고무뜨기를 8단을 뜨고 돗바늘을 이용해 마무리합니다. 단수는 취향에 따라 조절해도 좋습니다.

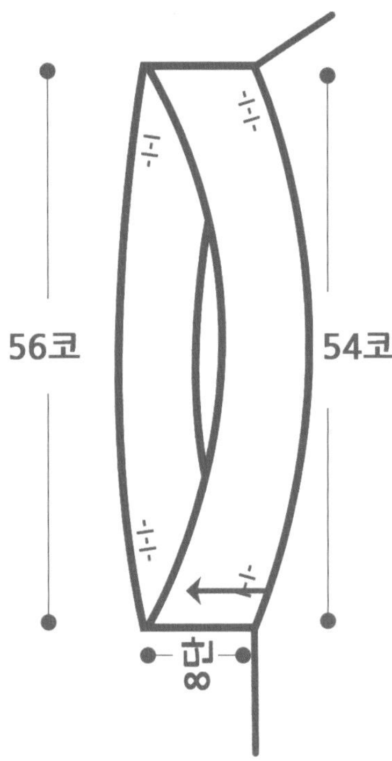

COLLAR 칼라

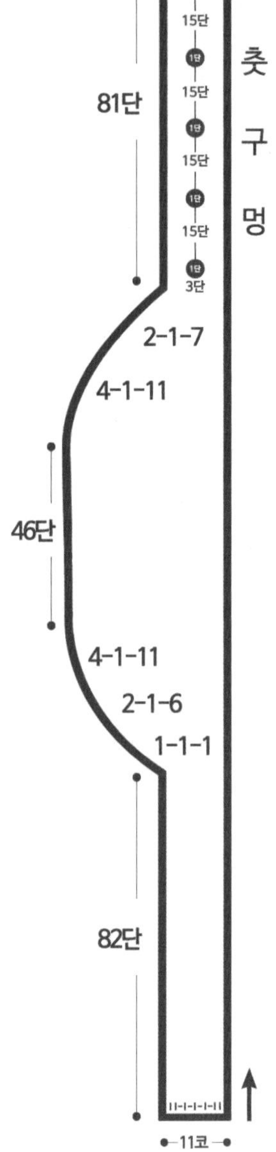

오른쪽에 단춧구멍이 생기도록 만들었습니다. 남성용은 단춧구멍 위치를 반대로 바꾸어 진행합니다.

1 바탕실과 모헤어실 1겹씩 총 2겹과 5.5mm 대바늘로 고무단 11코를 만듭니다. 고무단을 82단까지 뜹니다.

2 도안을 따라 코늘림과 코줄임을 진행합니다.

① 1-1-1 : 1단에서 마지막 3코 남았을 때 1코 늘린 후 겉뜨기 2코'

② 2-1-6 : '매 2단마다 마지막 3코 남았을 때 1코 늘린 후 겉뜨기 2코' 6회

③ 4-1-11 : '매 4단마다 마지막 3코 남았을 때 1코 늘린 후 겉뜨기 2코' 11회

④ 1×1 고무뜨기 46단 진행

⑤ 4-1-11 : '매 4단마다 마지막 3코 남았을 때 1코 줄이기 후 겉뜨기 2코' 11회

⑥ 2-1-6 : '매 2단마다 마지막 3코 남았을 때 1코 줄이기 후 겉뜨기 2코' 7회

3 고무단 81단을 진행하면서 도안을 따라 단춧구멍을 만듭니다. 돗바늘을 이용해 마무리합니다.

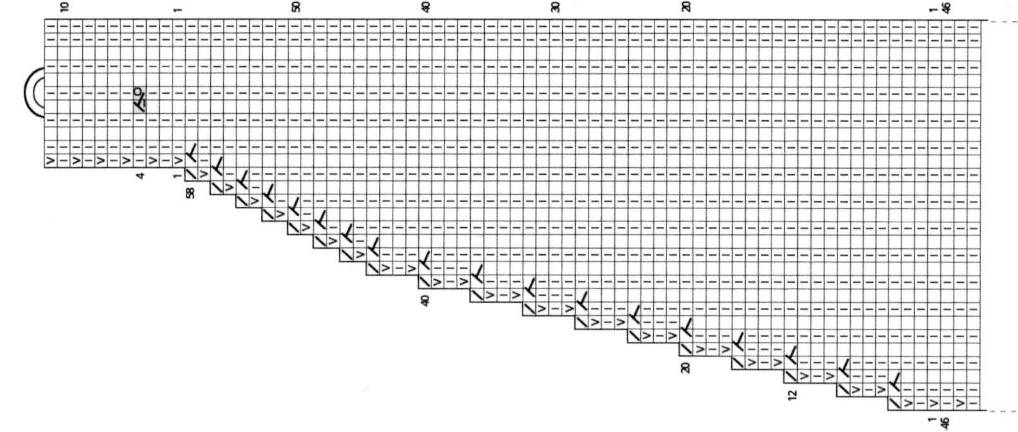

단춧구멍 부호

코 걸어 바늘을 비운 후 안뜨기로 2코 겹쳐뜨기

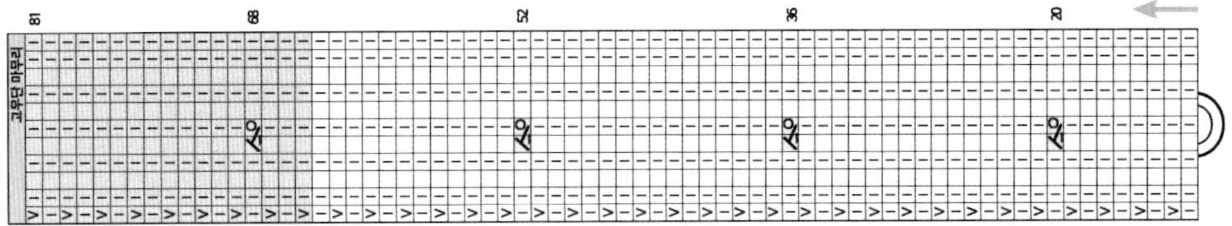

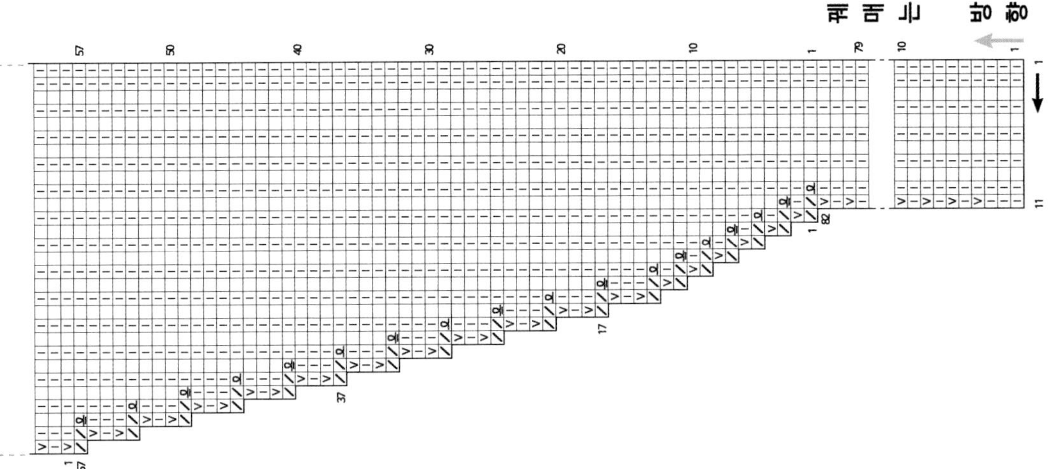

홈 얼론 콤피 셋-업 : 풀오버

S-M

사이즈 cm (S-M/M-L)

어깨	42.5/46
가슴	56.5/62
암홀	25/23.5
소매	62/60
총장	61/56

실

(바탕실) Camellia Fiber co. CFC Pepper Yarn
worsted 420, 500g
(배색실) Lang Carpe Diem
4. Black 180, 200g

바늘

4.0mm, 4.5mm 대바늘

게이지

18코×24단

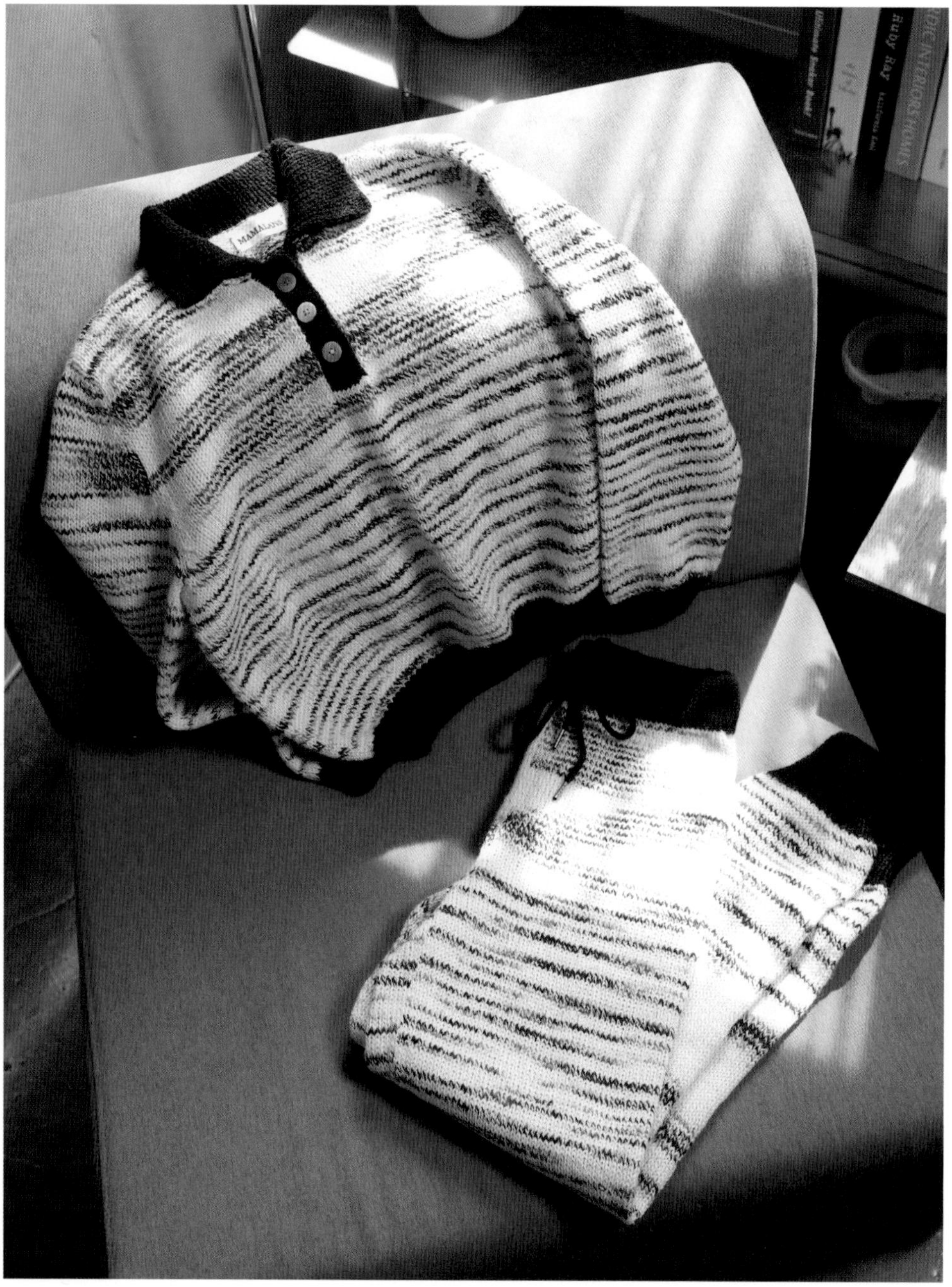

뒤판 전체 설명

BACK 뒤판

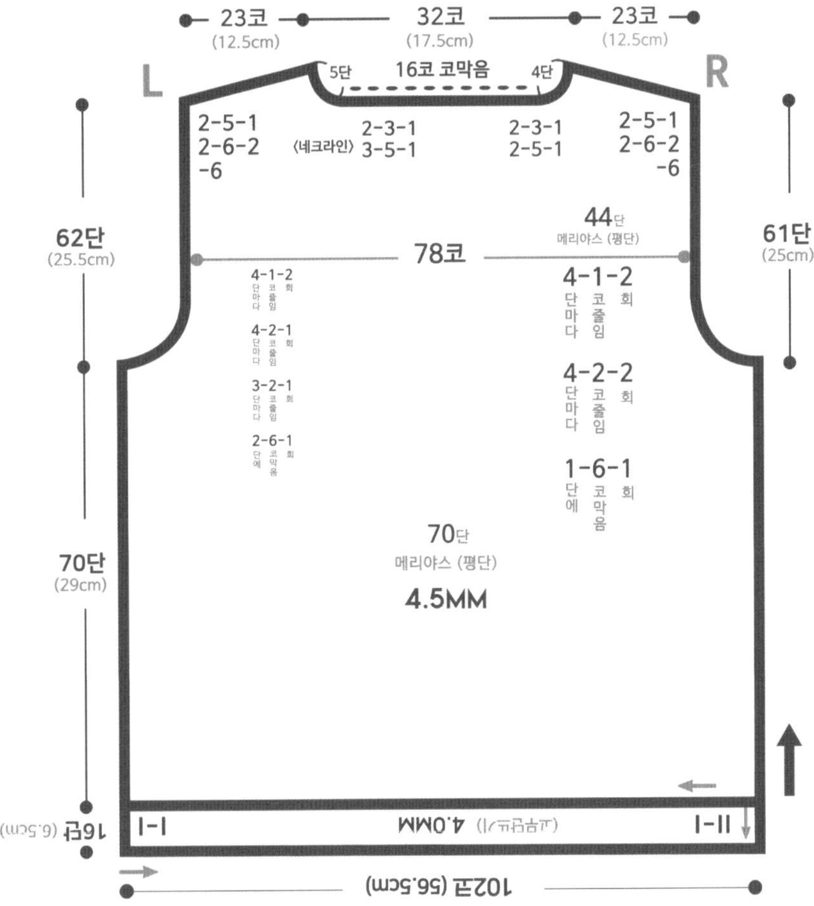

1 밑실과 4.5mm 대바늘로 막코 104코를 만듭니다. 바탕실로 메리야스뜨기 70단을 뜹니다.

2 암홀 코줄임을 시작합니다. 여기부터 1단으로 카운팅 합니다.

1-6-1 : 첫 번째 단에서 시작 6코를 겉뜨기로 코막음 한 후 끝까지 뜹니다. (오른쪽 암홀)

2-6-1 : 두 번째 단에서 시작 6코를 안뜨기로 코막음 한 후 끝까지 뜹니다. (왼쪽 암홀)

3 양옆 코막음 후 도안을 따라 코줄임을 진행합니다. 오른쪽과 왼쪽의 줄이는 콧수가 다를 수는 있어도 코줄임은 같은 단에서 진행합니다. 이후 네크라인 전까지 메리야스뜨기를 합니다. (코줄임이 끝나면 17단이 되고, 44단을 더 떠서 61단이 됩니다.)

① 1단 : 겉뜨기로 6코 코막음, 도안 진행

② 2단 : 안뜨기로 6코 코막음, 도안 진행

③ 3~4단 : 도안 참고

④ 5단 : ＼＼／⋌, 6코 남을 때까지 겉뜨기, ⋋＼／／

⑤ 6~8단 : 도안 참고

⑥ 9단 : ＼＼／⋌, 6코 남을 때까지 겉뜨기, ⋋＼／／

⑦ 10~12단 : 도안 참고

⑧ 13단 : ＼＼⋌, 4코 남을 때까지 겉뜨기, ⋋／／

⑨ 14~16단 : 도안 참고

⑩ 17단 : ＼＼⋌, 4코 남을 때까지 겉뜨기, ⋋／／

4 오른쪽 어깨산과 네크라인을 진행합니다.

① 62단 : 6코를 남기고 1코 걸기, 편물 뒤집기

② 63단 : 겉뜨기 25코

③ 64단 : 안뜨기로 5코 코막음, 안뜨기 14코 (처음 남긴 6코 + 걸어준 1코 + 남길 6코 + 걸어줄 1코)

④ 65단 : 겉뜨기 14코

⑤ 66단 : 안뜨기로 3코 코막음, 안뜨기 5코 (처음 남긴 6코 + 걸어준 1코 + 남긴 6코 + 걸어준 1코 + 남길 5코 + 걸어줄 1코)

⑥ 67단 : 겉뜨기 5코 (총 26코)

⑦ 68단 : 안면에서 늘어난 3코 정리 (총 23코)

5 가운데 16코를 코막음합니다.

6 왼쪽 어깨산과 네크라인을 진행합니다.

① 63단 : 6코를 남기고 1코 걸기, 편물 뒤집기

② 64단 : 안뜨기 25코

③ 65단 : 5코 코막음, 겉뜨기 14코 (처음 남긴 6코 + 걸어준 1코 + 남길 6코 + 걸어줄 1코)

④ 66단 : 안뜨기 14코

⑤ 67단 : 3코 코막음, 겉뜨기 5코 (처음 남긴 6코 + 걸어준 1코 + 남긴 6코 + 걸어준 1코 + 남길 5코 + 걸어줄 1코)

⑥ 68단 : 안뜨기 5코 (총 26코)

⑦ 69단 : 겉면에서 늘어난 3코 정리 (총 23코)

7 뒤판 밑실에서 배색실과 4.0mm 바늘로 코를 줍습니다. 고무단 16단을 뜬 후 돗바늘을 이용해 마무리합니다. 단수는 취향에 따라 조절해도 좋습니다.

[뒤판]

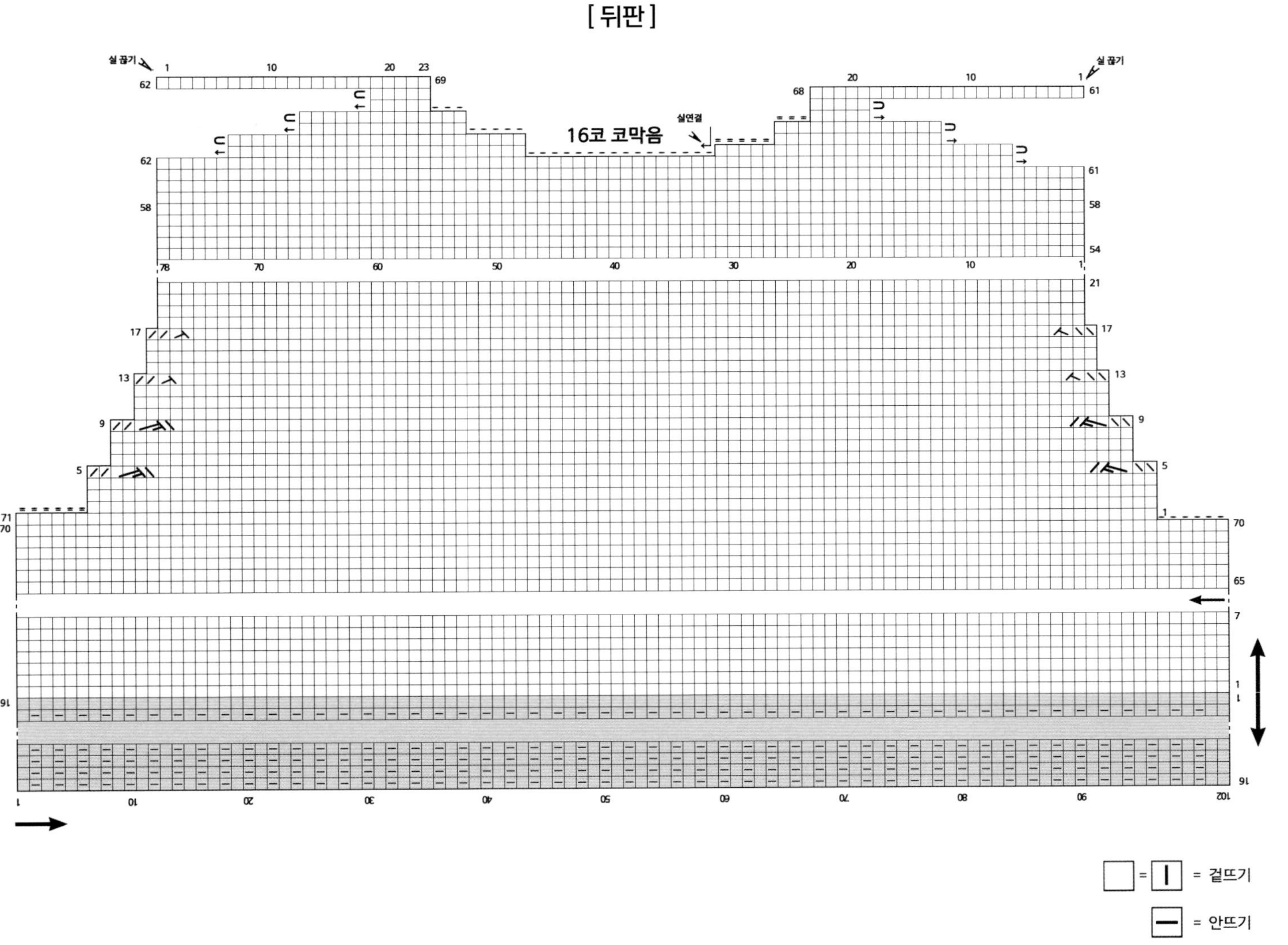

FRONT 앞판

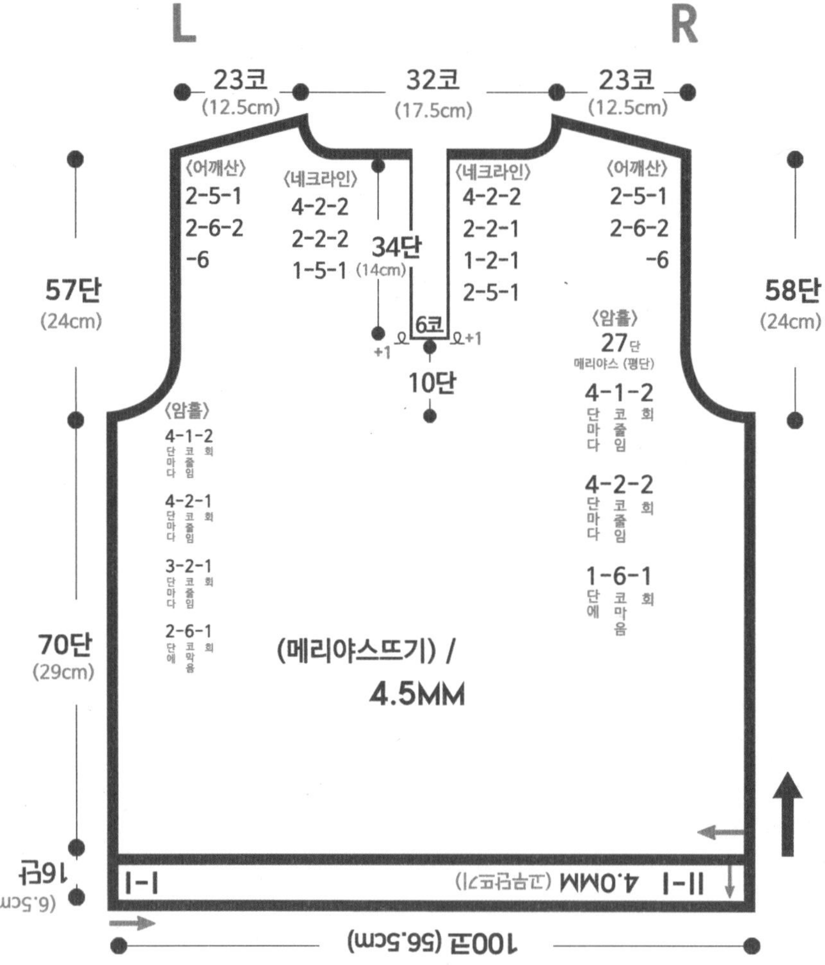

1 암홀 코막음까지 뒤판과 동일합니다.

2 QR 코드 영상과 도안을 따라 암홀을 진행합니다.

① 1~9단 : 뒤판과 동일하게 오른쪽 4-2-2, 왼쪽 3-2-1-과 4-2-1까지 진행합니다.

② 10단에서 안뜨기를 뜬 후, 오른쪽을 먼저 진행합니다. 가운데 6코는 빼놓고 왼쪽을 진행합니다. 이때, 앞단 양옆에 1코씩 임의로 민들어, 잎딘 코를 집을 때 사용합니다. (오른쪽은 35코를 뜬 후 마지막에 1코를 늘립니다. 왼쪽은 처음 시작할 때 1코를 늘리고 35코를 뜹니다.)

3 10단까지 진행한 후, 13단과 17단에서 각 1코씩 더 줄입니다. (4-1-2) 이후 27단을 더 떠 암홀 코막음부터 총 44단을 만듭니다. 오른쪽 어깨와 네크라인을 진행합니다.

① 45단 : 겉뜨기
② 46단 : 안뜨기로 5코 코막음, 도안 진행 (2-5-1)
③ 47단 : 6코 남을 때까지 겉뜨기, ㅅㅅ// (1-2-1)
④ 48단 : 안뜨기
⑤ 49단 : 6코 남을 때까지 겉뜨기, ㅅㅅ// (2-2-1)
⑥ 50~52단 : 도안 참고
⑦ 53단 : 6코 남을 때까지 겉뜨기, ㅅㅅ// (4-2-2 중 첫 번째)
⑧ 54~56단 : 도안 참고
⑨ 57단 : 6코 남을 때까지 겉뜨기, ㅅㅅ// (4-2-2 중 두 번째)
⑩ 58단 : 안면에서 어깨턴 진행 (뒤판과 동일)

4 가운데 6코를 어깨핀이나 다른 바늘에 옮겨 둡니다.

5 10단까지 진행한 후, 13단과 17단에서 각 1코씩 더 줄입니다. (4-1-2) 이후 27단을 더 떠 암홀 코막음부터 총 44단을 만듭니다. 왼쪽 어깨와 네크라인을 진행합니다.

① 45단 : 5코 코막음, 도안 진행 (1-5-1)
② 46단 : 안뜨기
③ 47단 : \\ㅅㅅ, 도안 진행 (2-2-2 중 첫 번째)
④ 48단 : 안뜨기
⑤ 49단 : \\ㅅㅅ, 도안 진행 (2-2-2 중 두 번째)
⑥ 50~52단 : 도안 참고
⑦ 53단 : \\ㅅㅅ, 도안 진행 (4-2-2 중 첫 번째)
⑧ 54~56단 : 도안 참고
⑨ 57단 : \\ㅅㅅ, 도안 진행 (4-2-2 중 두 번째), 겉면에서 어깨 턴 진행(뒤판과 동일)

6 앞판 밑실에서 배색실과 4.0mm 바늘로 코를 줍습니다. 고무단 16단을 뜬 후 돗바늘을 이용해 마무리합니다. 단수는 취향에 따라 조절해도 좋습니다.

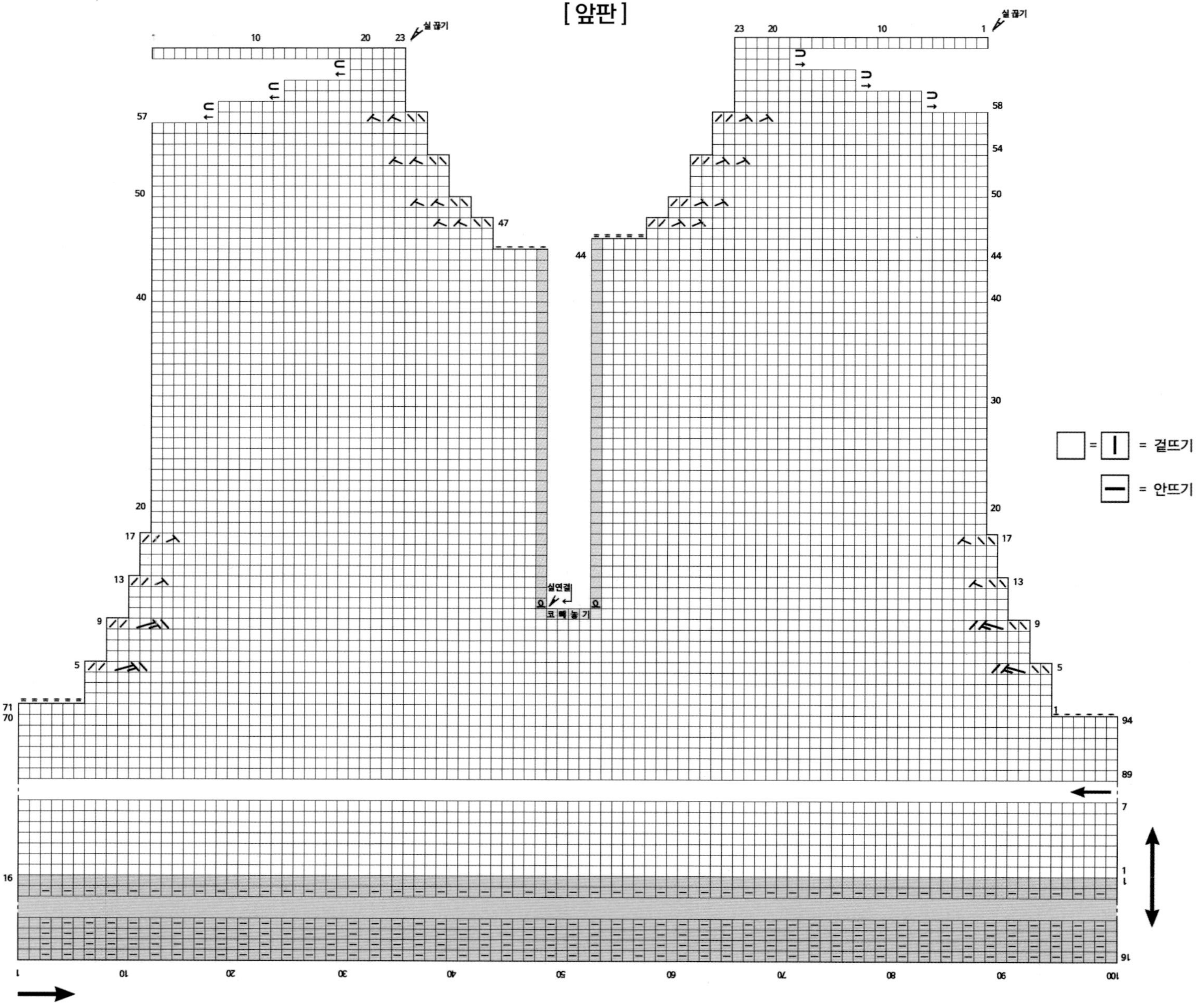
[앞판]
실 끊기
실 끊기
실연결
코 빼 놓 기
= 겉뜨기
= 안뜨기

앞단 만들기

FRONT HEM 앞단

일반적으로 남성복은 (착용 시) 왼쪽에 단춧구멍을 내고 여성복은 (착용 시) 오른쪽에 단춧구멍을 냅니다만, 취향에 따라 원하는 단에 단춧구멍을 만들며 앞단을 진행합니다.

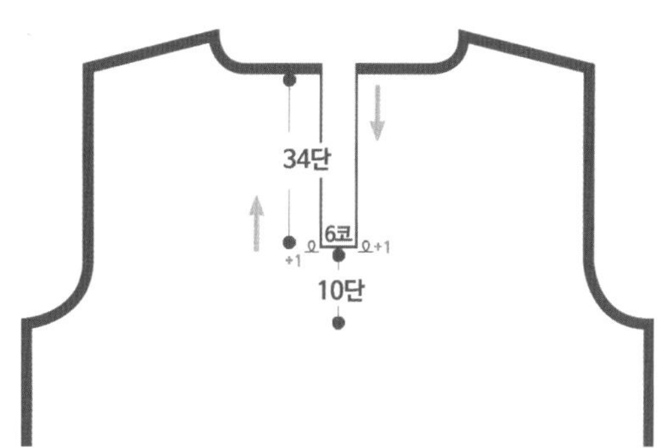

1 4.5mm 대바늘로 앞판에서 코를 줍습니다. 이때 5코 줍고 1코 건너뛰기를 5회 반복하고 4코를 잡아 34단에서 총 29코를 잡습니다.

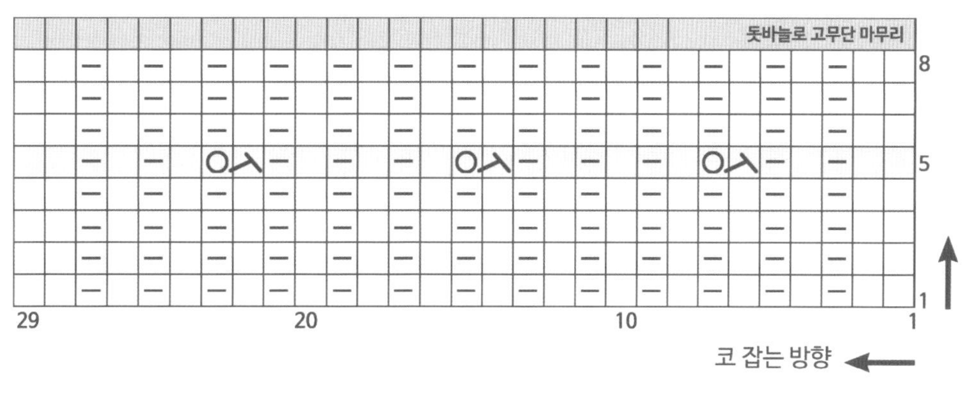

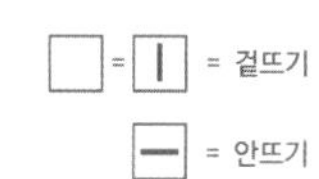

SLEEVE 소매

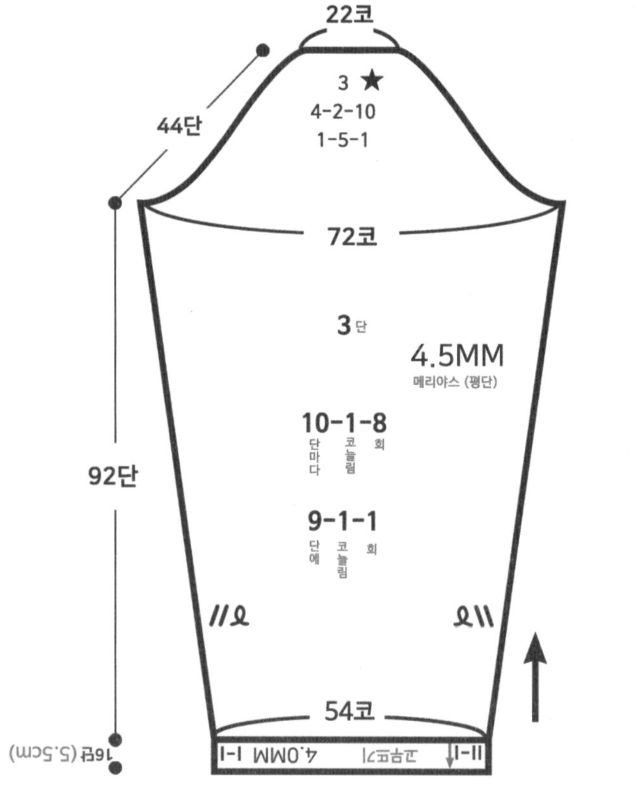

3단
메리야스 (평단)

4-2-10
단마다 코 줄임 회

1-5-1
단에 코 막음 회

1 밑실과 4.5mm 대바늘로 막코 54코를 만듭니다. 바탕실로 도안을 따라 진행하다가 9단에서 양옆 1코씩 늘립니다. 이후 매 10단마다 1코 늘리기를 8회 반복하고 3단을 더 뜹니다. (92단)

2 양옆 5코를 코막음 합니다. 여기부터 1단으로 카운팅합니다. 이후 매 4단마다 양옆 2코 줄이기를 10회 반복하고 메리야스뜨기로 3단을 더 뜹니다.

3 22코 코막음해 마무리합니다.

4 소매 밑실에서 배색실과 4.0mm 바늘로 코를 줍습니다. 고무단 16단을 뜬 후 돗바늘을 이용해 마무리합니다. 단수는 취향에 따라 조절해도 좋습니다. 소매는 총 2개를 뜹니다.

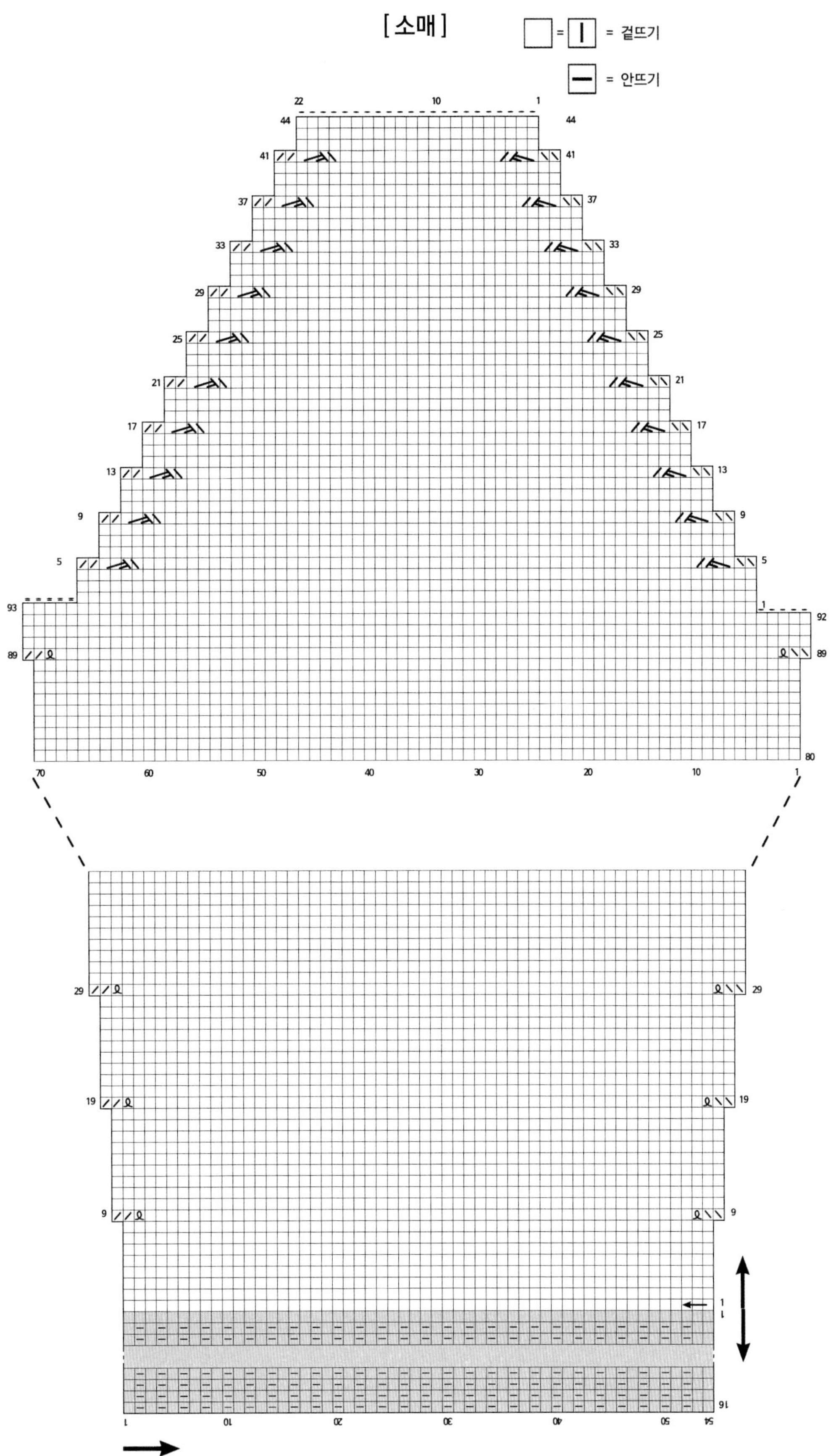

[소매]
= 겉뜨기
= 안뜨기

COLLAR 칼라

보통 네크라인의 코를 잡을 때는 밖에서 안으로 잡지만 이번에는 안에서 밖으로 잡았습니다. 마마랜스와 꼭 동일한 콧수로 잡을 필요는 없지만 최대한 모든 코를 잡습니다. 이때 콧수는 반드시 홀수로 잡아야 합니다.

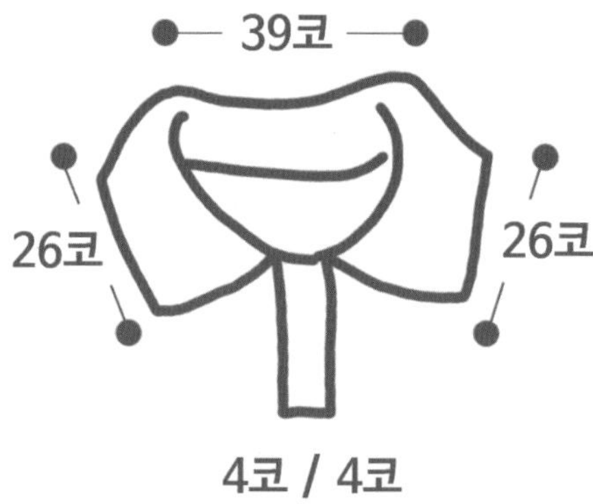

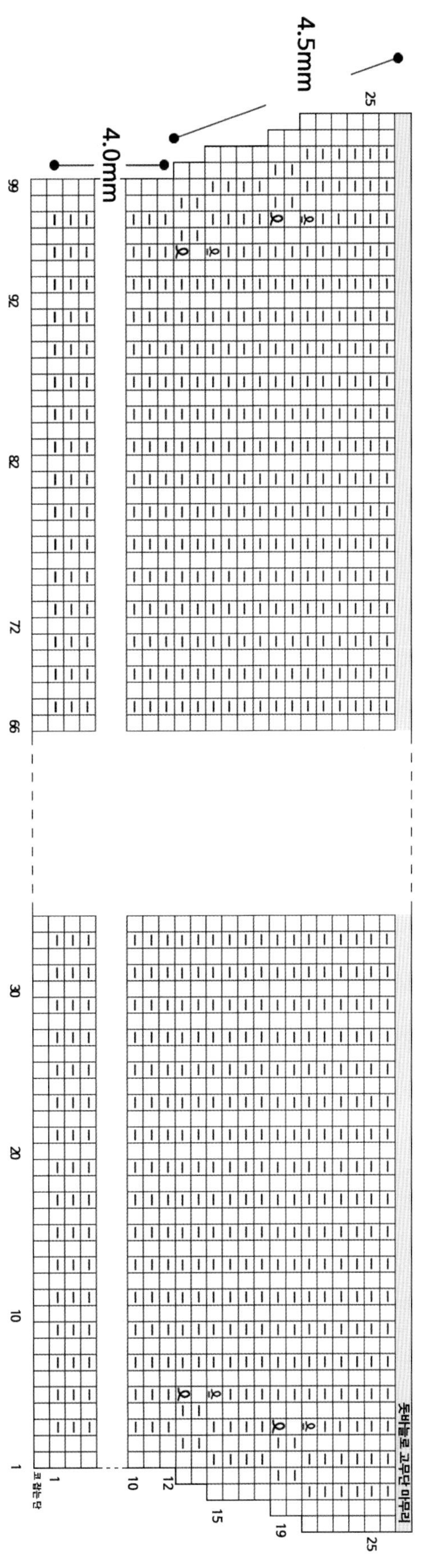

□ = | = 겉뜨기

— = 안뜨기

= 겉뜨기로 늘리기

= 안뜨기로 늘리기

BACK 뒤판

M-L

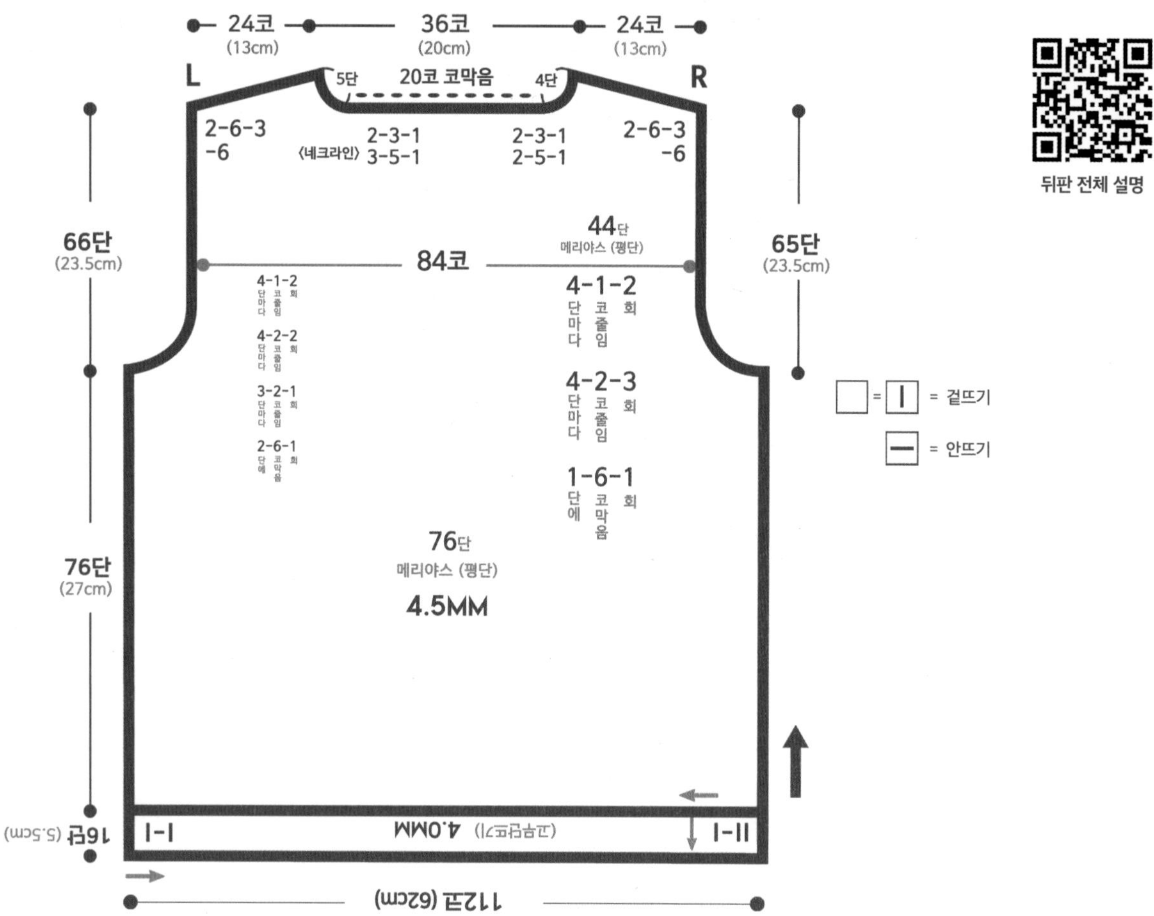

1 밑실과 4.5mm 대바늘로 막코 112코를 만듭니다. 바탕실로 메리야스뜨기 76단을 뜹니다.

2 암홀 코줄임을 시작합니다. 여기부터 1단으로 카운팅 합니다.

1-6-1 : 첫 번째 단에서 시작 6코를 겉뜨기로 코막음 한 후 끝까지 뜹니다. (오른쪽 암홀)

2-6-1 : 두 번째 단에서 시작 6코를 안뜨기로 코막음 한 후 끝까지 뜹니다. (왼쪽 암홀)

3 양옆 코막음 후 도안을 따라 코줄임을 진행합니다. 오른쪽과 왼쪽의 줄이는 콧수가 다를 수는 있어도 코줄임은 같은 단에서 진행합니다. 이후 네크라인 전까지 메리야스뜨기를 합니다. (코줄임이 끝나면 21단이 되고, 44단을 더 떠서 65단이 됩니다.)

① 1단 : 겉뜨기로 6코 코막음, 도안 진행 ② 2단 : 안뜨기로 6코 코막음, 도안 진행

③ 3~4단 : 도안 참고

④ 5단 : \\/⩘, 6코 남을 때까지 겉뜨기, ⩗\//

⑤ 6~8단 : 도안 참고

⑥ 9단 : \\/⩘, 6코 남을 때까지 겉뜨기, ⩗\//

⑦ 10~12단 : 도안 참고

⑧ 13단 : \\/⩘, 4코 남을 때까지 겉뜨기, ⩗\//

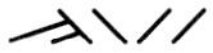

⑨ 14~16단 : 도안 참고

⑩ 17단 : \\⋏, 4코 남을 때까지 겉뜨기, ⋏//

⑪ 18~20단 : 도안 참고

⑫ 21단 : \\⋏, 4코 남을 때까지 겉뜨기, ⋏//

4 오른쪽 어깨산과 네크라인을 진행합니다.

① 66단 : 6코를 남기고 1코 걸기, 편물 뒤집기

② 67단 : 겉뜨기 26코

③ 68단 : 안뜨기로 5코 코막음, 안뜨기 15코 (처음 남긴 6코 + 걸어준 1코 + 남길 6코 + 걸어줄 1코)

④ 69단 : 겉뜨기 15코

⑤ 70단 : 안뜨기로 3코 코막음, 안뜨기 6코 (처음 남긴 6코 + 걸어준 1코 + 남긴 6코 + 걸어준 1코 + 남길 6코 + 걸어줄 1코)

⑥ 71단 : 겉뜨기 6코 (총 27코)

⑦ 72단 : 안면에서 늘어난 3코 정리 (총 24코)

5 가운데 20코를 코막음합니다.

6 왼쪽 어깨산과 네크라인을 진행합니다.

① 67단 : 6코를 남기고 1코 걸기

② 68단 : 안뜨기 26코

③ 69단 : 겉뜨기로 5코 코막음, 겉뜨기 15코 (처음 남긴 6코 + 걸어준 1코 + 남길 6코 + 걸어줄 1코)

④ 70단 : 안뜨기 15코

⑤ 71단 : 겉뜨기로 3코 코막음, 겉뜨기 6코 (처음 남긴 6코 + 걸어준 1코 + 남긴 6코 + 걸어준 1코 + 남길 6코 + 걸어줄 1코)

⑥ 72단 : 안뜨기 6코 (총 27코)

⑦ 73단 : 겉면에서 늘어난 3코 정리 (총 24코)

7 뒤판 밑실에서 배색실과 4.0mm 바늘로 코를 줍습니다. 고무단 16단을 뜬 후 돗바늘을 이용해 마무리합니다. 단수는 취향에 따라 조절해도 좋습니다.

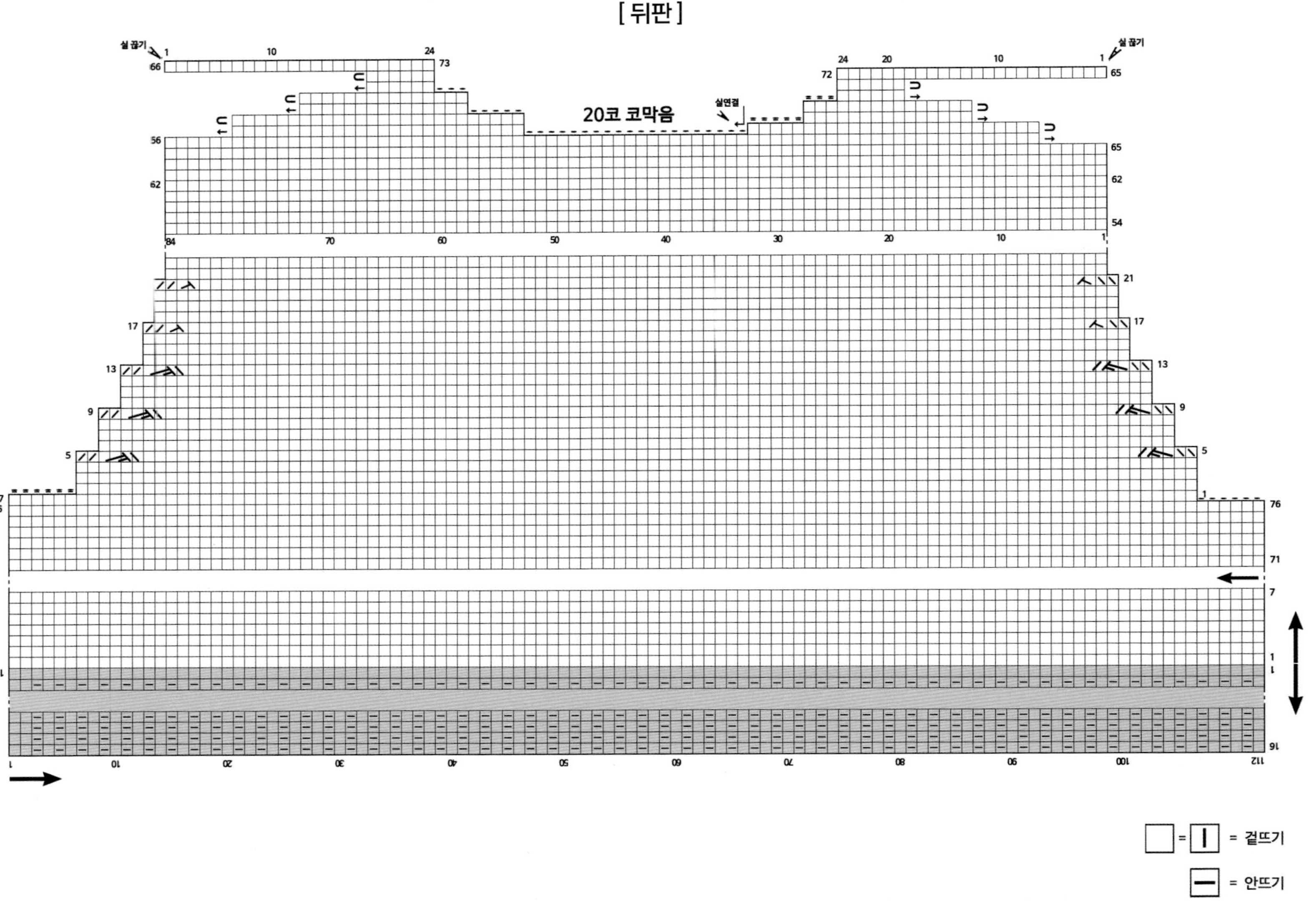
[뒤판]
실 끊기
20코 코막음
실연결
= 겉뜨기
= 안뜨기

앞판 설명

FRONT 앞판

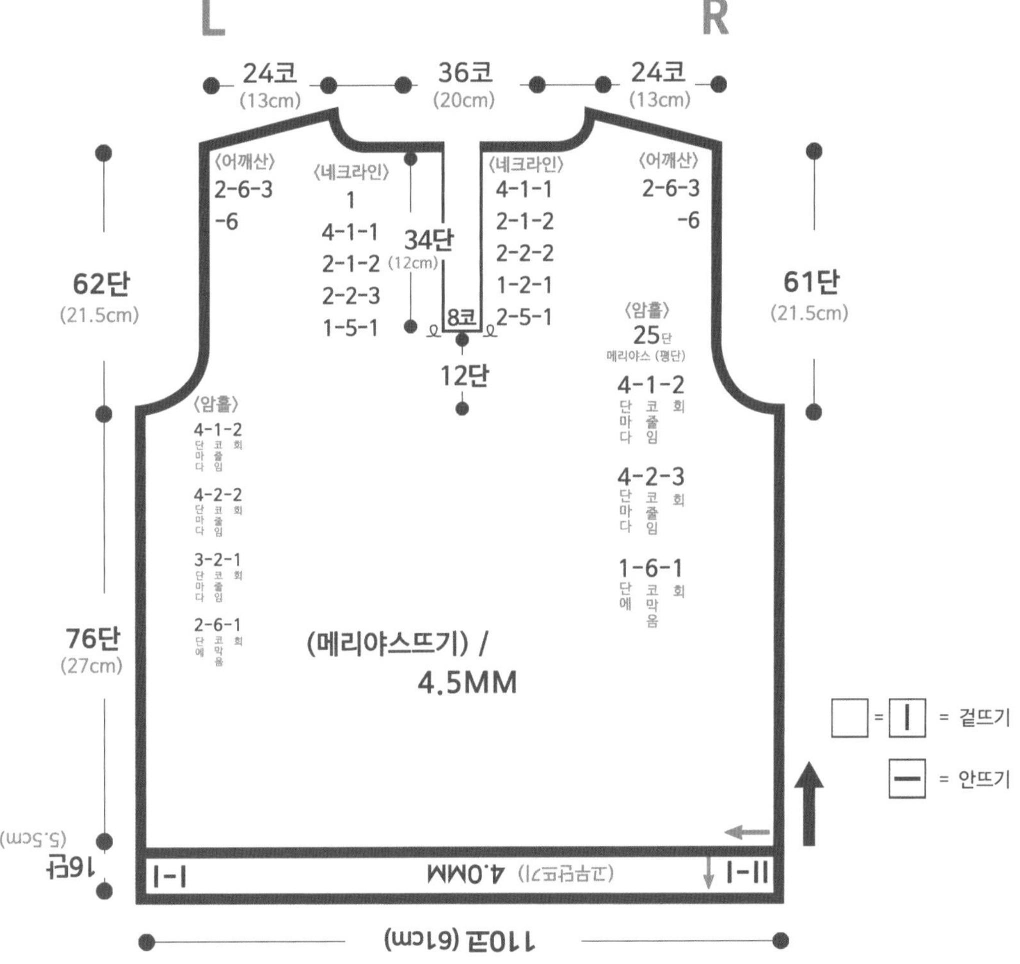

1 암홀 코막음까지 뒤판과 동일합니다.

2 QR 코드 영상과 도안을 따라 암홀을 진행합니다.

① 1~9단 : 뒤판과 동일하게 오른쪽 4-2-3 중 두 번째, 왼쪽 3-2-1-과 4-2-2 중 첫 번째까지 진행합니다.

② 3단을 더 뜬 후 오른쪽을 먼저 진행합니다. 가운데 8코는 빼놓고 왼쪽을 진행합니다. 이때, 앞단 양옆에 1코씩 임의로 만들어, 앞단 코를 잡을 때 사용합니다. (오른쪽은 41코를 뜬 후 마지막에 1코를 늘립니다. 왼쪽은 처음 시작할 때 1코를 늘리고 41코를 뜹니다.)

3 12단까지 진행한 후, 13단과 17단, 21단에서 각 1코씩 더 줄입니다. (4-2-3/4-1-2) 이후 25단을 더 떠 암홀 코막음부터 총 46단을 만듭니다. 오른쪽 어깨와 네크라인을 진행합니다.

① 47단 : 겉뜨기

② 48단 : 안뜨기로 5코 코막음, 도안 진행 (2-5-1)

③ 49단 : 6코 남을 때까지 겉뜨기, 入入// (1-2-1)

④ 51단 : 6코 남을 때까지 겉뜨기, 入入// (2-2-2 중 첫 번째)

⑤ 52단 : 안뜨기

⑥ 53단: 6코 남을 때까지 겉뜨기, 入入// (2-2-2 중 두 번째)

⑦ 54단 : 안뜨기

⑧ 55단 : 4코 남을 때까지 겉뜨기, 入// (2-1-2 중 첫 번째)

⑨ 56단 : 안뜨기

⑩ 57단 : 4코 남을 때까지 겉뜨기, 入// (2-1-2 중 두 번째)

⑪ 58~60단 : 도안 참고

⑫ 61단 : 4코 남을 때까지 겉뜨기, 入// (4-1-1)

⑬ 62단 : 안면에서 어깨턴 진행 (뒤판과 동일)

4 가운데 8코를 어깨핀이나 다른 바늘에 옮겨 둡니다.

5 12단까지 진행한 후, 13단과 17단, 21단에서 각 1코씩 더 줄입니다. (4-2-3/4-1-2) 이후 25단을 더 떠 암홀 코막음부터 총 46단을 만듭니다. 웟쪽 어깨와 네크라인을 진행합니다.

① 47단 : 5코 코막음, 도안 진행 (1-5-1)

② 48단 : 안뜨기

③ 49단 : \\人人, 도안 진행 (2-2-3 중 첫 번째)

④ 50단 : 안뜨기

⑤ 51단 : \\人人, 도안 진행 (2-2-3 중 두 번째)

⑥ 52단 : 안뜨기

⑦ 53단 : \\人人, 도안 진행 (2-2-3 중 세 번째)

⑧ 54단 : 안뜨기

⑨ 55단 : \\人, 도안 진행 (2-1-2 중 첫 번째)

⑩ 56단 : 안뜨기

⑪ 57단 : \\人, 도안 진행 (2-1-2 중 두 번째)

⑫ 58~60단 : 도안 참고

⑬ 61단 : \\人, 도안 진행 (4-1-1)

⑭ 62단 : 안뜨기

⑮ 63단 : 겉면에서 어깨턴 진행 (뒤판과 동일)

6 앞판 쉼실에서 배식실과 4.0mm 바늘로 코를 줍습니다. 고무단 16단을 뜬 후 돗바늘을 이용해 마무리합니다. 단수는 취향에 따라 조절해도 좋습니다.

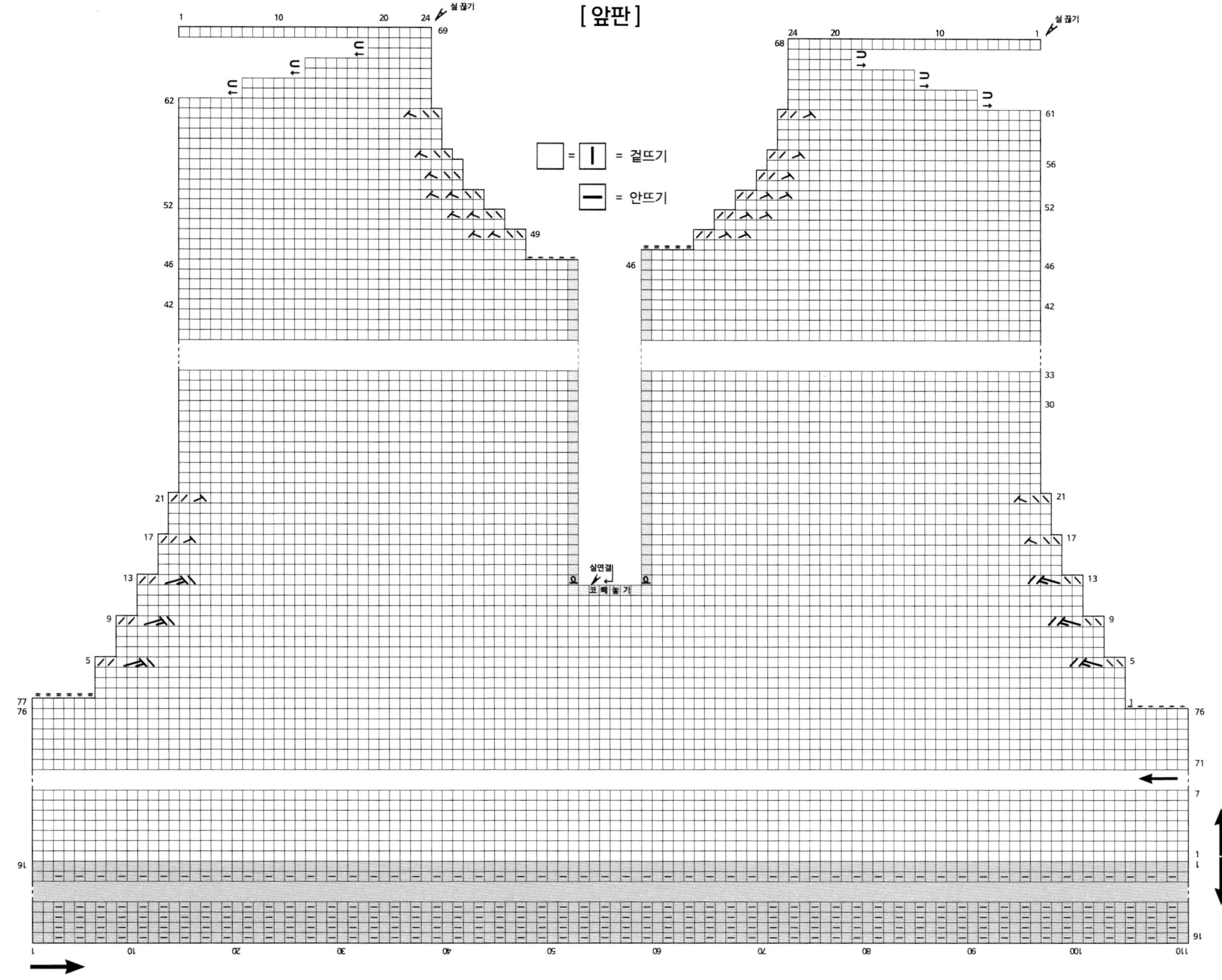
[앞판]
실 끊기
= 겉뜨기
= 안뜨기
실연결
코 빼 놓 기

FRONT HEM 앞단

앞단 만들기

고무단 마무리

일반적으로 남성복은 (착용 시) 왼쪽에 단춧구멍을 내고 여성복은 (착용 시) 오른쪽에 단춧구멍을 냅니다만, 취향에 따라 원하는 단에 단춧구멍을 만들며 앞단을 진행합니다.

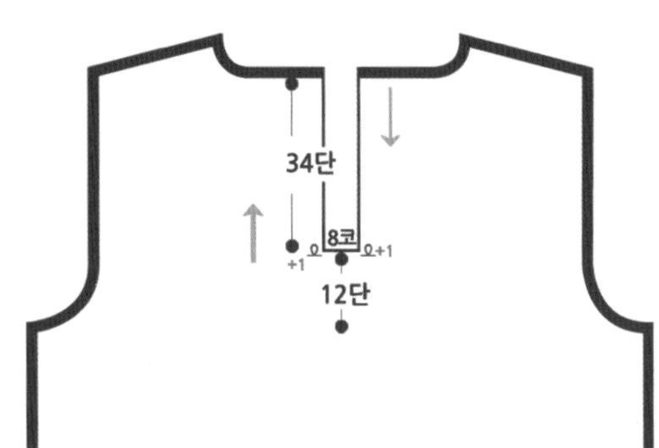

1 4.5mm 대바늘로 앞판에서 코를 줍습니다. 이때 5코 줍고 1코 건너뛰기를 5회 반복하고 4코를 잡아 34단에서 총 29코를 잡습니다.

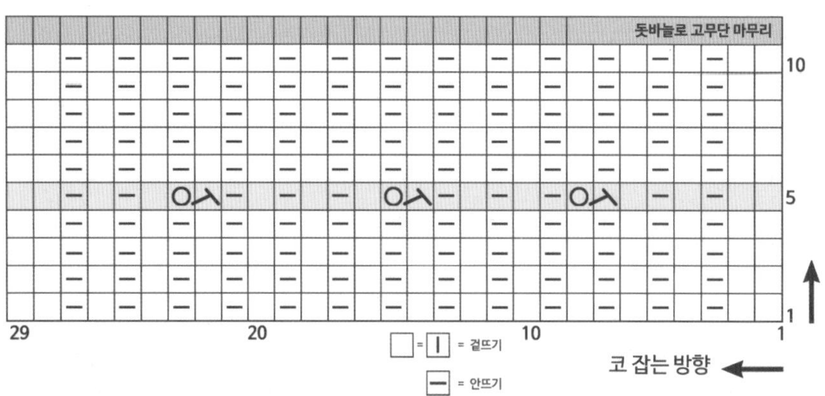

SLEEVE 소매

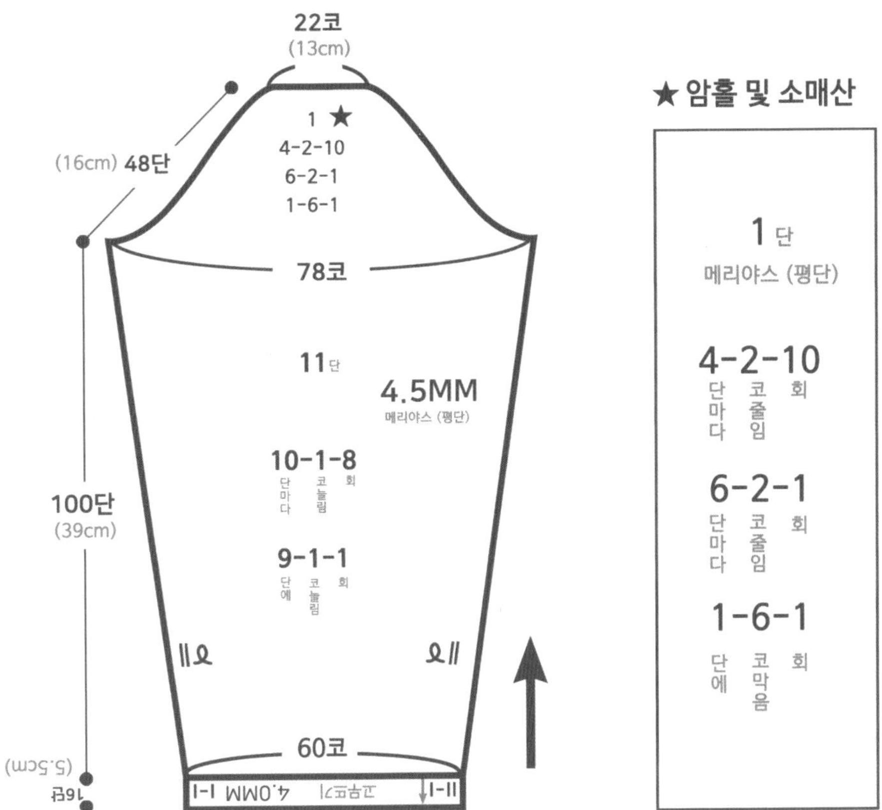

1 밑실과 4.5mm 대바늘로 막코 60코를 만듭니다. 바탕실로 도안을 따라 진행하다가 9단에서 양옆 1코씩 늘립니다. 이후 매 10단마다 1코 늘리기를 8회 반복하고 11단을 더 뜹니다. (100단)

2 양옆 6코를 코막음 합니다. 여기부터 1단으로 카운팅합니다. 이후 매 6단마다 양옆 2코 줄이기를 1회, 매 4단마다 양옆 2코 줄이기 10회 반복 후 메리야스뜨기로 1단을 더 뜹니다.

3 22코 코막음해 마무리합니다.

4 소매 밑실에서 배색실과 4.0mm 바늘로 코를 줍습니다. 고무단 16단을 뜬 후 돗바늘을 이용해 마무리합니다. 단수는 취향에 따라 조절해도 좋습니다. 소매는 총 2개를 뜹니다.

[소매]

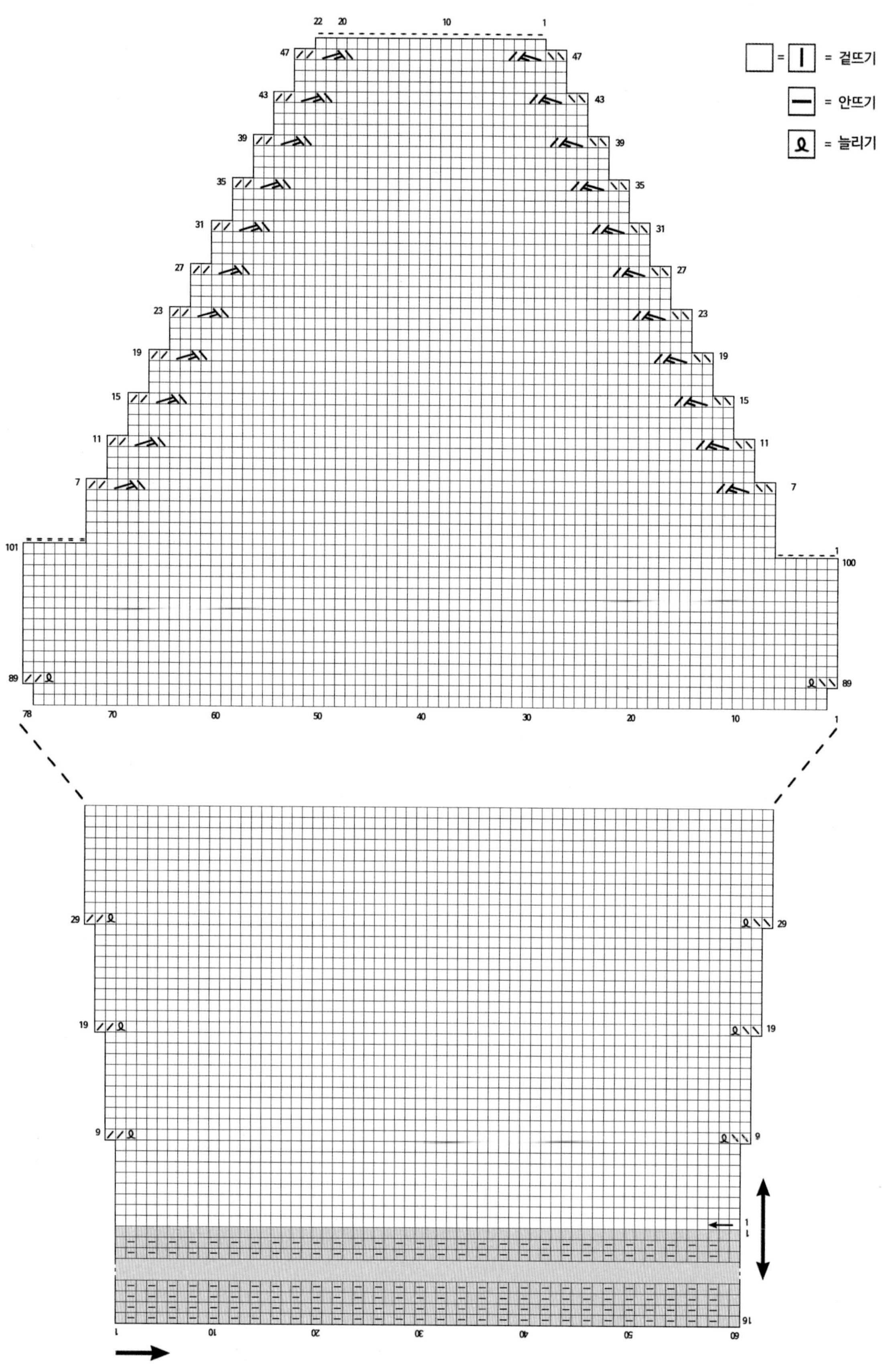

COLLAR 칼라

보통 네크라인의 코를 잡을 때는 밖에서 안으로 잡지만 이번에는 안에서 밖으로 잡았습니다. 마마랜스와 꼭 동일한 콧수로 잡을 필요는 없지만 최대한 모든 코를 잡습니다. 이때 콧수는 반드시 홀수로 잡아야 합니다.

칼라와 소매 연결

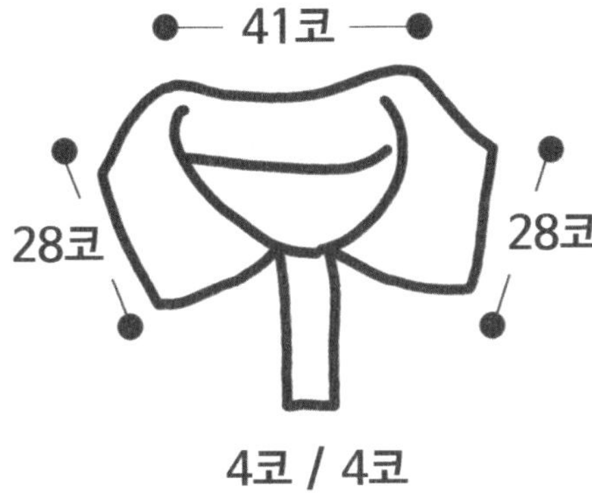

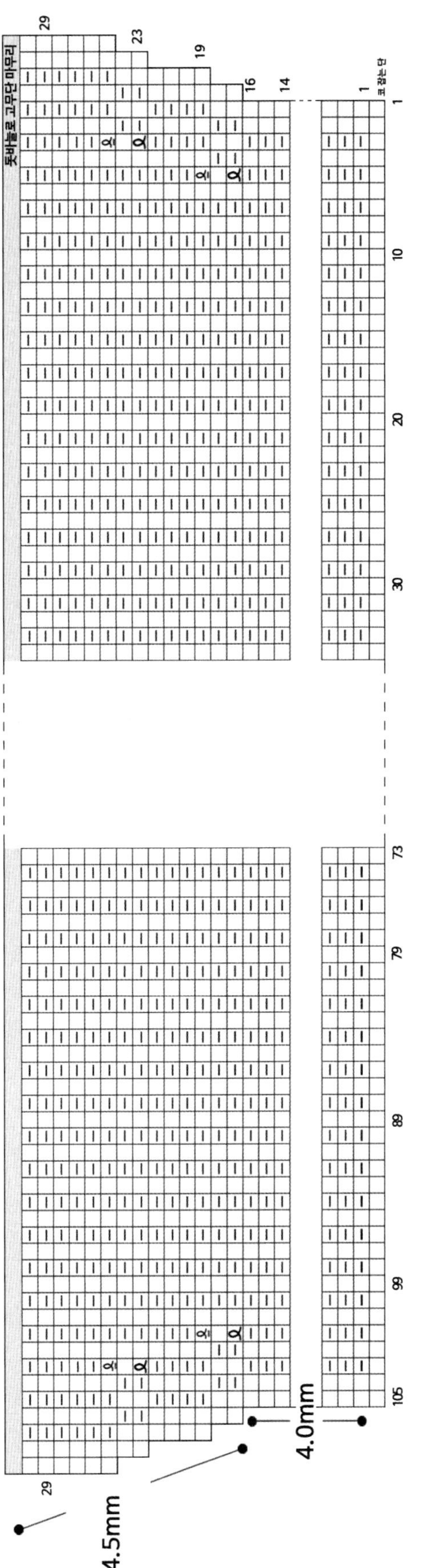

홈 얼론 콤피 셋-업 : 팬츠

S-M

사이즈 cm (S-M/M-L)

총장	108.5/108.5
힙	45/48.5
허벅지	26.5/29
밑단	14/15.5
허리	36/39

실

(바탕실) Camellia Fiber co. CFC Pepper Yarn
worsted 500, 620g
(배색실) Lang Carpe Diem
4. Black 200, 240g

바늘

4.5mm, 5.0mm 대바늘

게이지

18코×24단

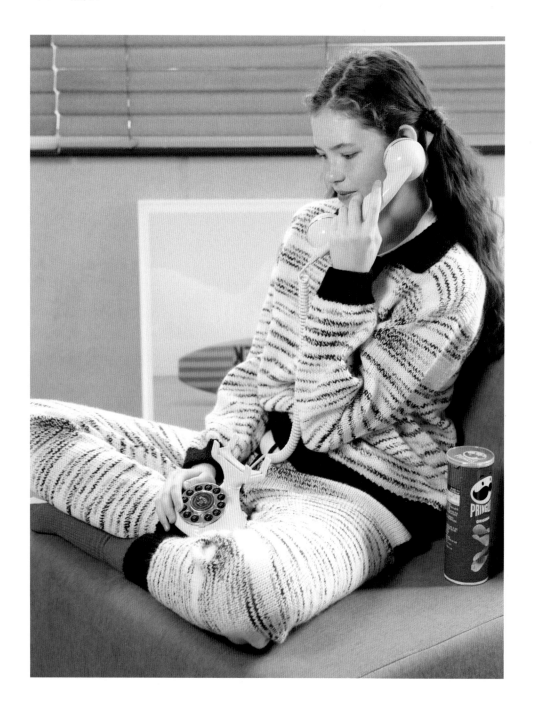

★ 밑실을 사용해 시작하며, 팬츠는 보텀업, 고무단은 톱다운으로 진행합니다.

다리 한 짝씩 완성되는 디자인으로 오른쪽, 왼쪽 총 2장을 뜹니다. 한 짝을 뜬 후, 나머지 한 짝은 좌우 반대로 진행합니다.

팬츠 시작 및 설명

LEGS 다리

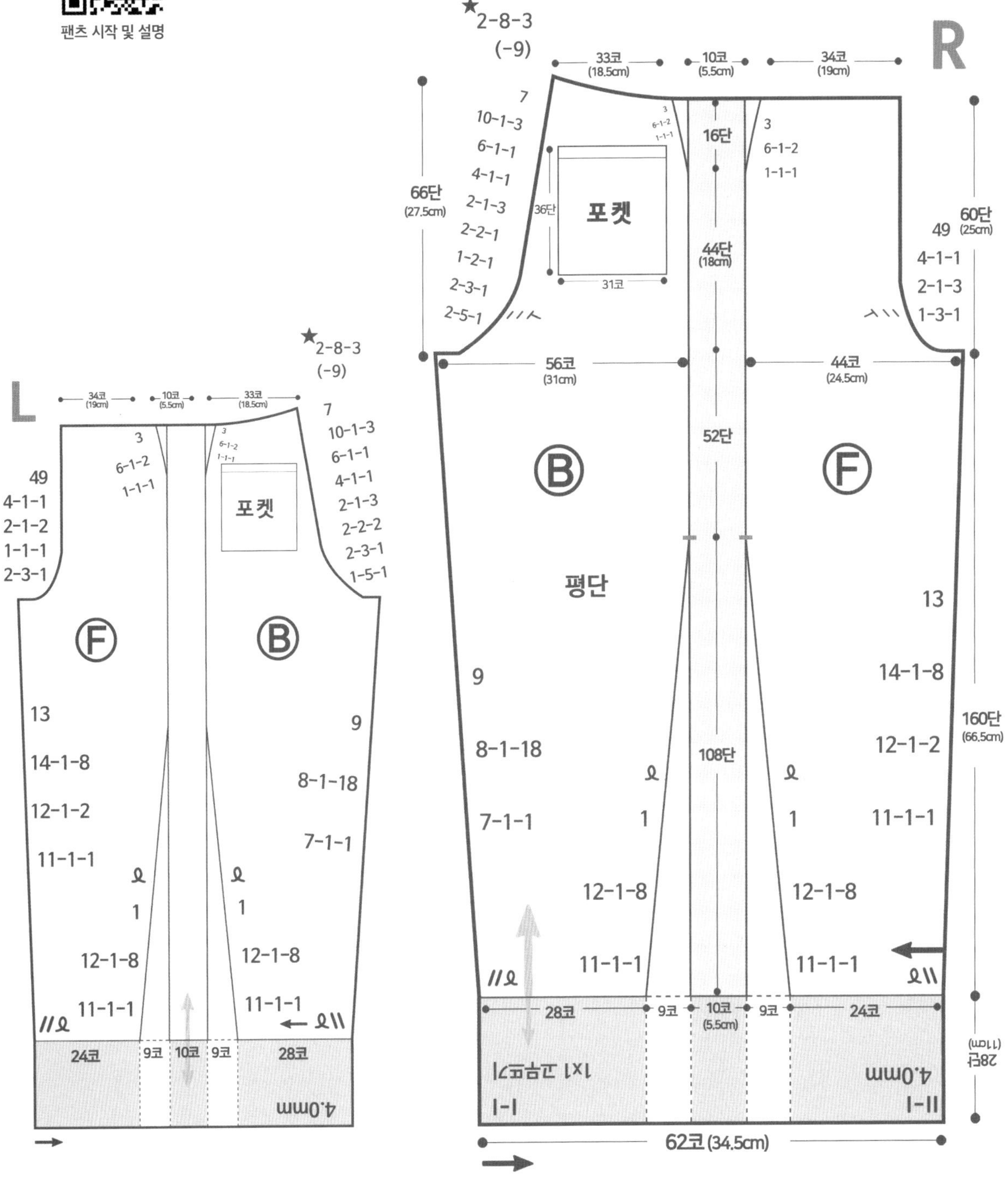

R (착용 시 오른쪽)

왼쪽 코막음을 제외하고 모든 코늘림과 오른쪽 코막음은 모두 홀수 단에서 진행합니다.

① 밀실과 4.5mm 대바늘로 막코 62코를 만들고 24코(앞), 10코(옆), 28코(뒤)로 나누어 단수링으로 표시해 둡니다. (L은 반대로 표시해 둡니다.) 이때 옆의 10코는 코가 줄거나 늘지 않습니다.

② 다리를 시작합니다.

1~6단 : 메리야스뜨기 (홀수단에서는 겉뜨기, 짝수단에서는 안뜨기)

7단 : (뒤판의 7-1-1) 오른쪽(R)의 경우 마지막 2코 남았을 때 1코 늘리기, 왼쪽(L)의 경우 첫 2코를 겉뜨기 한 후 1코 늘리기

8~10단 : 메리야스뜨기 (짝수단 안뜨기, 홀수단 겉뜨기)

11단 : (앞) 겉뜨기 2코, 1코 늘리기, 겉뜨기 22코, 1코 늘리기 (옆) 겉뜨기 10코, (뒤) 1코 늘리기, 겉뜨기 29코

12~14단: 메리야스뜨기

15단: (앞) 겉뜨기 26코, (옆) 겉뜨기 10코, (뒤) 겉뜨기 28코, 1코 늘리기, 겉뜨기 2코

16~22단 : 메리야스뜨기

23단 : (앞) 겉뜨기 2코, 1코 늘리기, 겉뜨기 24코, 1코 늘리기 (옆) 겉뜨기 10코, (뒤) 1코 늘리기, 겉뜨기 29코, 1코 늘리기, 겉뜨기 2코

24~30단 : 메리야스뜨기

31단 : (앞) 겉뜨기 28코, (옆) 겉뜨기 10코, (뒤) 겉뜨기 31코, 1코 늘리기, 겉뜨기 2코

32~34단 : 메리야스뜨기

35단 : (앞) 겉뜨기 2코, 1코 늘리기, 겉뜨기 26코, 1코 늘리기, (옆) 겉뜨기 10코, (뒤) 1코 늘리기, 겉뜨기 34코

36~38단 : 메리야스뜨기

39단 : (앞) 겉뜨기 30코, (옆) 겉뜨기 10코, (뒤) 겉뜨기 33코, 1코 늘리기, 겉뜨기 2코

40~46단 : 메리야스뜨기

47단 : (앞) 겉뜨기 30코, 1코 늘리기 (옆) 겉뜨기 10코, (뒤) 1코 늘리기, 겉뜨기 34코, 1코 늘리기, 겉뜨기 2코

48단 : 안뜨기

49단 : (앞) 겉뜨기 2코, 1코 늘리기, 겉뜨기 29코, (옆) 겉뜨기 10코, (뒤) 겉뜨기 38코

50~54단 : 메리야스뜨기

55단 : (앞) 겉뜨기 32코, (옆) 겉뜨기 10코, (뒤) 겉뜨기 36코, 1코 늘리기, 겉뜨기 2코

56~58단 : 메리야스뜨기

59단 : (앞) 겉뜨기 32코, 1코 늘리기, (옆) 겉뜨기 10코, (뒤) 1코 늘리기, 겉뜨기 39코

60~62단 : 메리야스뜨기

63단 : (앞) 겉뜨기 2코, 1코 늘리기, 겉뜨기 31코, (옆) 겉뜨기 10코, (뒤) 겉뜨기 38코, 1코 늘리기, 겉뜨기 2코

64~70단 : 메리야스뜨기

71단 : (앞) 겉뜨기 34코, 1코 늘리기, (옆) 겉뜨기 10코, (뒤) 1코 늘리기, 겉뜨기 39코, 1코 늘리기, 겉뜨기 2코

72~76단 : 메리야스뜨기

77단 : (앞) 겉뜨기 2코, 1코 늘리기, 겉뜨기 33코, (옆) 겉뜨기 10코, (뒤) 겉뜨기 43코

78단 : 안뜨기

79단 : (앞) 겉뜨기 36코, (옆) 겉뜨기 10코, (뒤) 겉뜨기 41코, 1코 늘리기, 겉뜨기 2코

80~82단 : 메리야스뜨기

83단 : (앞) 겉뜨기 36코, 1코 늘리기, (옆) 겉뜨기 10코, (뒤) 1코 늘리기, 겉뜨기 44코

84~86단 : 메리야스뜨기

87단 : (앞) 겉뜨기 37코, (옆) 겉뜨기 10코, (뒤) 겉뜨기 43코, 1코 늘리기, 겉뜨기 2코

88~90단 : 메리야스뜨기

91단 : (앞) 겉뜨기 2코, 1코 늘리기, 겉뜨기 35코, (옆) 겉뜨기 10코, (뒤) 겉뜨기 46코

92~94단 : 메리야스뜨기

95단 : (앞) 겉뜨기 38코, 1코 늘리기, (옆) 겉뜨기 10코, (뒤) 1코 늘리기, 겉뜨기 44코, 1코 늘리기, 겉뜨기 2코

96~102단 : 메리야스뜨기

103단 : (앞) 겉뜨기 39코, (옆) 겉뜨기 10코, (뒤) 겉뜨기 46코, 1코 늘리기, 겉뜨기 2코

104단 : 안뜨기

105단 : (앞) 겉뜨기 2코, 1코 늘리기, 겉뜨기 37코, (옆) 겉뜨기 10코, (뒤) 겉뜨기 49코

106단 : 안뜨기

107단 : (앞) 겉뜨기 40코, 1코 늘리기, (옆) 겉뜨기 10코, (뒤) 1코 늘리기, 겉뜨기 49코

108~110단 : 메리야스뜨기

111단 : (앞) 겉뜨기 41코, (옆) 겉뜨기 10코, (뒤) 겉뜨기 48코, 1코 늘리기, 겉뜨기 2코

112~118단 : 메리야스뜨기

119단 : (앞) 겉뜨기 2코, 1코 늘리기, 겉뜨기 39코, (옆) 겉뜨기 10코, (뒤) 겉뜨기 49코, 1코 늘리기, 겉뜨기 2코

120~126단 : 메리야스뜨기

127단 : (앞) 겉뜨기 42코, (옆) 겉뜨기 10코, (뒤) 겉뜨기 50코, 1코 늘리기, 겉뜨기 2코

128~132단 : 메리야스뜨기

133단 : (앞) 겉뜨기 2코, 1코 늘리기, 겉뜨기 40코, (옆) 겉뜨기 10코, (뒤) 겉뜨기 53코

134단 : 안뜨기

135단 : (앞) 겉뜨기 43코, (옆) 겉뜨기 10코, (뒤) 겉뜨기 51코, 1코 늘리기, 겉뜨기 2코

136~142단 : 메리야스뜨기

143단 : (앞) 겉뜨기 43코, (옆) 겉뜨기 10코, (뒤) 겉뜨기 52코, 1코 늘리기, 겉뜨기 2코

144~146단 : 메리야스뜨기

147단 : (앞) 겉뜨기 2코, 1코 늘리기, 겉뜨기 41코, (옆) 겉뜨기 10코, (뒤) 겉뜨기 55코

148~150단 : 메리야스뜨기

151단 : (앞) 겉뜨기 44코, (옆) 겉뜨기 10코 (뒤) 겉뜨기 53코, 1코 늘리기, 겉뜨기 2코

152~160단 : 메리야스뜨기

늘리기 끝

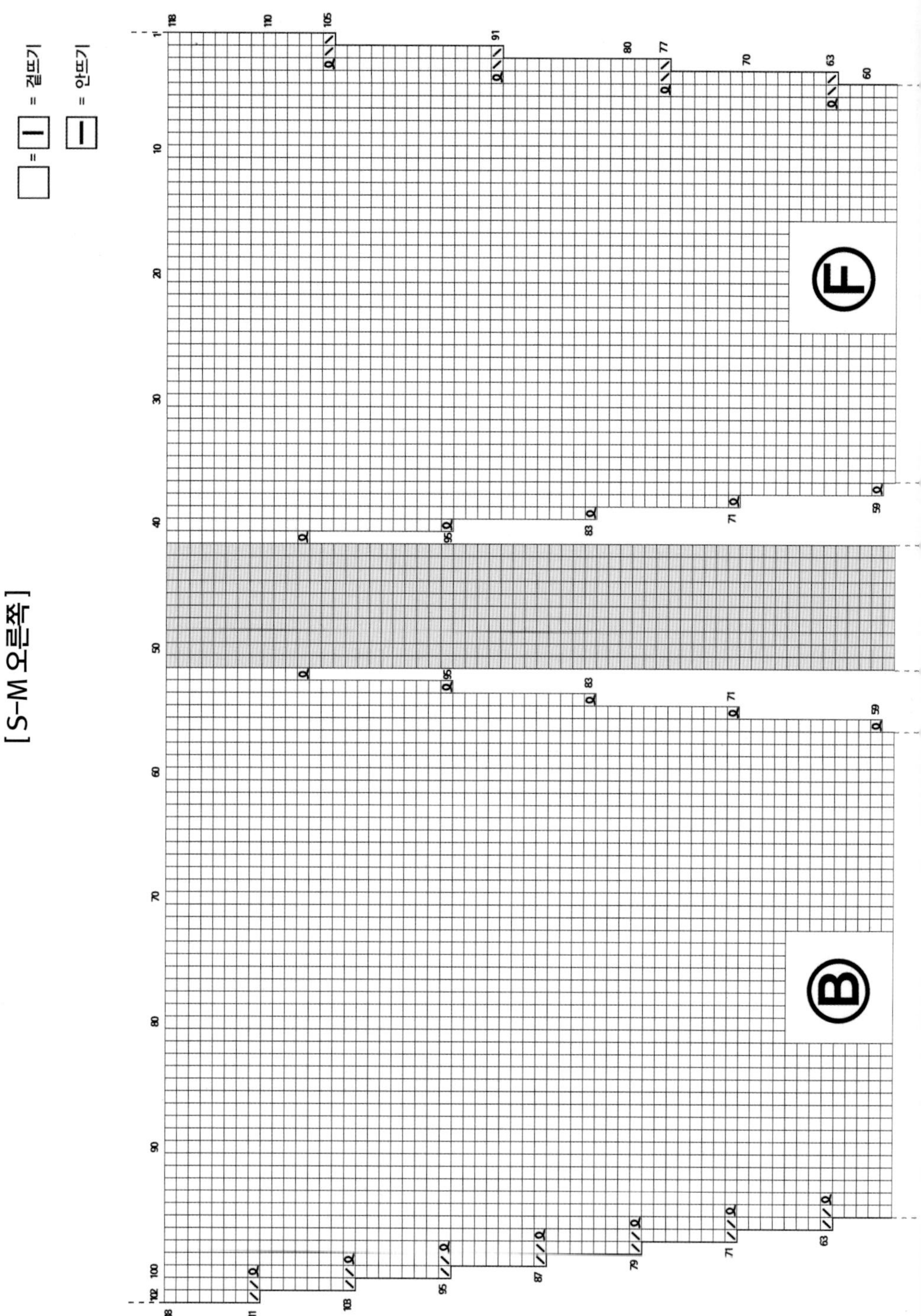
[S-M 오른쪽]
□ = | = 겉뜨기
— = 안뜨기
F
B

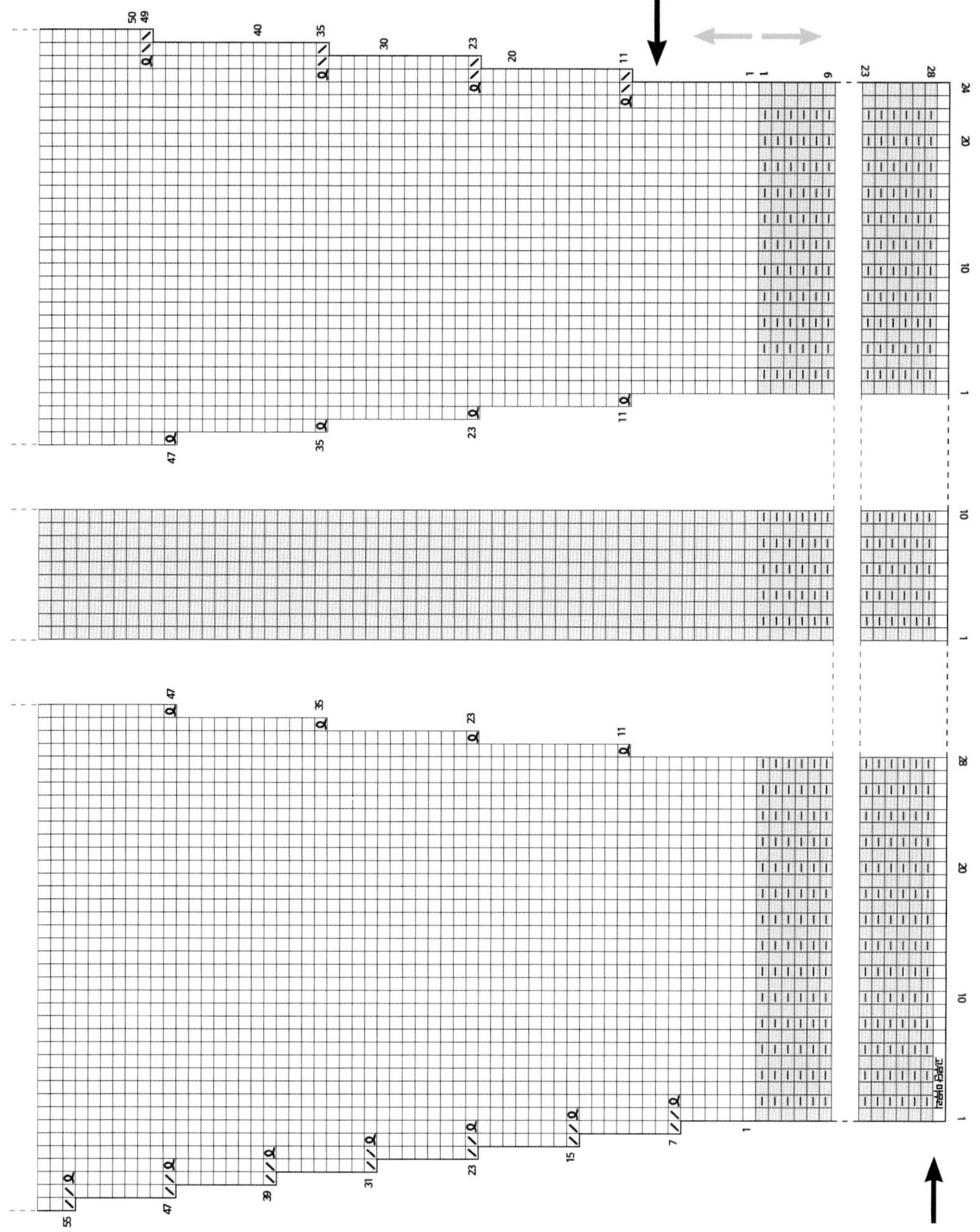

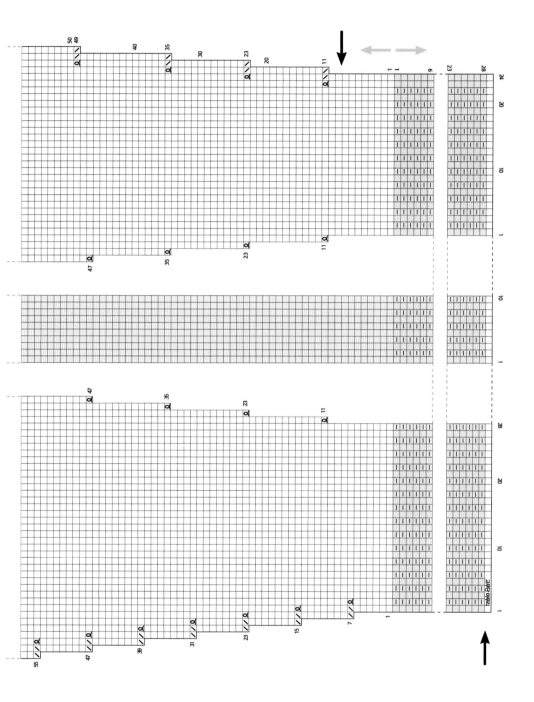

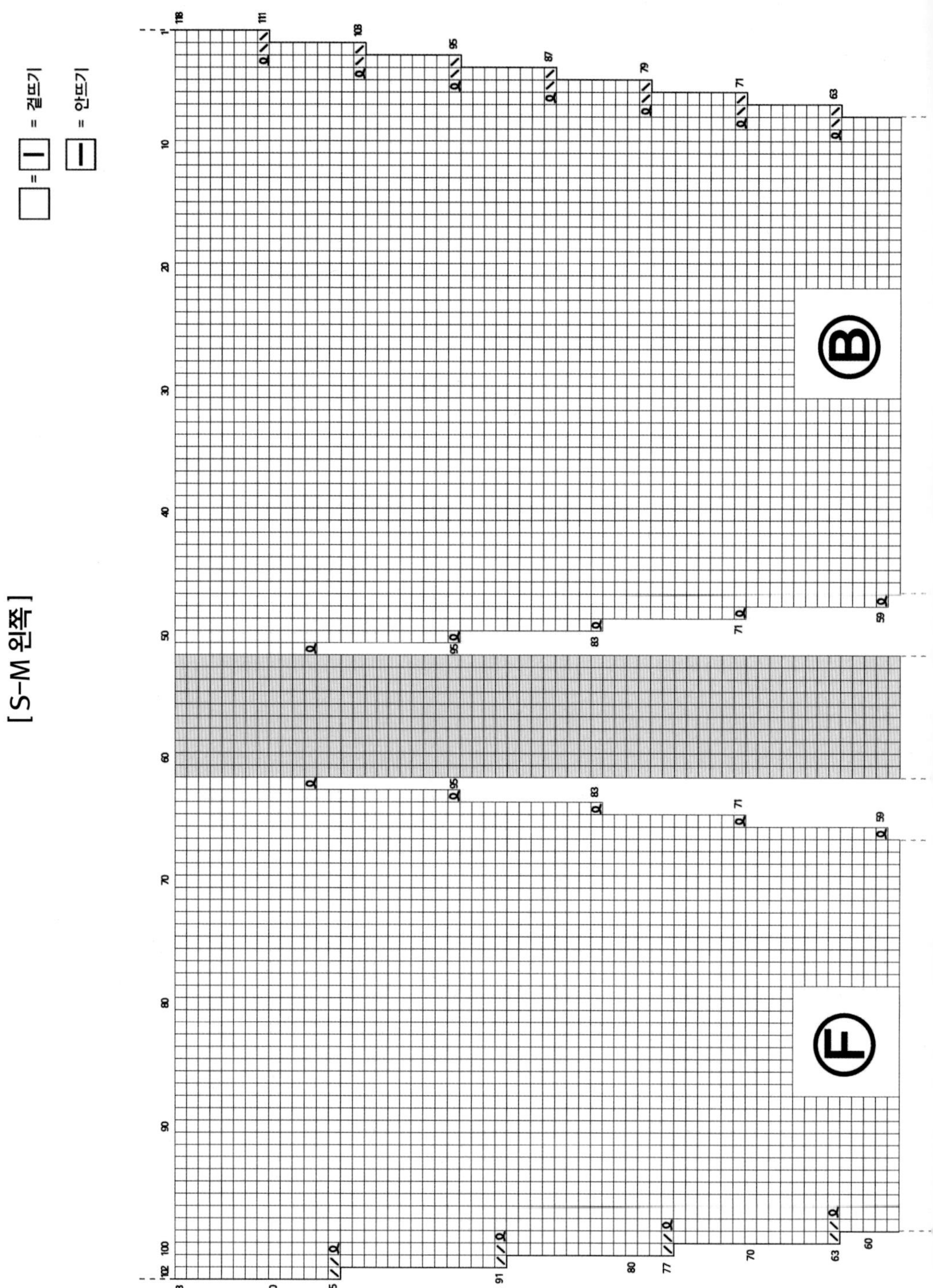
[S-M 왼쪽]
= 겉뜨기
= 안뜨기
B
F

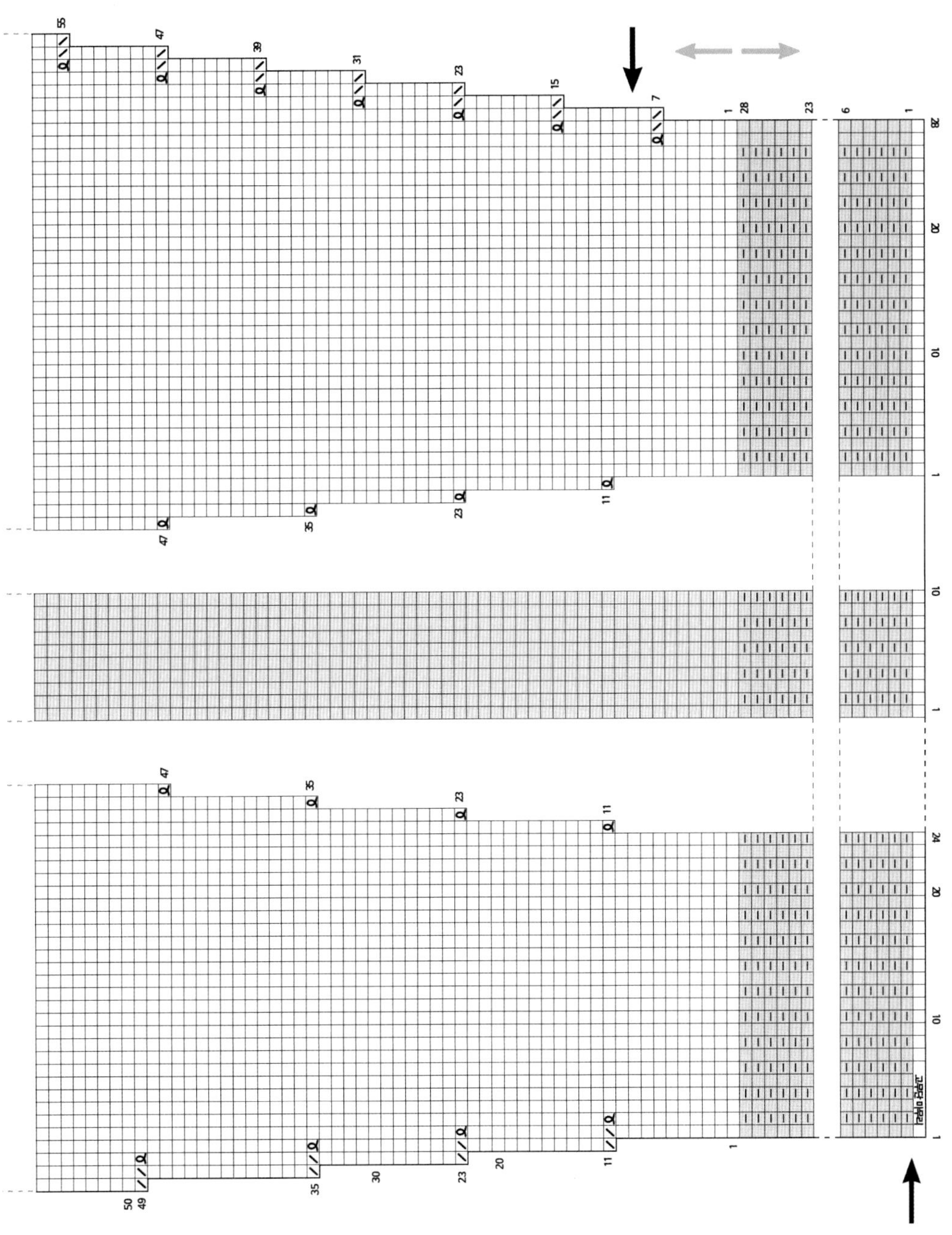

CROTCH 밑위

R (착용 시 오른쪽)

밑위부터는 카운팅을 다시 시작합니다.

1단 : (앞) 3코 코막음, 겉뜨기 41코, (옆) 겉뜨기 10코, (뒤) 겉뜨기 56코
2단 : (뒤) 5코 코막음, 안뜨기 51코, (옆) 안뜨기 10코, (앞) 안뜨기 41코
3단 : (앞) 겉뜨기 2코, 1코 줄이기, 겉뜨기 37코, (옆) 겉뜨기 10코, (뒤) 겉뜨기 51코
4단 : (뒤) 3코 코막음, 안뜨기 48코, (옆) 안뜨기 10코, (앞) 안뜨기 40코
5단 : (앞) 겉뜨기 2코, 1코 줄이기, 겉뜨기 36코, (옆) 겉뜨기 10코, (뒤) 겉뜨기 42코, 2코 줄이기, 겉뜨기 2코
6단 : 안뜨기
7단 : (앞) 겉뜨기 2코, 1코 줄이기, 겉뜨기 35코, (옆) 겉뜨기 10코, (뒤) 겉뜨기 40코, 2코 줄이기, 겉뜨기 2코
8단 : 안뜨기
9단 : (앞) 겉뜨기 38코, (옆) 겉뜨기 10코, (뒤) 겉뜨기 40코, 1코 줄이기, 겉뜨기 2코
10단 : 안뜨기
11단 : (앞) 겉뜨기 2코, 1코 줄이기, 겉뜨기 34코, (옆) 겉뜨기 10코, (뒤) 겉뜨기 39코, 1코 줄이기, 겉뜨기 2코
12단 : 안뜨기
13단 : (앞) 겉뜨기 37코, (옆) 겉뜨기 10코, (뒤) 겉뜨기 38코, 1코 줄이기, 겉뜨기 2코
14~16단 : 메리야스뜨기
17단: (앞) 겉뜨기 37코, (옆) 겉뜨기 10코, (뒤) 겉뜨기 37코, 1코 줄이기, 겉뜨기 2코
18~22단 : 메리야스뜨기
23단 : (앞) 겉뜨기 37코, (옆) 겉뜨기 10코, (뒤) 겉뜨기 36코, 1코 줄이기, 겉뜨기 2코
24~32단 : 메리야스뜨기
33단 : (앞) 겉뜨기 37코, (옆) 겉뜨기 10코, (뒤) 겉뜨기 35코, 1코 줄이기, 겉뜨기 2코
34~42단 : 메리야스뜨기
43단 : (앞) 겉뜨기 37코, (옆) 겉뜨기 10코, (뒤) 겉뜨기 34코, 1코 줄이기, 겉뜨기 2코
44단 : 안뜨기
45단 : (앞) 겉뜨기 35코, 1코 줄이기, (옆) 겉뜨기 10코, (뒤) 1코 줄이기, 겉뜨기 35코
46~50단 : 메리야스뜨기

51단 : (앞) 겉뜨기 34코, 1코 줄이기, (옆) 겉뜨기 10코, (뒤) 1코 줄이기, 겉뜨기 34코

52단 : 안뜨기

53단 : (앞) 겉뜨기 35코, (옆) 겉뜨기 10코, (뒤) 겉뜨기 31코, 1코 줄이기, 겉뜨기 2코

54~56단 : 메리야스뜨기

57단 : (앞) 겉뜨기 33코, 1코 줄이기, (옆) 겉뜨기 10코 (뒤) 1코 줄이기, 겉뜨기 32코

58~59단 : 메리야스뜨기

60단 : 안뜨기 진행, 뒤(BACK)의 33코로 되돌아뜨기 진행(★) 뒤의 33코 중 9코가 남는 지점까지 안뜨기 24코

61단 : 겉면에서 1코 걸기, 겉뜨기 24코

62단 : 안뜨기 16코

63단 : 겉면에서 1코 걸기, 겉뜨기 16코

64단 : 안뜨기 8코

65단 : 겉면에서 1코 걸기, 겉뜨기 8코

66단 : 늘어난 3코 줄이기 (뒤, 옆, 앞) 안뜨기 (후에 이어서 벨트를 뜹니다.)

※L은 좌우를 반대로 떠주세요.

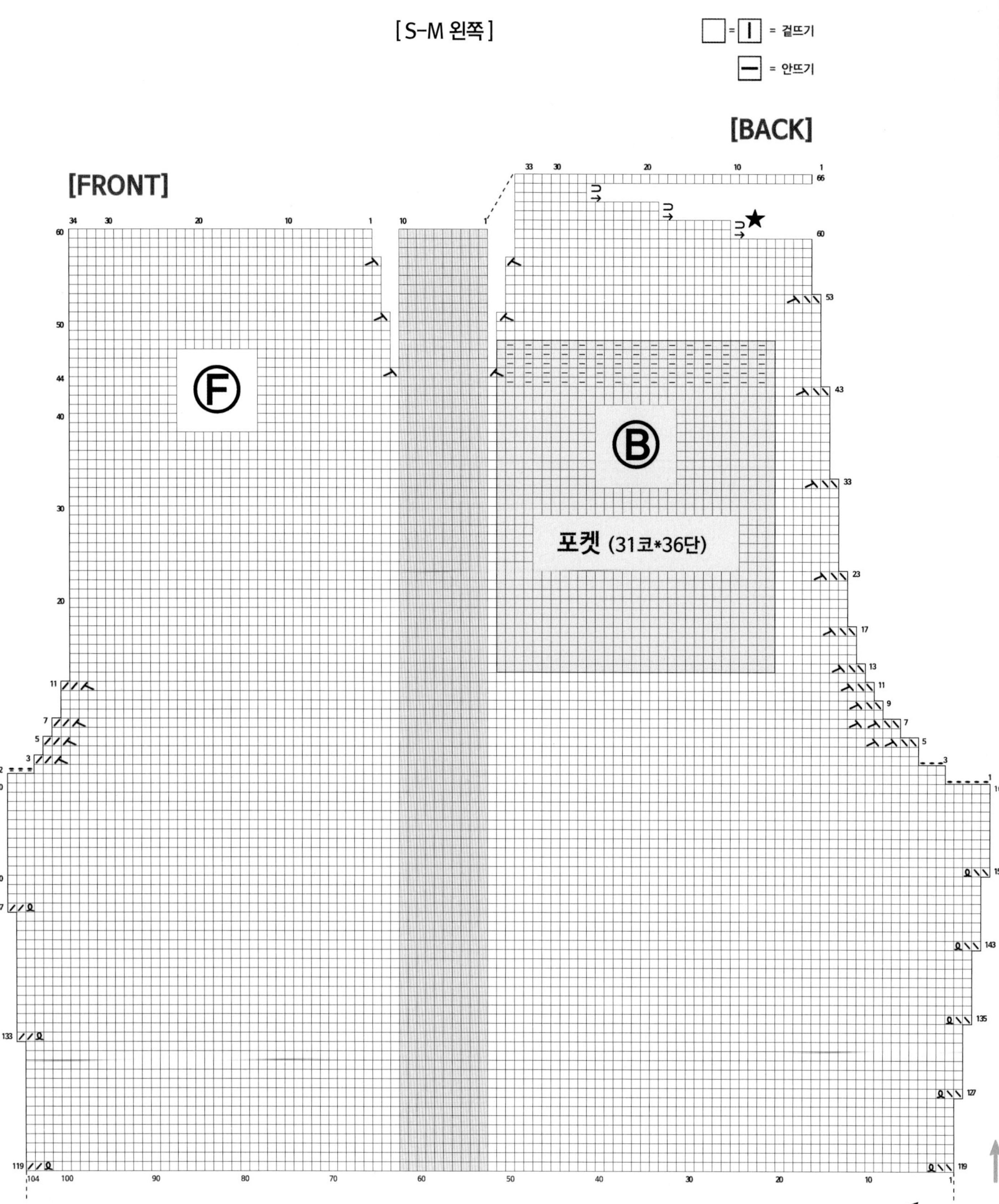
[S-M 왼쪽]
= 겉뜨기
= 안뜨기
[BACK]
[FRONT]
Ⓕ
Ⓑ
포켓 (31코*36단)

[S-M 오른쪽]

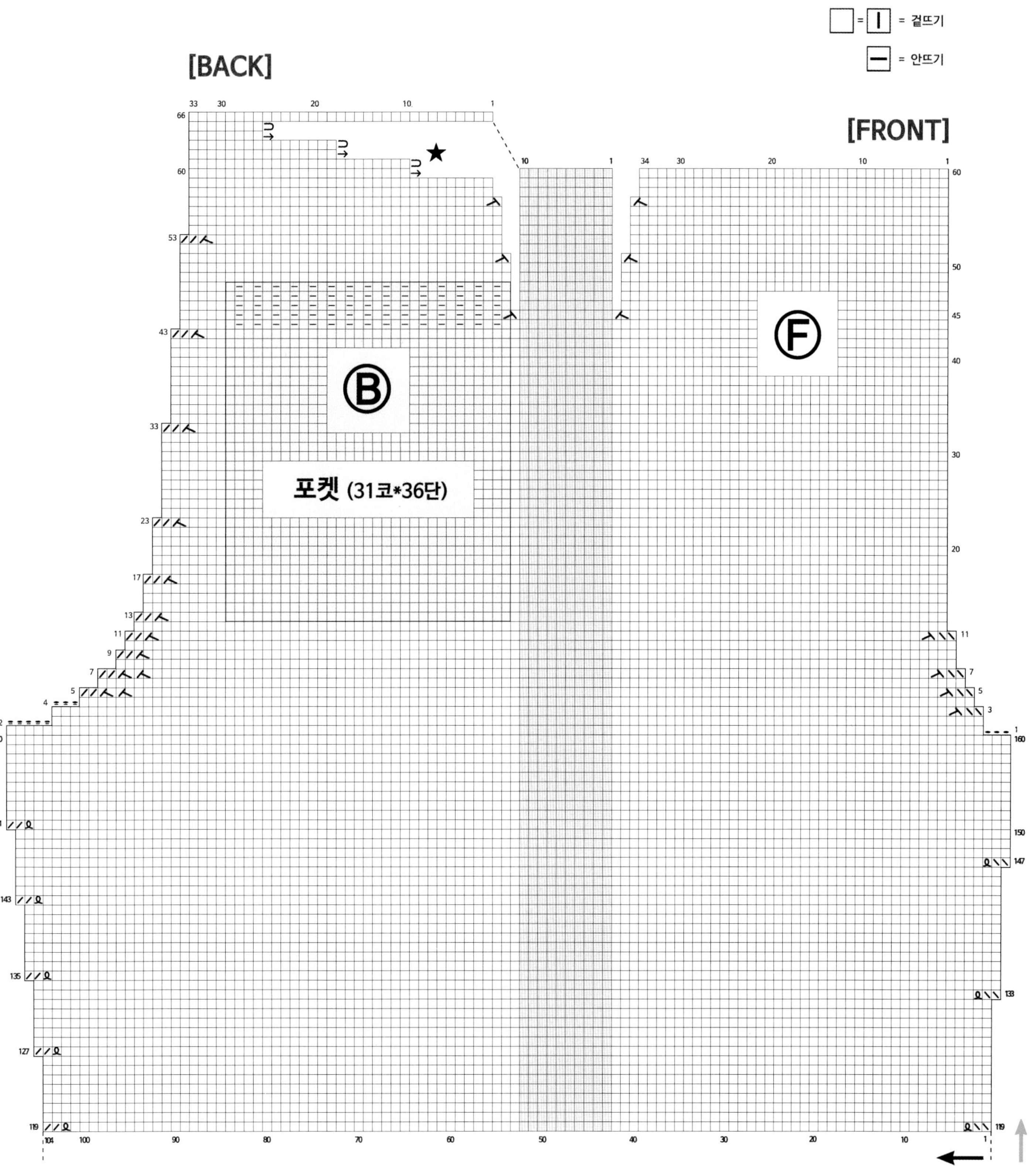

= 겉뜨기
= 안뜨기
[BACK]
[FRONT]
Ⓑ
Ⓕ
포켓 (31코*36단)

HEM 고무단 밑단

다리 밑실에서 배색실과 4.0mm 바늘로 안뜨기를 떠 코를 줍습니다. 코를 주운 다음 단부터 1단으로 카운팅합니다. 1×1 고무뜨기로 28단을 뜹니다. 이때 마지막 2코는 겉뜨기합니다. 돗바늘을 이용해 마무리합니다.

POCKET 포켓

아웃포켓 만든 방법을 참고하여 주머니를 만듭니다. 밑위 코막음부터 13단째, 9코째에서 코를 잡습니다. 31코를 잡고 메리야스뜨기 31단을 뜬 후, 고무단 5단을 뜨고 마무리합니다. 포켓의 크기는 취향에 따라 조절해도 좋습니다.

BELT 벨트

다리와 밑위를 '단과 단 잇기' 방법으로 꿰맨 후 코를 옮겨 앞판, 뒤판으로 나누어 진행합니다. 취향에 따라 원통뜨기로 진행해도 좋습니다.

1 앞, 뒤판으로 코를 나누고 4.0mm 바늘로 벨트를 진행합니다. 앞, 뒤판에 각각 양옆 1코씩을 임의로 만듭니다. 앞판의 경우 꿰매면 양옆 1코씩 총 2코가 줄어 74코가 되며, 임의의 각 1코씩을 만들어 다시 76코가 됩니다.

2 메리야스뜨기로 6단을 뜬 후 도안을 따라 스트링 구멍을 만듭니다.

3 이후 8단 + 16단을 더 떠 마무리합니다.

4 뒤판의 경우 꿰매면 양옆 1코씩 총 2코가 줄어 76코가 되며, 임의의 각 1코씩을 만들어 다시 78코가 됩니다. 뒤판에는 스트링 구멍이 필요없기 때문에 메리야스뜨기 32단을 뜬 후 마무리합니다.

5 벨트의 옆선을 꿰맨 후, 접어 안면을 꿰맵니다. 고무밴드를 넣어 사이즈를 조절한 후 마무리합니다.

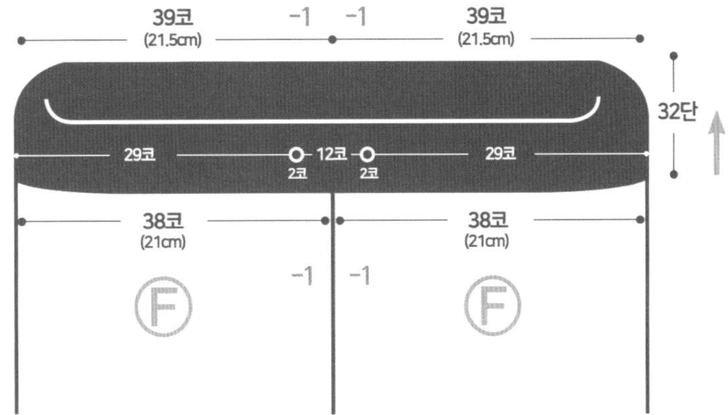

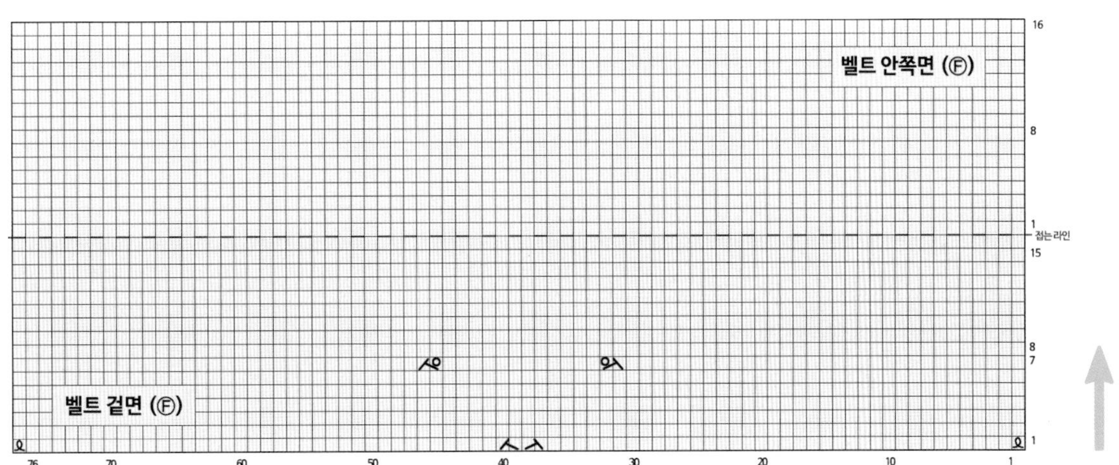

★ 밑실을 사용해 시작하며, 팬츠는 보텀업, 고무단은 톱다운으로 진행합니다.

M-L

다리 한 짝씩 완성되는 디자인으로 오른쪽, 왼쪽 총 2장을 뜹니다. 한 짝을 뜬 후, 나머지 한 짝은 좌우 반대로 진행합니다.

LEGS 다리

팬츠 시작 및 설명

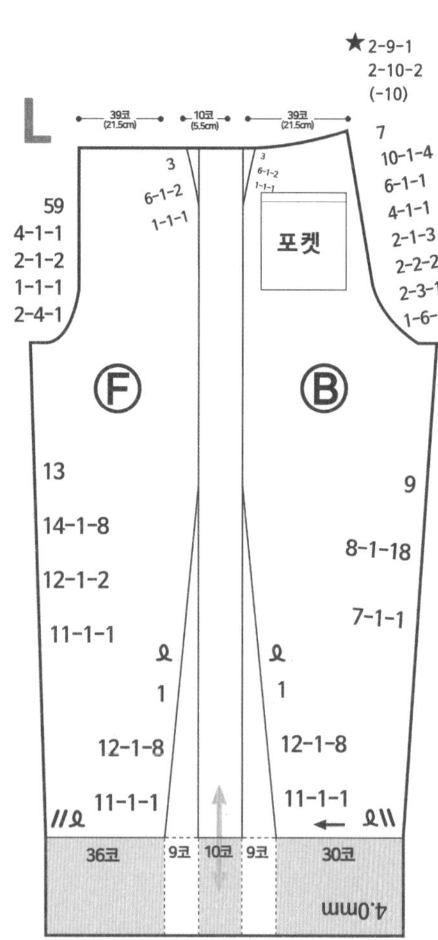

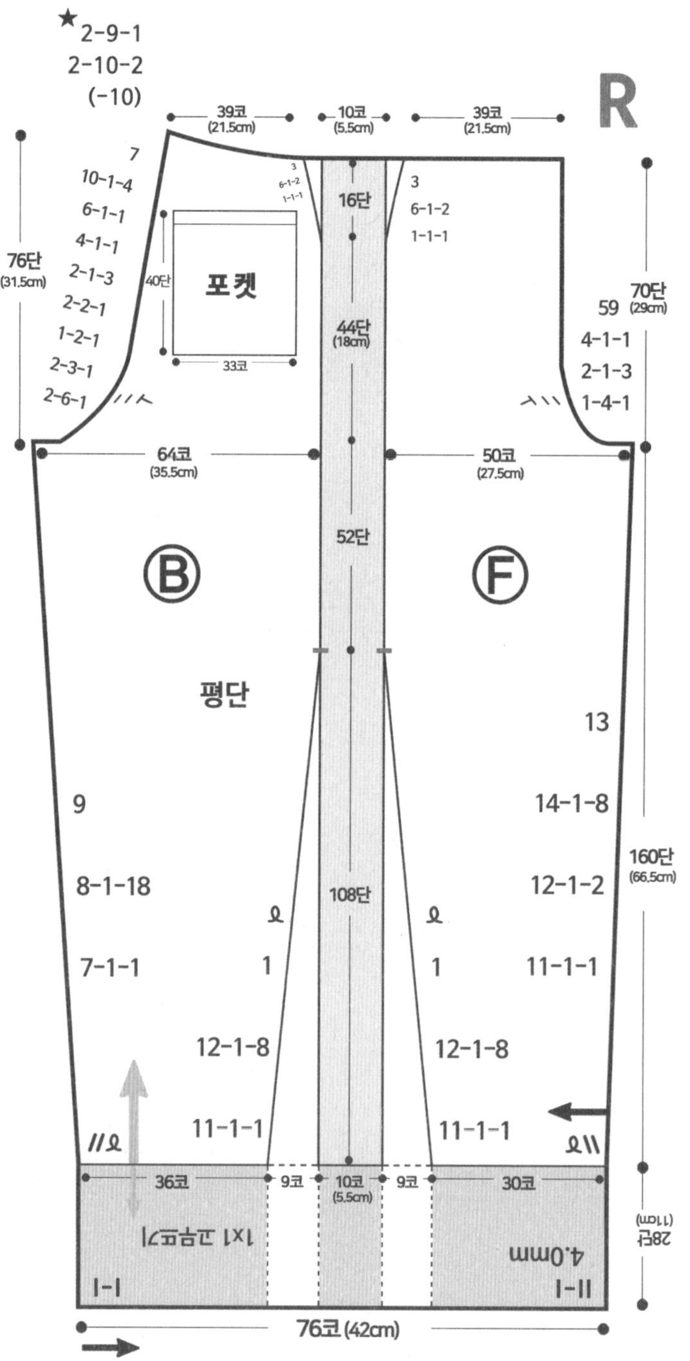

R (착용 시 오른쪽)

왼쪽 코막음을 제외하고 모든 코늘림과 오른쪽 코막음은 모두 홀수 단에서 진행합니다.

① 밀실과 4.5mm 대바늘로 막코 76코를 만들고 30코(앞), 10코(옆), 36코(뒤)로 나누어 단수링으로 표시해 둡니다. (L은 반대로 표시해 둡니다.) 이때 옆의 10코는 코가 줄거나 늘지 않습니다.

② 다리를 시작합니다.

1~6단 : 메리야스뜨기 (홀수단에서는 겉뜨기, 짝수단에서는 안뜨기)

7단 : (뒤판의 7-1-1) 오른쪽(R)의 경우 마지막 2코 남았을 때 1코 늘리기, 왼쪽(L)의 경우 첫 2코를 겉뜨기 한 후 1코 늘리기

8~10단 : 메리야스뜨기 (짝수단 안뜨기, 홀수단 겉뜨기)

11단 : (앞) 겉뜨기 2코, 1코 늘리기, 겉뜨기 28코, 1코 늘리기 (옆) 겉뜨기 10코, (뒤) 1코 늘리기, 겉뜨기 37코

12~14단 : 메리야스뜨기

15단 : (앞) 겉뜨기 32코, (옆) 겉뜨기 10코, (뒤) 겉뜨기 36코, 1코 늘리기, 겉뜨기 2코

16~22단 : 메리야스뜨기

23단 : (앞) 겉뜨기 2코, 1코 늘리기, 겉뜨기 30코, 1코 늘리기 (옆) 겉뜨기 10코, (뒤) 1코 늘리기, 겉뜨기 37코, 1코 늘리기, 겉뜨기 2코

24~30단 : 메리야스뜨기

31단 : (앞) 겉뜨기 34코, (옆) 겉뜨기 10코, (뒤) 겉뜨기 39코, 1코 늘리기, 겉뜨기 2코

32~34단 : 메리야스뜨기

35단 : (앞) 겉뜨기 2코, 1코 늘리기, 겉뜨기 32코, 1코 늘리기, (옆) 겉뜨기 10코, (뒤) 1코 늘리기, 겉뜨기 42코

36~38단 : 메리야스뜨기

39단 : (앞) 겉뜨기 36코, (옆) 겉뜨기 10코, (뒤) 겉뜨기 41코, 1코 늘리기, 겉뜨기 2코

40~46단 : 메리야스뜨기

47단 : (앞) 겉뜨기 36코, 1코 늘리기 (옆) 겉뜨기 10코, (뒤) 1코 늘리기, 겉뜨기 42코, 1코 늘리기, 겉뜨기 2코

48단 : 안뜨기

49단 : (앞) 겉뜨기 2코, 1코 늘리기, 겉뜨기 35코, (옆) 겉뜨기 10코, (뒤) 겉뜨기 46코

50~54단 : 메리야스뜨기

55단 : (앞) 겉뜨기 38코, (옆) 겉뜨기 10코, (뒤) 겉뜨기 44코, 1코 늘리기, 겉뜨기 2코

56~58단 : 메리야스뜨기

59단 : (앞) 겉뜨기 38코, 1코 늘리기, (옆) 겉뜨기 10코, (뒤) 1코 늘리기, 겉뜨기 47코

60~62단 : 메리야스뜨기

63단 : (앞) 겉뜨기 2코, 1코 늘리기, 겉뜨기 37코, (옆) 겉뜨기 10코, (뒤) 겉뜨기 46코, 1코 늘리기, 겉뜨기 2코

64~70단 : 메리야스뜨기

71단 : (앞) 겉뜨기 40코, 1코 늘리기, (옆) 겉뜨기 10코, (뒤) 1코 늘리기, 겉뜨기 47코, 1코 늘리기, 겉뜨기 2코

72~76단 : 메리야스뜨기

77단 : (앞) 겉뜨기 2코, 1코 늘리기, 겉뜨기 39코, (옆) 겉뜨기 10코, (뒤) 겉뜨기 51코

78단 : 안뜨기

79단 : (앞) 겉뜨기 42코, (옆) 겉뜨기 10코, (뒤) 겉뜨기 49코, 1코 늘리기, 겉뜨기 2코

80~82단 : 메리야스뜨기

83단 : (앞) 겉뜨기 42코, 1코 늘리기, (옆) 겉뜨기 10코, (뒤) 1코 늘리기, 겉뜨기 52코

84~86단 : 메리야스뜨기

87단 : (앞) 겉뜨기 43코, (옆) 겉뜨기 10코, (뒤) 겉뜨기 51코, 1코 늘리기, 겉뜨기 2코

88~90단 : 메리야스뜨기

91단 : (앞) 겉뜨기 2코, 1코 늘리기, 겉뜨기 41코, (옆) 겉뜨기 10코, (뒤) 겉뜨기 54코

92~94단 : 메리야스뜨기

95단 : (앞) 겉뜨기 44코, 1코 늘리기, (옆) 겉뜨기 10코, (뒤) 1코 늘리기, 겉뜨기 52코, 1코 늘리기, 겉뜨기 2코

96~102단 : 메리야스뜨기

103단 : (앞) 겉뜨기 45코, (옆) 겉뜨기 10코, (뒤) 겉뜨기 54코, 1코 늘리기, 겉뜨기 2코

104단 : 안뜨기

105단 : (앞) 겉뜨기 2코, 1코 늘리기, 겉뜨기 43코, (옆) 겉뜨기 10코, (뒤) 겉뜨기 57코

106단 : 안뜨기

107단 : (앞) 겉뜨기 46코, 1코 늘리기, (옆) 겉뜨기 10코, (뒤) 1코 늘리기, 겉뜨기 57코

108~110단 : 메리야스뜨기

111단 : (앞) 겉뜨기 47코, (옆) 겉뜨기 10코, (뒤) 겉뜨기 56코, 1코 늘리기, 겉뜨기 2코

112~118단 : 메리야스뜨기

119단 : (앞) 겉뜨기 2코, 1코 늘리기, 겉뜨기 45코, (옆) 겉뜨기 10코, (뒤) 겉뜨기 57코, 1코 늘리기, 겉뜨기 2코

120~126단 : 메리야스뜨기

127단 : (앞) 겉뜨기 48코, (옆) 겉뜨기 10코, (뒤) 겉뜨기 58코, 1코 늘리기, 겉뜨기 2코

128~132단 : 메리야스뜨기

133단 : (앞) 겉뜨기 2코, 1코 늘리기, 겉뜨기 46코, (옆) 겉뜨기 10코, (뒤) 겉뜨기 61코

134단 : 안뜨기

135단 : (앞) 겉뜨기 49코, (옆) 겉뜨기 10코, (뒤) 겉뜨기 59코, 1코 늘리기, 겉뜨기 2코

136~142단 : 메리야스뜨기

143단 : (앞) 겉뜨기 49코, (옆) 겉뜨기 10코, (뒤) 겉뜨기 60코, 1코 늘리기, 겉뜨기 2코

144~146단 : 메리야스뜨기

147단 : (앞) 겉뜨기 2코, 1코 늘리기, 겉뜨기 47코, (옆) 겉뜨기 10코, (뒤) 겉뜨기 63코

148~150단 : 메리야스뜨기

151단 : (앞) 겉뜨기 50코, (옆) 겉뜨기 10코 (뒤) 겉뜨기 61코, 1코 늘리기, 겉뜨기 2코

152~160단 : 메리야스뜨기

늘리기 끝

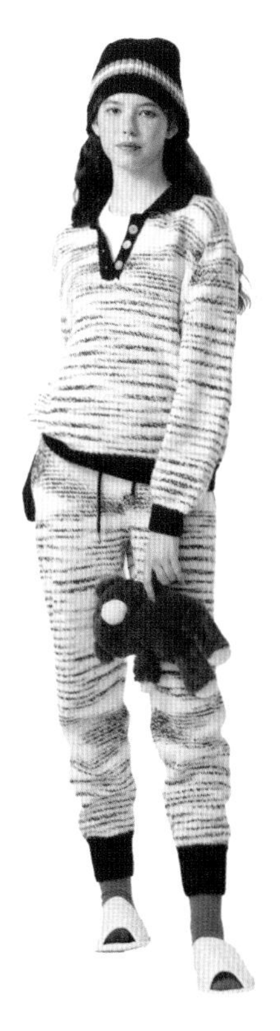

[M-L 오른쪽]

□ = ▮ = 겉뜨기

▭ = 안뜨기

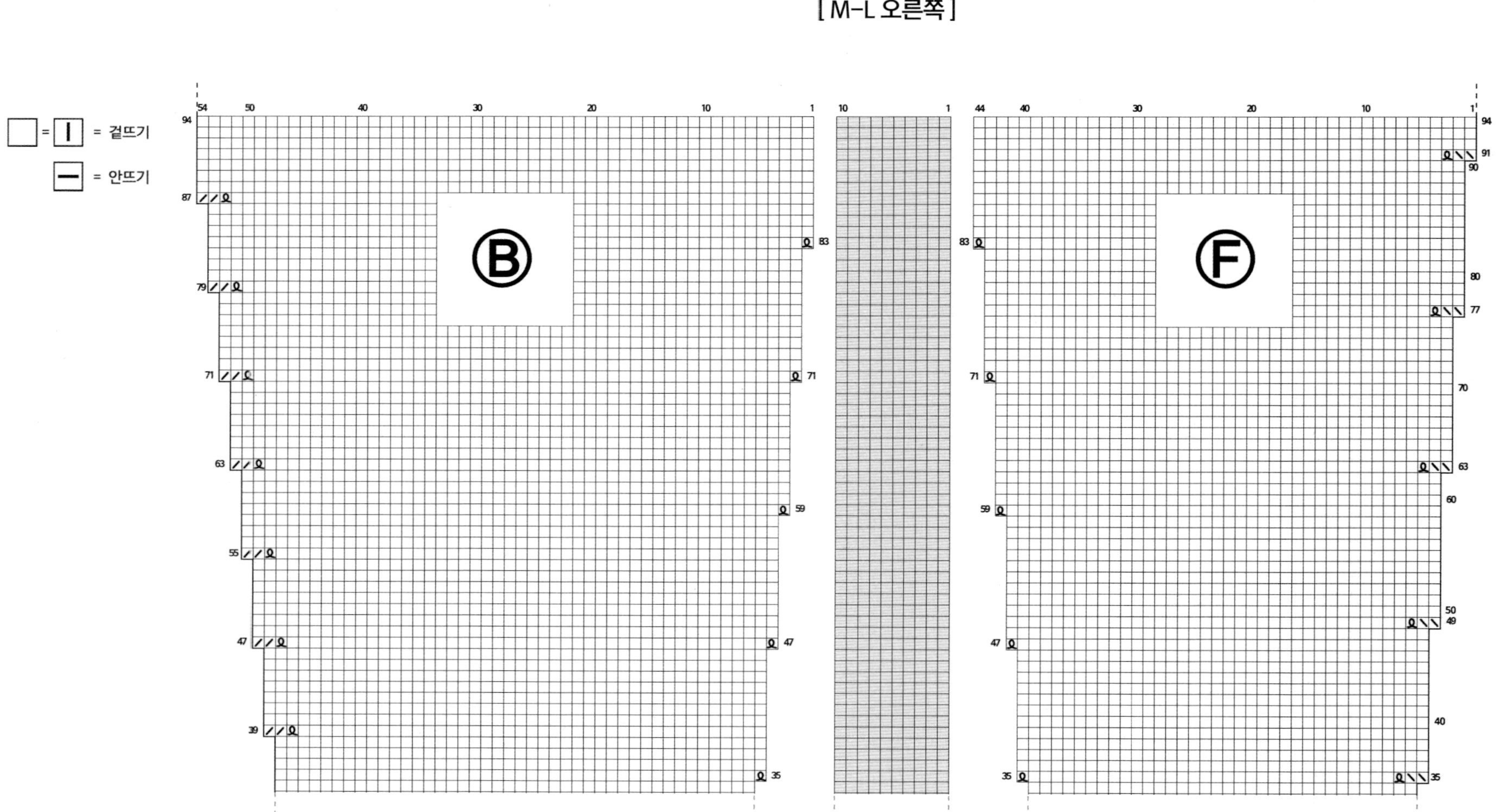

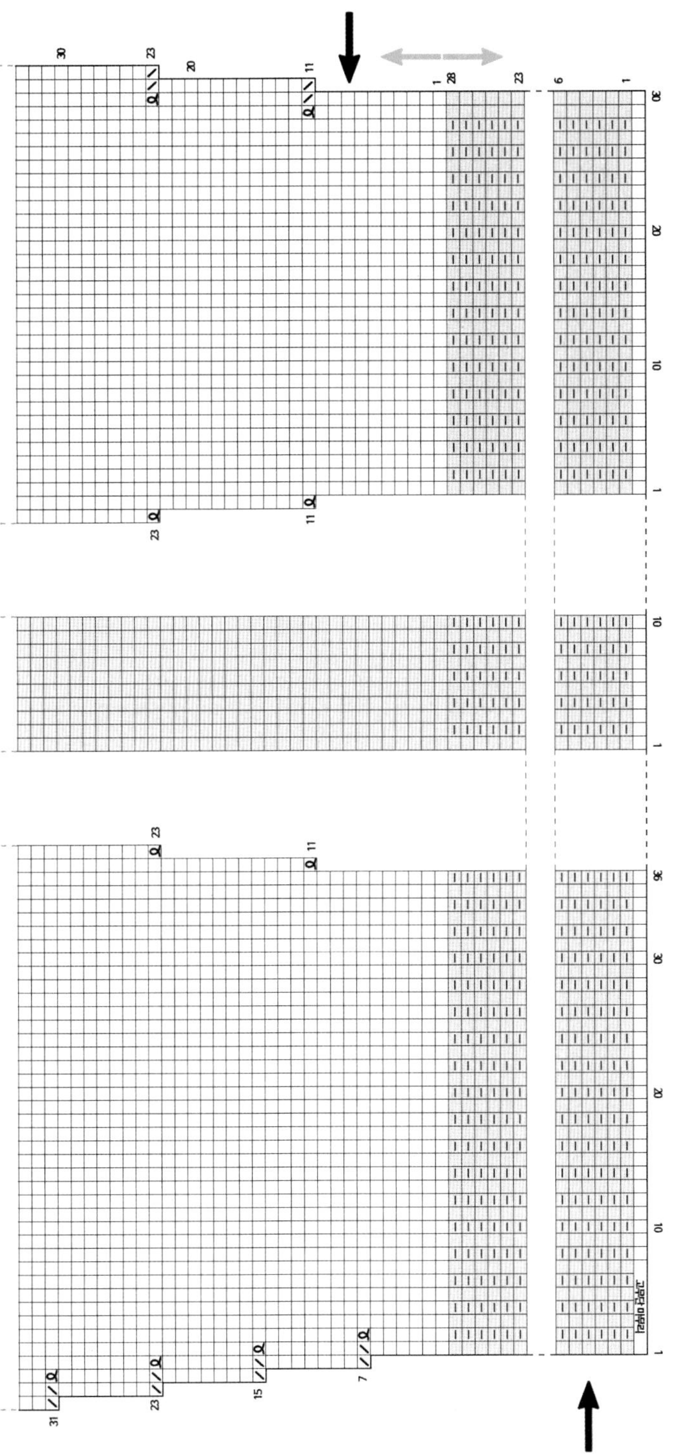

[M-L 왼쪽]

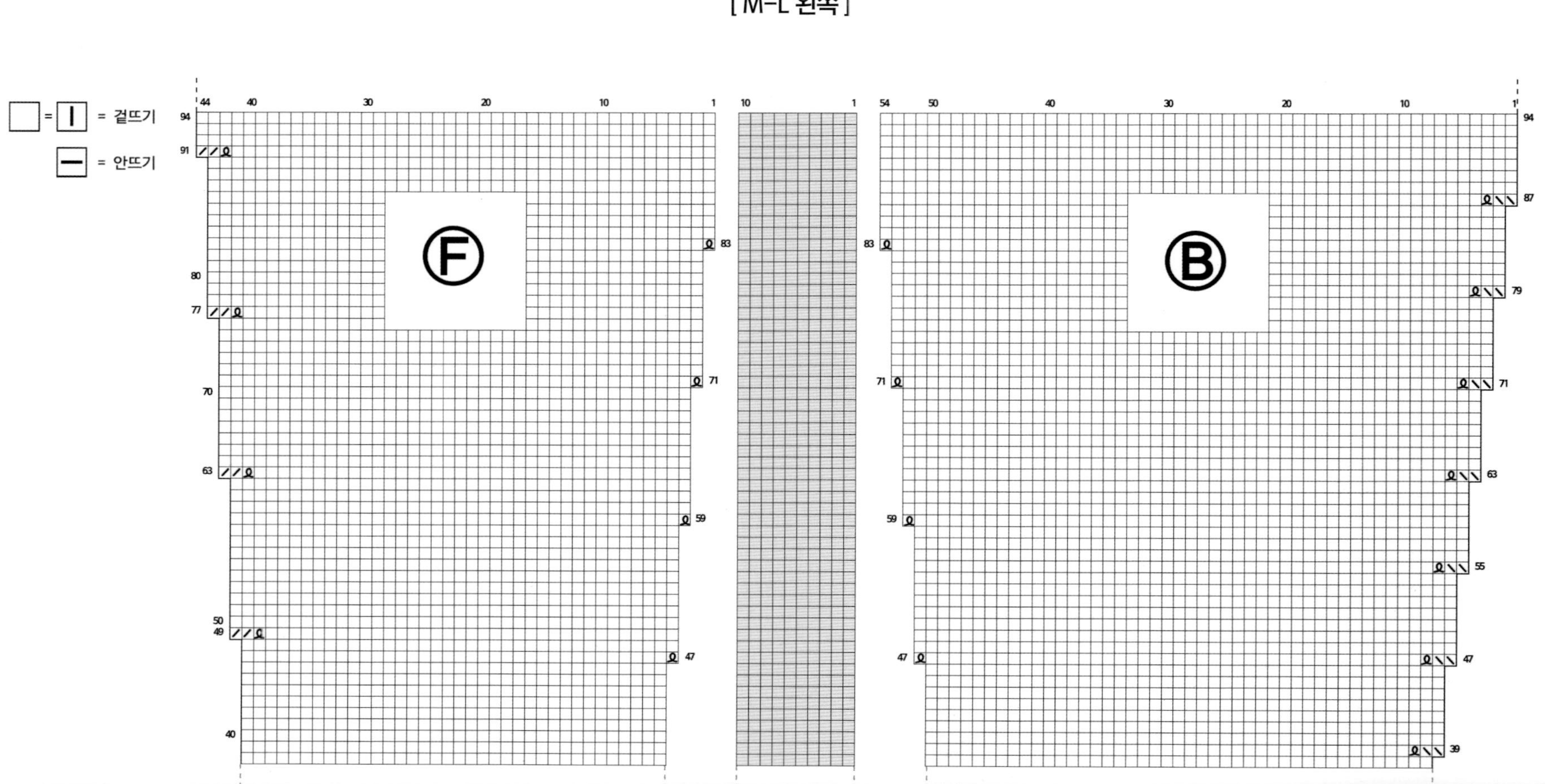

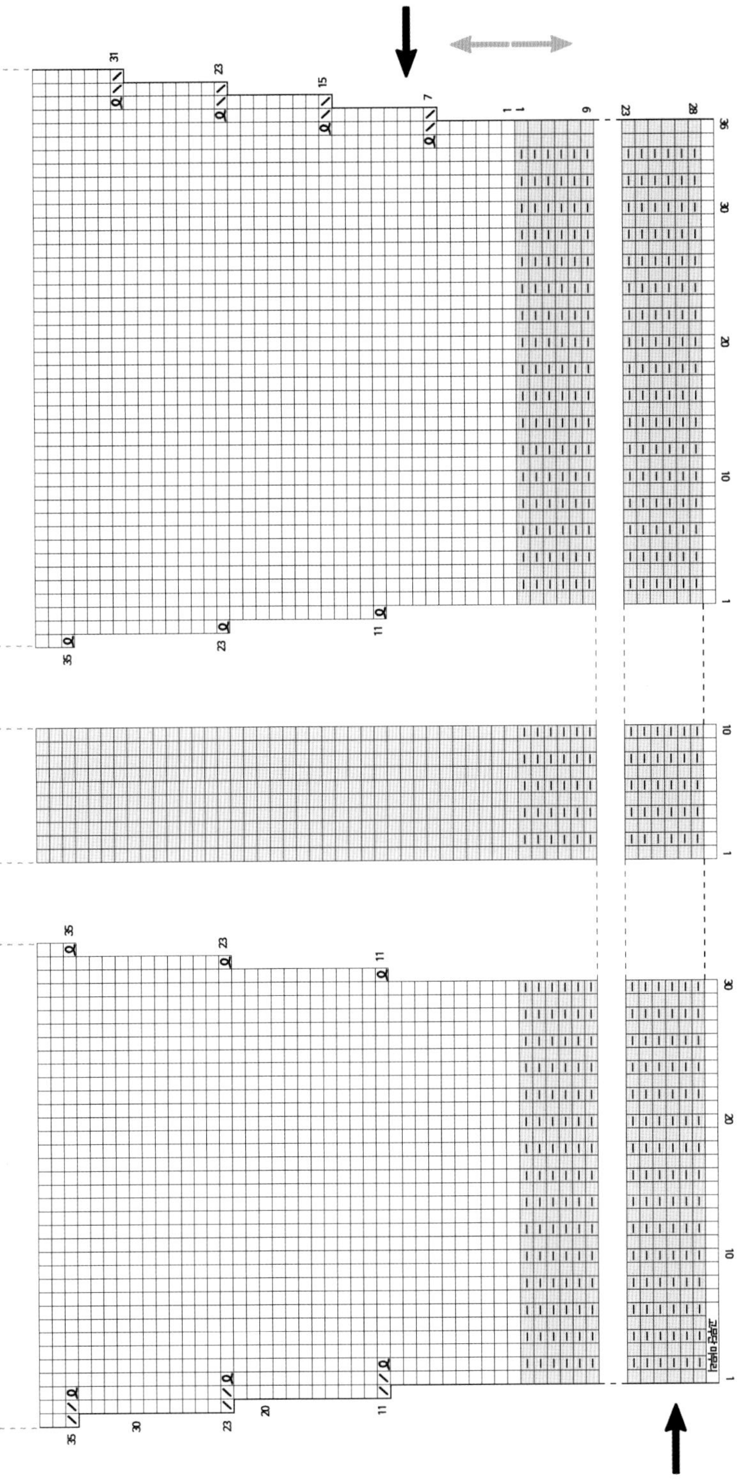

CROTCH 밑위

R (착용 시 오른쪽)

밑위부터는 카운팅을 다시 시작합니다.

1단 : (앞) 4코 코막음, 겉뜨기 46코, (옆) 겉뜨기 10코, (뒤) 겉뜨기 64코
2단 : (뒤) 6코 코막음, 안뜨기 58코, (옆) 안뜨기 10코, (앞) 안뜨기 46코
3단 : (앞) 겉뜨기 2코, 1코 줄이기, 겉뜨기 42코, (옆) 겉뜨기 10코, (뒤) 겉뜨기 58코
4단 : (뒤) 3코 코막음, 안뜨기 55코, (옆) 안뜨기 10코, (앞) 안뜨기 45코
5단 : (앞) 겉뜨기 2코, 1코 줄이기, 겉뜨기 41코, (옆) 겉뜨기 10코, (뒤) 겉뜨기 49코, 2코 줄이기, 겉뜨기 2코
6단 : 안뜨기
7단 : (앞) 겉뜨기 2코, 1코 줄이기, 겉뜨기 40코, (옆) 겉뜨기 10코, (뒤) 겉뜨기 47코, 2코 줄이기, 겉뜨기 2코
8단 : 안뜨기
9단 : (앞) 겉뜨기 43코, (옆) 겉뜨기 10코, (뒤) 겉뜨기 47코, 1코 줄이기, 겉뜨기 2코
10단 : 안뜨기
11단 : (앞) 겉뜨기 2코, 1코 줄이기, 겉뜨기 39코, (옆) 겉뜨기 10코, (뒤) 겉뜨기 46코, 1코 줄이기, 겉뜨기 2코
12단 : 안뜨기
13난 : (앞) 겉뜨기 42코, (옆) 겉뜨기 10코, (뒤) 겉뜨기 45코, 1코 줄이기, 겉뜨기 2코
14~16단 : 메리야스뜨기
17단 : (앞) 겉뜨기 42코, (옆) 겉뜨기 10코, (뒤) 겉뜨기 44코, 1코 줄이기, 겉뜨기 2코
18~22단 : 메리야스뜨기
23단 : (앞) 겉뜨기 42코, (옆) 겉뜨기 10코, (뒤) 겉뜨기 43코, 1코 줄이기, 겉뜨기 2코
24~32단 : 메리야스뜨기
33단 : (앞) 겉뜨기 42코, (옆) 겉뜨기 10코, (뒤) 겉뜨기 42코, 1코 줄이기, 겉뜨기 2코
34~42단 : 메리야스뜨기
43단 : (앞) 겉뜨기 42코, (옆) 겉뜨기 10코, (뒤) 겉뜨기 41코, 1코 줄이기, 겉뜨기 2코
44~52단 : 메리야스뜨기
53단 : (앞) 겉뜨기 42코, (옆) 겉뜨기 10코, (뒤) 겉뜨기 40코, 1코 줄이기, 겉뜨기 2코
54단 : 안뜨기
55단 : (앞) 겉뜨기 40코, 1코 줄이기, (옆) 겉뜨기 10코, (뒤) 1코 줄이기, 겉뜨기 41코
56~60단 : 메리야스뜨기

61단 : (앞) 겉뜨기 39코, 1코 줄이기, (옆) 겉뜨기 10코, (뒤) 1코 줄이기, 겉뜨기 40코

62단 : 안뜨기

63단 : (앞) 겉뜨기 40코, (옆) 겉뜨기 10코 (뒤) 겉뜨기 37코, 1코 줄이기, 겉뜨기 2코

64~66단 : 메리야스뜨기

67단 : (앞) 겉뜨기 38코, 1코 줄이기, (옆) 겉뜨기 10코, (뒤) 1코 줄이기, 겉뜨기 38코

68~69단 : 메리야스뜨기

70단 : 안뜨기 진행, 뒤(BACK)의 39코로 되돌아뜨기 진행(★) 뒤의 39코 중 10코가 남는 지점까지 안뜨기 29코

71단 : 겉면에서 1코 걸기, 겉뜨기 29코

72단 : 안뜨기 19코

73단 : 겉면에서 1코 걸기, 겉뜨기 19코

74단 : 안뜨기 9코

75단 : 겉면에서 1코 걸기, 겉뜨기 9코

76단 : 늘어난 3코 줄이기 (뒤, 옆, 앞) 안뜨기 (후에 이어서 벨트를 뜹니다.)

※L은 좌우를 반대로 떠주세요.

[M-L 왼쪽]

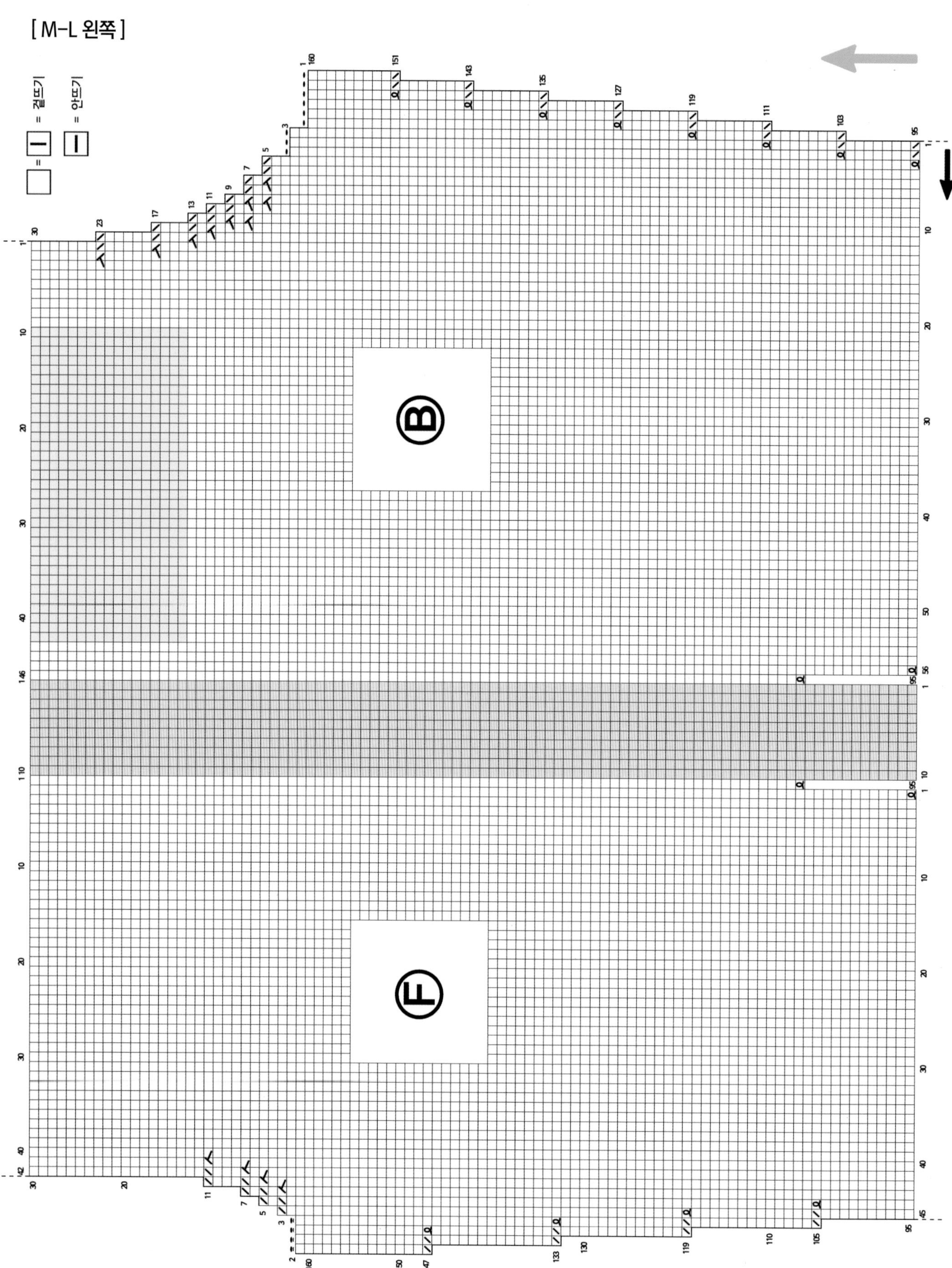

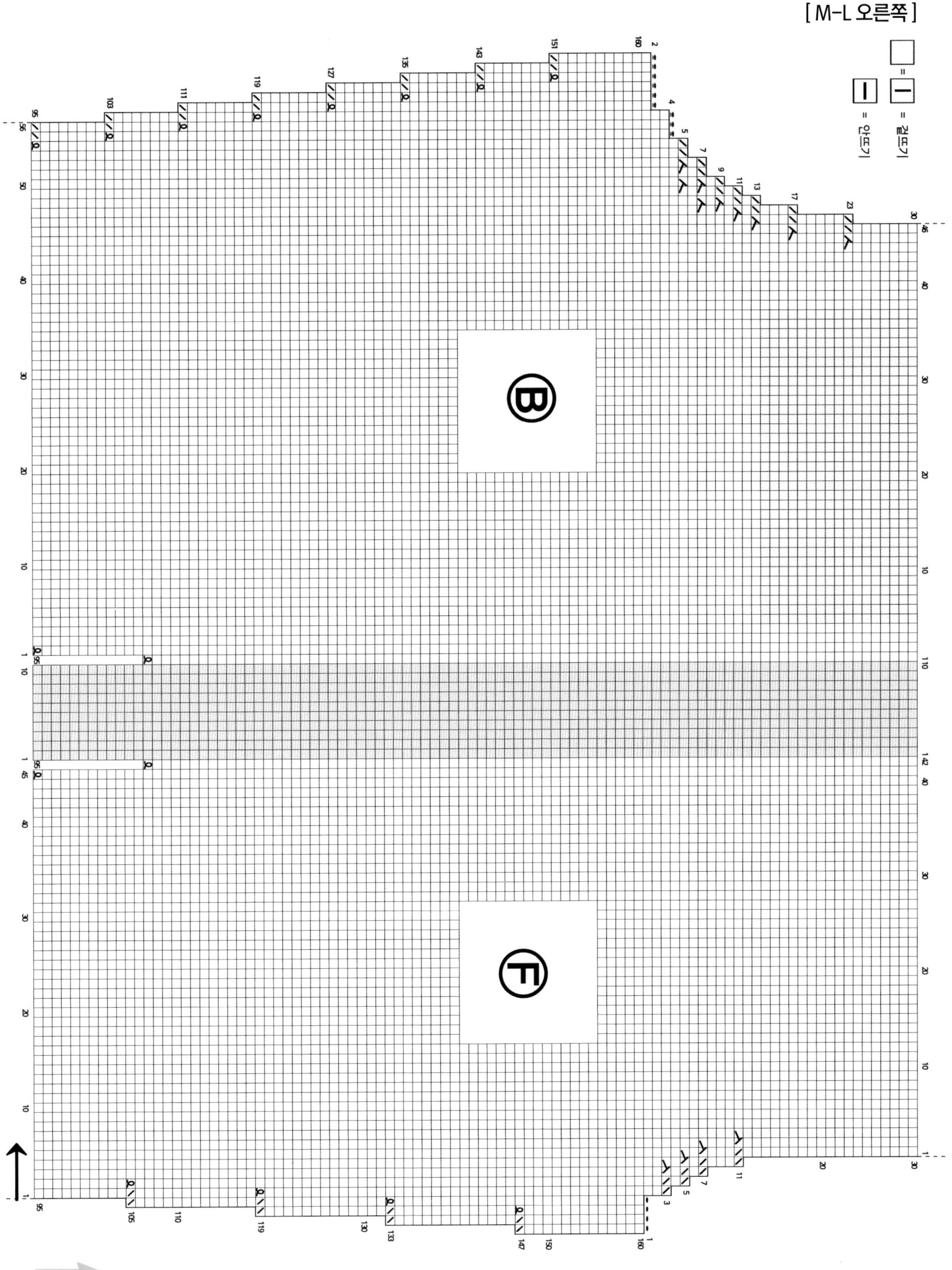
= 겉뜨기
= 안뜨기
B
F

HEM 고무단 밑단

다리 밑실에서 배색실과 4.0mm 바늘로 안뜨기를 떠 76코를 줍습니다. 코를 주운 다음 단부터 1단으로 카운팅합니다. 1×1 고무뜨기로 28단을 뜹니다. 이때 마지막 2코는 겉뜨기합니다. 돗바늘을 이용해 마무리합니다.

POCKET 포켓

아웃포켓 만든 방법을 참고하여 주머니를 만듭니다. 밑위 코막음부터 14단째, 11코째에서 코를 잡습니다. 33코를 잡고 메리야스뜨기 35단을 뜬 후, 고무단 5단을 뜨고 마무리합니다. 포켓의 크기는 취향에 따라 조절해도 좋습니다.

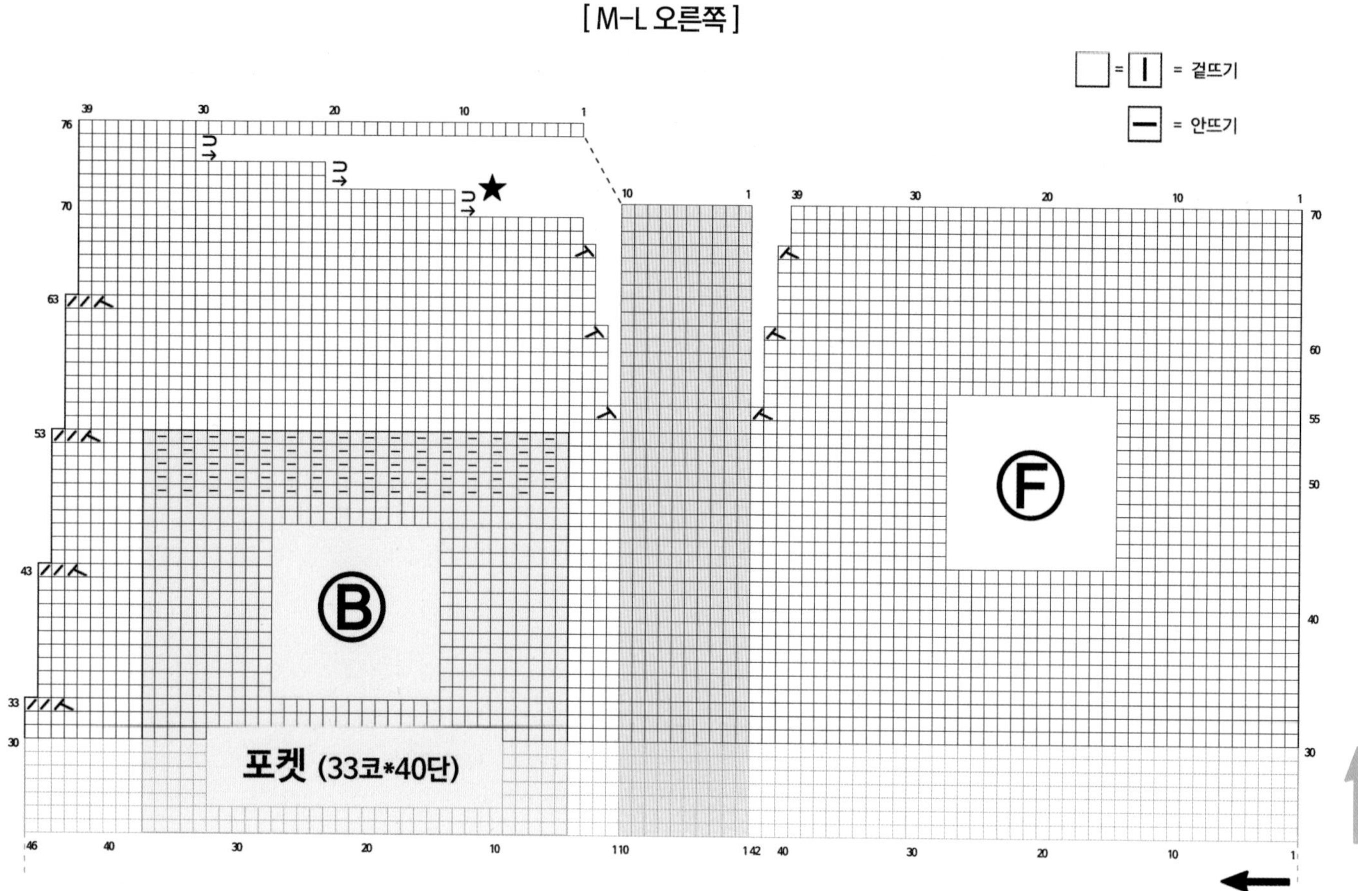

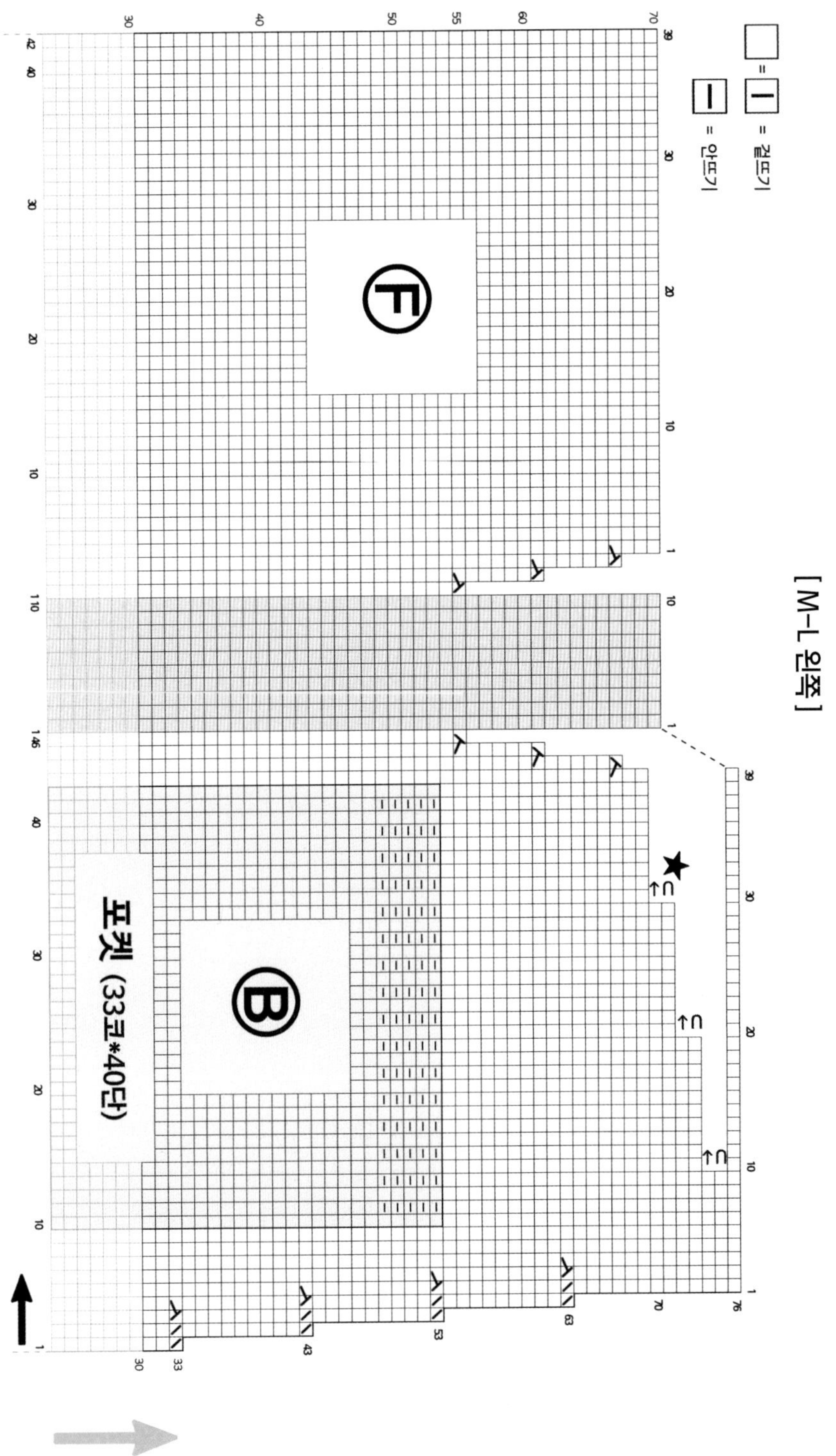
[M-L 왼쪽]
= 겉뜨기
= 안뜨기
F
B
포켓 (33코*40단)

BELT 벨트

벨트 만들기

다리와 밑위를 '단과 단 잇기' 방법으로 꿰맨 후 코를 옮겨 앞판, 뒤판으로 나누어 진행합니다. 취향에 따라 원통뜨기로 진행해도 좋습니다.

1 앞, 뒤판으로 코를 나누고 4.0mm 바늘로 벨트를 진행합니다. 앞, 뒤판에 각각 양옆 1코씩을 임의로 만듭니다. 앞판의 경우 꿰매면 양옆 1코씩 총 2코가 줄어 86코가 되며, 임의의 각 1코씩을 만들어 다시 88코가 됩니다.

2 메리야스뜨기로 6단을 뜬 후 도안을 따라 스트링 구멍을 만듭니다.

3 이후 8단 + 16단을 더 떠 마무리합니다.

4 뒤판의 경우 꿰매면 양옆 1코씩 총 2코가 줄어 86코가 되며, 임의의 각 1코씩을 만들어 다시 88코가 됩니다. 뒤판에는 스트링 구멍이 필요없기 때문에 메리야스뜨기 32단을 뜬 후 마무리합니다.

5 벨트의 옆선을 꿰맨 후, 접어 안면을 꿰맵니다. 고무밴드를 넣어 사이즈를 조절한 후 마무리합니다.

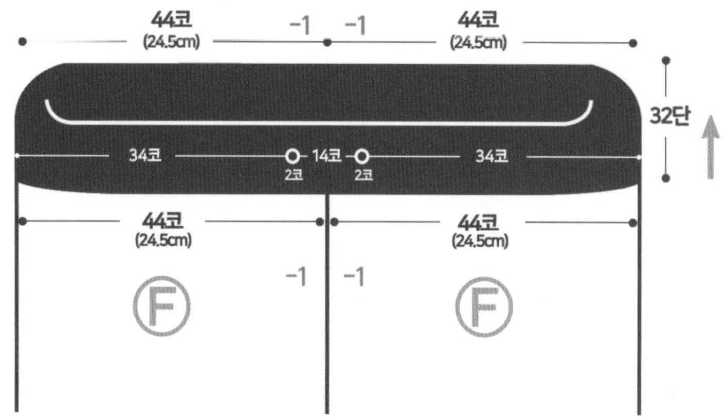

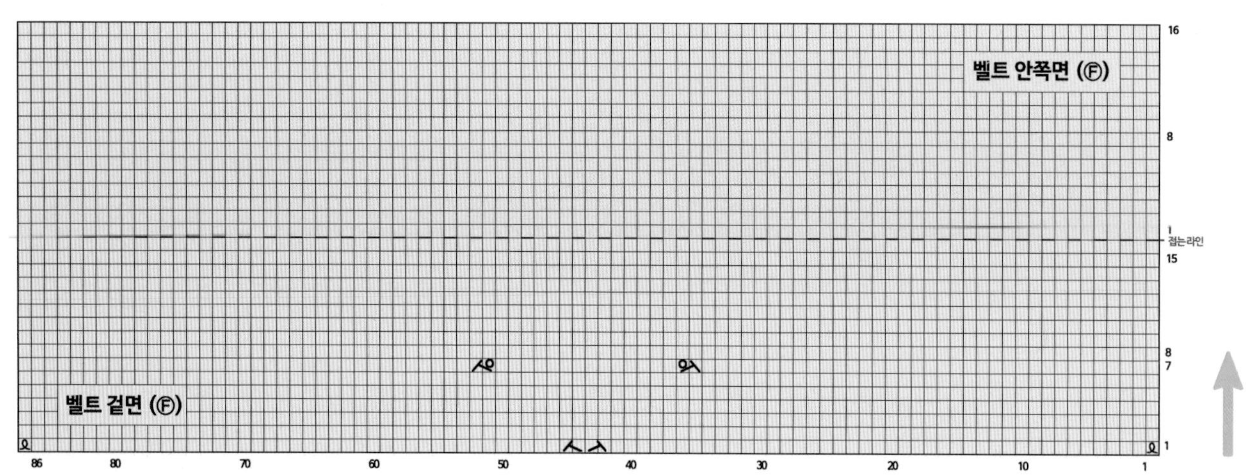

S-M
M-L

KNIT 009

리본 묶고 나빌레라 드레스

사이즈 cm (S-M/M-L)

어깨 23.5/29.5
가슴 47/53
총장 110/111

실

Sandnes Garn Borstet Alpakka
(뷔스티에) 100. Black 85, 98g
Sandnes Garn Tynn Silk Mohair
(스커트) 1022. L.Gray.M 295, 315g
(스트랩) 4323. Pink 40g

바늘

5.0mm, 5.5mm 대바늘,
모사용 6호 코바늘

게이지

Borstet Alpakka(1겹)
17코×26단
Tynn Silk Mohair(2겹)
17코×22단

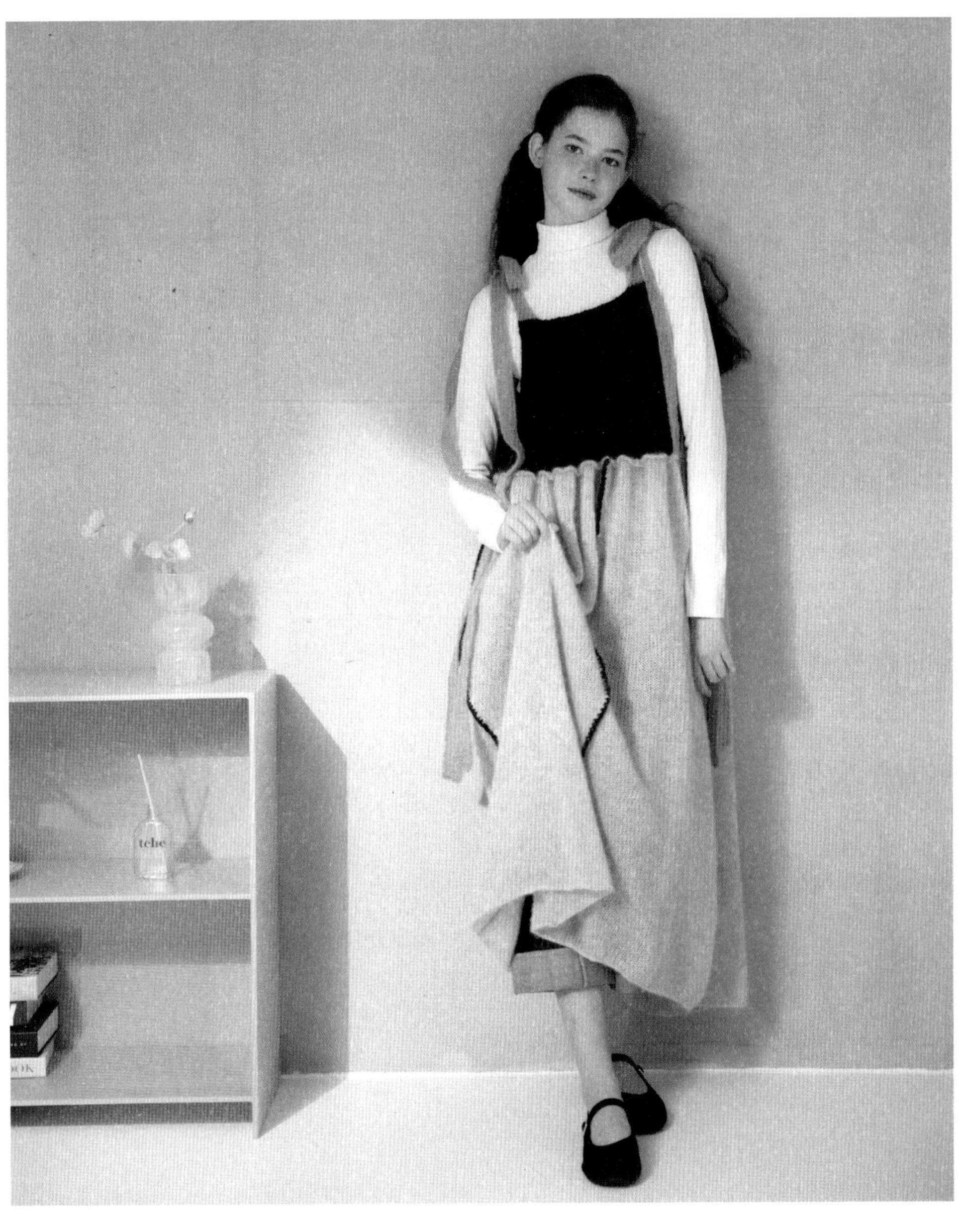

SKIRT 스커트

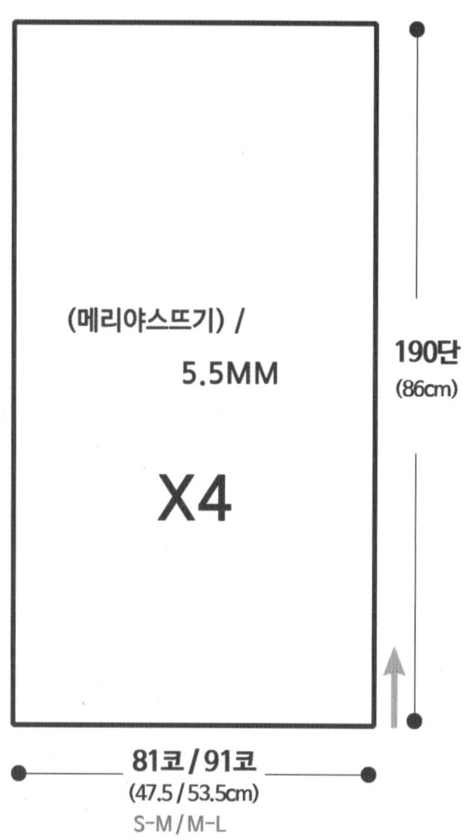

1 모헤어실 2겹과 5.5mm 대바늘로 막코 (S 81, L 91)코를 만듭니다.

2 코를 잡은 단은 카운팅하지 않고 안뜨기부터 시작해 메리야스뜨기 총 190단을 뜹니다.

3 모사용 6호 코바늘로 윗실에 걸면서 빼뜨기합니다.

4 총 4장을 만들고 2장씩 세로 부분을 돗바늘로 꿰매어 연결합니다. 이때 안면이 보이게 두고 2단씩 꿰매어 겉면에서 봤을 때, 꿰맨 솔기가 밖으로 보이도록 합니다.

5 뒤판의 스커트, 앞판의 스커트를 완성합니다.

탑&스트랩

BUSTIER 뷔스티에

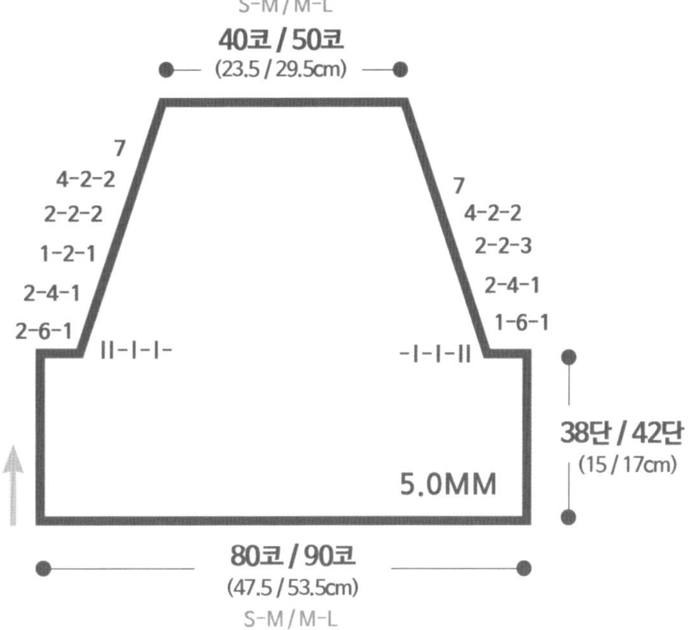

1 스커트에서 바로 코를 잡아 뷔스티에를 진행합니다. 스커트 겉면이 보이게 두고 윗단을 아래로 접어내립니다. 2단 아래 위치에서 알파카실 1겹과 5.0mm 대바늘로 2코씩 한 번에 잡습니다. (QR 코드 영상을 꼭 참고합니다.)

2 코를 잡은 단을 1단으로 카운팅하고 안뜨기부터 시작해 메리야스뜨기 (S 38, L 42)단을 뜹니다.

3 도안을 따라 양옆 6코 코막음 1회, 양옆 4코 코막음 1회, 매 2단마다 양옆 2코 줄이기 3회, 매 4단마다 양옆 2코 줄이기 2회를 진행합니다. 왼쪽과 오른쪽의 단수 차이가 있으니 꼭 도안을 참고합니다.

① 1단 : 겉뜨기로 6코 코막음, 도안 진행

② 2단 : 안뜨기로 6코 코막음, 도안 진행

③ 3단 : 겉뜨기로 4코 코막음, 도안 진행

④ 4단 : 안뜨기로 4코 코막음, 도안 진행

⑤ 5단 : 고무뜨기 7코, 2코 줄이기, 11코 남을 때까지 겉뜨기, 2코 줄이기, 고무뜨기 7코

⑥ 6단 : 도안 참고

⑦ 7단 : 고무뜨기 7코, 2코 줄이기, 11코 남을 때까지 겉뜨기, 2코 줄이기, 고무뜨기 7코

⑧ 8단 : 도안 참고

⑨ 9단 : 고무뜨기 7코, 2코 줄이기, 11코 남을 때까지 겉뜨기, 2코 줄이기, 고무뜨기 7코

⑩ 10~12단 : 도안 참고

⑪ 13단 : 고무뜨기 7코, 2코 줄이기, 11코 남을 때까지 겉뜨기, 2코 줄이기, 고무뜨기 7코

⑫ 14~16단 : 도안 참고

⑬ 17단 : 고무뜨기 7코, 2코 줄이기, 11코 남을 때까지 겉뜨기, 2코 줄이기, 고무뜨기 7코

4 평단 7단을 뜬 후, 실을 끊고 별도의 마무리 없이 양옆 스트랩을 진행합니다.

5 앞판과 뒤판을 스커트와 동일한 방법으로 연결한 후 모사용 6호 바늘을 이용해서 짧은뜨기로 포인트를 줍니다.

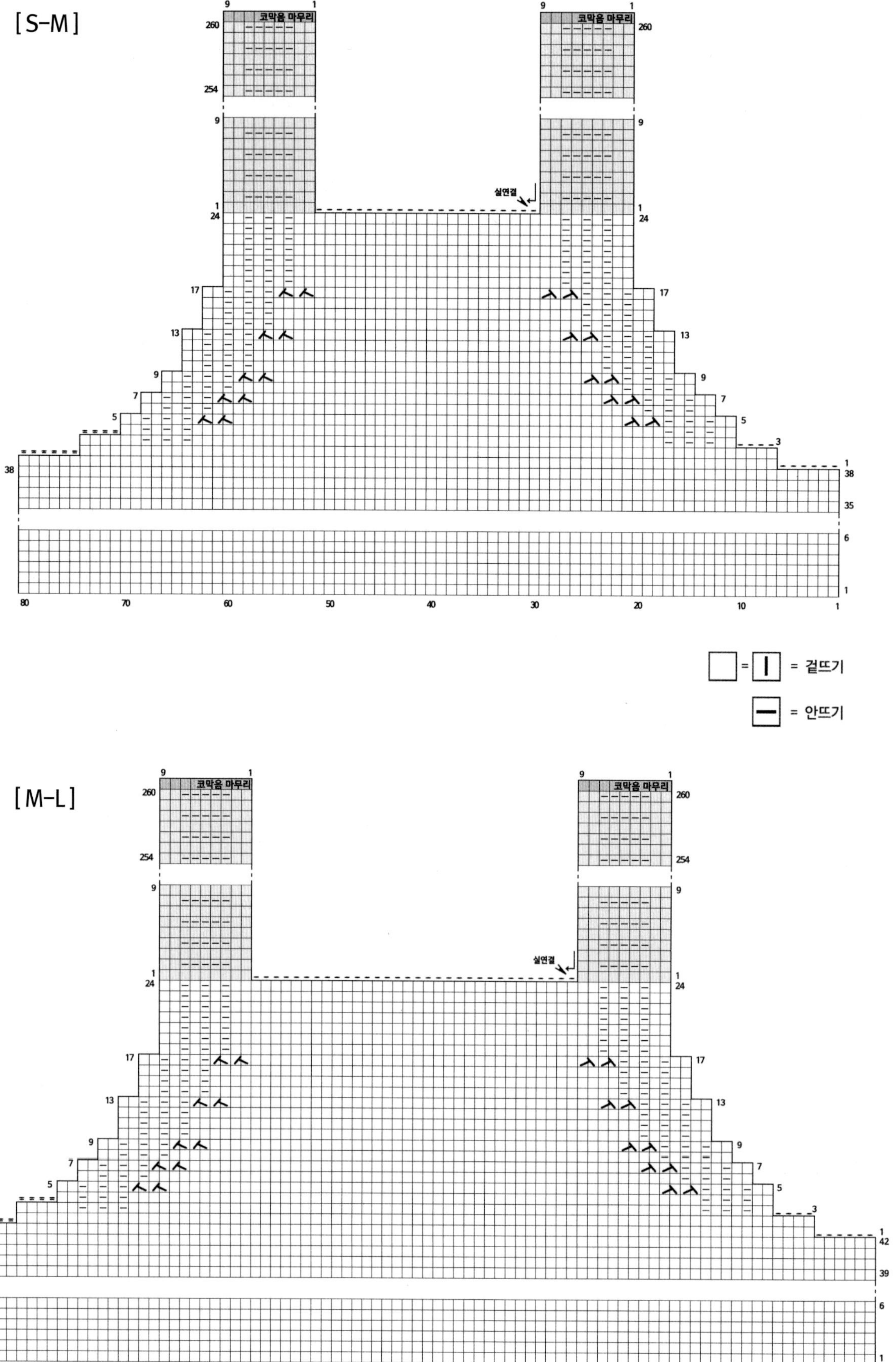
[S-M]
코막음 마무리
코막음 마무리
실연결
= 겉뜨기
= 안뜨기
[M-L]
코막음 마무리
코막음 마무리
실연결

STRAP 스트랩

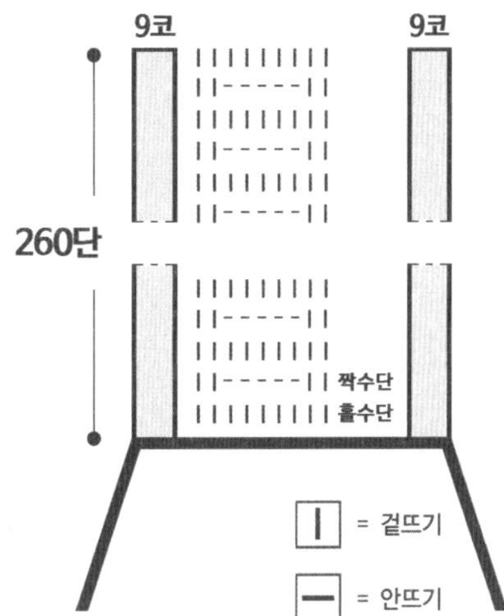

1 스트랩은 뷔스티에 양옆의 9코에서 진행합니다. 이때 양옆 2코는 겉뜨기로 세우고 가운데 5코는 가터뜨기로 뜹니다.

2 모헤어실 2겹과 4.5mm 대바늘로 260단을 뜹니다. 긴 스트랩이므로 단수는 취향에 따라 조절해도 좋습니다.

3 마지막 단은 코막음해 마무리합니다.

★ 양옆 스트랩 완성 후, 뷔스티에 가운데 걸린 코들은 새로운 알파카실로 코막음해 마무리합니다.

클래식 스트라이프 폴라T와 원피스

S-M

사이즈 cm (S-M/M-L)

어깨	40/44
가슴	55/61
암홀	26/28.5
소매	60.5/63
총장	61.5(스웨터)
	123(드레스)

실

(원피스) Nakyang Winter Garden
(바탕실) 92. Natural White 720, 820g
(배색실) 90. Black 85, 100g
(폴라T) Nakyang Winter Garden
(바탕실) 86. Dark Brown 570, 680g
(배색실) 82. Dark Mint 85, 100g

바늘

4.0mm, 4.5mm 대바늘

게이지

20코×26단

ⓐ+ⓑ 코 연결 방법

드레스 뒤판

① 밑실과 4.0mm 대바늘로 28코를 잡아 바탕실로 코를 끌어올립니다. 이때 마지막 안뜨기 코를 겹쳐 떠 55코를 만듭니다.

② 양옆 겉뜨기 2코를 세우고 고무단을 22단 더 떠 총 24단(바늘에 걸린 코까지 더하면 총 25단)을 뜹니다. 이때 ⓐ를 뜰 때는 홀수단의 코를 걸러뜨고, ⓑ를 뜰 때는 짝수단의 코를 걸러뜹니다.

③ 4.5mm 대바늘로 바꾸고 메리야스뜨기를 시작합니다. 이때 ⓐ를 뜰 때는 오른쪽 시작 9코를, ⓑ를 뜰 때는 왼쪽 마지막 9코를 고무뜨기로 세우며 50단을 뜹니다. (2와 동일하게 코를 걸러뜹니다.)

④ ⓐ와 ⓑ를 한 바늘로 합칩니다. 합치는 부분 가운데에 꽈배기를 한 번 넣어 벌어지는 것을 방지합니다. 이 단부터 메리야스뜨기로 140단을 더 뜹니다. (틔운 단 50단 + 합친 후 140단 = 190단)

BACK 뒤판

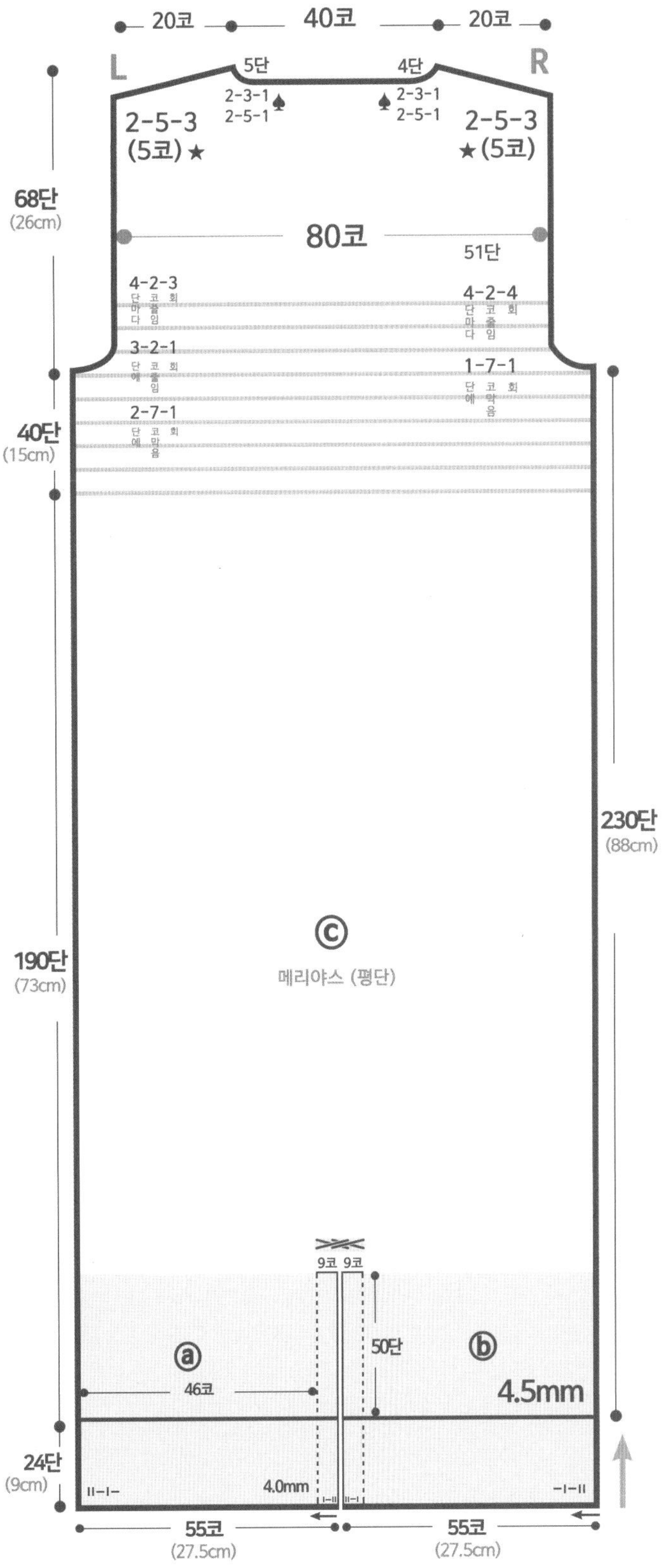

20코 40코 20코
L R
5단 4단
2-3-1 2-5-1 ♠
♠ 2-3-1 2-5-1
2-5-3 (5코) ★
2-5-3 ★(5코)
68단 (26cm)
80코
51단
4-2-3 단마다 코줄임 회
4-2-4 단마다 코줄임 회
3-2-1 단에 코줄임 회
1-7-1 단에 코막음 회
40단 (15cm)
2-7-1 단에 코막음 회
230단 (88cm)
ⓒ
메리야스 (평단)
190단 (73cm)
9코 9코
50단
ⓐ ⓑ
46코
4.5mm
24단 (9cm)
4.0mm
55코 (27.5cm) 55코 (27.5cm)

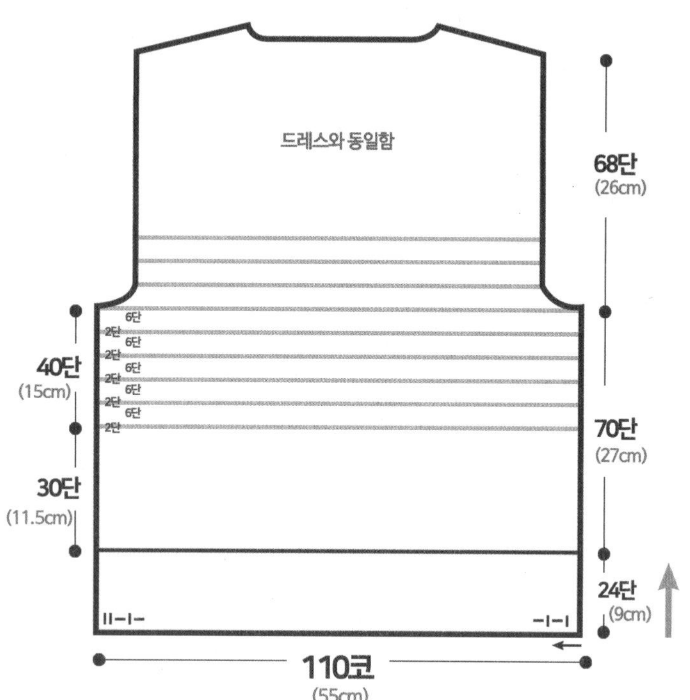

스웨터 뒤판

① 밑실과 4.0mm 대바늘로 55코를 잡아 바탕실로 코를 끌어올려 110코를 만듭니다.

② 옆선을 틔울 경우 첫 코를 거르고, 틔우지 않을 경우 첫 코도 뜨면서 고무단을 22단 더 떠 총 24단(바늘에 걸린 코까지 더하면 총 25단)을 뜹니다.

③ 4.5mm 바늘로 바꾸고 메리야스뜨기 30단을 뜹니다. (고무단 24단 + 메리야스 30단 = 54단)

공통

드레스의 4번, 스웨터의 3번까지 진행했다면, 지금부터는 공통으로 진행합니다.

① 메리야스뜨기로 배색실 2단, 바탕실 6단을 총 5회를 반복합니다. (배색실 2단 + 바탕실 6단 = 8단 x 5회 = 40단. 고무단 제외 드레스는 230단, 스웨터는 70단까지 진행)

② 암홀 부분을 시작합니다.

1단(겉면)에서 암홀 코를 막은 후, 매 4단마다 양옆 2코씩 줄이기를 4회 반복합니다.

1단 : (배색실) 오른쪽 7코 코막음

2단 : (배색실) 왼쪽 7코 코막음

3, 4단 : 겉뜨기, 안뜨기 각 1단

5단 : ＼＼／⋋, 6코 남을 때까지 겉뜨기, ⋌＼／／

6~8단 : 안뜨기

9단 : (배색실) ＼＼／⋋, 6코 남을 때까지 겉뜨기, ⋌＼／／

10(배색), 11, 12단 : 안뜨기, 겉뜨기, 안뜨기 각 1단

13단 : ＼＼／⋋, 6코 남을 때까지 겉뜨기, ⋌＼／／

14, 15, 16단 : 안뜨기, 겉뜨기, 안뜨기 각 1단

17단 : (배색실) ＼＼／⋋, 6코 남을 때까지 도안 진행, ⋌＼／／

③ 도안을 따라 51단을 더 뜹니다.

BACK NECK LINE 뒤판 네크라인과 어깨산

69단 겉뜨기부터 네크라인과 어깨산을 동시에 진행합니다.

① 69단 : 5코 남을 때까지 겉뜨기, 편물 뒤집기

② 70단 : 안면에서 1코 걸기, 5코 남을 때까지 안뜨기, 편물 뒤집기

R (착용 시 오른쪽)

♠ 네크라인

2-3-1

2-5-1

★ 어깨산

2-5-3

(5코)

① 71단: 겉면에서 1코 걸기, 23코 겉뜨기 (어깨코 20코 + 네크라인 8코 - 어깨턴 5코)

② 72단 : 안면에서 1코 걸기, 18코 안뜨기 (처음 남긴 5코 + 걸어준 1코 + 남길 5코)

③ 73단 : 겉면에서 1코 걸기, 13코 겉뜨기 (네크라인 남길 5코 지점)

④ 74단 : 안면에서 1코 걸기, 8코 안뜨기 (처음 남긴 5코 + 걸어준 1코 + 남긴 5코 + 걸어준 1코 + 남길 5코)

⑤ 75단 : 겉면에서 1코 걸기, 5코 겉뜨기 (네크라인 남길 3코 지점)

안뜨기로 가면서 늘어난 3코를 정리합니다. 네크라인의 24코는 어깨핀이나 사용하지 않는 바늘에 걸어주세요.

L (착용 시 왼쪽)

♠ 네크라인

L: 2-3-1

2-5-1

★ 어깨산

2-5-3

(5코)

① 71단 : 실을 연결해 겉뜨기 18코 (왼쪽 바늘 : 남긴 5코 + 턴1코 + 남길 5코)

② 72단 : 안면에서 1코 걸기, 안뜨기 13코 (왼쪽 바늘 : 네크라인 5코)

③ 73단 : 겉면에서 1코 걸기, 겉뜨기 8코 (왼쪽 바늘 : 남긴 5코 + 턴 1코 + 남긴 5코 + 턴 1코 + 남길 5코)

④ 74단 : 안면에서 1코 걸기, 안뜨기 5코 (왼쪽 바늘 : 네크라인 5코 + 턴1코 + 네크라인 3코)

⑤ 75단 : 겉면에서 1코 걸기, 늘어난 3코 정리

[뒤판]

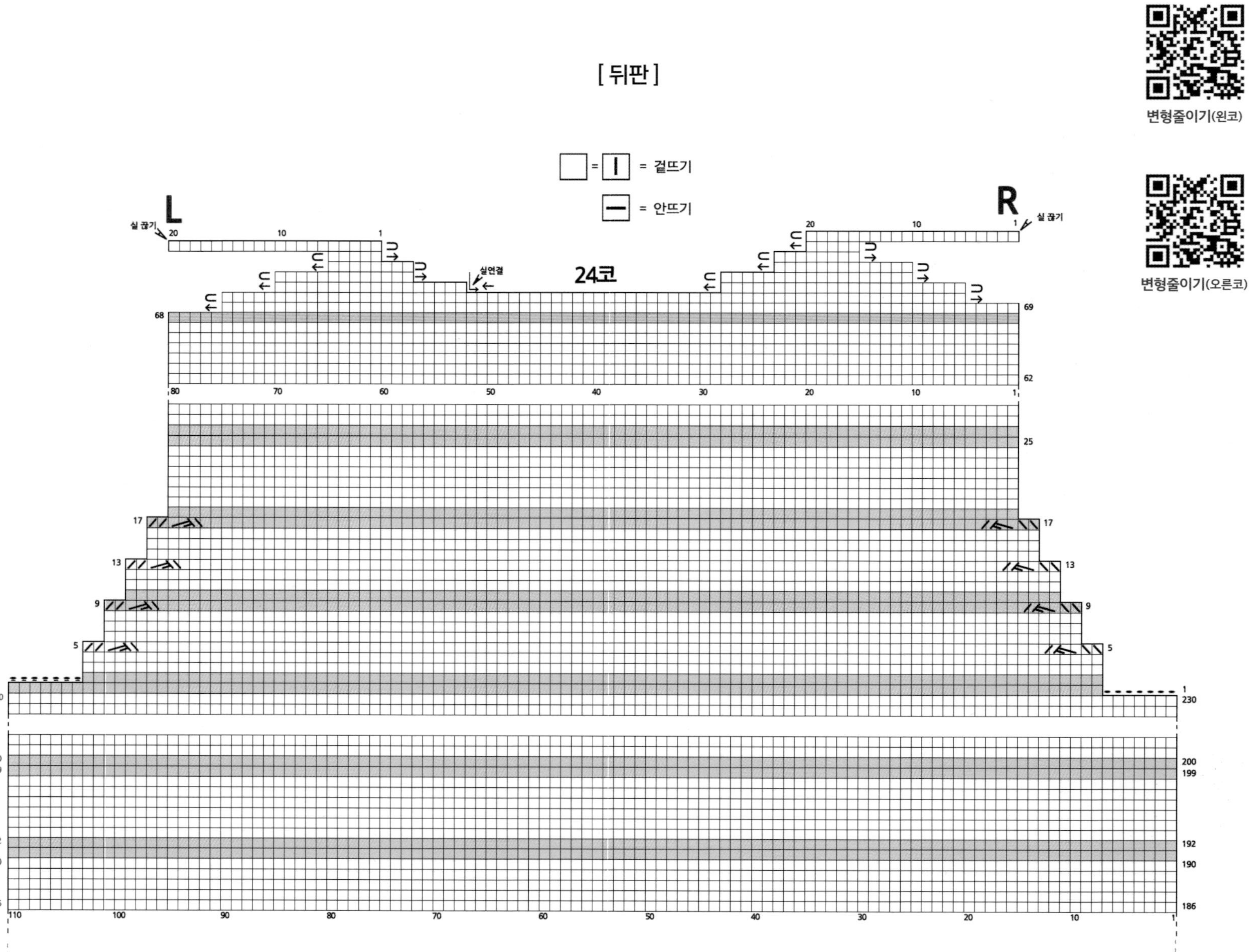

변형줄이기(왼코)

변형줄이기(오른코)

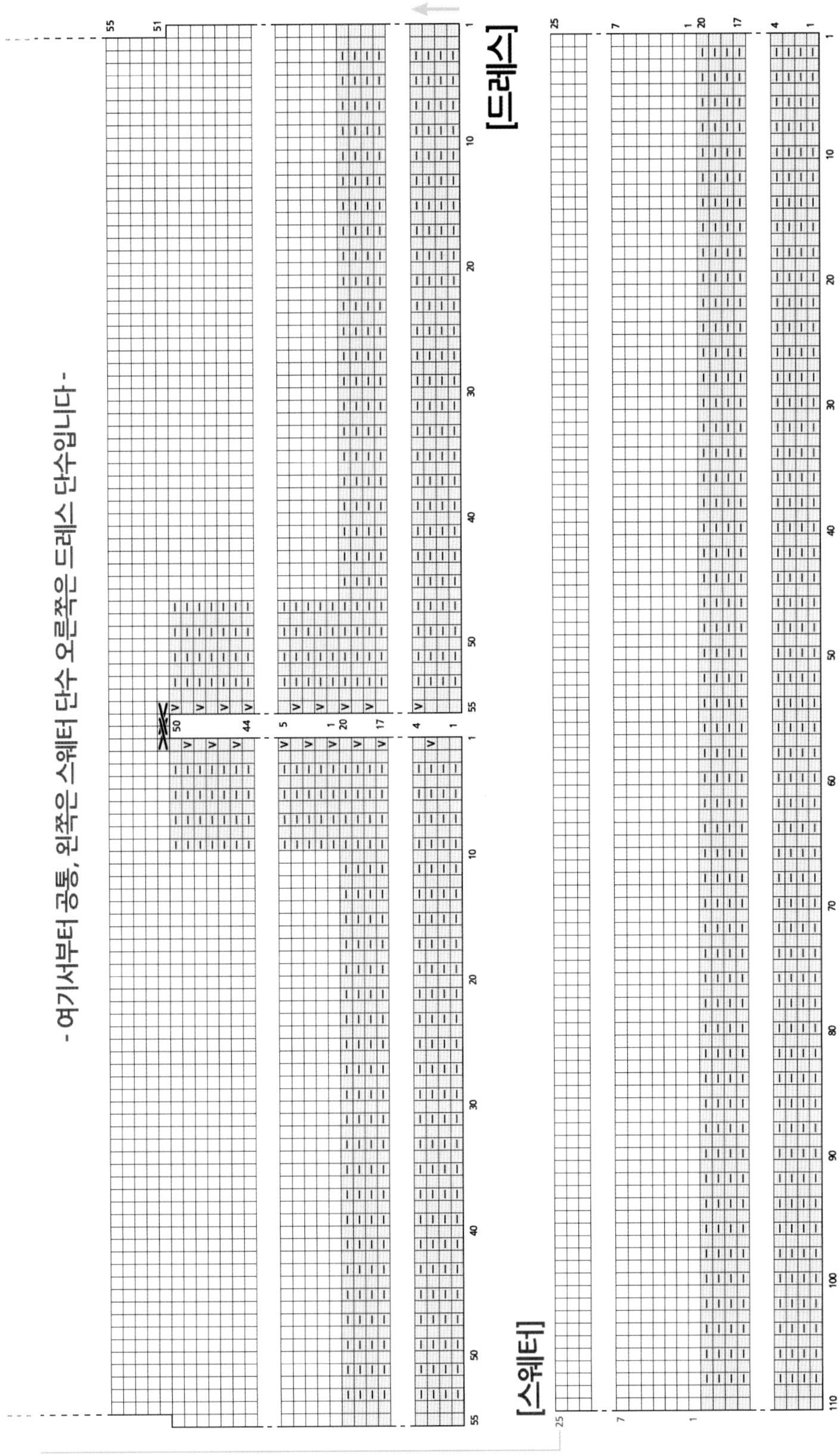

- 여기서부터 공통, 왼쪽은 스웨터 단수 오른쪽은 드레스 단수입니다 -

[드레스]

[스웨터]

FRONT 앞판

★ 스웨터와 원피스의 차이점은 고무단 이후부터 암홀 코막음 전까지의 길이(단수)입니다. 배색이 들어가는 지점부터는 동일하게 진행됩니다.

1 공통 ③번까지 뒤판과 동일합니다. (앞판의 경우, 드레스도 틔우지 않고 스웨터와 동일하게 진행합니다.)

2 도안을 따라 39단을 더 떠서 어깨산과 네크라인 코막음 전까지 진행합니다. (56단)

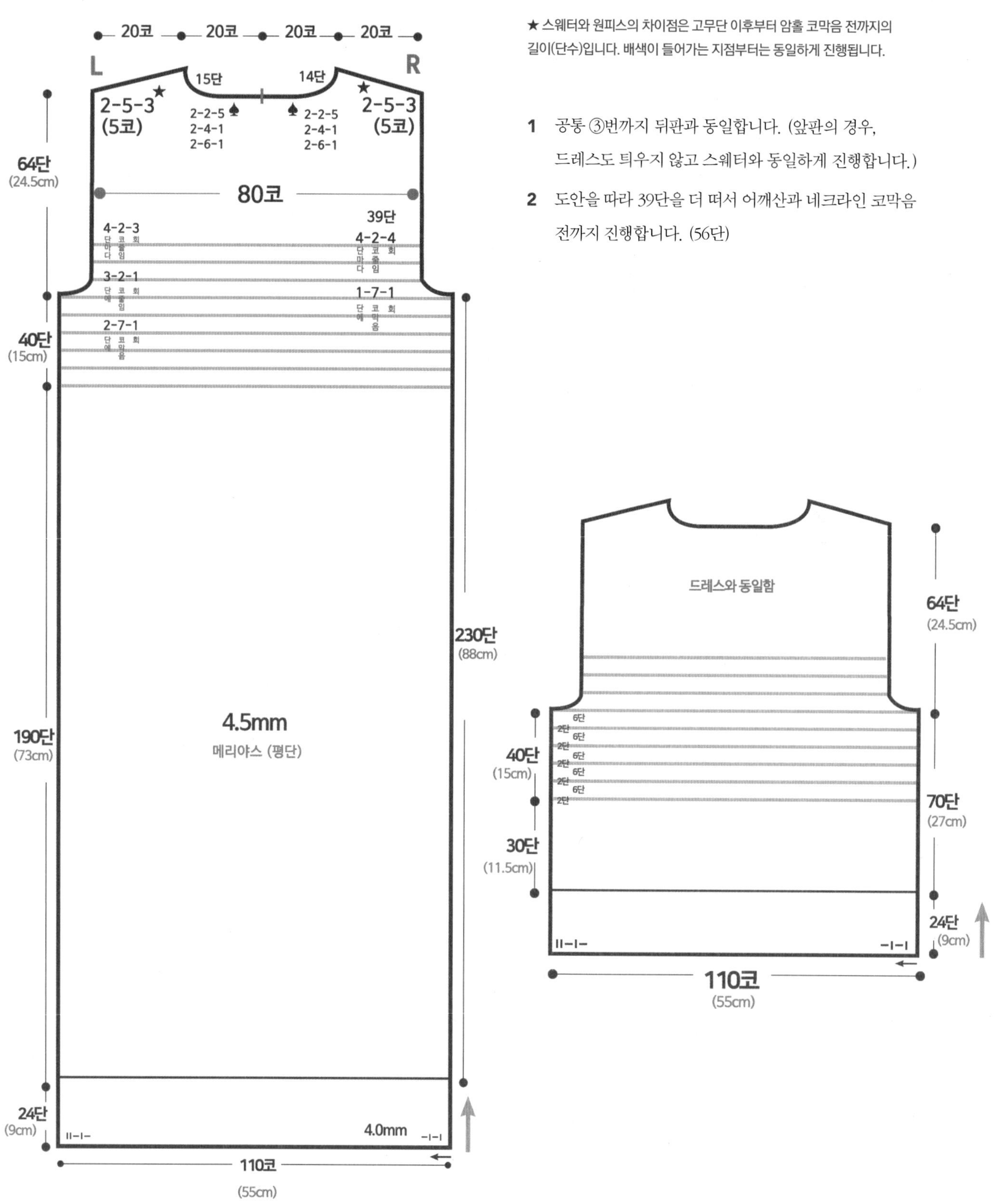

FRONT 네크라인

FRONT NECK LINE 앞판 네크라인과 어깨산

네크라인과 어깨산은 40코씩 나누어 진행합니다.

R (착용 시 왼쪽)

♠ 네크라인

2-2-5

2-4-1

2-6-1

★ 어깨산

2-5-3

(5코)

① 57단 : 6코 남을 때까지 겉뜨기 (네크라인 2-6-1)

② 58단 : 안면에서 1코 걸기, 도안 진행 (34코)

③ 59단 : 11코 남을 때까지 겉뜨기 (네크라인 처음 남긴 6코 + 턴 1코 + 남길 4코)

④ 60단 : 안면에서 1코 걸기, 도안 진행 (30코)

⑤ 61단 : 14코 남을 때까지 겉뜨기 (네크라인 처음 남긴 6코 + 턴 1코 + 남긴 4코 + 턴 1코 + 남길 2코)

⑥ 62단 : 안면에서 1코 걸기, 도안 진행 (28코)

⑦ 63단 : 17코 남을 때까지 겉뜨기 (네크라인 마지막 턴 위치 (15코) +2코)

⑧ 64단 : 안면에서 1코 걸기, 5코 남을 때까지 안뜨기 (어깨산 시작)

⑨ 65단 : 겉면에서 1코 걸기, 20코 남을 때까지 겉뜨기 (네크라인 마지막 턴 위치 (18코) +2코)

⑩ 66단 : 안면에서 1코 걸기, 11코 남을 때까지 안뜨기 (어깨산 처음 남긴 5코 + 턴 1코 + 남길 5코)

⑪ 67단 : 겉면에서 1코 걸기, 23코 남을 때까지 겉뜨기 (네크라인 마지막 턴 위치 (21코) + 2코)

⑫ 68단 : 안면에서 1코 걸기, 17코 남을 때까지 안뜨기 (어깨산 처음 남긴 5코 + 턴 1코 + 남긴 5코 + 1코 + 남길 5코)

⑬ 69단 : 겉면에서 1코 걸기, 겉뜨기 5코 (네크라인 마지막 턴(2코)을 할 수 있습니다.)

⑭ 70단 : 안면에서 1코 걸기, 도안 진행, 어깨코 3코 정리

L (착용 시 오른쪽)

57단 안쪽에서 실을 연결해 시작합니다.

♠ 네크라인

2-2-5

2-4-1

2-6-1

★ 어깨산

2-5-3

(5코)

① 57단 : 6코가 남을 때까지 안뜨기 (네크라인 2-6-1)

② 58단 : 겉면에서 1코 걸기, 도안 진행 (34코)

③ 59단 : 11코 남을 때까지 안뜨기 (네크라인 처음 남긴 6코 + 턴 1코 + 남길 4코)

④ 60단 : 겉면에서 1코 걸기, 도안 진행 (30코)

⑤ 61단 : 14코 남을 때까지 안뜨기 (네크라인 처음 남긴 6코 + 턴 1코 + 남긴 4코 + 턴 1코 + 남길 2코)

⑥ 62단 : 겉면에서 1코 걸기, 도안 진행 (28코)

⑦ 63단 : 17코 남을 때까지 안뜨기 (네크라인 마지막 턴 위치(15코) + 2코)

⑧ 64단 : 겉면에서 1코 걸기, 5코 남을 때까지 겉뜨기 (어깨산 시작)

⑨ 65단 : 안면에서 1코 걸기, 20코 남을 때까지 안뜨기 (네크라인 마지막 턴 위치 (18코) + 2코)

⑩ 66단 : 겉면에서 1코 걸기, 11코 남을 때까지 겉뜨기 (어깨산 처음 남긴 5코 + 턴 1코 + 남길 5코)

⑪ 67단 : 안면에서 1코 걸기, 23코 남을 때까지 안뜨기 (네크라인 마지막 턴 위치 (21코) + 2코)

⑫ 68단 : 겉면에서 1코 걸기, 17코 남을 때까지 겉뜨기 (어깨산 처음 남긴 5코 + 턴 1코 + 남긴 5코 + 1코 + 남길 5코)

⑬ 69단 : 안면에서 1코 걸기, 안뜨기 5코 (네크라인 마지막 턴(2코)을 할 수 있습니다.)

⑭ 70단 : 겉면에서 1코 걸기, 도안 진행, 어깨코 3코를 정리

※네크라인에서 늘어난 코는 앞, 뒤판 연결 후 목폴라를 잡을 때 정리합니다.

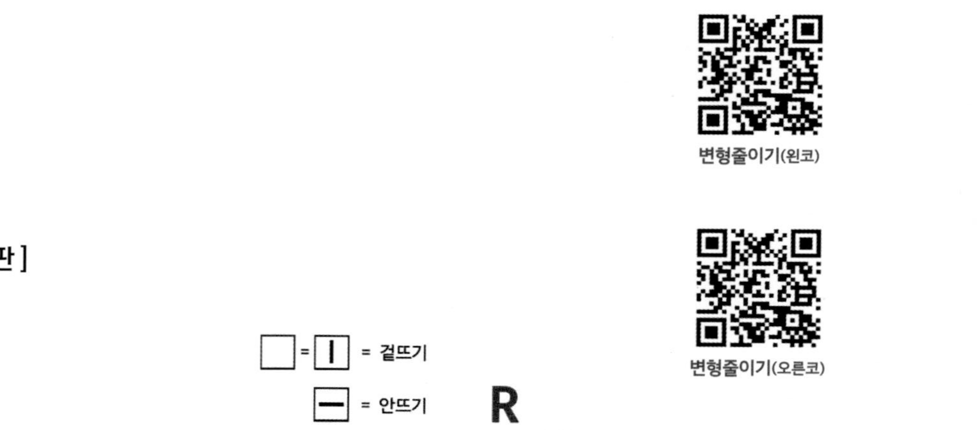

변형줄이기(왼코)

변형줄이기(오른코)

[앞판]

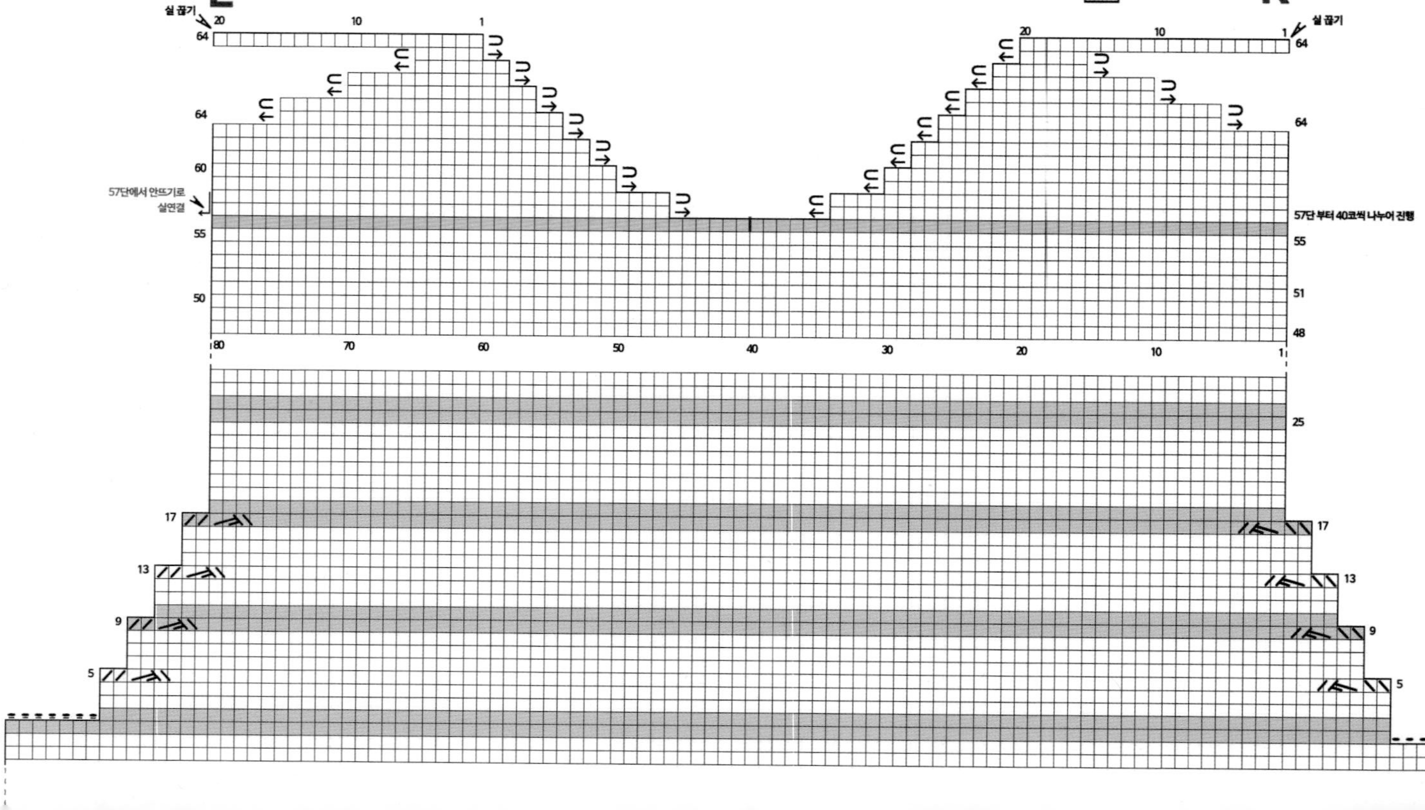

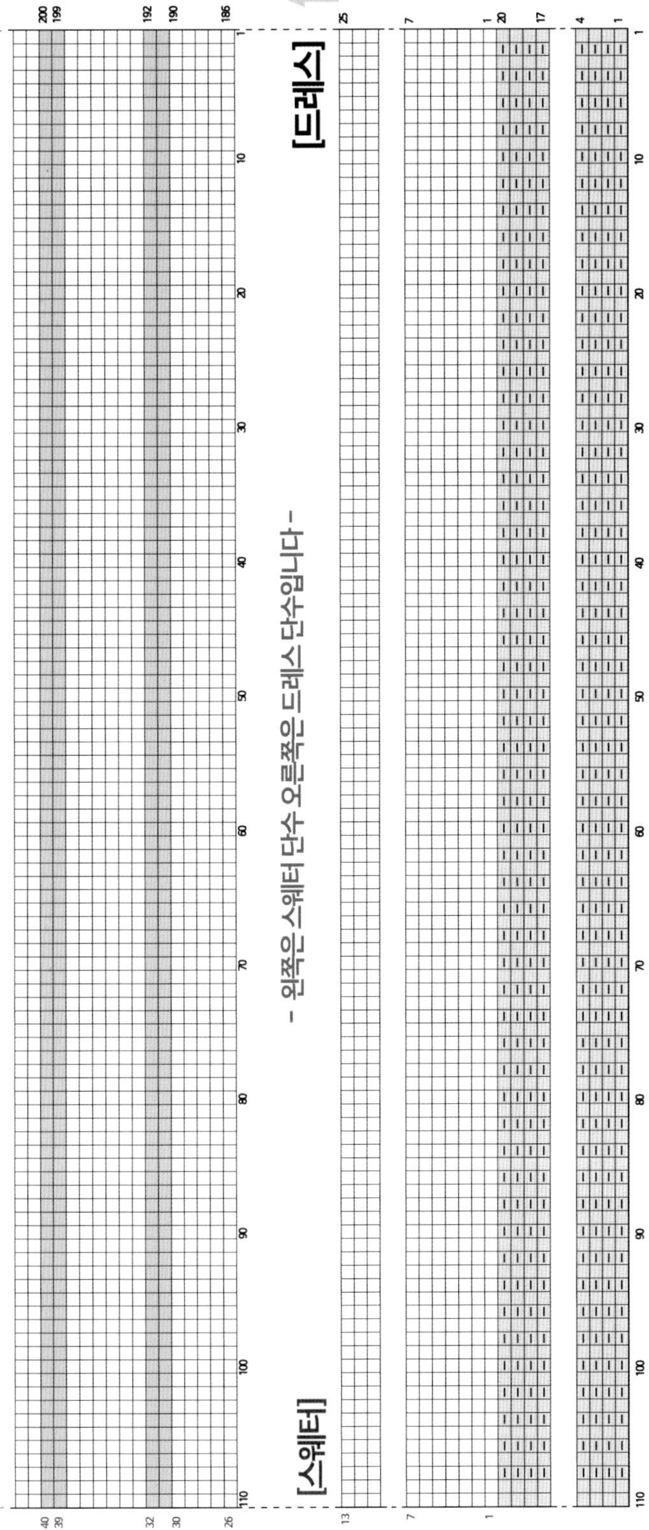
[드레스]
- 왼쪽은 스웨터 단수 오른쪽은 드레스 단수입니다 -
[스웨터]

SLEEVE 소매

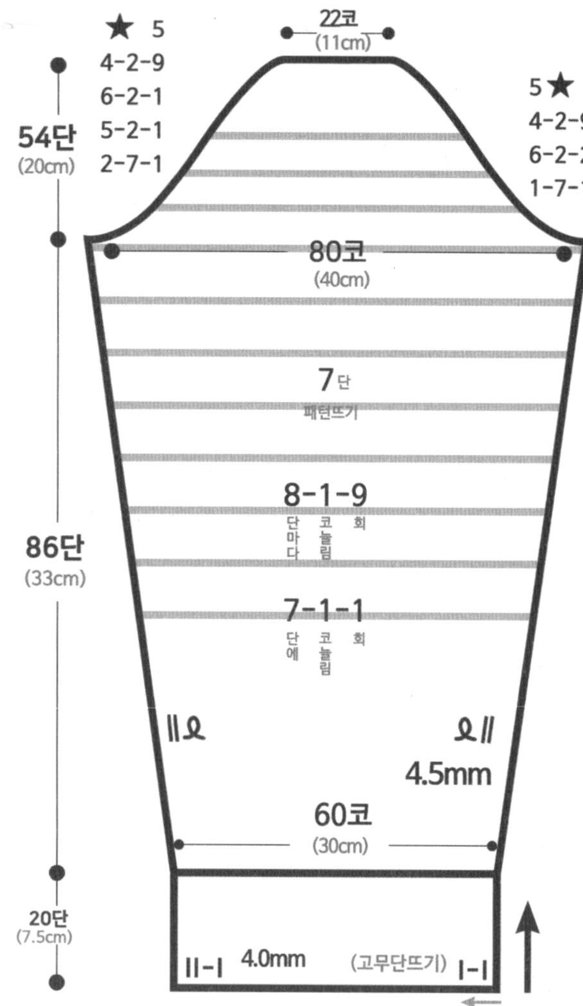

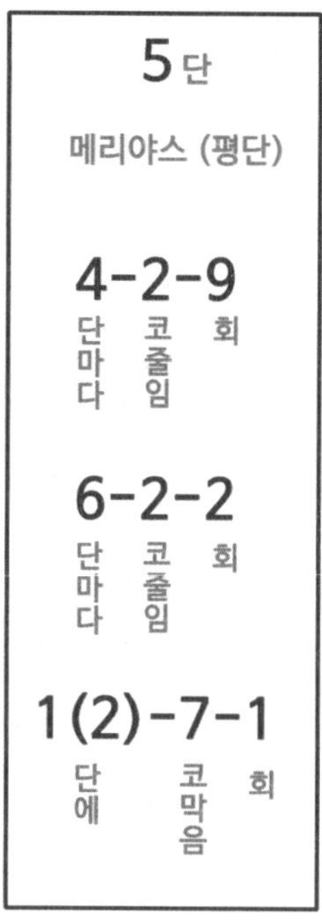

1 밑실과 4.0mm 대바늘로 30코를 잡아 고무코를 끌어올려 60코를 만듭니다. 고무뜨기 18단을 뜹니다. (이때 사슬이나 밑실로 고무코를 잡으면 2단이 더해져 20단이 됩니다.)

2 4.5mm 대바늘로 바꾸고 6단을 뜹니다. 이후 매 7단마다 양옆 1코 늘리기 1회, 매 8단마다 양옆 1코 늘리기 9회 반복하고 7단을 더 뜹니다. (30단을 뜬 후 31, 32단은 배색실, 다음 6단은 바탕실, 다음 2단은 배색실로 반복되니 도안을 확인합니다.) 코를 늘릴 때는 처음 2코 겉뜨기 후 1코 늘리기를, 단에 2코가 남았을 때 1코를 늘린 후 2코를 겉뜨기하는 방식으로 진행합니다.

3 뒤판의 암홀을 줄였던 것과 동일한 방법으로 암홀을 각 7코씩 먼저 코막음합니다.

4 이후 매 6단마다 2코 줄이기 2회, 매 4단마다 2코 줄이기 9회 반복하고 도안을 따라 5단을 뜬 후, 코막음합니다. 코 줄이기는 '변형 줄이기' 방식으로 진행합니다.

소매는 총 2개를 뜹니다.

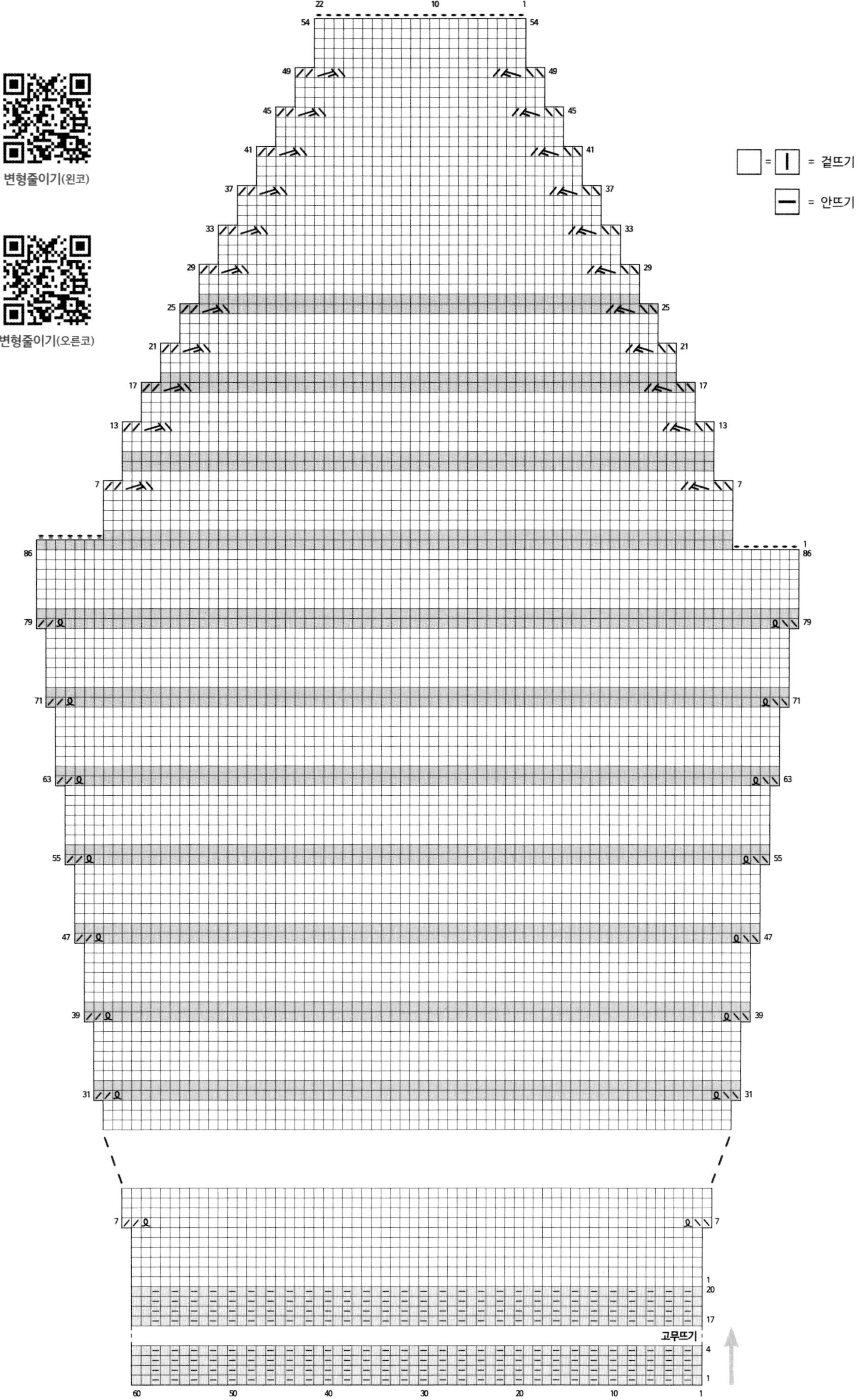

변형줄이기(왼코)
변형줄이기(오른코)
= 겉뜨기
= 안뜨기
고무뜨기

NECK 목

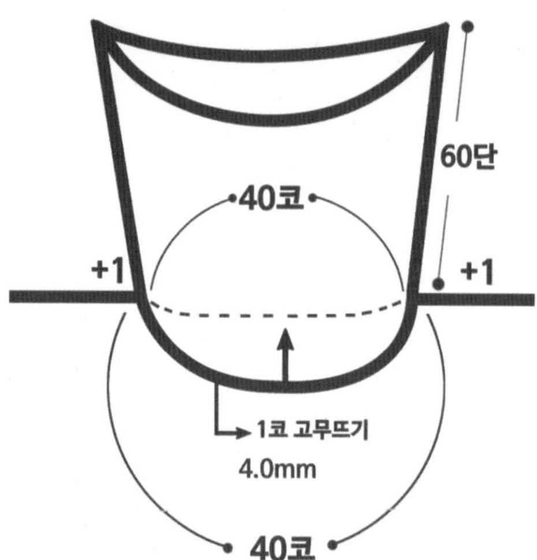

1 앞, 뒤판을 연결한 후, 4.0mm 대바늘로 네크라인의 턴(되돌아뜨기) 부분을 정리하며 1×1 고무코를 만듭니다. (턴의 위치에 따라 앞의 코 또는 뒤의 코와 겹쳐 합칩니다.) 이때 목의 콧수는 반드시 짝수로 잡아야 합니다. 홀수로 잡힐 경우, 임의로 1코를 더 만들어 짝수로 만듭니다.

2 60단 정도 뜬 후 돗바늘로 마무리합니다. 이때 실이 너무 당겨져서 입구가 좁아지지 않게 주의합니다.

M-L

ⓐ+ⓑ 코 연결 방법

★ 스웨터와 원피스의 차이점은 고무단 이후부터 암홀 코막음 전까지의 길이(단수)입니다. 배색이 들어가는 지점부터는 동일하게 진행됩니다.

드레스 뒤판

① 밑실과 4.0mm 대바늘로 31코를 잡아 바탕실로 코를 끌어올립니다. 이때 마지막 안뜨기 코를 겹쳐 떠 61코를 만듭니다.

② 양옆 겉뜨기 2코를 세우고 고무단을 22단 더 떠 총 24단(바늘에 걸린 코까지 더하면 총 25단)을 뜹니다. 이때 ⓐ를 뜰 때는 홀수단의 코를 걸러뜨고, ⓑ를 뜰 때는 짝수단의 코를 걸러뜹니다.

③ 4.5mm 바늘로 바꾸고 메리야스뜨기를 시작합니다. 이때 ⓐ를 뜰 때는 오른쪽 시작 9코를, ⓑ를 뜰 때는 왼쪽 마지막 9코를 고무뜨기로 세우며 50단을 뜹니다. (2와 동일하게 코를 걸러뜹니다.)

④ ⓐ와 ⓑ를 한 바늘로 합칩니다. 합치는 부분 가운데에 꽈배기를 한 번 넣어 벌어지는 것을 방지합니다. 이 단부터 메리야스뜨기로 140단을 더 뜹니다. (티운 단 50단 + 합친 후 140단 = 190단)

BACK 뒤판

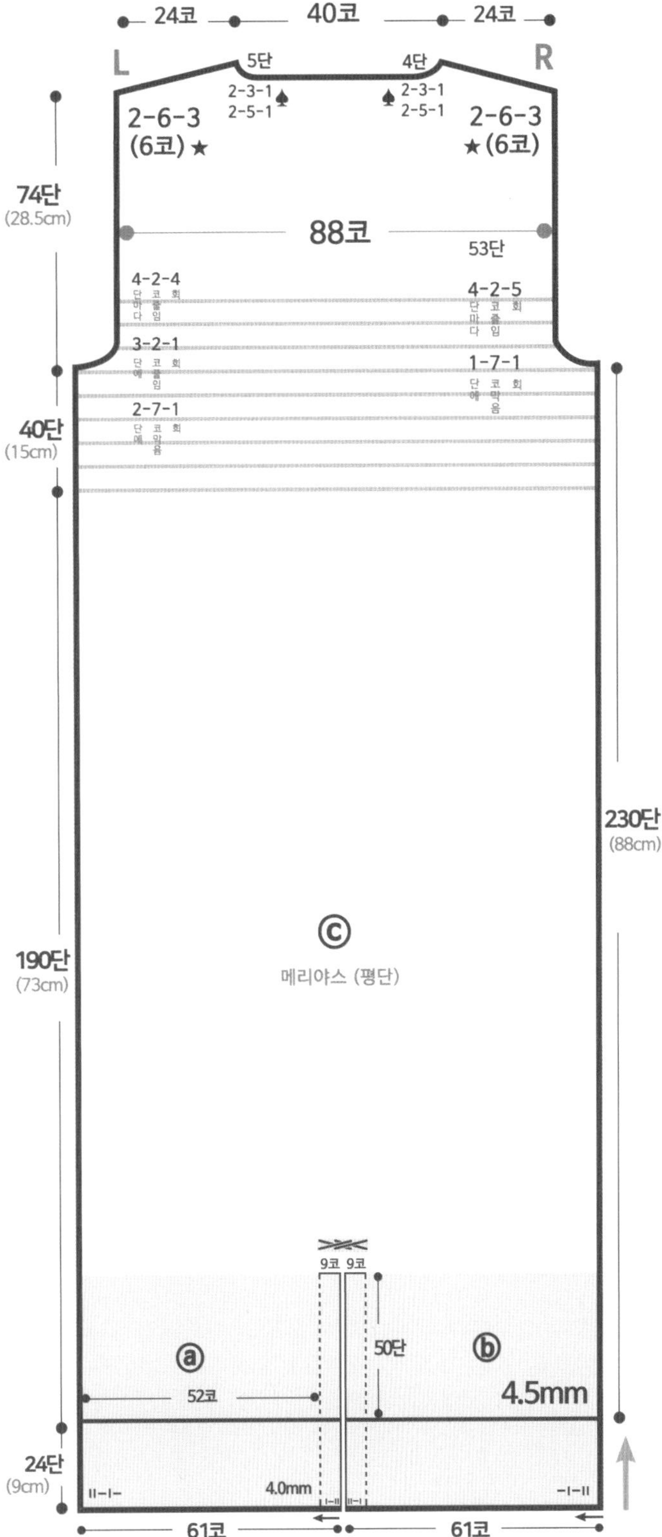

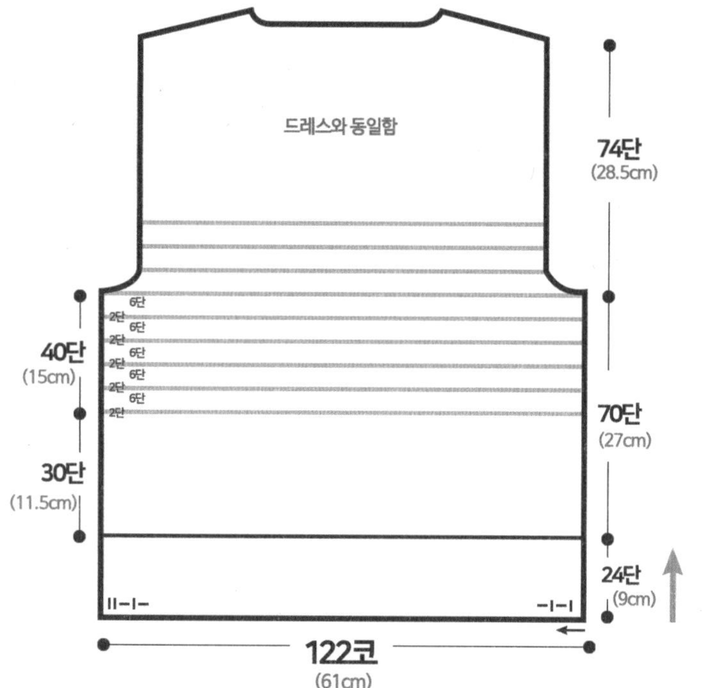

스웨터 뒤판

① 밑실과 4.0mm 대바늘로 61코를 잡아 바탕실로 코를 끌어올려 122코를 만듭니다.

② 옆선을 틔울 경우 첫 코를 거르고, 틔우지 않을 경우 첫 코도 뜨면서 고무단을 22단 더 떠 총 24단(바늘에 걸린 코까지 더하면 총 25단)을 뜹니다.

③ 4.5mm 대바늘 바꾸고 메리야스뜨기 30단을 뜹니다. (고무단 24단 + 메리야스 30단 = 54단)

공통

드레스의 4번, 스웨터의 3번까지 진행했다면, 지금부터는 공통으로 진행합니다.

① 메리야스뜨기로 배색실 2단, 바탕실 6단을 총 5회를 반복합니다. (배색실 2단 + 바탕실 6단 = 8단 x 5회 = 40단. 고무단 제외 드레스는 230단, 스웨터는 70단까지 진행)

② 암홀 부분을 시작합니다. 암홀은 2가지 방법 중 선택해서 진행합니다.

- 사용하던 대바늘 그대로 겉면에서 겉뜨기로 7코를 막고, 안면에서 안뜨기로 7코를 막은 후 진행하는 방법
- 사용하던 대바늘 그대로 겉면에서 겉뜨기로 7코를 막고, 마지막 7코가 남았을 때 코바늘로 빼뜨기하는 방법

③ 1단(겉면)에서 암홀 코를 막은 후, 매 4단마다 양옆 2코씩 줄이기를 5회 반복합니다.

1단 : (배색실) 오른쪽 7코 코막음

2단 : (배색실) 왼쪽 7코 코막음

3, 4, 5단 : 겉뜨기, 안뜨기 각 1단

5단 : \\/⟵, 6코 남을 때까지 겉뜨기, ⟶\\//

6~8단 : 안뜨기

9단 : (배색실) \\/⟵, 6코 남을 때까지 겉뜨기, ⟶\\//

10(배색), 11, 12단 : 안뜨기, 겉뜨기, 안뜨기 각 1단

13단 : \\/⟵, 6코 남을 때까지 겉뜨기, ⟶\\//

14, 15, 16단 : 안뜨기, 겉뜨기, 안뜨기 각 1단

17단 : (배색실) \\/⟵, 6코 남을 때까지 도안 진행, ⟶\\//

18~20단 : 안뜨기, 겉뜨기, 안뜨기 각 1단

21단 : \\/⟵, 6코 남을 때까지 겉뜨기, ⟶\\//

④ 도안을 따라 53단을 더 뜹니다.

BACK NECK LINE 뒤판 네크라인과 어깨산

75단 겉뜨기부터 네크라인과 어깨산을 동시에 진행합니다.

① 75단 : 6코 남을 때까지 겉뜨기, 편물 뒤집기

② 76단 : 안면에서 1코 걸기, 6코 남을 때까지 안뜨기, 편물 뒤집기

R (착용 시 오른쪽)

♠ 네크라인

2-3-1

2-5-1

★ 어깨산

2-6-3

(6코)

① 77단 : 겉면에서 1코 걸기, 26코 겉뜨기 (어깨코 24코 + 네크라인 8코 - 어깨턴 6코)

② 78단 : 안면에서 1코 걸기, 20코 안뜨기 (처음 남긴 6코 + 걸어준 1코 + 남길 6코)

③ 79단 : 겉면에서 1코 걸기, 15코 겉뜨기 (네크라인 남길 5코 지점)

④ 80단 : 안면에서 1코 걸기, 9코 안뜨기 (처음 남긴 6코 + 걸어준 1코 + 남긴 6코 + 걸어준 1코 + 남길 6코)

⑤ 81단 : 겉면에서 1코 걸기, 6코 겉뜨기 (네크라인 남길 3코 지점)

안뜨기로 가면서 늘어난 3코를 정리합니다. 네크라인의 24코는 어깨핀이나 사용하지 않는 바늘에 걸어주세요.

L (착용 시 왼쪽)

♠ 네크라인

L: 2-3-1

2-5-1

★ 어깨산

2-6-3

(6코)

① 77단 : 실을 연결해 겉뜨기 20코 (왼쪽 바늘 : 남긴 6코 + 턴1코 + 남길 6코)

② 78단 : 안면에서 1코 걸기, 안뜨기 15코 (왼쪽 바늘 : 네크라인 6코)

③ 79단 : 겉면에서 1코 걸기, 겉뜨기 8코 (왼쪽 바늘 : 남긴 6코 + 턴 1코 + 남긴 6코 + 턴 1코 + 남길 6코)

④ 80단 : 안면에서 1코 걸기, 안뜨기 6코 (왼쪽 바늘 : 네크라인 5코 + 턴1코 + 네크라인 3코)

⑤ 81단 : 겉면에서 1코 걸기, 늘어난 3코 정리

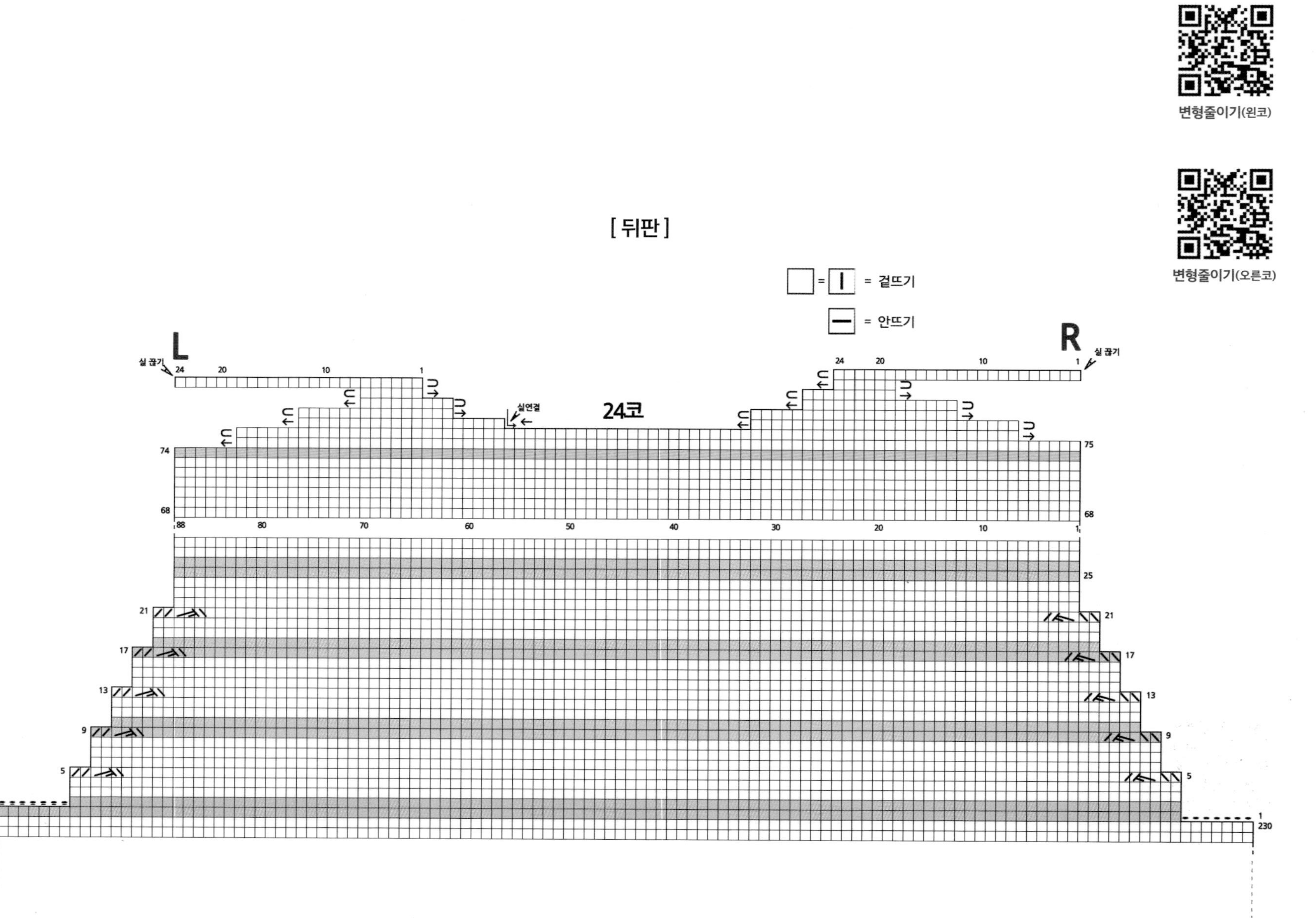

변형줄이기(왼코)
변형줄이기(오른코)
[뒤판]
= 겉뜨기
= 안뜨기
L
R
실 끊기
실연결
24코

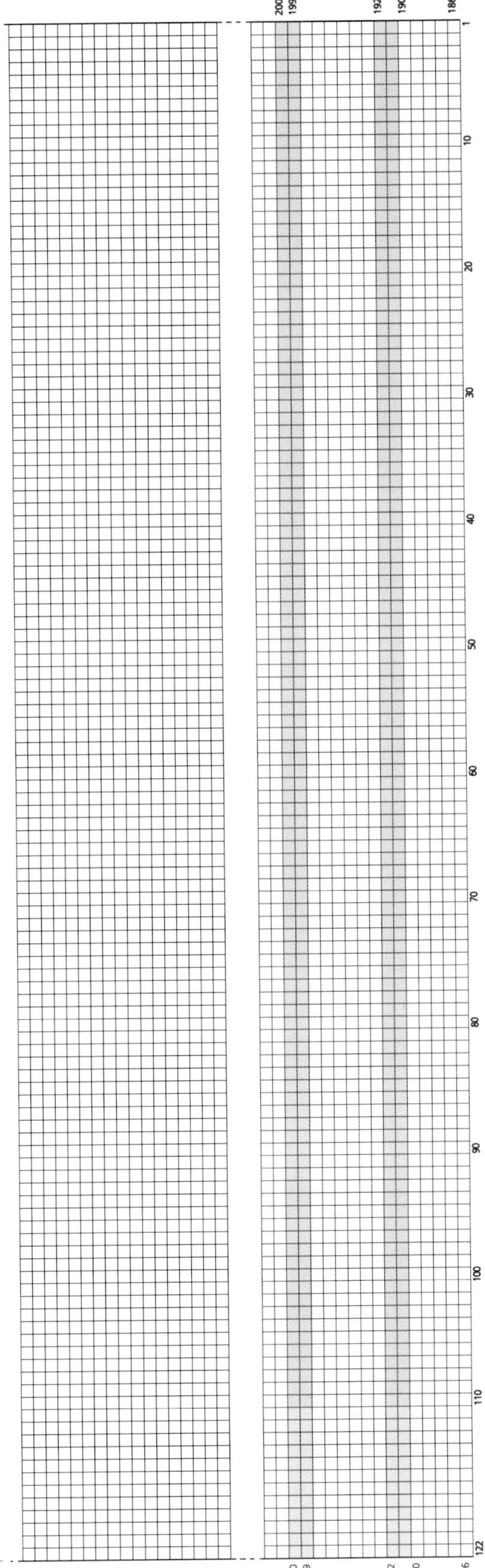

- 여기서부터 공통, 왼쪽은 스웨터 단수 오른쪽은 드레스 단수입니다 -

FRONT 앞판

★ 스웨터와 원피스의 차이점은 고무단 이후부터 암홀 코막음 전까지의 길이(단수)입니다. 배색이 들어가는 지점부터는 동일하게 진행됩니다.

1 공통 ③번까지 뒤판과 동일합니다. (앞판의 경우, 드레스도 틔우지 않고 스웨터와 동일하게 진행합니다.)

2 도안을 따라 39단을 더 떠서 어깨산과 네크라인 코막음 전까지 진행합니다. (56단)

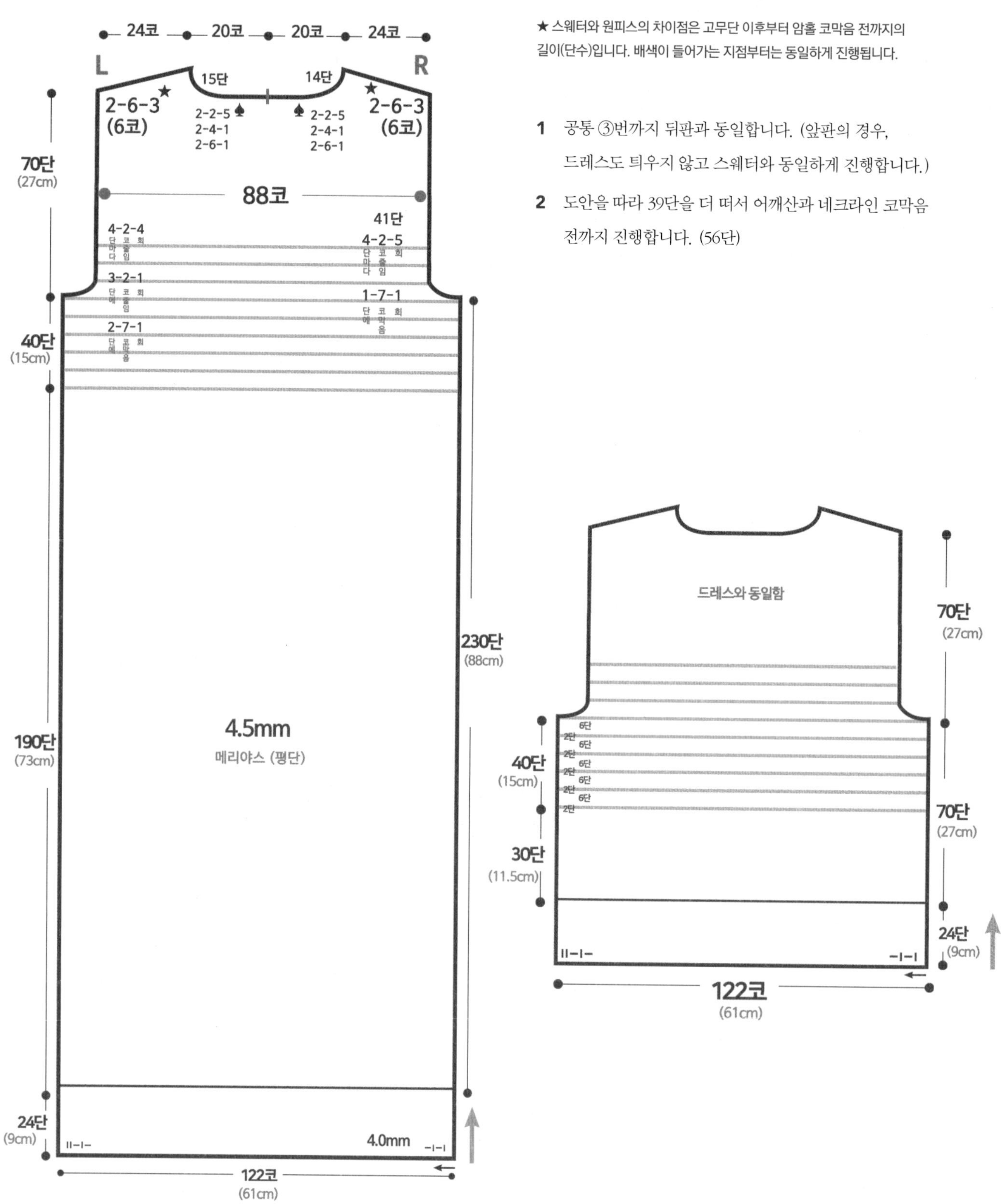

FRONT 네크라인

FRONT NECK LINE 앞판 네크라인과 어깨산

네크라인과 어깨산은 44코씩 나누어 진행합니다.

R (착용 시 왼쪽)

♠ 네크라인
2-2-5
2-4-1
2-6-1
★ 어깨산
2-6-3
(6코)

① 63단 : 6코 남을 때까지 겉뜨기 (네크라인 2-6-1)
② 64단 : 안면에서 1코 걸기, 도안 진행 (38코)
③ 65단 : 11코 남을 때까지 겉뜨기 (네크라인 처음 남긴 6코 + 턴 1코 + 남길 4코)
④ 66단 : 안면에서 1코 걸기, 도안 진행 (34코)
⑤ 67단 : 14코 남을 때까지 겉뜨기 (네크라인 처음 남긴 6코 + 턴 1코 + 남긴 4코 + 턴 1코 + 남길 2코)
⑥ 68단 : 안면에서 1코 걸기, 도안 진행 (32코)
⑦ 69단 : 17코 남을 때까지 겉뜨기 (네크라인 마지막 턴 위치 (15코) +2코)
⑧ 70단 : 안면에서 1코 걸기, 6코 남을 때까지 안뜨기 (어깨산 시작)
⑨ 71단 : 겉면에서 1코 걸기, 20코 남을 때까지 겉뜨기 (네크라인 마지막 턴 위치 (18코) +2코)
⑩ 72단 : 안면에서 1코 걸기, 13코 남을 때까지 안뜨기 (어깨산 처음 남긴 6코 + 턴 1코 + 남길 6코)
⑪ 73단 : 겉면에서 1코 걸기, 23코 남을 때까지 겉뜨기 (네크라인 마지막 턴 위치 (21코) + 2코)
⑫ 74단 : 안면에서 1코 걸기, 20코 남을 때까지 안뜨기 (어깨산 처음 남긴 6코 + 턴 1코 + 남긴 6코 + 1코 + 남길 6코)
⑬ 75단 : 겉면에서 1코 걸기, 겉뜨기 6코 (네크라인 마지막 턴(2코)을 할 수 있습니다.)
⑭ 76단 : 안면에서 1코 걸기, 도안 진행, 어깨코 3코 정리

L (착용 시 오른쪽)

63단 안쪽에서 실을 연결해 시작합니다.

♠ 네크라인
2-2-5
2-4-1
2-6-1
★ 어깨산
2-5-3
(5코)

① 63단 : 6코가 남을 때까지 안뜨기 (네크라인 2-6-1)
② 64단 : 겉면에서 1코 걸기, 도안 진행 (38코)
③ 65단 : 11코 남을 때까지 안뜨기 (네크라인 처음 남긴 6코 + 턴 1코 + 남길 4코)
④ 66단 : 겉면에서 1코 걸기, 도안 진행 (34코)
⑤ 67단 : 14코 남을 때까지 안뜨기 (네크라인 처음 남긴 6코 + 턴 1코 + 남긴 4코 + 턴 1코 + 남길 2코)
⑥ 68단 : 겉면에서 1코 걸기, 도안 진행 (32코)
⑦ 69단 : 17코 남을 때까지 안뜨기 (네크라인 마지막 턴 위치(15코) + 2코)
⑧ 70단 : 겉면에서 1코 걸기, 6코 남을 때까지 겉뜨기 (어깨산 시작)
⑨ 71단 : 안면에서 1코 걸기, 20코 남을 때까지 안뜨기 (네크라인 마지막 턴 위치 (18코) + 2코)
⑩ 72단 : 겉면에서 1코 걸기, 13코 남을 때까지 겉뜨기 (어깨산 처음 남긴 6코 + 턴 1코 + 남길 6코)
⑪ 73단 : 안면에서 1코 걸기, 23코 남을 때까지 안뜨기 (네크라인 마지막 턴 위치 (21코) + 2코)
⑫ 74단 : 겉면에서 1코 걸기, 20코 남을 때까지 겉뜨기 (어깨산 처음 남긴 6코 + 턴 1코 + 남긴 6코 + 1코 + 남길 6코)
⑬ 75단 : 안면에서 1코 걸기, 안뜨기 6코 (네크라인 마지막 턴(2코)을 할 수 있습니다.)
⑭ 76단 : 겉면에서 1코 걸기, 도안 진행, 어깨코 3코를 정리

※네크라인에서 늘어난 코는 앞, 뒤판 연결 후 목폴라를 잡을 때 정리합니다.

[앞판]

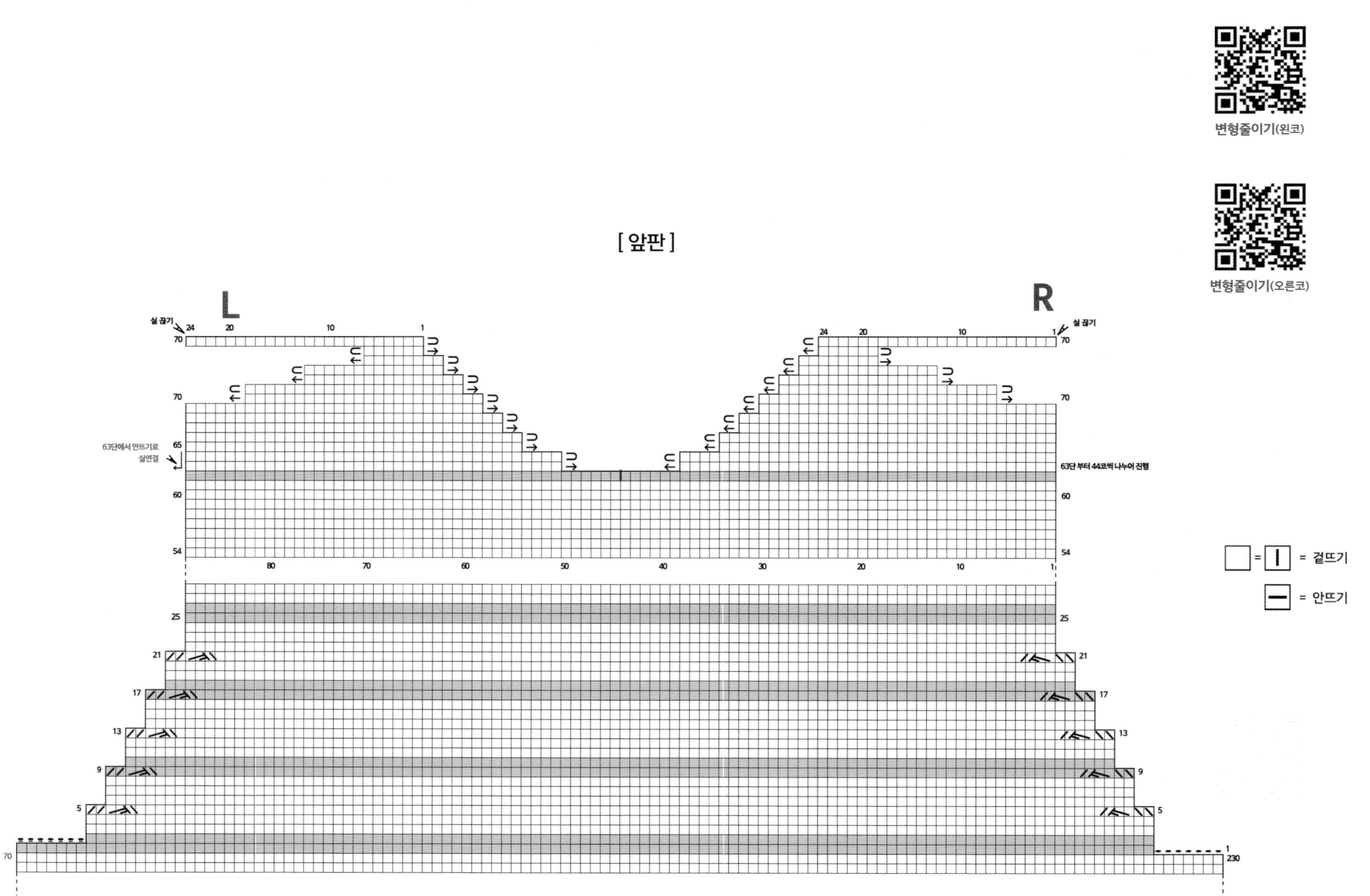
변형줄이기(왼코)
변형줄이기(오른코)
L
R
실 끊기
63단에서 안뜨기로 실연결
63단 부터 44코씩 나누어 진행
= 겉뜨기
= 안뜨기

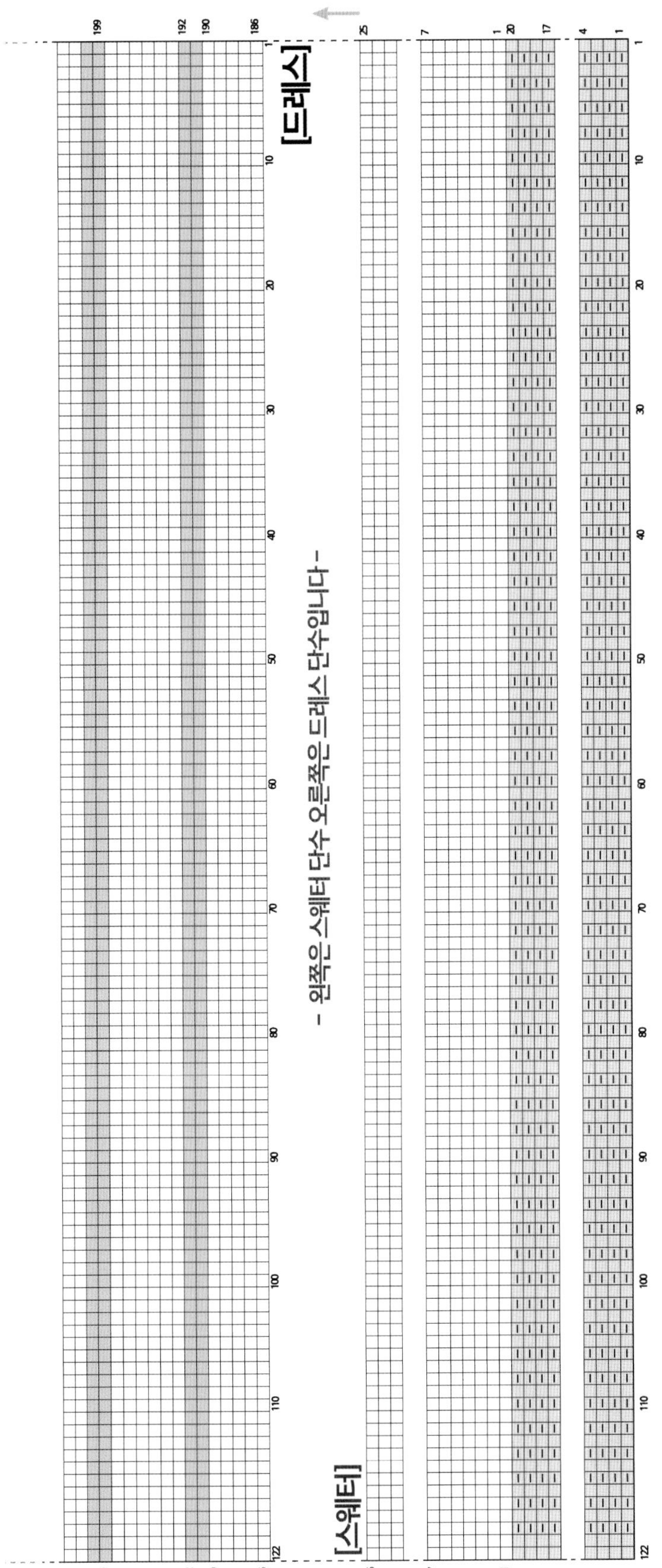

[드레스]

- 왼쪽은 스웨터 단수 오른쪽은 드레스 단수입니다 -

[스웨터]

SLEEVE 소매

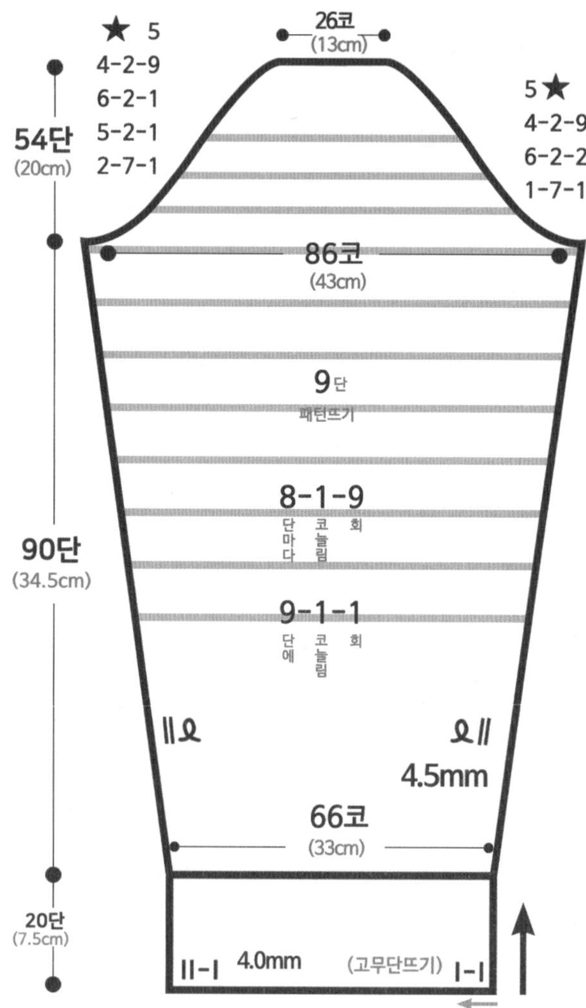

★ 암홀 및 소매산

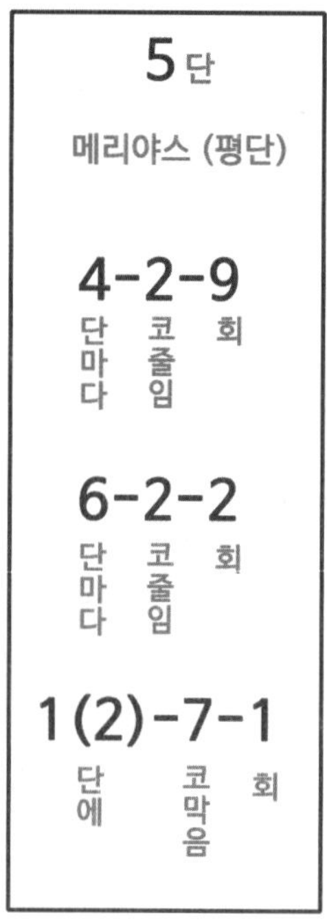

1 밑실과 4.0mm 대바늘로 33코를 잡아 고무코를 끌어올려 66코를 만듭니다. 고무뜨기 18단을 뜹니다. (이때 사슬이나 밑실로 고무코를 잡으면 2단이 더해져 20단이 됩니다.)

2 4.5mm 대바늘로 바꾸고 이후 매 9단마다 양옆 1코 늘리기 1회, 매 8단마다 양옆 1코 늘리기 9회 반복하고 9단을 더 뜹니다. (34단을 뜬 후 다음 2단은 배색실, 다음 6단은 바탕실, 다음 2단은 배색실로 반복되니 도안을 확인합니다.) 코를 늘릴 때는 처음 2코 겉뜨기 후 1코 늘리기를, 단에 2코가 남았을 때 1코를 늘린 후 2코를 겉뜨기하는 방식으로 진행합니다.

3 뒤판의 암홀을 줄였던 것과 동일한 방법으로 암홀을 각 7코씩 먼저 코막음합니다.

4 이후 매 6단마다 2코 줄이기 2회, 매 4단마다 2코 줄이기 9회 반복하고 도안을 따라 5단을 뜬 후, 코막음합니다. 코 줄이기는 '변형 줄이기' 방식으로 진행합니다.

소매는 총 2개를 뜹니다.

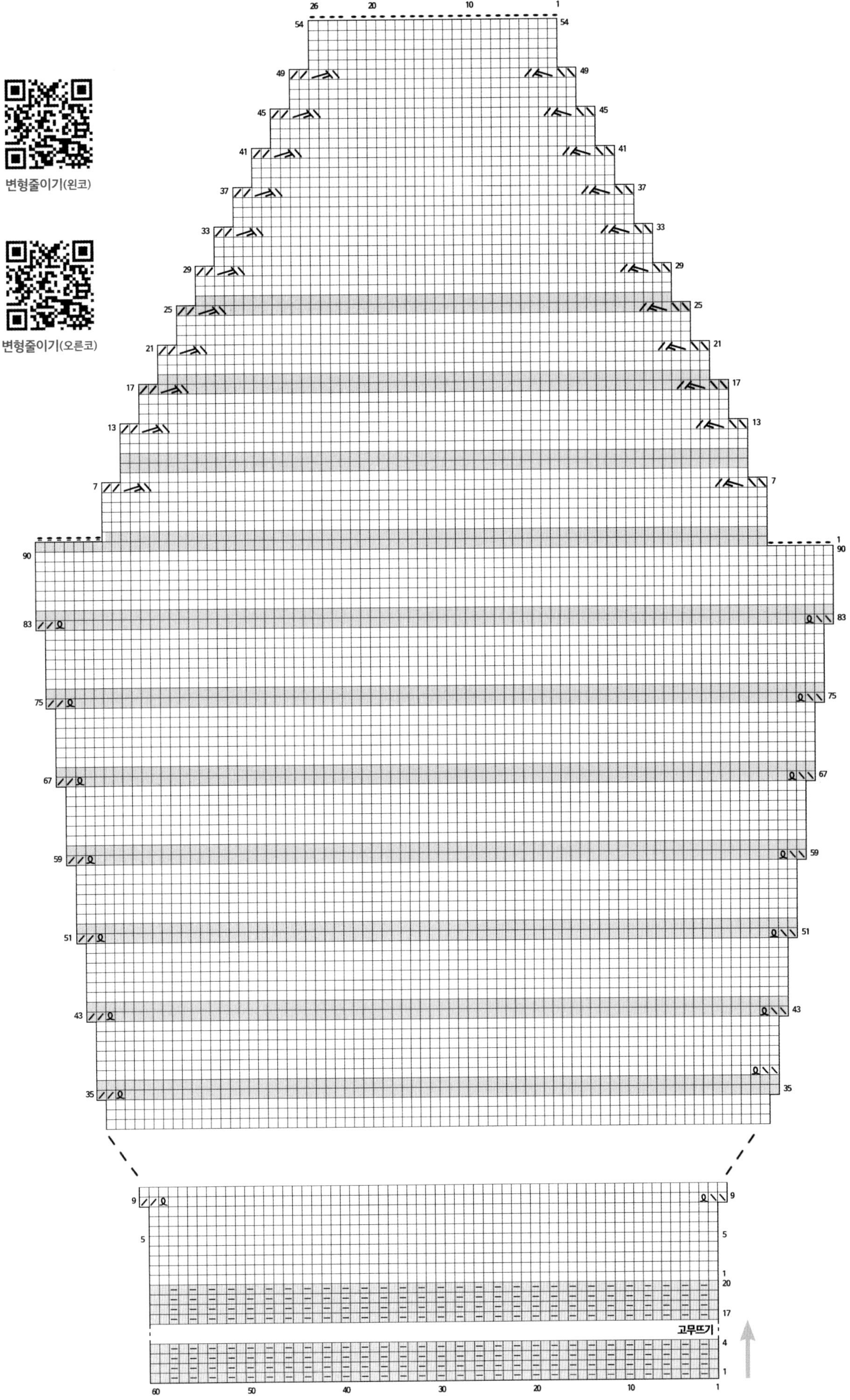

변형줄이기(왼코)
변형줄이기(오른코)
고무뜨기

NECK 목

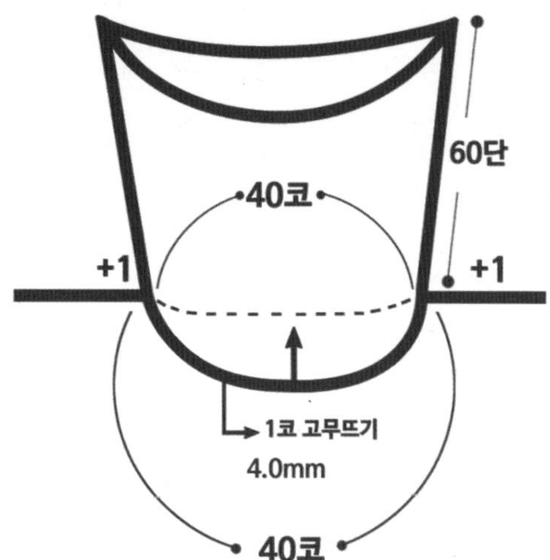

1 앞, 뒤판을 연결한 후, 4.0mm 대바늘로 네크라인의 턴(되돌아뜨기) 부분을 정리하며 1×1 고무코를 만듭니다. (턴의 위치에 따라 앞의 코 또는 뒤의 코와 겹쳐 합칩니다.) 이때 목의 콧수는 반드시 짝수로 잡아야 합니다. 홀수로 잡힐 경우, 임의로 1코를 더 만들어 짝수로 만듭니다.

2 60단 정도 뜬 후 돗바늘로 마무리합니다. 이때 실이 너무 당겨져서 입구가 좁아지지 않게 주의합니다.

러브 시그널 플랫 카디건

사이즈 cm (S-M/M-L)

어깨 36.5/42
가슴 53/61
암홀 21.5/24
소매 53/56
총장 54.5/56

실

(S-M) Lamana Como Grande
(바탕실) 03M. Silk Grey 418g
33. Carmine 50g
72. Cherry Blossom 48g
(칼라) 42M. Light Grey 42g
(M-L) Lamana Como Grande
(바탕실) 47M. Muscat 540g
12M. Jeans 50g
64M. Sage 48g

바늘

4.5mm, 5.0mm 대바늘,
모사용 6호 코바늘

게이지

18코×27단

뒤판 전체 설명

BACK 뒤판

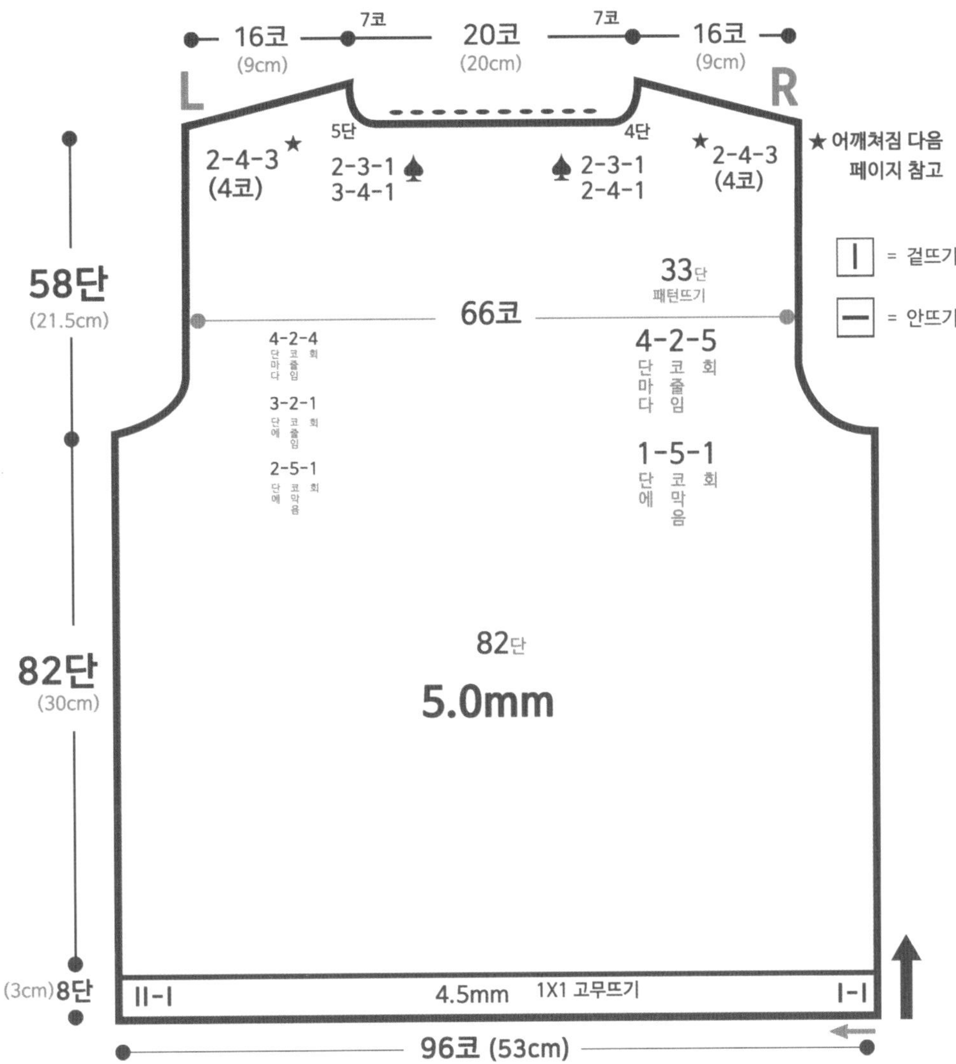

1 밑실과 4.5mm 바늘로 48코를 잡아 3단을 뜨고 코를 끌어올려 96코를 만들어 고무단 8단을 뜹니다. (이때 사슬로 고무코를 잡으면 2단이 이미 완성됩니다.)

2 5.0mm 바늘로 바꾸고 도안을 따라 암홀 전까지 배색뜨기를 82단 뜹니다. 이때 배색실 부분에서 바탕실은 끊지 않습니다. 배색이 2단씩 들어가기 때문에 바탕실이 함께 단을 올라갑니다.

3 암홀 부분을 시작합니다.

4 1단(겉면)에서 암홀 코를 막은 후, 매 4단마다 양옆 2코씩 줄이기를 5회 반복합니다.

① 1단 : 오른쪽 5코 코막음

② 2단 : 왼쪽 5코 코막음

③ 3, 4단 : 겉뜨기, 안뜨기 각 1단

④ 5단 : ＼＼入入, 6코 남을 때까지 겉뜨기, 人人／／

⑤ 6단 : 안뜨기

⑥ 7~8단 : 배색뜨기

⑦ 9단 : ＼＼人̲人, 6코 남을 때까지 겉뜨기, 人̲人／／

⑧ 10, 11, 12단 : 안뜨기, 겉뜨기, 안뜨기 각 1단

⑨ 13단 : ＼＼入入, 6코 남을 때까지 겉뜨기, 人人／／

⑩ 14, 15단 : 안뜨기, 겉뜨기 각 1단

⑪ 16단 : 배색뜨기

⑫ 17단 : (배색실A) ＼＼人̲人, 6코 남을 때까지 도안 진행, 人̲人／／

⑬ 18~20단 : 배색뜨기, 겉뜨기, 안뜨기 각 1단

⑭ 21단 : ＼＼入入, 6코 남을 때까지 겉뜨기, 人人／／

5 도안을 따라 33단을 더 뜹니다. (54단)

BACK NECK LINE 뒤판 네크라인과 어깨산

R (착용 시 오른쪽)

♠ 네크라인

2-3-1

2-4-1

① 55단을 어깨산의 16코와 네크라인의 7코를 더한 23코까지만 겉뜨기로 뜹니다. (이때 왼쪽 바늘의 코들은 다른 바늘에 옮겨 두고 오른쪽을 끝낸 후 진행합니다.)

② 56단은 안뜨기로 4코 코막음하고 단 끝까지 안뜨기, 57단은 겉뜨기합니다.

③ 58단은 안뜨기로 3코 코막음한 후, 아래 ★을 참고하여 어깨산을 진행합니다.

★ 어깨산

2-4-3

(4코)

① 오른쪽의 어깨산은 마지막 단을 뜬 58단(안뜨기)에서 시작합니다. 4코를 다시 풀고 바늘에 끼웁니다.

② 59단을 시작합니다. (이때 오른쪽 바늘에는 4코, 왼쪽 바늘에는 12코가 있습니다.) 오른쪽 바늘에 1코를 걸고 겉뜨기 12코를 뜹니다. (걸어준 코 때문에 1코가 더해져 총 17코)

③ 60단에서 안뜨기 8코 하면 왼쪽 바늘에 9코 남습니다. (처음 남긴 4코 + 걸어준 1코 + 남길 코 4코 = 9코)

④ 61단에서 1코를 걸고 겉뜨기 8코를 뜹니다. (걸어준 코가 또 1코 더해져 총 18코)

⑤ 62단에서 안뜨기 4코를 뜹니다. (처음 남긴 4코 + 걸어준 1코 + 남긴 4코 + 걸어준 1코 + 남길 4코 = 왼쪽 바늘 14코)

⑥ 63단에서 1코 걸고 겉뜨기 4코를 뜹니다. (걸어준 코가 또 1코 더해져 총 19코)

⑦ 처음 4코에서 턴 1회와 4코마다 턴 2회가 반복되어 총 3코가 더 생겼습니다. 마지막 안뜨기로 가면서 만들어 준 코의 다음 코와 겹쳐 떠서 늘어난 3코를 정리합니다. (총 16코)

가운데 20코는 겉뜨기로 코막음합니다.

23코가 남았으면 55단은 겉뜨기, 56단은 안뜨기 합니다.

L (착용 시 왼쪽)

♠ 네크라인

2-3-1

3-4-1

① 57단에서 4코 코막음합니다.

② 58단은 안뜨기하고 59단에서 다시 3코 코막음합니다.

★ 어깨산

2-4-3

(4코)

① 59단에서 코막음 후 4코 남을 때까지 겉뜨기합니다.

② 60단을 시작합니다. (이때 오른쪽 바늘에는 4코, 왼쪽 바늘에는 12코가 있습니다.) 오른쪽 바늘에 1코를 걸고 안뜨기 12코를 뜹니다. (걸어준 코가 1코가 더해져 총 17코)

③ 61단에서 겉뜨기 8코 하면 왼쪽 바늘에 9코 남습니다.

④ 62단에서 1코 걸고 안뜨기 8코 뜹니다. (걸어준 코가 또 1코 더해져 총 18코)

⑤ 63단에서 겉뜨기 4코를 뜹니다. (처음 남긴 4코 + 걸어준 1코 + 남긴 4코 + 걸어준 1코 + 남길 4코 = 왼쪽 바늘 14코)

⑥ 64단에서 1코 걸고 안뜨기 4코 뜹니다. (걸어준 코가 또 1코 더해져 총 19코)

⑦ 처음 4코에서 턴 1회와 4코마다 턴 2회가 반복되어 총 3코가 더 생겼습니다. 마지막 안뜨기로 가면서 만들어 준 코의 다음 코와 겹쳐 떠서 늘어난 3코를 정리합니다. (총 16코)

[뒤판]

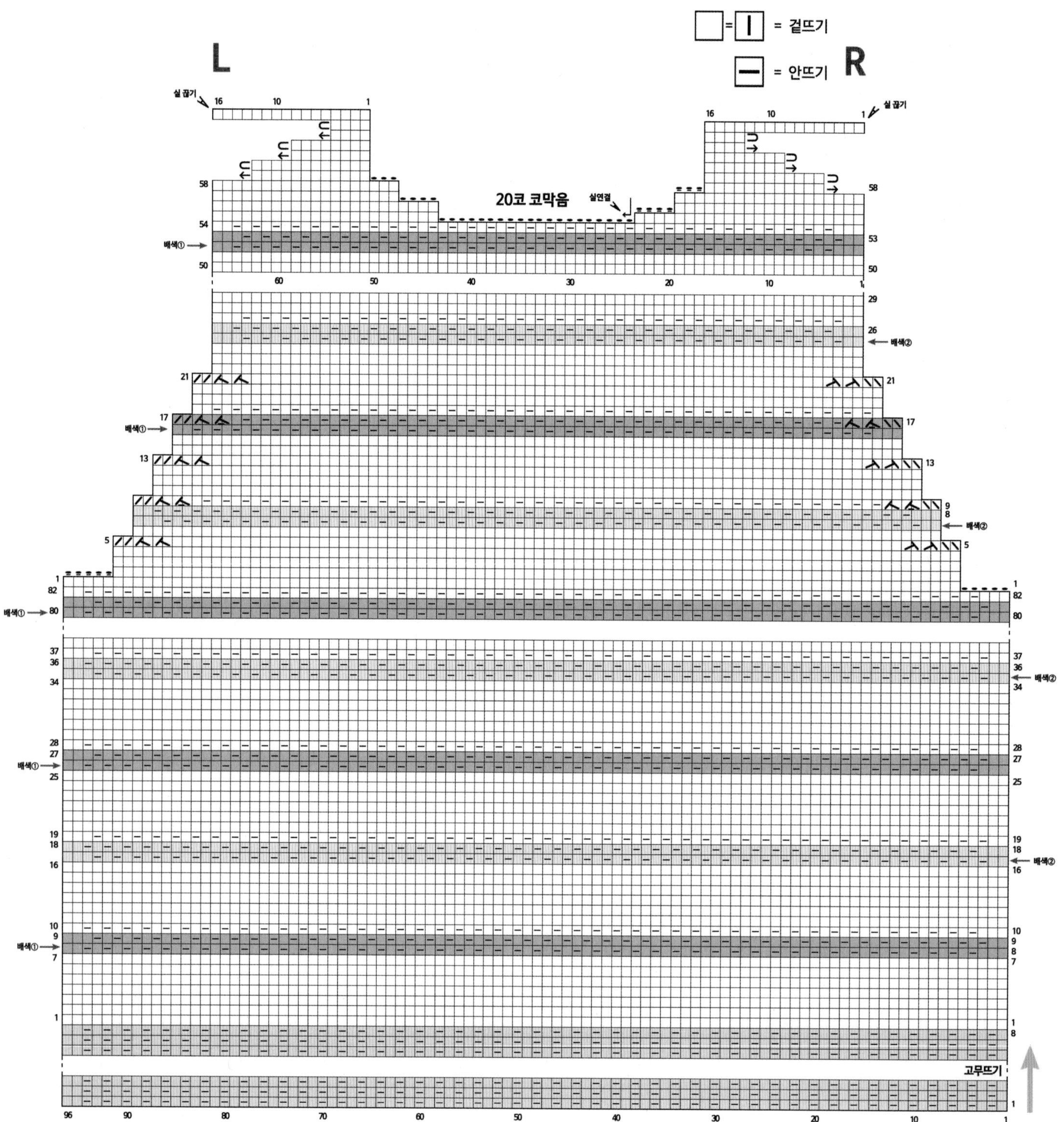

앞판 전체 설명

FRONT 앞판

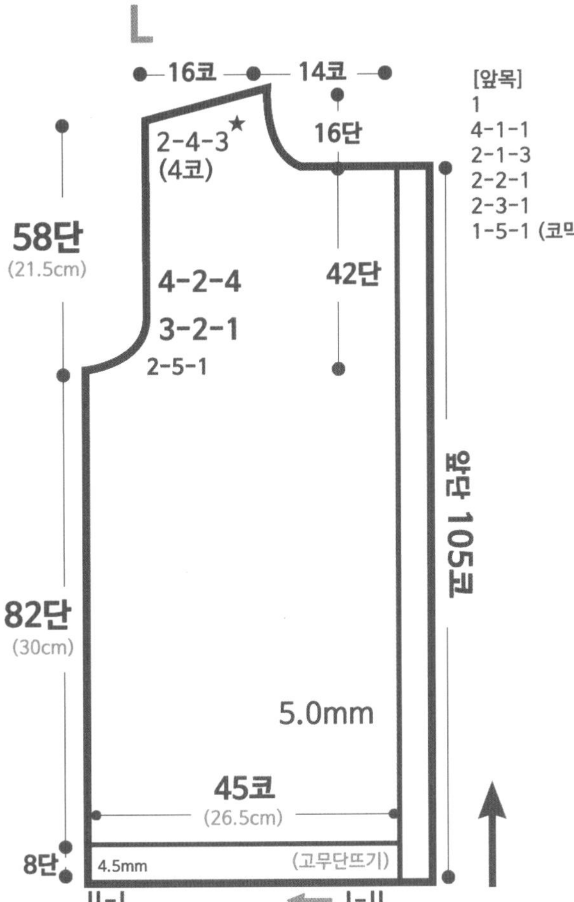

L (착용 시 오른쪽)

① 4.5mm 대바늘로 고무단 45코를 만들고 고무뜨기 8단을 뜹니다. (이때 사슬이나 밑실로 고무코를 잡으면 배색실을 끌어올려 2단이 이미 완성됩니다.)

② 5.0mm 대바늘로 바꾸고 뒤판과 동일한 방법으로 82단을 진행합니다.

③ 암홀을 시작합니다.

1) 1단은 겉뜨기, 2단은 안뜨기로 5코 코막음 후 안뜨기

2) 3단을 뜬 후 5단에서 마지막 6코가 남았을 때

3) 4단을 뜬 후 9단에서 마지막 6코가 남았을 때

4) 4단을 뜬 후 13단에서 마지막 6코가 남았을 때

5) 4단을 뜬 후 17단에서 마지막 6코가 남았을 때

6) 4단을 뜬 후 21단에서 마지막 6코가 남았을 때

④ 암홀 코막음과 코줄임이 끝나면 21단이 됩니다. 21단을 더 떠 네크라인 전인 42단까지 진행합니다.

⑤ 43단에서 5코 코막음 후 도안을 따라 진행합니다.

⑥ 45단에서 3코 코막음 후 도안을 따라 진행합니다.

⑦ 47단에서 2코 코막음 한 후 도안을 따라 진행합니다.

⑧ 49단에서 겉뜨기 2코를 뜬 후, 1코 씌우기, 도안을 따라 진행하는 것을 총 3회 반복합니다. (54단)

⑨ 55단과 56단은 메리야스뜨기, 57단에서 1코 줄이기, 58단은 안뜨기로 진행합니다.

뒤판의 L(★) ①번부터 진행합니다.

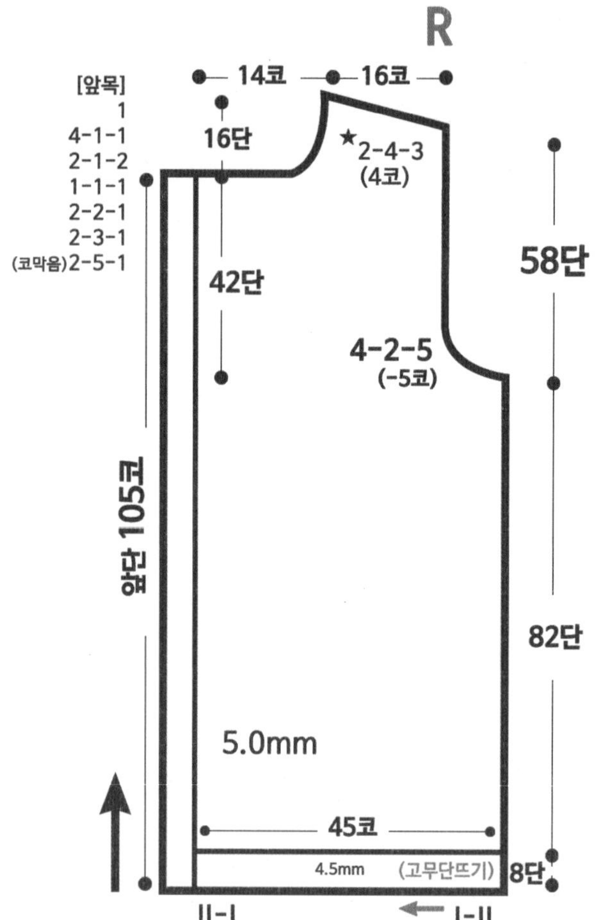

R (착용 시 왼쪽)

① 암홀 전까지는 왼쪽 앞판과 동일합니다.

② 암홀을 시작합니다.

1) 1단은 5코 남을 때까지 겉뜨기 후 5코 코막음, 2단은 안뜨기

2) 4단을 뜬 후 5단에서 겉뜨기, ╲╲λλ, 도안 진행

3) 4단을 뜬 후 9단에서 겉뜨기, ╲╲λ̲λ, 도안 진행

4) 4단을 뜬 후 13단에서 겉뜨기, ╲╲λλ, 도안 진행

5) 4단을 뜬 후 17단에서 겉뜨기, ╲╲λ̲λ, 도안 진행

6) 4단을 뜬 후 21단에서 겉뜨기, ╲╲λλ, 도안 진행

③ 암홀 코막음과 코줄임이 끝나면 21단이 됩니다. 21단을 더 떠 네크라인 전인 42단까지 진행합니다.

④ 43단은 겉뜨기, 44단에서 안뜨기로 5코 코막음 후 도안을 따라 진행합니다.

⑤ 46단에서 안뜨기로 3코 코막음 후 도안을 따라 진행합니다.

⑥ 48단에서 안뜨기로 2코 코막음 후 도안을 따라 진행합니다.

⑦ 49단에서 겉뜨기하다 마지막 4코 남았을 때 1코 줄이기 후 도안 진행하기를 3회 반복합니다. (53단)

⑧ 54단, 55단, 56단은 도안을 따라 진행합니다.

⑨ 57단에서 겉뜨기하다 마지막 4코가 남았을 때 1코 줄이기, 58단은 안뜨기 하고 어깨산을 진행합니다.

뒤판의 R(★) ①번부터 진행합니다.

[앞판]

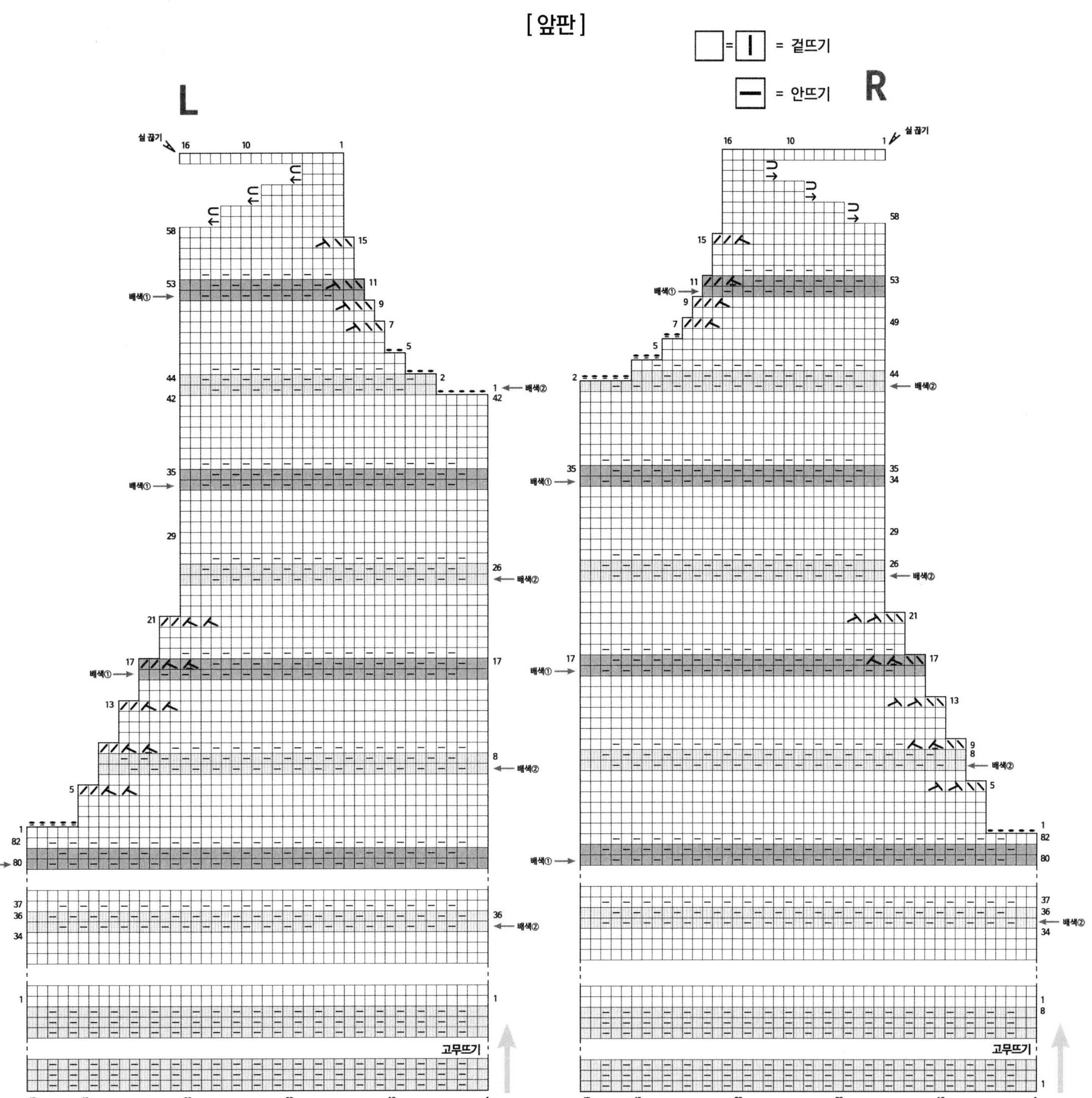

SLEEVE 소매

소매 간략 설명

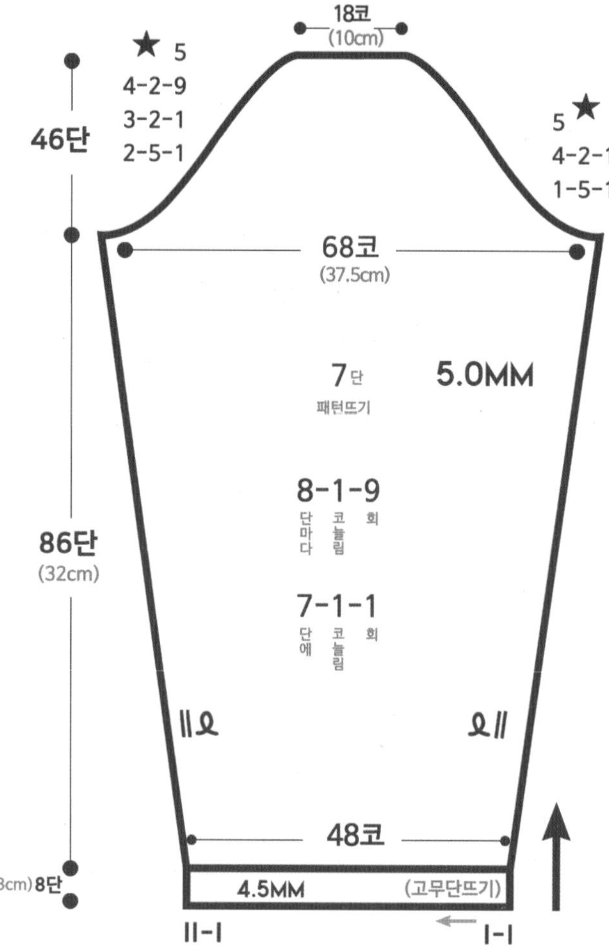

★ 암홀 및 소매산

5단
메리야스 (평단)

4-2-10
단마다 코 줄임 회

1(2)-5-1
단에 코 막음 회

1 밑실과 4.5mm 대바늘로 24코를 잡아 고무코를 끌어올려 48코 만듭니다. 고무뜨기 6단을 더 뜹니다.
(이때 사슬이나 밑실로 고무코를 잡으면 2단이 더해져 8단이 됩니다.)

2 7단을 뜬 후 양옆 1코 늘리기 1회, 매 8마다 양옆 1코 늘리기 9회 반복합니다. 이후 7단을 더 뜹니다. 코를 늘릴때는 처음 2코 겉뜨기 후 1코 늘리기, 2코가 남았을 때 1코 늘리기 후 2코를 겉뜨기합니다.

3 뒤판의 암홀 줄이기와 동일한 방법으로 암홀을 각 5코씩 먼저 코막음합니다.

4 이후 매 4단마다 2코 줄이기 10회 반복하고 도안을 따라 5단을 더 뜹니다. 코막음해 마무리합니다.
(코줄임 부호가 다르니 꼭 도안을 확인해 진행합니다.)

동일하게 총 2장을 뜹니다.

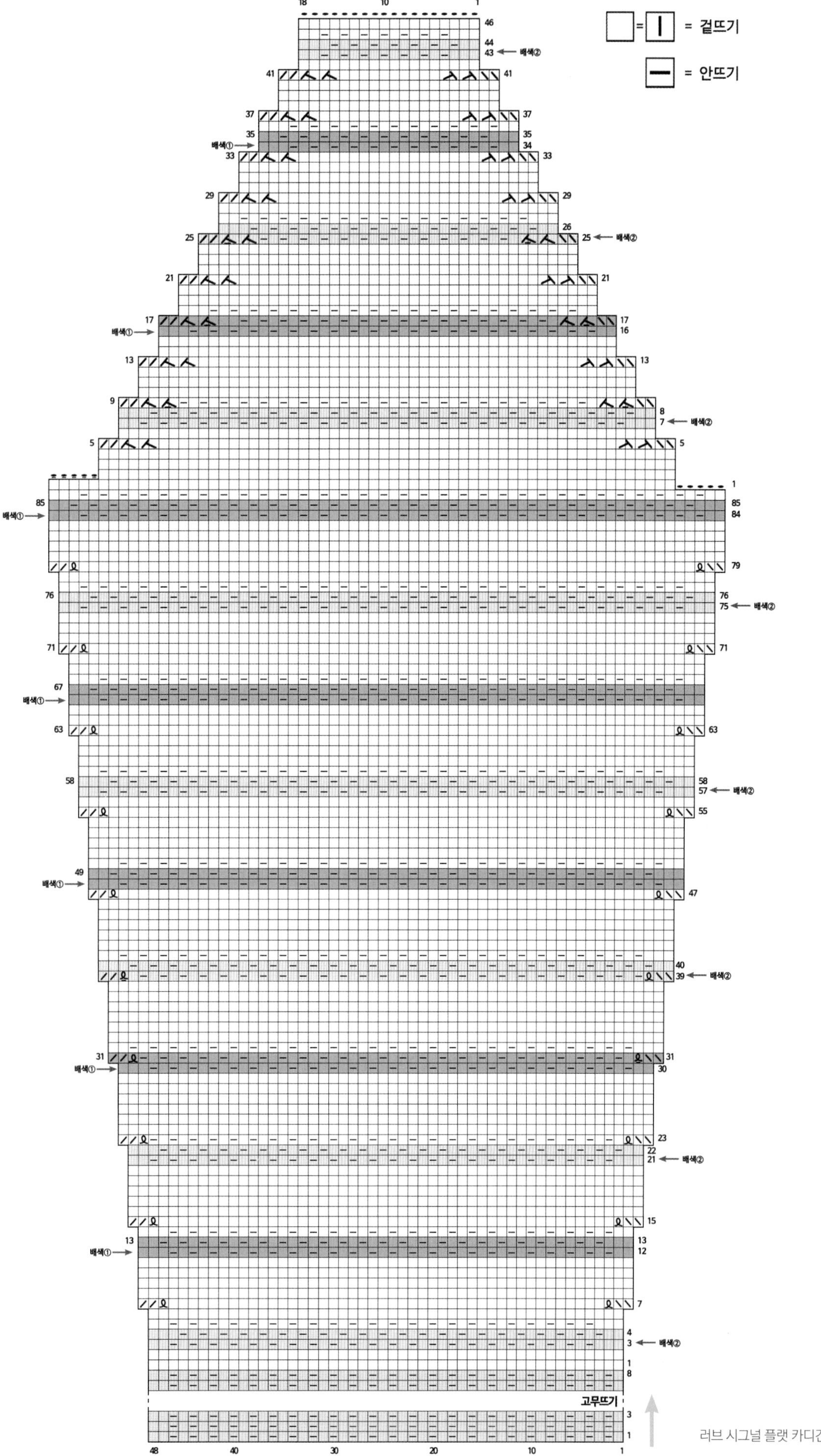

러브 시그널 플랫 카디건

FRONT HEM 앞단

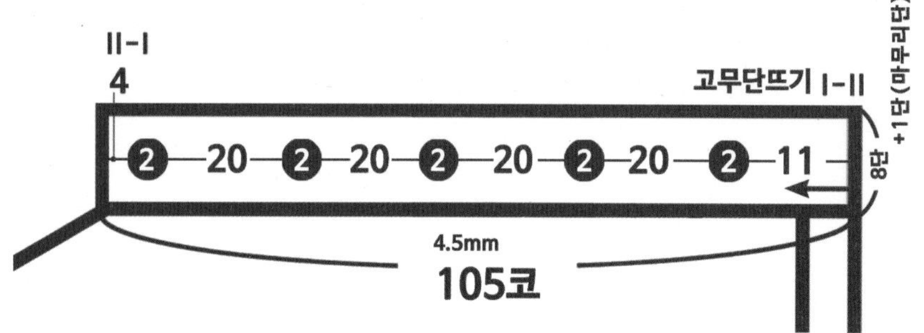

소매와 몸판 연결

앞단 및 단춧구멍

도안상 왼쪽이지만 착용시 오른쪽에 위치합니다.

8단+1단

① 1단 : 코잡기 (4코 잡고 1코 건너뛰기, 26*4+1=105)
② 2~4단 : 1×1 고무뜨기 (양옆 겉뜨기 2코 세우기)
③ 5단 : 단춧구멍 만들기 (○ ⋏ = 2코가 필요)
④ 6~8단 : 1×1 고무뜨기
⑤ 9단 : 돗바늘로 고무단 마무리

단춧구멍이 없는 반대쪽은 코를 잡은 후 8단을 고무뜨기한 후 마무리합니다.

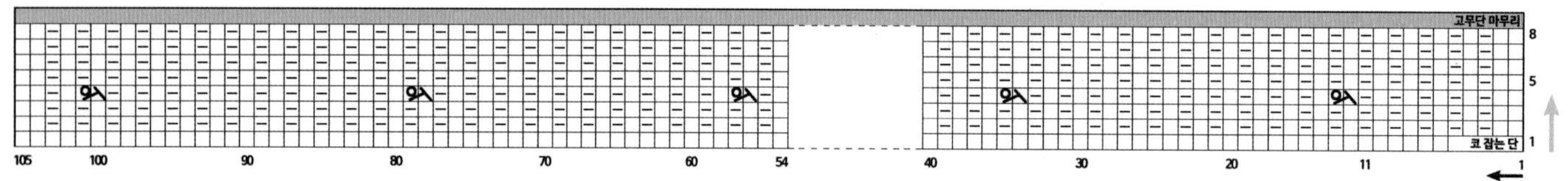

COLLAR 칼라

Type-A

① 칼라 코는 앞판에서 33코, 뒤판에서 39코, 다시 앞판에서 33코를 잡아 총 105코를 잡습니다.

② 1×1 고무뜨기를 합니다. 이때 처음 2코와 마지막 2코는 겉뜨기로 세웁니다.

③ 4단을 뜬 후, 처음 2코 겉뜨기, 안뜨기를 뜨고 ○ ⋌을 진행해 단춧구멍을 냅니다. 8단까지 뜹니다. 네크라인의 단수는 취향에 따라 조절해도 좋습니다.

④ 돗바늘을 이용해 마무리합니다.

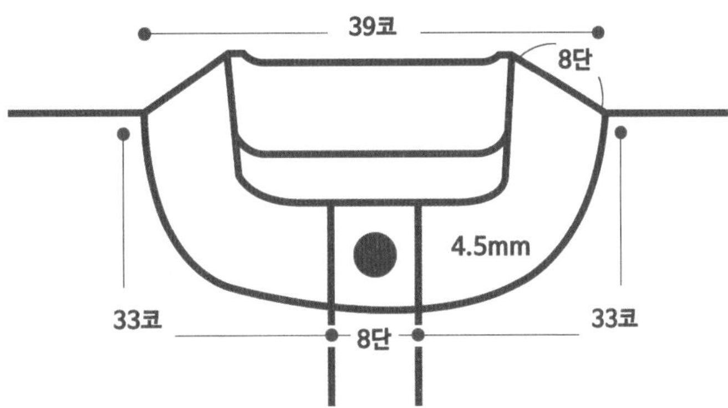

Type-B

플랫 칼라 설명

① 칼라 코는 앞판에서 29코, 뒤판에서 38코, 다시 앞판에서 29코를 잡아 총 96코를 잡습니다.
② 가터뜨기로 10단을 뜹니다. 이후 겉뜨기 2코 후 1코 늘리기 1회, 매 10코마다 1코 늘리기 1회, 매 9코마다 1코 늘리기 8회, 10코 뜬 후 1코 늘리기 1회 진행합니다. 2코를 더 뜹니다. (96코→107코)
③ 가터뜨기 6단을 뜹니다.
④ 양옆 1코 줄이기 1단, 매 2단마다 양옆 1코 줄이기 6회를 진행합니다. 이후 1단을 더 뜬 후 코막음해 마무리합니다.
⑤ 모사용 6호 코바늘로 칼라 전체의 테두리를 짧은뜨기 1단 뜹니다.

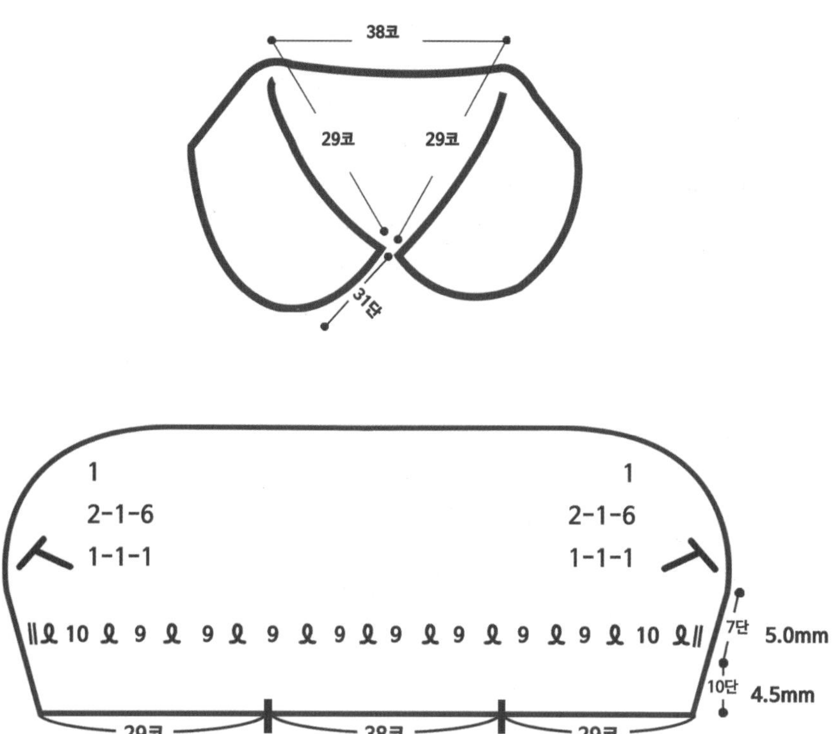

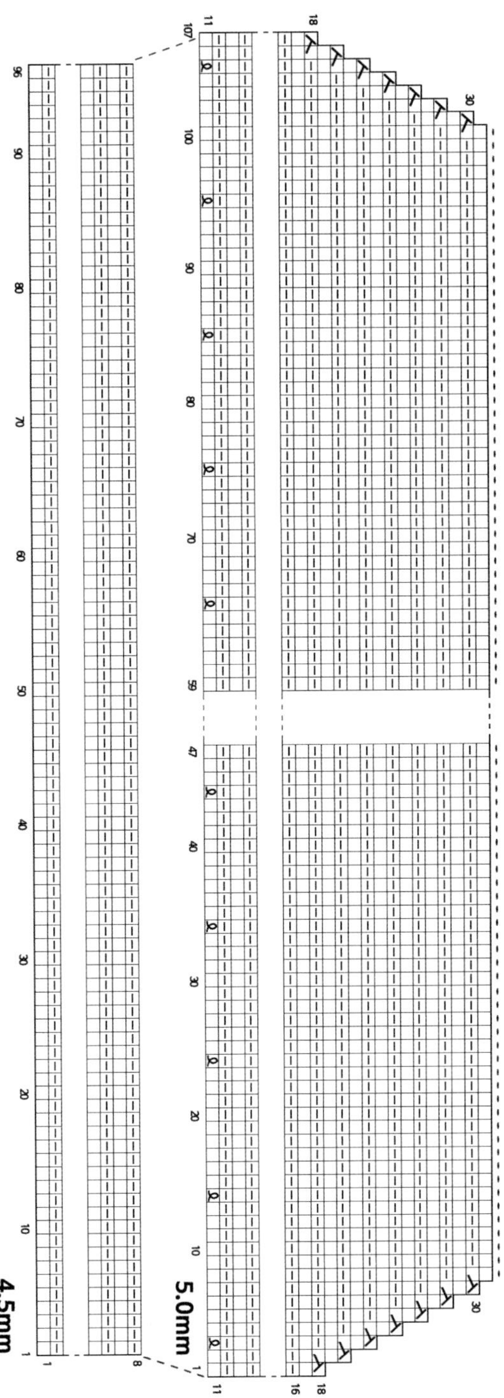
4.5mm
5.0mm

BACK 뒤판

M-L

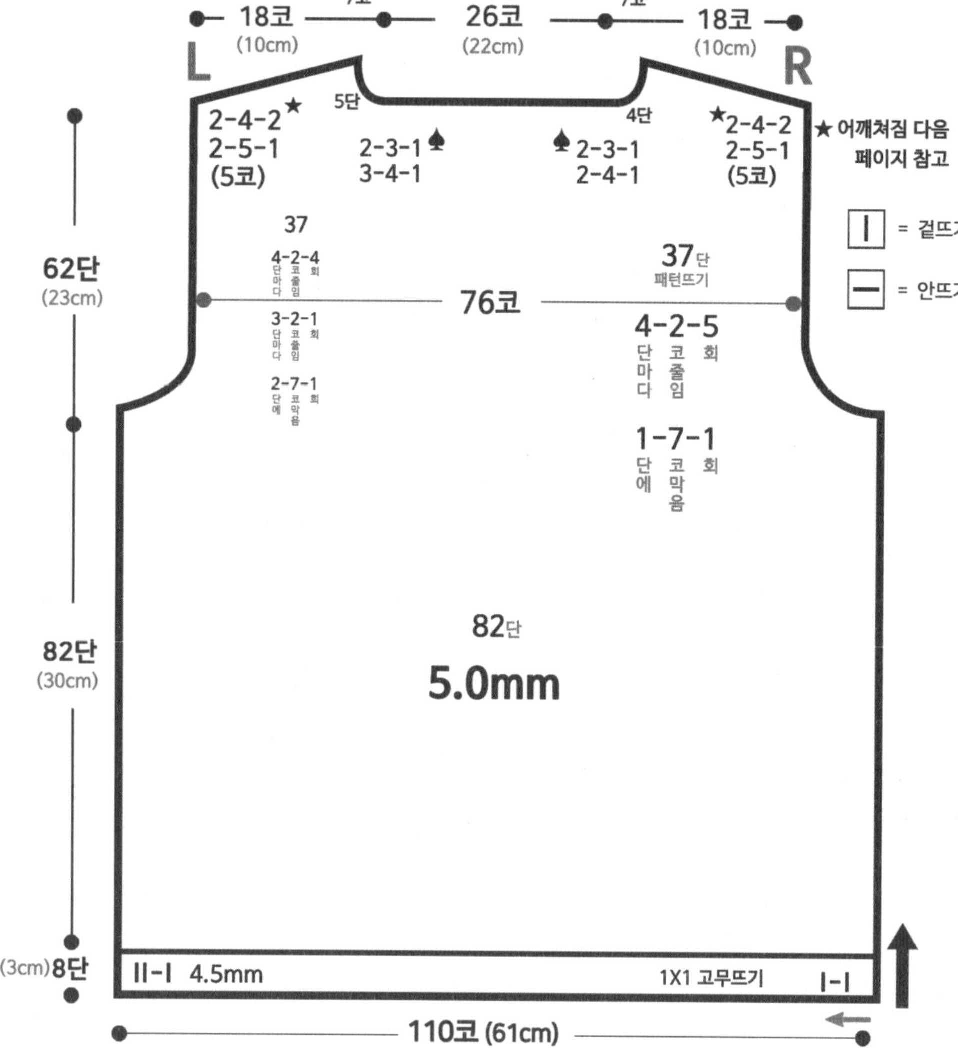

1 밑실과 4.5mm 바늘로 55코를 잡아 3단을 뜨고 코를 끌어올려 110코를 만들어 고무단 8단을 뜹니다. (이때 사슬로 고무코를 잡으면 2단이 이미 완성됩니다.)

2 5.0mm 바늘로 바꾸고 도안을 따라 암홀 전까지 배색뜨기를 82단 뜹니다. 이때 배색실 부분에서 바탕실은 끊지 않습니다. 배색이 2단씩 들어가기 때문에 바탕실이 함께 단을 올라갑니다.

3 암홀 부분을 시작합니다.

4 1단(겉면)에서 암홀 코를 막은 후, 매 4단마다 양옆 2코씩 줄이기를 5회 반복합니다.

① 1단 : 겉뜨기로 7코 코막음, 도안 진행

② 2단 : 안뜨기로 7코 코막음, 도안 진행

③ 3, 4단 : 겉뜨기, 안뜨기 각 1단

④ 5단 : ＼＼入入, 6코 남을 때까지 겉뜨기, 人人//

⑤ 6단 : 안뜨기

⑥ 7~8단 : 배색뜨기

⑦ 9단 : ＼＼仝人, 6코 남을 때까지 겉뜨기, 仝人//

⑧ 10, 11, 12단 : 안뜨기, 겉뜨기, 안뜨기 각 1단

⑨ 13단 : ＼＼入入, 6코 남을 때까지 겉뜨기, 人人//

⑩ 14, 15단: 안뜨기, 겉뜨기 각 1단

⑪ 16단 : 배색뜨기

⑫ 17단 : (배색실A) ＼＼仝人, 6코 남을 때까지 도안 진행, 仝人//

⑬ 18, 19, 20단 : 배색뜨기, 겉뜨기, 안뜨기 각 1단

⑭ 21단 : ＼＼入入, 6코 남을 때까지 겉뜨기, 人人//

5 도안을 따라 37단을 더 뜹니다. (58단)

BACK NECK LINE 뒤판 네크라인과 어깨산

R (착용 시 오른쪽)

♠ 네크라인

2-3-1

2-4-1

① 59단을 어깨산의 18코와 네크라인의 7코를 더한 25코까지만 겉뜨기로 뜹니다. (이때 왼쪽 바늘의 코들은 다른 바늘에 옮겨 두고 오른쪽을 끝낸 후 진행합니다.)

② 60단은 안뜨기로 4코 코막음하고 61단은 배색실B로 겉뜨기합니다.

③ 61단은 안뜨기로 3코 코막음한 후, 끝까지 뜹니다. 아래 ★을 참고하여 어깨산을 진행합니다.

★ 어깨산

2-4-2

2-5-1

(5코)

① 오른쪽의 어깨산은 마지막 단을 뜬 62단에서 시작합니다. 5코를 다시 풀고 바늘에 끼웁니다.

② 63단을 시작합니다. (이때 오른쪽 바늘에는 5코, 왼쪽 바늘에는 13코가 있습니다.) 오른쪽 바늘에 1코를 걸고 겉뜨기 13코를 뜹니다. (걸어준 코 때문에 1코가 더해져 총 19코)

③ 64단에서 안뜨기 8코 하면 왼쪽 바늘에 11코 남습니다. (처음 남긴 5코 + 걸어준 1코 + 남길 코 5코 = 11코)

④ 65단에서 1코를 걸고 겉뜨기 8코를 뜹니다. (걸어준 코가 또 1코 더해져 총 20코)

⑤ 66단에서 안뜨기 4코를 뜹니다. (처음 남긴 5코 + 걸어준 1코 + 남긴 5코 + 걸어준 1코 + 남길 5코 = 왼쪽 바늘 16코)

⑥ 67단에서 1코 걸고 겉뜨기 4코를 뜹니다. (걸어준 코가 또 1코 더해져 총 21코)

⑦ 처음 5코에서 턴 1회와 4코마다 턴 1회가 반복되어 총 3코가 더 생겼습니다. 마지막 안뜨기로 가면서 만들어 준 코의 다음 코와 겹쳐 떠서 늘어난 3코를 정리합니다. (총 18코)

가운데 26코는 겉뜨기로 코막음합니다.

25코가 남았으면 59단은 겉뜨기, 60단은 안뜨기 합니다.

L (착용 시 왼쪽)

♠ 네크라인

2-3-1

3-4-1

① 61단에서 배색실B로 4코 코막음합니다.

② 62단은 안뜨기하고 63단에서 다시 3코 코막음합니다.

★ 어깨산

2-4-2

2-5-1

(5코)

① 63단에서 코막음 후 5코 남을 때까지 겉뜨기합니다.

② 64단을 시작합니다. (이때 오른쪽 바늘에는 5코, 왼쪽 바늘에는 13코가 있습니다.) 오른쪽 바늘에 1코를 걸고 안뜨기 13코 뜹니다. (걸어준 코가 1코가 더해져 총 19코)

③ 65단에서 겉뜨기 8코 하면 왼쪽 바늘에 11코 남습니다.

④ 66단에서 1코 걸고 안뜨기 8코 뜹니다. (걸어준 코가 또 1코 더해져 총 20코)

⑤ 67단에서 겉뜨기 4코를 뜹니다. (처음 남긴 5코 + 걸어준 1코 + 남긴 5코 + 걸어준 1코 + 남길 4코 = 왼쪽 바늘 16코)

⑥ 68단에서 1코 걸고 안뜨기 4코 뜹니다. (걸어준 코가 또 1코 더해져 총 21코)

⑦ 처음 5코에서 턴 1회와 5코마다 턴 1회, 4코에서 턴 1회가 반복되어 총 3코가 더 생겼습니다. 마지막 안뜨기로 가면서 만들어 준 코의 다음 코와 겹쳐 떠서 늘어난 3코를 정리합니다. (총 18코)

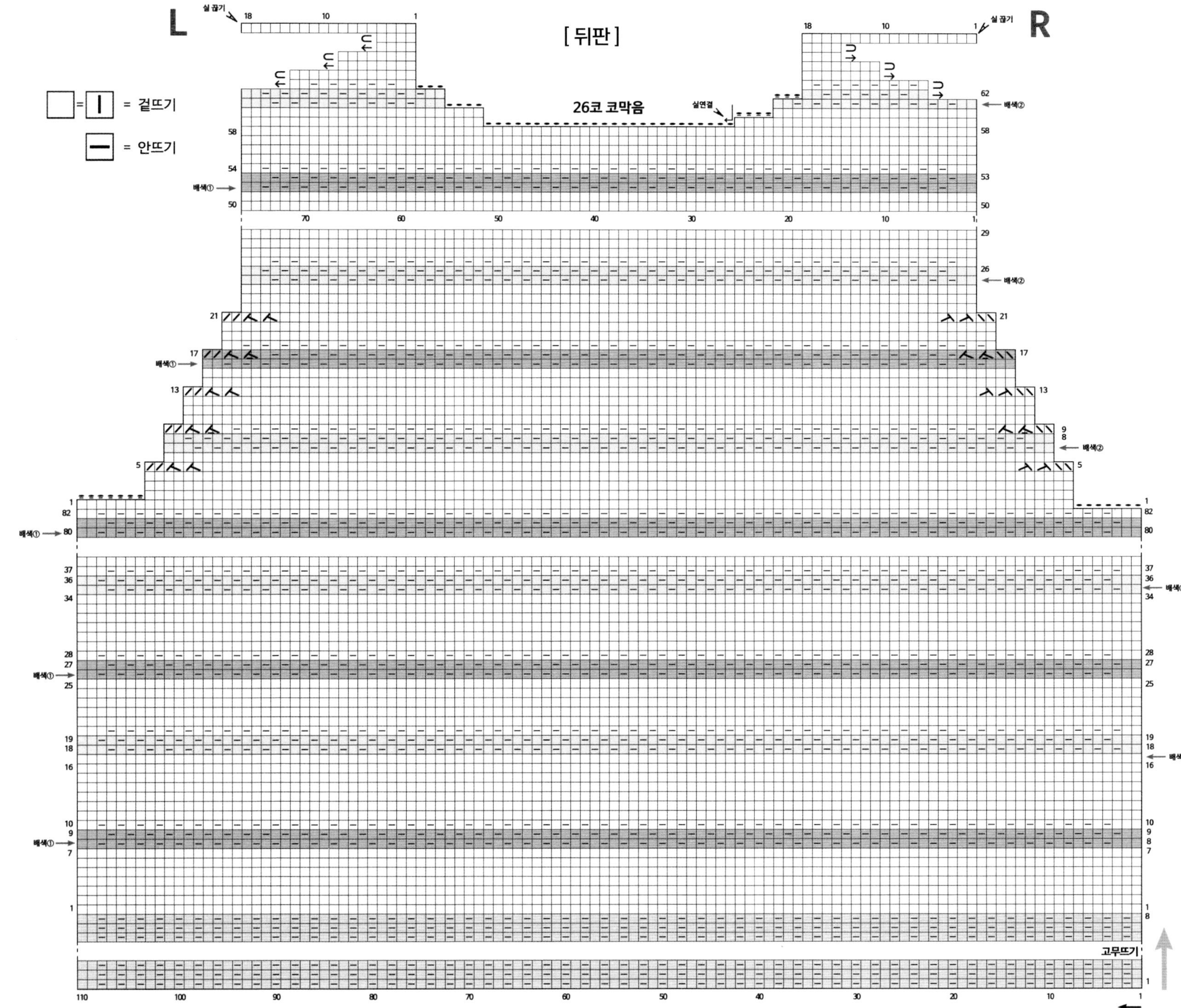
L
[뒤판]
R
= 겉뜨기
= 안뜨기
26코 코막음
실 끊기
실연결
배색①
배색②
고무뜨기

FRONT 앞판

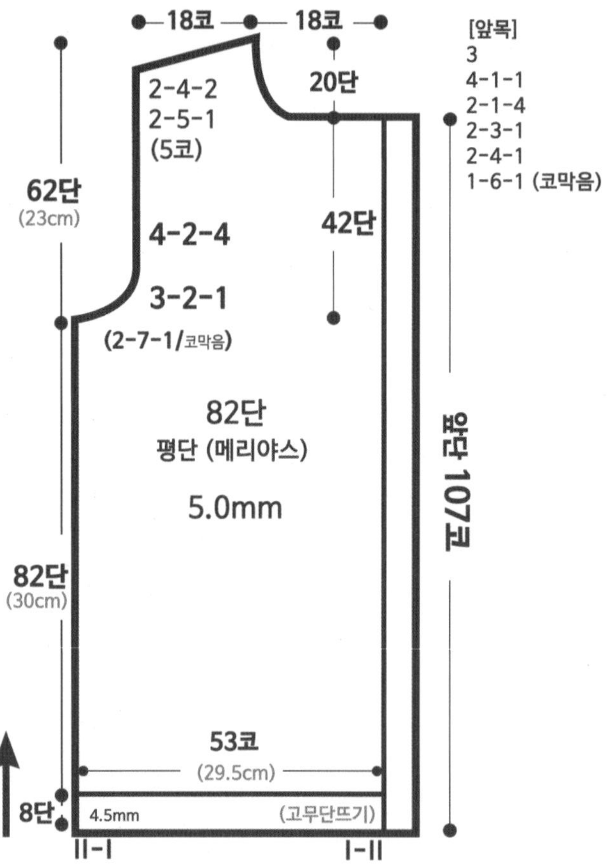

L (착용 시 오른쪽)

① 4.5mm 대바늘로 고무단 53코를 만들고 고무뜨기 8단을 뜹니다. (이때 사슬이나 밑실로 고무코를 잡으면 배색실을 끌어올려 2단이 이미 완성됩니다.)

② 5.0mm 바늘로 바꾸고 뒤판과 동일한 방법으로 82단을 진행합니다.

③ 암홀을 시작합니다.

1) 1단은 겉뜨기, 2단은 안뜨기로 5코 코막음 후 안뜨기
2) 3단을 뜬 후 5단에서 마지막 6코가 남았을 때 ⅄⅄//
3) 4단을 뜬 후 9단에서 마지막 6코가 남았을 때 ⅄⅄//
4) 4단을 뜬 후 13단에서 마지막 6코가 남았을 때 ⅄⅄//
5) 4단을 뜬 후 17단에서 마지막 6코가 남았을 때 ⅄⅄//
6) 4단을 뜬 후 21단에서 마지막 6코가 남았을 때 ⅄⅄//

④ 암홀 코막음과 코줄임이 끝나면 21단이 됩니다. 21단을 더 떠 네크라인 전인 42단까지 진행합니다.

⑤ 43단에서 6코 코막음 후 도안을 따라 진행합니다.

⑥ 45단에서 4코 코막음 후 도안을 따라 진행합니다.

⑦ 47단에서 3코 코막음 한 후 도안을 따라 진행합니다.

⑧ 49단에서 겉뜨기 2코를 뜬 후, 1코 빼서 1코 뜬 후 씌우기, 도안을 따라 진행하는 것을 총 4회 반복합니다. (55단)

⑨ 56단은 안뜨기, 57단은 겉뜨기, 58단은 안뜨기로 진행합니다.

⑩ 59단은 겉뜨기하다 마지막 1코 줄이기를 합니다. (4-1-1)

⑪ 60단은 안뜨기, 61단은 배색실A로 배색뜨기, 62단은 배색실B로 배색뜨기를 합니다.

뒤판의 L(★) ①번부터 진행합니다.

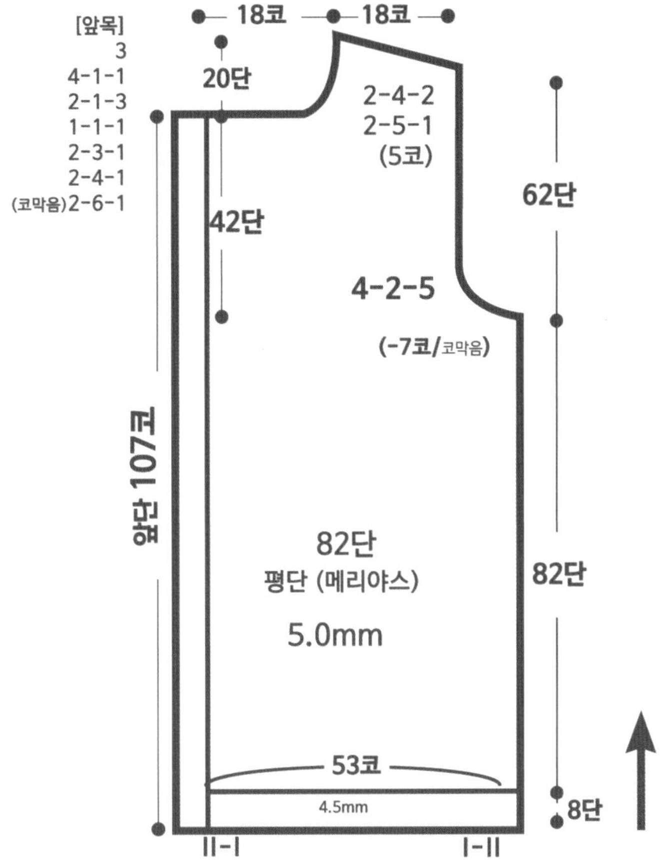

R (착용 시 왼쪽)

① 암홀 전까지는 왼쪽 앞판과 동일합니다.

② 암홀을 시작합니다.

1) 1단은 7코 남을 때까지 겉뜨기 후 7코 코막음, 2단은 안뜨기

2) 3단을 뜬 후 5단에서 겉뜨기, ＼＼⋏⋏, 도안 진행

3) 3단을 뜬 후 9단에서 겉뜨기, ＼＼⋏⋏, 도안 진행

4) 3단을 뜬 후 13단에서 겉뜨기, ＼＼⋏⋏, 도안 진행

5) 3단을 뜬 후 17단에서 겉뜨기, ＼＼⋏⋏, 도안 진행

6) 3단을 뜬 후 21단에서 겉뜨기, ＼＼⋏⋏, 도안 진행

③ 암홀 코막음과 코줄임이 끝나면 21단이 됩니다. 21단을 더 떠 네크라인 전인 42단까지 진행합니다.

④ 43단은 배색실B로 도안 진행, 44단에서 안뜨기로 6코 코막음 후 도안을 따라 진행합니다.

⑤ 46단에서 안뜨기로 4코 코막음 후 도안을 따라 진행합니다.

⑥ 48단에서 안뜨기로 3코 코막음 후 도안을 따라 진행합니다.

⑦ 49단에서 겉뜨기하다 마지막 4코 남았을 때 1코 줄이기를 4회 반복합니다. 50단부터 54단까지는 도안을 따라 진행합니다.

⑧ 56단, 57단, 58단은 메리야스뜨기를 합니다.

⑨ 59단에서 겉뜨기하다 마지막 4코가 남았을 때 1코 줄이기를 합니다.

⑩ 60단은 안뜨기, 61단과 62단은 배색실B로 도안을 진행하며 어깨산을 진행합니다.

뒤판의 R(★) ①번부터 진행합니다.

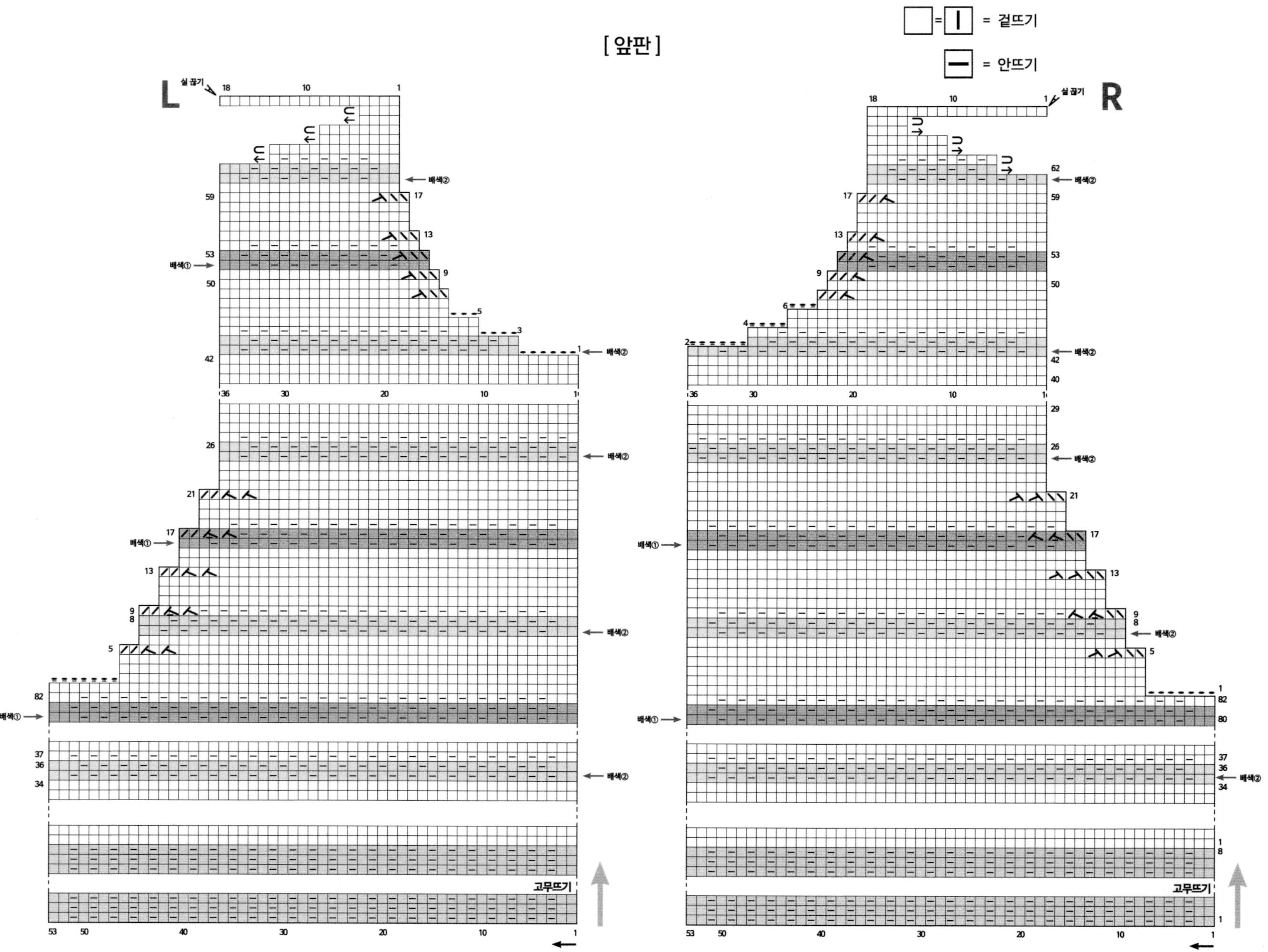
[앞판]
= 겉뜨기
= 안뜨기
L
R
실 끊기
배색①
배색②
고무뜨기

소매 간략 설명

SLEEVE 소매

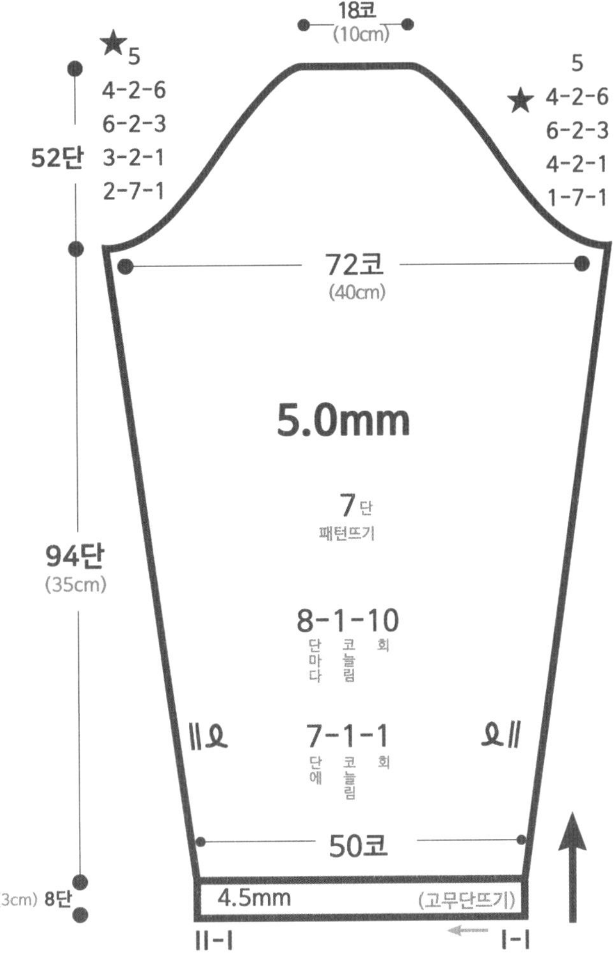

★ 암홀 및 소매산

5단
메리야스 (평단)

4-2-6
단마다 코줄임 회

6-2-3
단마다 코줄임 회

4-2-1
단에 코줄임 회

1(2)-7-1
단에 코막음 회

1 밑실과 4.5mm 대바늘로 25코를 잡아 고무코를 끌어올려 50코 만듭니다. 고무뜨기 6단을 더 뜹니다. (이때 사슬이나 밑실로 고무코를 잡으면 2단이 더해져 8단이 됩니다.)

2 7단을 뜬 후 양옆 1코 늘리기 1회, 매 8단마다 양옆 1코 늘리기 10회 반복합니다. 이후 7단을 더 뜹니다. 코를 늘릴때는 처음 2코 겉뜨기 후 1코 늘리기, 2코가 남았을 때 1코 늘리기 후 2코를 겉뜨기합니다.

3 뒤판의 암홀 줄이기와 동일한 방법으로 암홀을 각 7코씩 먼저 코막음합니다.

4 이후 매 4단마다 2코 줄이기 1회, 매 6단마다 2코 줄이기 3회, 매 4단마다 2코 줄이기 6회 반복하고 도안을 따라 5단을 더 뜹니다. 코막음해 마무리합니다. (코줄임 부호가 다르니 꼭 도안을 확인해 진행합니다.)

동일하게 총 2장을 뜹니다.

[소매]

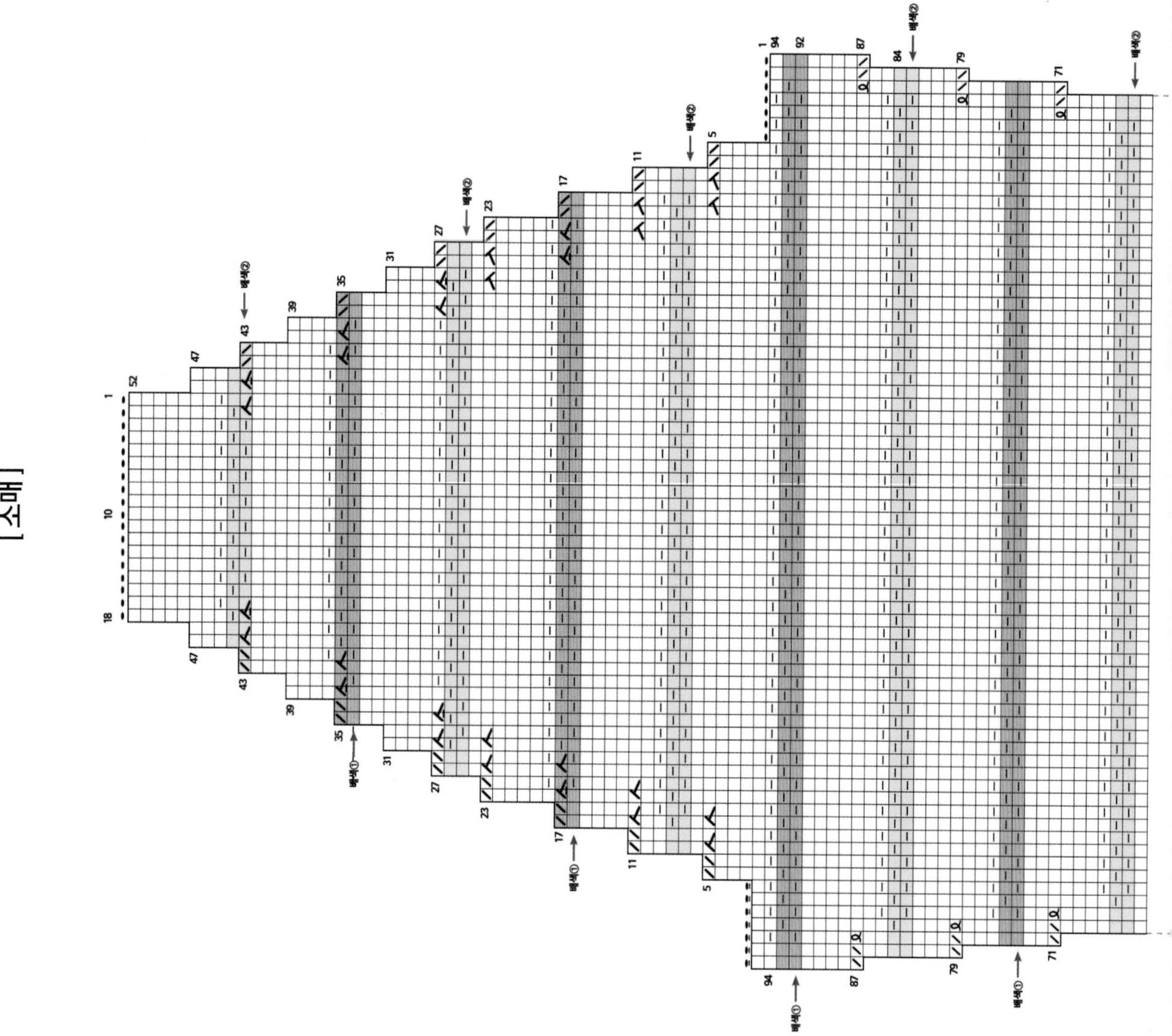

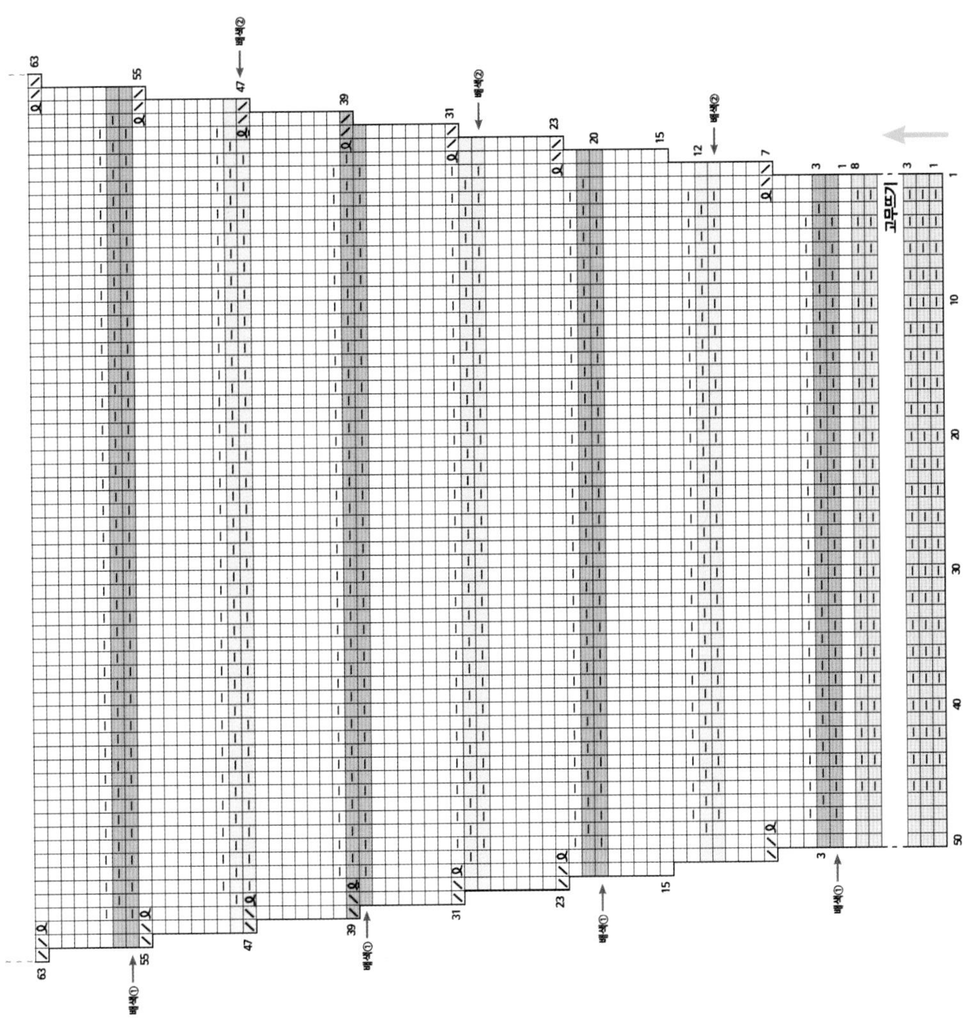
배색②
배색①
고무뜨기

FRONT HEM 앞단

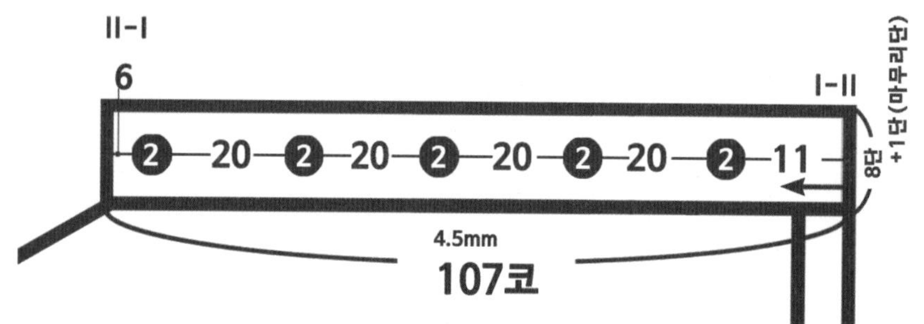

소매와 몸판 연결

앞단 및 단춧구멍

도안상 왼쪽이지만 착용시 오른쪽에 위치합니다.

8단+1단

① 1단 : 코잡기 (4코 잡고 1코 건너뛰기. 26*4+3=107)

② 2~4단 : 1×1 고무뜨기 (양옆 겉뜨기 2코 세우기)

③ 5단 : 단춧구멍 만들기 (O ⋌ = 2코가 필요)

④ 6~8단 : 1×1 고무뜨기

⑤ 9단 : 돗바늘로 고무단 마무리

단춧구멍이 없는 반대쪽은 코를 잡은 후 8단을 고무뜨기 한 후 마무리합니다.

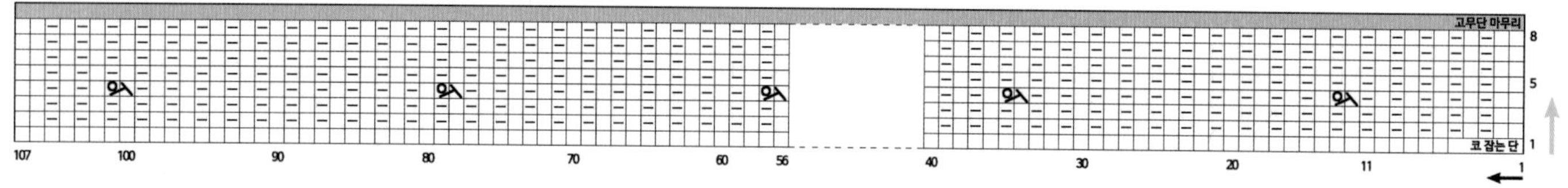

COLLAR 칼라

Type-A

① 칼라 코는 앞판에서 36코, 뒤판에서 47코, 다시 앞판에서 36코를 잡아 총 119코를 잡습니다.

② 1×1 고무뜨기를 합니다. 이때 처음 2코와 마지막 2코는 겉뜨기로 세웁니다.

③ 4단을 뜬 후, 처음 2코 겉뜨기, 안뜨기를 뜨고 O 入을 진행해 단춧구멍을 냅니다. 8단까지 뜹니다. 네크라인의 단수는 취향에 따라 조절해도 좋습니다.

④ 돗바늘을 이용해 마무리합니다.

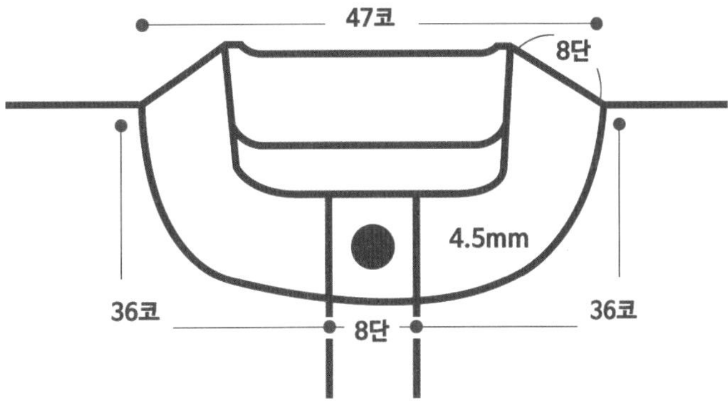

Type-B

① 칼라 코는 앞판에서 36코, 뒤판에서 46코, 다시 앞판에서 36코를 잡아 총 118코를 잡습니다.

② 가터뜨기로 14단을 뜹니다. 이후 겉뜨기 2코 후 1코 늘리기 1회, 매 12코마다 1코 늘리기 1회, 매 10코마다 1코 늘리기 9회, 12코 뜬 후 1코 늘리기 1회 진행합니다. 2코를 더 뜹니다. (118코→130코)

③ 가터뜨기 6단을 뜹니다.

④ 양옆 1코 줄이기 1단, 매 2단마다 양옆 1코 줄이기 6회를 진행합니다. 이후 1단을 더 뜬 후 코막음해 마무리합니다.

⑤ 모사용 6호 코바늘로 칼라 전체의 테두리를 짧은뜨기 1단 뜹니다.

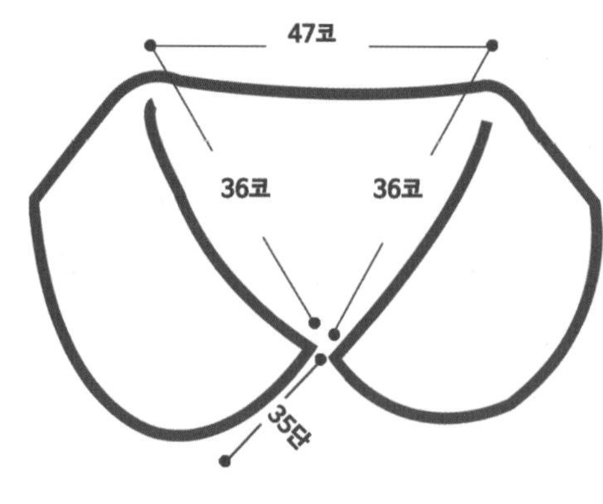

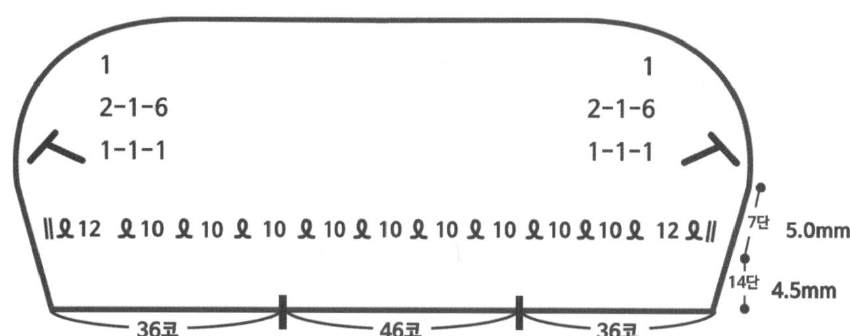

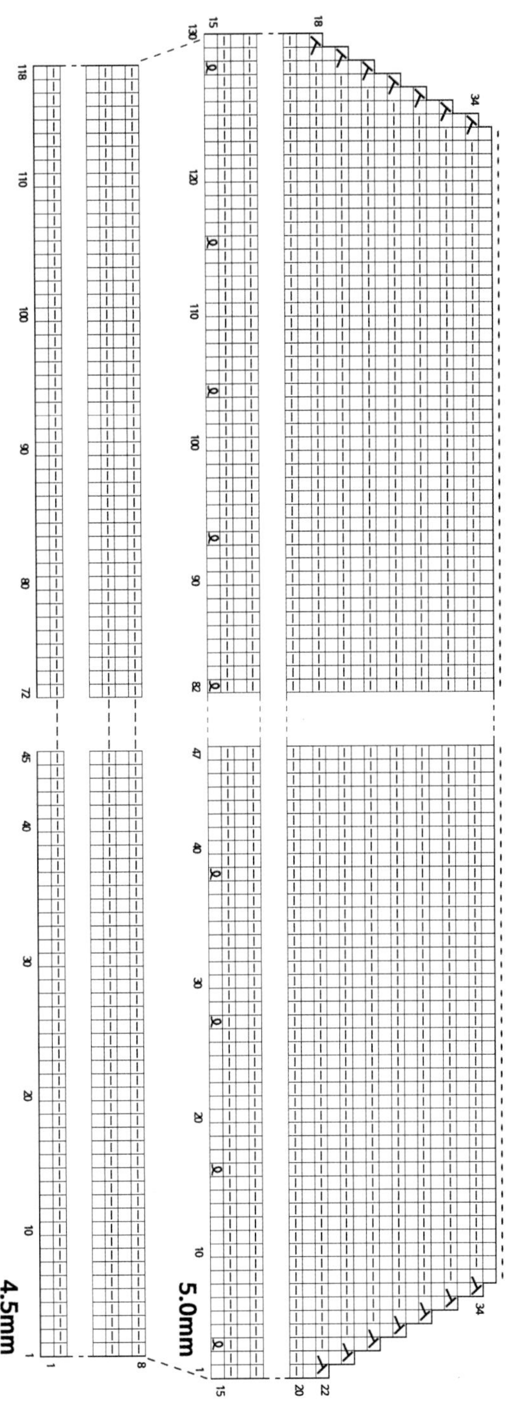
4.5mm
5.0mm

베이직 심플 레그 워머

사이즈 cm (S-M/M-L)

폭 단면	14/15
길이	36/38

실

Type-A(S-M) Linea Raccoon Wool
(바탕실) 11. Grey 140, 152g
12. Ivory 8g
04. Red 3g
Type-B(M-L) Linea Raccoon Wool
(바탕실) 6. Black 540g
2. Toffee Nut 10g
10. Denim 4g

바늘

5.5mm 대바늘

게이지

15코×20단

★ 도안의 특성상 폭은 줄어드는 대신 신축성이 좋습니다.

★ 사이즈를 늘리고 싶다면 콧수를 4의 배수로 늘립니다.

1 바탕실과 5.5mm 대바늘로 (A 48, B 56)코를 잡습니다.

2 장갑바늘 3~4개에 코를 나눕니다.

3 고무단 (A 10, B 12)단을 더 떠서 (A 12, B 14)단을 뜬 후, 도안을 따라 (A 50, B 53)단을 더 뜹니다.

4 도안을 따라 배색을 진행합니다.

A : 배색실 3단, 바탕실 1단, 포인트실 2단, 바탕실 1단, 배색실 3단 = 10단

B : 배색실 4단, 포인트실 3단, 배색실 4단 = 11단

5 고무단 8단을 뜬 후 돗바늘로 고무코 마무리합니다.

[Type-A (S-M)]

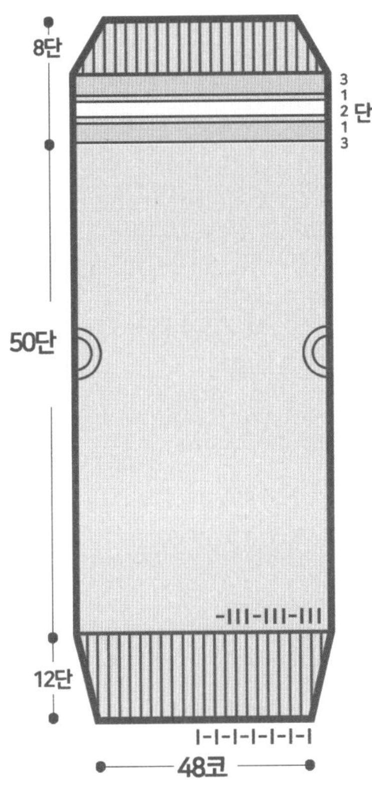

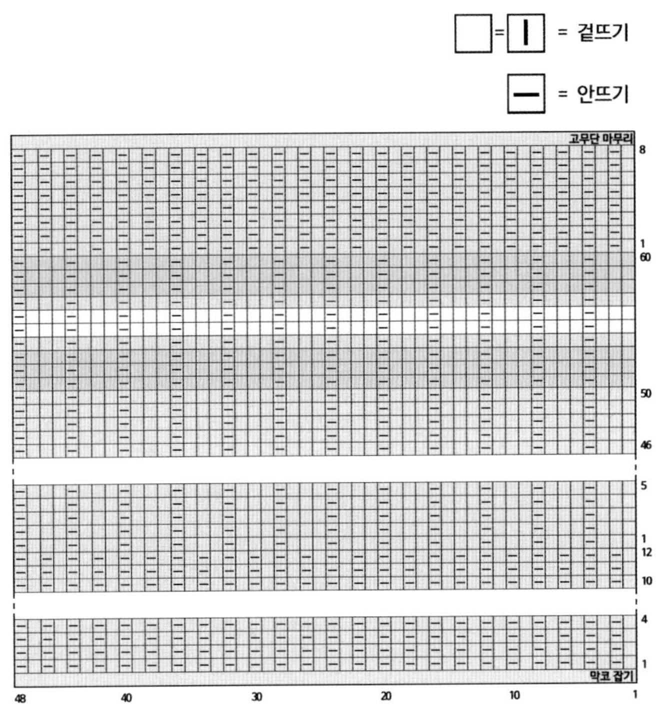

[Type-B (M-L)]

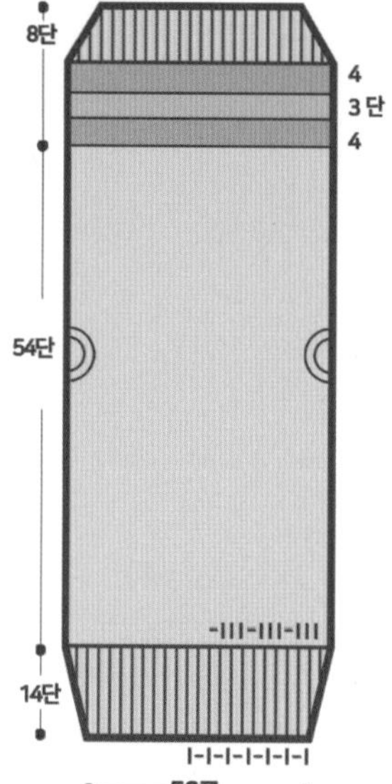

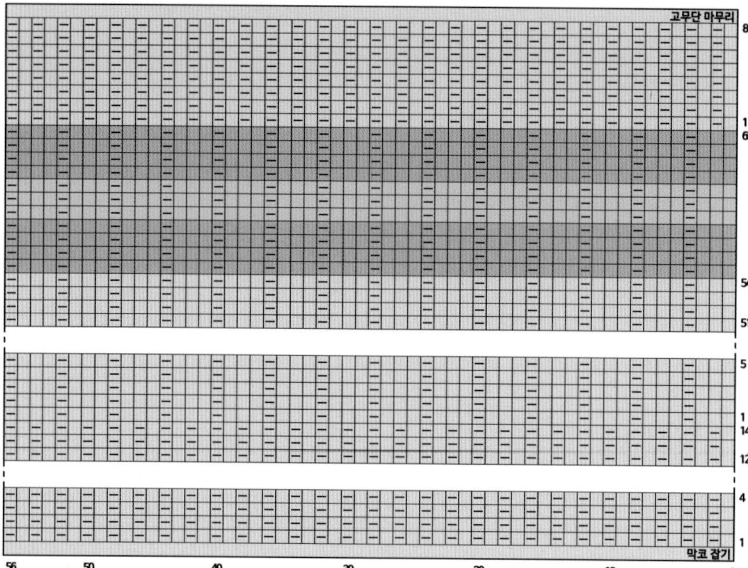

데일리 비니

S-M
M-L

사이즈 cm (S-M/M-L)

폭 단면 14/15
길이 36/38

실

(S-M) Nakyang Winter Garden
(바탕실) 72. Oatmeal 48g
(배색실) 76. Hibiscus 18g
(M-L) Nakyang Winter Garden
(바탕실) 91. Camel 50g
(배색실) 72. Oatmeal 20g
(M-L 폼폼) Nakyang Winter Garden
(바탕실) 90. Black 65g
(배색실) 86. Brown 20g

바늘

4.0mm, 4.5mm 대바늘

게이지

20코×28단

1 4.0mm 대바늘로 (S 120, L 130)코를 잡은 후 1×1 고무뜨기를 취향에 따라 40~44단 뜹니다.

2 4.5mm 바늘로 바꾸고 도안을 참고해 배색뜨기를 취향에 따라 22~24단 뜹니다.

3 S : 매 10코마다 1코 줄이기

L : 매 11코마다 1코 줄이기

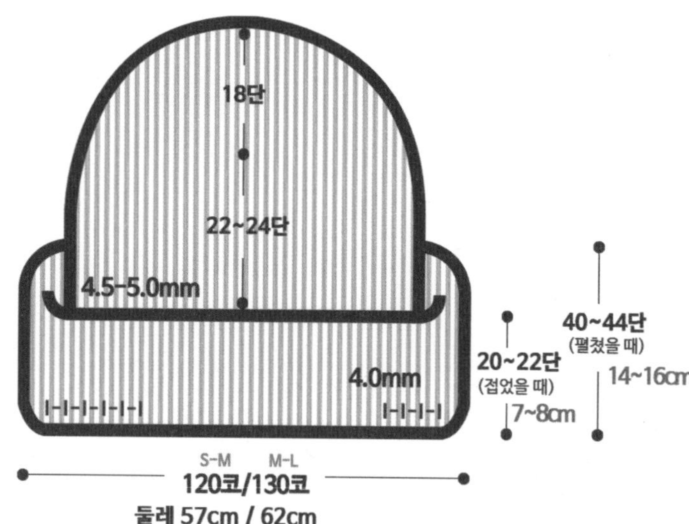

S-M size

① 매 10코마다 ⋏ 10회 반복, 도안 따라 2단 진행
② 매 9코마다 ⋏ 10회 반복, 도안 따라 2단 진행
③ 매 8코마다 ⋏ 10회 반복, 도안 따라 2단 진행
④ 매 7코마다 ⋏ 10회 반복, 도안 따라 1단 진행
⑤ 매 6코마다 ⋏ 10회 진행
⑥ 매 5코마다 ⋏ 10회 진행
⑦ 매 4코마다 ⋏ 10회 진행
⑧ 매 3코마다 ⋏ 10회 진행
⑨ 매 2코마다 ⋏ 10회 진행
⑩ 매 1코마다 ⋏ 10회 진행
⑪ 돗바늘로 마무리

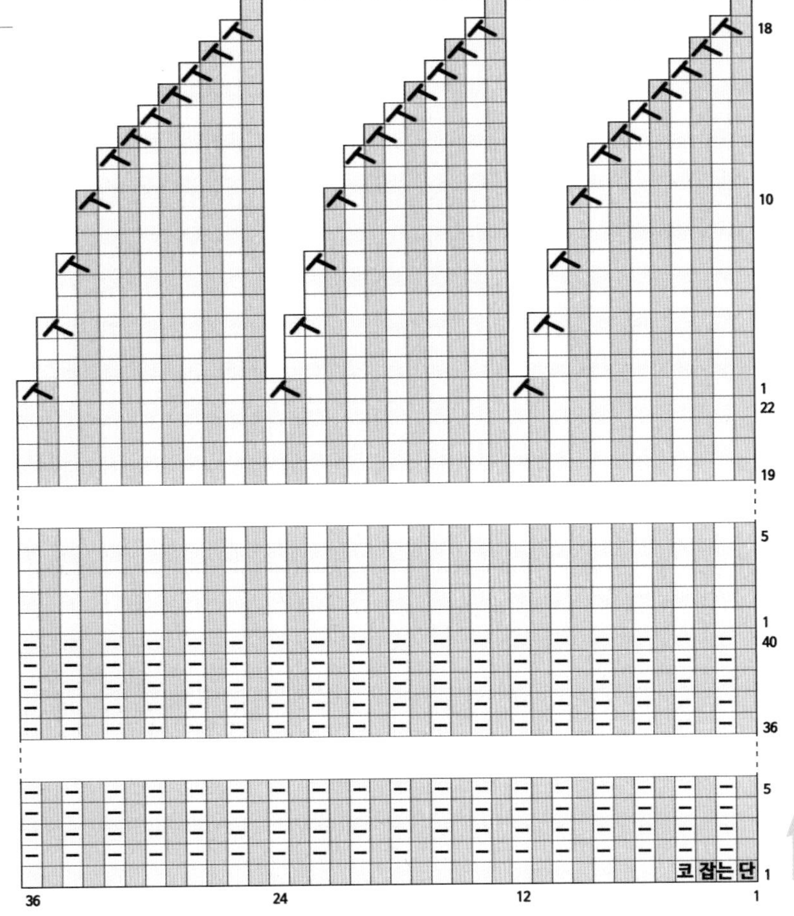

M-L size

① 매 11코마다 ⋏ 10회 반복, 도안 따라 2단 진행
② 매 10코마다 ⋏ 10회 반복, 도안 따라 2단 진행
③ 매 9코마다 ⋏ 10회 반복, 도안 따라 2단 진행
④ 매 8코마다 ⋏ 10회 반복, 도안 따라 2단 진행
⑤ 매 7코마다 ⋏ 10회 반복, 도안 따라 1단 진행
⑥ 매 6코마다 ⋏ 10회 진행
⑦ 매 5코마다 ⋏ 10회 진행
⑧ 매 4코마다 ⋏ 10회 진행
⑨ 매 3코마다 ⋏ 10회 진행
⑩ 매 2코마다 ⋏ 10회 진행
⑪ 매 1코마다 ⋏ 10회 진행
⑫ 돗바늘로 마무리

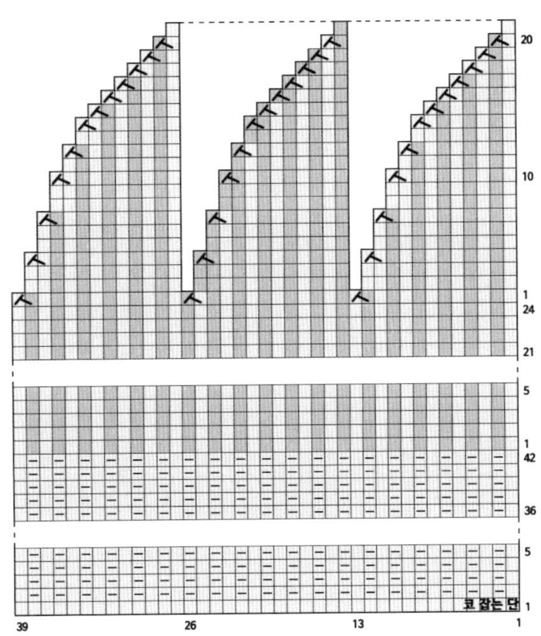

베이직 심플 비니

S-M
M-L

사이즈 cm (S-M/M-L)

접지 않는 비니
둘레 62/68
길이 25/25
접는 비니(펼쳤을 때)
둘레 62/68
길이 33.5/33.5

실

Linea Racoon Wool

(S-M 접지 않는 버전)
(바탕실) 10. Denim 66g
(배색실) 12. Ivory 6g
(포인트실) 2. Toffee nut 2g

(S-M 접는 버전)
(바탕실) 2. Toffee nut 90g
(배색실) 4. Red 7g
(포인트실) 12. Ivory 3g

(M-L 접지 않는 버전)
(바탕실) 6. Black 74g
(배색실) 11. Grey 8g
(포인트실) 12. Ivory 3g

(M-L 접는 버전)
(바탕실) 4. Red 90g
(배색실) 12. Ivrory 8g
(포인트실) 3. Brown 4g

바늘

5.5mm, 6.0mm
대바늘

게이지

14코×20단

접지 않는 비니

접지 않는 버전

S-M size

1 밑실과 5.5mm 대바늘로 고무단 88코를 만듭니다. 배색실로 고무단을 16단까지 뜹니다. (이때 사슬로 고무코를 잡으면 2단이 이미 완성됩니다.)

2 배색실 3단, 포인트실 2단, 배색실 3단 진행 후 고무뜨기를 16단 뜹니다.

3 코줄임을 시작합니다.

① 매 9코마다 1코 줄이기 (홀수회에는 ⅄, 짝수회에는 ⅄ 으로 코줄임)
② 매 8코마다 1코 줄이기 (모두 ⅄ 으로 코줄임)
③ 매 7코마다 1코 줄이기 8회 (여기부터 쭉 ⅄ 으로 코줄임)
④ 매 6코마다 1코 줄이기 8회
⑤ 매 5코마다 1코 줄이기 8회
⑥ 매 3코마다 1코 줄이기 8회
⑦ 매 3코마다 1코 줄이기 8회
⑧ 매 2코마다 1코 줄이기 8회
⑨ 매 1코마다 1코 줄이기 8회
⑩ 1코 줄이기 8회

4 돗바늘을 이용해 마무리합니다.

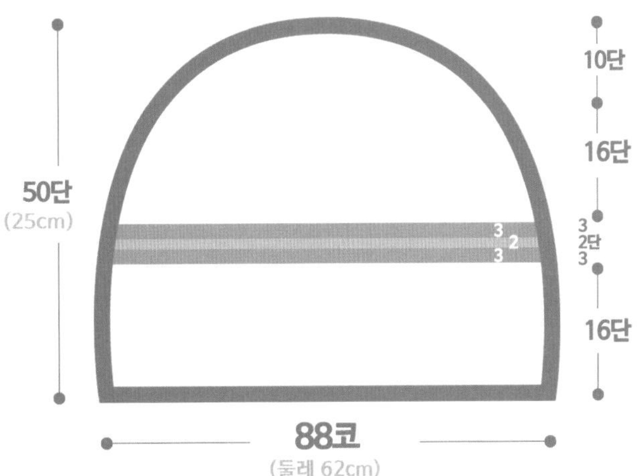

M-L size

1 밑실과 5.5mm 대바늘로 고무단 96코를 만듭니다. 배색실로 고무단을 16단까지 뜹니다. (이때 사슬로 고무코를 잡으면 2단이 이미 완성됩니다.)

2 배색실 3단, 포인트실 2단, 배색실 3단 진행 후 고무뜨기를 22단 뜹니다.

3 코줄임을 시작합니다.

① 매 10코마다 1코 줄이기 (⋌ 으로 코줄임)
② 매 9코마다 1코 줄이기 (⋋ 으로 코줄임)
③ 매 8코마다 1코 줄이기 8회 (여기부터 쭉 ⋋ 으로 코줄임)
④ 매 7코마다 1코 줄이기 8회
⑤ 매 6코마다 1코 줄이기 8회
⑥ 매 5코마다 1코 줄이기 8회
⑦ 매 4코마다 1코 줄이기 8회
⑧ 매 3코마다 1코 줄이기 8회
⑨ 매 2코마다 1코 줄이기 8회
⑩ 1코 뜨고 1코 줄이기 후 전체 1코 줄이기

4 돗바늘을 이용해 마무리합니다.

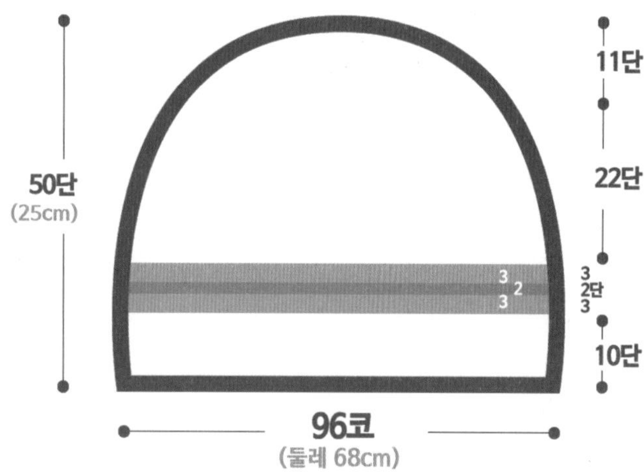

S-M

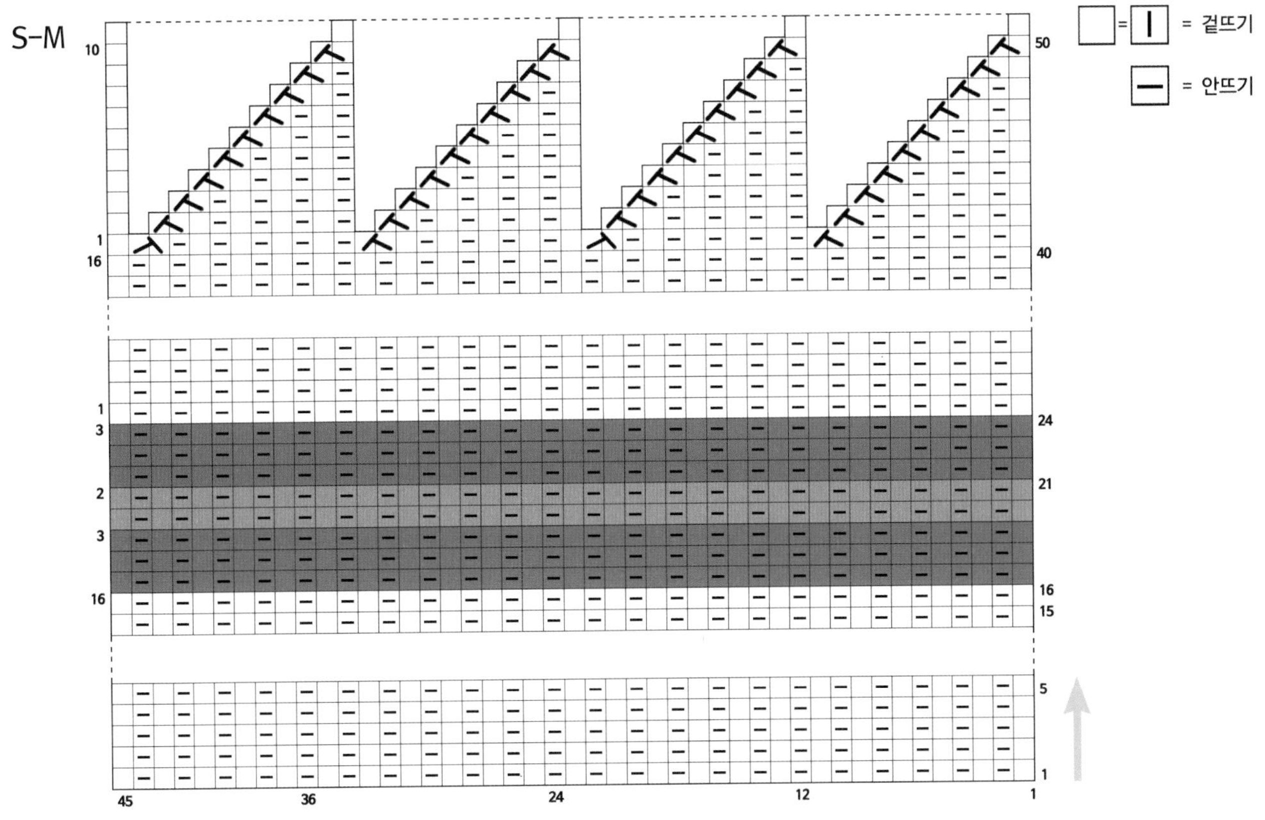

M-L

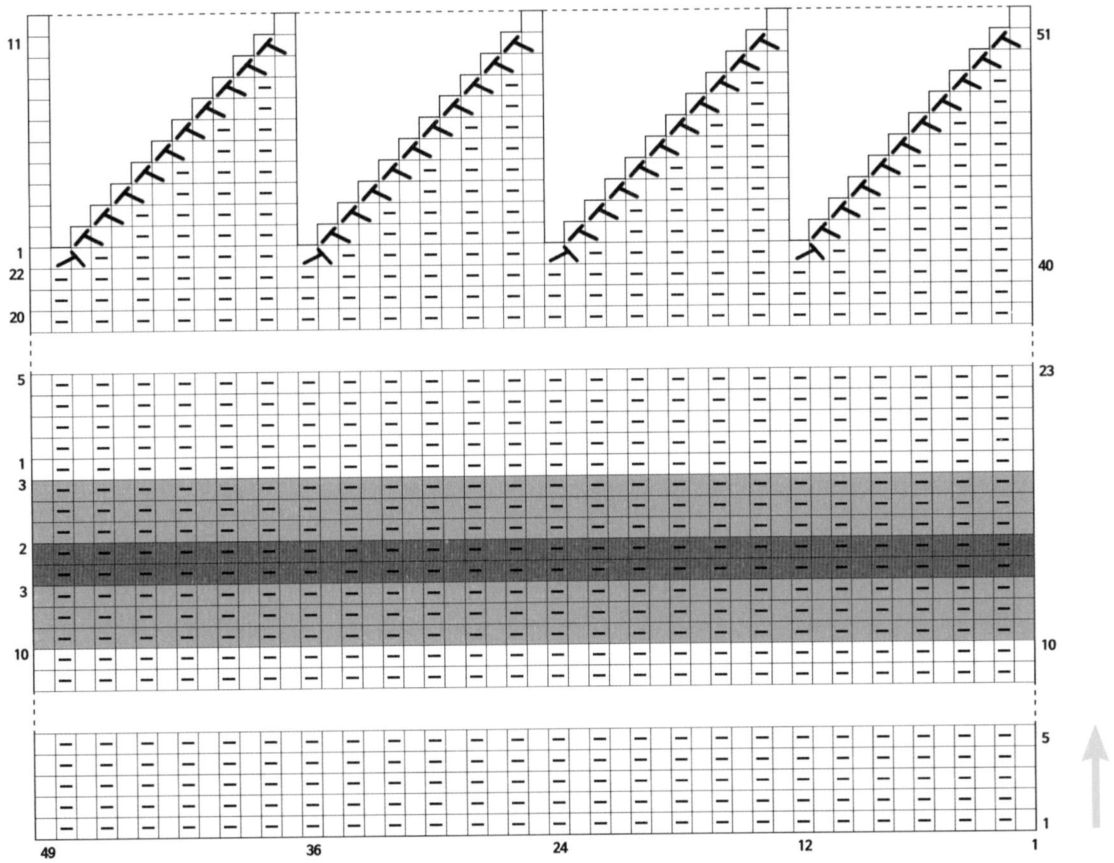

11
1
22
20
5
1
3
2
3
10
51
40
23
10
5
1
49
36
24
12
1

접는 버전

1 5.5mm 대바늘로 (S 88, L 86)코를 잡은 후 2×2 고무뜨기를 6단 뜹니다.

2 배색실 3단, 바탕실 1단, 포인트실 2단, 바탕실 1단, 배색실 3단 진행 후 2×2 고무뜨기를 44단 뜹니다.

3 코줄임을 시작합니다.

① 매 6코마다 (기호)로 1코 줄이기 (S 11, L 12)회 반복
② 2코 뜨고 (기호)로 1코 줄이기 1회, 매 5코마다 (기호)로 1코 줄이기 (S 10, L 11)회 반복, 3코 뜨기
③ (기호)로 1코 줄인 후 4코 뜨기 (S 11, L 12)회 반복
④ 2코 뜨고 (기호)로 1코 줄이기, 매 3코마다 (기호)로 줄이기 (S 10, L 11)회 반복, 1코 뜨기
⑤ (기호)로 1코 줄인 후 2코 뜨기 (S 11, L 12)회 반복
⑥ 매 1코마다 (기호)로 줄이기 (S 11, L 12)회 반복
⑦ (기호)로 1코 줄이기 (S 11, L 12)회 반복

4 돗바늘을 이용해 마무리합니다.

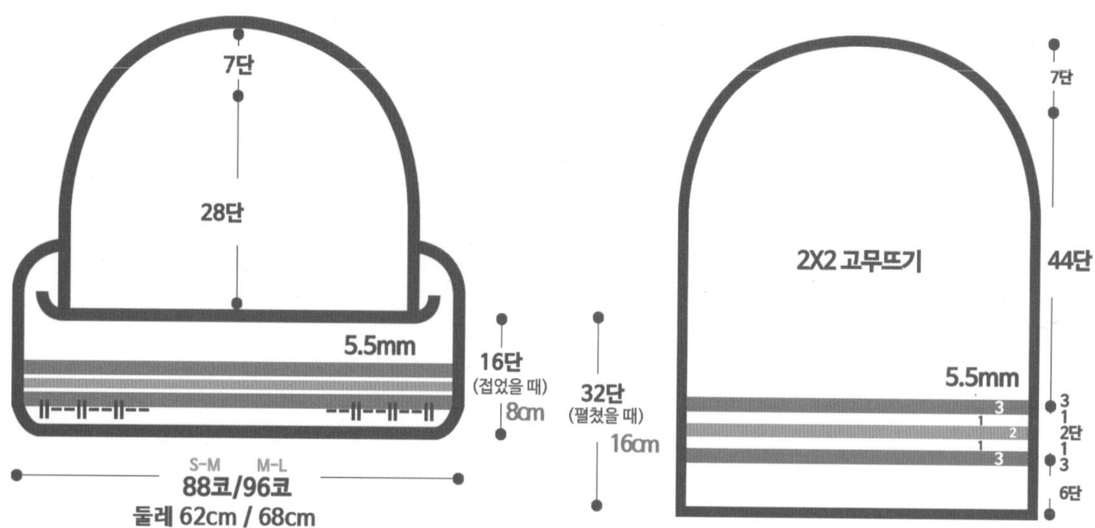

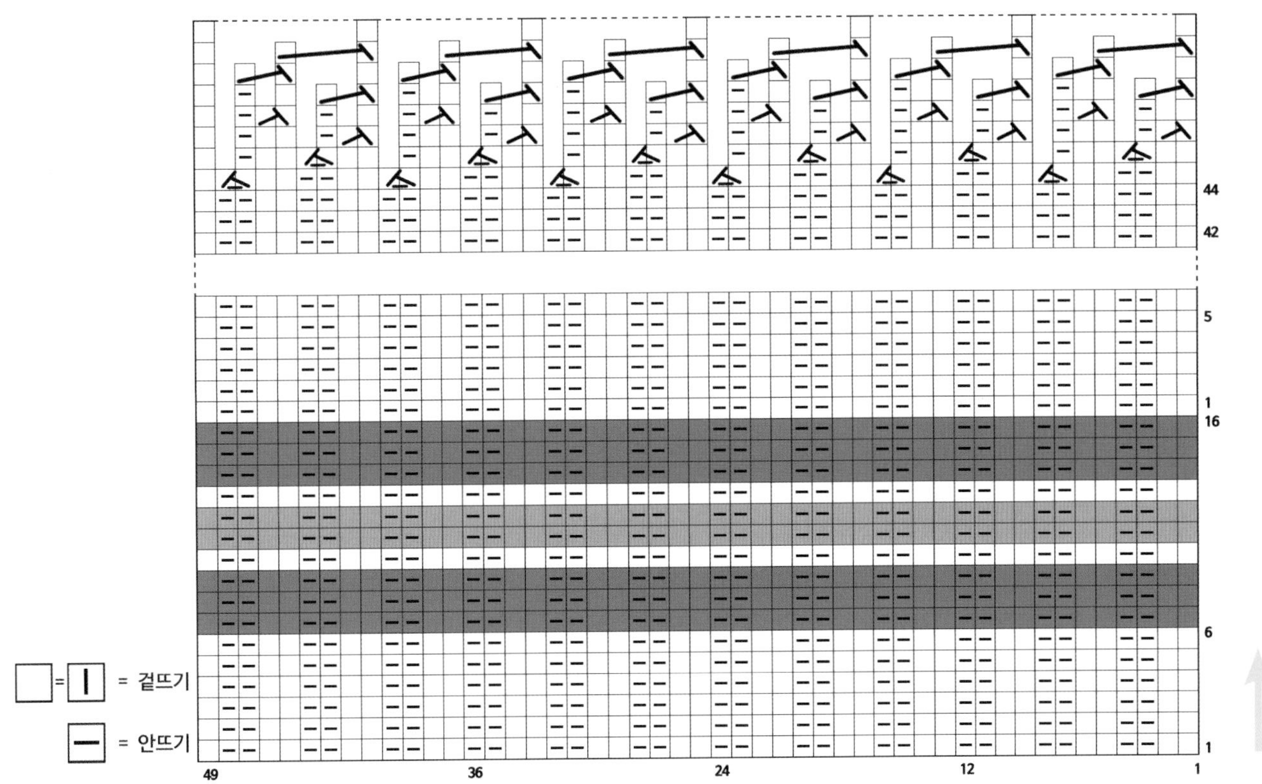
= 겉뜨기
= 안뜨기
44
42
5
1
16
6
1
49
36
24
12
1

MAMALANS

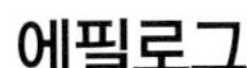

에필로그

뜨개는 하면 할수록 어렵기도 하고, 쉽기도 한 참 재미있는 활동입니다. 누가 생각해 낸 것인지, 그저 막대기 2개만으로 이렇게 다채로운 세상이 열린다니요!
이번 책을 읽고 독자님들이 또 어떻게 마마랜스의 디자인을 해석하고 다른 묘미를 더해줄지 기대가 됩니다. 그래서인지 책에 들어갈 작품을 한 점씩 완성할 때마다 유독 더 설렜습니다.
니터라면 이미 아는 내용이지만 뜨개에는 정답이 없습니다. 그래도 우린 알지요, 모두 다른 모양의 뜨개를 해도 서로의 따뜻함만은 공유한다는 것을요. 이 책을 통해 조금 더 따뜻하고 포근한 하루가 되길 바랍니다.

Love, Peace & Knitting

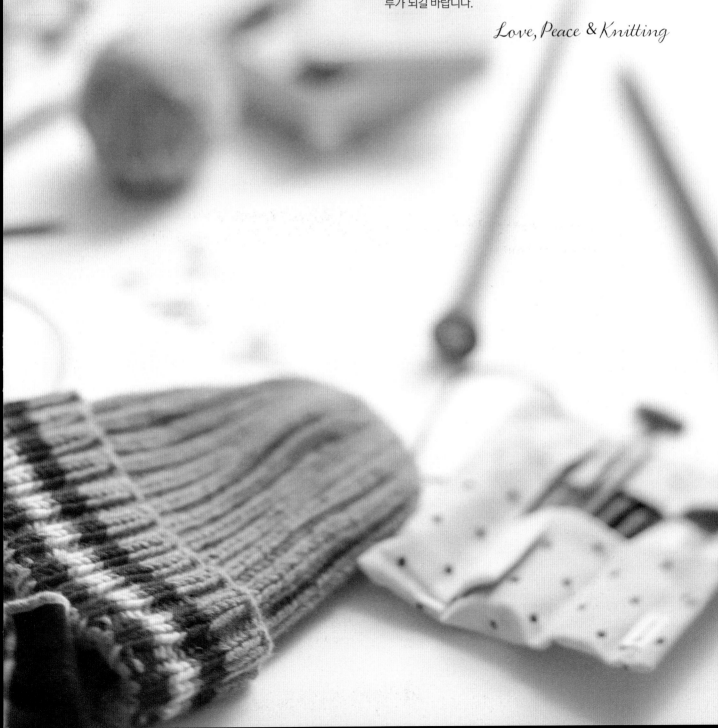

마마랜스의 색다른 니트

1판 1쇄 인쇄 | 2024년 12월 18일
1판 1쇄 발행 | 2024년 12월 27일

지은이 이하니
펴낸이 김기옥

실용본부장 박재성
편집 실용2팀 이나리, 장윤선
마케터 이지수
지원 고광현, 김형식

사진 한정수(studio etc. 010-6232-8725)
헤어·메이크업 조유리
스타일링 이하니
도안 테스터 강지은, 김유희, 김인희, 김효정, 문혜정, 정진이, 정혜담, 편민숙

디자인 ALL designgroup
인쇄·제본 민언프린텍

펴낸곳 한스미디어(한즈미디어(주))
주소 04037 서울시 마포구 양화로 11길 13(서교동, 강원빌딩 5층)
전화 02-707-0337 | **팩스** 02-707-0198 | **홈페이지** www.hansmedia.com
출판신고번호 제 313-2003-227호 | **신고일자** 2003년 6월 25일

ISBN 979-11-93712-85-6 (13590)

※ 책값은 뒤표지에 있습니다.
※ 잘못 만들어진 책은 구입하신 서점에서 교환해 드립니다.